国家社科基金重点项目（编号16AZD020）资助

中国职业安全健康治理趋常化分析

颜　烨◎著

吉林大学出版社
长春

图书在版编目（CIP）数据

中国职业安全健康治理趋常化分析 / 颜烨著 . -- 长春 : 吉林大学出版社 , 2020.11
ISBN 978-7-5692-7792-0

Ⅰ . ①中… Ⅱ . ①颜… Ⅲ . ①职业安全卫生—研究—中国 Ⅳ . ① X9

中国版本图书馆 CIP 数据核字 (2020) 第 231116 号

书　　名　中国职业安全健康治理趋常化分析
ZHONGGUO ZHIYE ANQUAN JIANKANG ZHILI QUCHANGHUA FENXI
作　　者：颜　烨　著
策划编辑：卢　婵
责任编辑：单海霞
责任校对：刘守秀
装帧设计：黄　灿
出版发行：吉林大学出版社
社　　址：长春市人民大街 4059 号
邮政编码：130021
发行电话：0431-89580028/29/21
网　　址：http：//www.jlup.com.cn
电子邮箱：jdcbs@jlu.edu.cn
印　　刷：广东虎彩云印刷有限公司
开　　本：787mm × 1092mm　　1/16
印　　张：28.5
字　　数：360 千字
版　　次：2020 年 11 月　第 1 版
印　　次：2020 年 11 月　第 1 次
书　　号：ISBN 978-7-5692-7792-0
定　　价：198.00 元

导 言　中国职业风险治理趋常化问题

工业文明的进步，总是伴随着诸多社会风险。如果说，环境污染或破坏是工业文明进步的“外伤”，那么，职业安全健康问题（或可统称为职业风险）则成为工业文明的“内伤”。作为工业大国、城市大国，当今中国的工业风险对从业劳动者生命安全健康的侵蚀，更应该成为时代研究的重要主题，因为浩浩荡荡的从业劳动者，为中国工业文明进步贡献了自己的智慧、血汗乃至生命。

如果说，在社会学等学科里，“三农”问题是传统农业社会的经典主题，那么到了现代工业社会，职业风险或许应该成为这类学科关注的重点，但这类话题却似乎边缘化了；或者说，从西方工业主义产生以来，工业风险就一直存在，已经不是什么新鲜事儿。

课题立项于 2016 年 11 月，当初是为申报国家社科基金重大项目“我国职业安全与健康问题的合作治理研究”而做的申报书，后立项改为重点项目“我国职业安全健康问题合并立法与治理体制改革创新研究”。不管怎么说，后者都是前者申报书中的一项重要子课题。之所以开展这方面的研究，理由有几点：一是全世界绝大多数国家和地区，将职业安全与职业

健康保障置放在一起加以立法和执法，几乎就是一种规律性的社会治理事务，也基本成为全球业界共识。二是国内关于职业安全（安全生产）与职业健康合并立法执法的呼声，也从来没有断绝过，尤其是 2006 年中国签署加入国际劳工组织 155 号公约后，政界、学界更加积极作为，“职业安全健康法”差一点呼之欲出；而且，到 2016 年 12 月，中共中央、国务院首次联名颁布《关于推进安全生产领域改革发展的意见》，其中明确强调“坚持管安全生产必须管职业健康，建立安全生产和职业健康一体化监管执法体制”，政策宣讲家们也期待“职业安全健康部”的组建；之后，有关部门关于职业安全与健康一体化的步伐一度加快，直至 2018 年 3 月戛然而止。三是作为当时国家安全监管部门直属高校的研究人员，对职业安全健康治理进行国家级重大研究项目征集出题，并开展申报研究，也是义不容辞的政策咨询担当。

2018 年 3 月，全国两会提出应急管理部组建，以原国家安全监管总局为基础，合并其他部门相关应急职能，即时构建起该部门后来所谓安全生产、减灾防灾、消防救援三大主责主业，职业健康监管职责再一次与安全生产（职业安全）监管分立剥离，转归国家卫生健康委员会主管，强调大应急、大健康。这是国内学界内部或政界内部，或者学界、企业界同政界之间，一场政策博弈的结果。

尽管业界对此毫无思想准备，但是坚持职业安全与职业健康合并立法执法的理念和呼声，至今仍然不绝于耳。比如应急管理部门组建后，课题组开展的实地调查和问卷调查显示，81.9% 的被调认为，职业安全与职业健康的关系“很密切”“较密切”；50.9% 的被调认为，两者“应同时合并立法与合并执法”，回答率高。课题组同样坚持两者合并立法执法，而且坚持回归到人力资源管理部门主管职业安全健康，因为这是常态性安全

健康事务，人本理念，预防为主！是工业社会事务治理的基本规律，是事物的“一体两面”，不可分割：两面，是指职业安全与职业健康是两个互为关联的、有所区别的概念和事务；一体，是指安全健康系于人体一身、治理事务同一、法规制度同一等。而且，新中国成立以来的70年里，两者置放在一起监管执法实际长达60年（其中50年左右是由劳动人事部门主管），虽然当时多数时候的行政级别不高。

职业安全健康治理现代化，在今天，日益成为国家治理体系和治理能力现代化的重要组成部分。治理体系大同小异，相对静态；治理能力和机制，不断变化，比较动态化。职业安全与职业健康合并立法、一体执法，才是治理体系的常态化；两者再度分立而治，只能是一种理念过渡、一种决策博弈，是一种趋于常态化的异常表现。也就是说，中国目前的职业安全健康治理现代化，正在历经一种趋常化的过程。而且，职业健康问题（白伤）较职业安全问题（红伤）更为突出；新兴职业健康问题没有纳入职业安全健康监管范畴。这是本课题报告研究的主旨所在，因而课题最终成果名称定为“中国职业安全健康治理趋常化分析”。它是整个中国国家现代化的一个缩影和具体反映。可以说，课题揭示整个国家治理现代化同样处于趋常化阶段，即提出了一种“治理趋常化”理念。

中国职业安全健康治理趋常化的过程，还表现在本课题的调研和指标体系评价方面。课题评价认为，中国职业安全健康现代化正处于中级水平的中期阶段，总体实现率为53.8%（2018年数据）。与2013年课题负责人承担的教育部新世纪人才支持计划项目所做的水平评价相比，中国职业安全健康现代化提升了6.3%（2013年按本课题新标准实现率为47.5%），年均增长1.3%。如果按照党的十九大报告所指出的，从2020年到2035年，在全面建成小康社会的基础上，再奋斗15年，基本实现社会主义现代化；

那么相应地，如果按照目前年增 2.5% 的速度测算，到 2035 年，中国职业安全健康现代化（76%）同样接近基本实现现代化，大体与国家现代化同步。

我们之所以选取 2018 年作为调研年，一方面，因为新中国成立近 70 年，尤其改革开放 40 年的时间节点，是观察中国职业安全健康治理状况的较好时间点。另一方面，如前所述，我们已经基于 2013 年的调研数据，做过第一轮中国安全生产现代化评价（实际也包含职业健康在内），到 2018 年刚好 5 年；这 5 年间，中国职业安全健康治理发生了怎样的变化，可以通过调研数据来进行测评；年增率 1.3% 就是这样的分析结果（尽管两次统计口径、目标值设定等有所变化）；而且，2013 年与 2018 年，分别是国家“十二五”时期、“十三五”时期的中间年，更便于观察该领域的变化状况。

研究报告内容共分 5 章：（1）第一章，就职业安全健康面临的形势背景、针对的问题、相关文献回顾、理论视角与研究方法、评价体系设计、调研样本及其特征等做了一些基础性准备。（2）第二章，着眼于社会系统论（经济、政治、社会、文化四位一体）的社会学视角，对中国职业安全健康现代化进行四大子系统和总体水平的指标评价，从而得出基本结论和今后职业安全健康趋常化发展需要努力的方向。（3）第三章，着眼于立法学的视角，从职业健康大不如职业安全治理水平入手，探索将安全生产法与职业病防治法合并为一部“新法”的尝试。尽管目前政府部门和立法专家关于此类想法渐行渐远，尽管一些法学专家说这两部法律的主体不一，但学术探索应该走在政策决策的前列，应该尊重事物规律、超脱于现实的羁绊，未尝不可。（4）第四章，结合改革开放以来中国社会结构变迁，从社会学角度实证分析结构变迁对从业者职业安全健康的影响，并由此指出，职业安全健康治理的本质在于社会结构优化与调整，这才是安全治本（即社

会本质安全）；此外，该章还特别借助山西煤矿安全生产主体责任研究课题组调研的机会，对山西煤业系统的职业安全（健康）的责任结构进行了实证分析，力图理清职业安全是谁的责任、谁的什么主要责任的问题。（5）第五章，对策建议部分，即着眼于行政管理学与国家治理的角度，探索职业安全健康行政监管体制改革和多元共治体系变革的设想，从而回答如何促进中国职业安全健康治理趋常化的问题。此外，附录部分，主要是关于职业安全健康的调查问卷和关于煤业安全责任排序的调查问卷。

课题研究历时3年多，针对政府、企事业单位两个层面，以实地走访（少量通信）方式，回收1086份有效问卷（37道题），涉及12个省份、9类行业，获得了宝贵的一手资料；并从应急管理部获得了职业安全事故基本（客观）数据。与此同时，2020年上半年新冠肺炎疫情的发生，对课题研究的时限和成员交流也略有影响，但好在2018年、2019年完成了基线实地调查。当然，不同国家关于新冠疫情风险的应对与治理，反映了两种（中国与美国）或三种（中、美、韩日德）制度文化的影响。这些不同影响，对于不同国家的职业安全健康风险治理，似乎提供了某种思考范本，也会成为一些人强调中国特色职业安全健康监管体制乃至中国特色应急管理的对比依据。我们认为，这是课题组坚持职业安全与职业健康并法治理、趋于常态化的基础。

最后，非常感谢国家社科基金以及河北高校教改项目（编号2018GJJG480）、中央高校基本科研业务费项目（编号3142018057）的资助，让我们完成这一坚持、这一愿望。个中研究当然有很多不足，也请评审专家多加指正，提出修缮意见。

目　录

第一章　本课题的研究背景与研究基础

目前，中国工业化发展整体上处于中级水平阶段，职业安全健康保障的压力依然很大，需要进行深入探索，从根本上解决问题。本课题着眼于回答三大方面的问题：全国职业安全健康整体现代化水平到了哪一步？职业病防治法与安全生产法能否且如何合并立法？国家职业安全健康治理体系是否需要并如何进行改革创新？解决这些问题，对于超越现有监管思维、重构新的治理思路大有裨益。

下面，我们首先对本课题的时代背景与存在的主要问题、已有相关研究评述、概念理论和研究方法、调研规划与现代化评价指标体系等研究基础负面，进行安排和分析。

第一节　选题背景与主要问题

职业安全健康问题治理是全面建成小康社会的重要议题；到 2020 年实现全国职业安全健康稳定好转，是全面建成小康社会的内在要求和客观指标；也是到2035年基本实现现代化宏伟目标的重要任务。“十三五”时期（2016—2020年），是中国全面建成小康社会的决胜时期。因此，抓住机遇，迎接挑战，推进职业安全健康领域深层次结构性矛盾和问题的解决，不断进行改革创新，不断超越现有思维，重构新的治理路径。

一、形势背景：机遇与挑战并存，治理压力不小

首先，从工业化发展速度来看，“十二五”时期国内生产总值年均增速7.8%，由2011年之前的高速（8%以上）增长转变到中高速增长，①2016年继续降为6.7%，②呈现中速增长趋势。这一时期被官方称之为“三期叠加”阶段——增长速度换挡期、结构调整阵痛期和前期刺激政策消化期。这对于降低全国职业安全健康风险具有一定的社会意义；但是，也要看到，经济结构与企业生产转型可能使得设备设施老化、折旧，重新开启生产很可能诱发事故和职业危害。这种潜在压力不小。

其次，从城镇化增速看，2011年，中国城镇人口达到6.91亿人，首次超出农村人口，达到51.27%，全国进入所谓“城市化社会”，其中常住人口（半年及以上）中的农民工占有一定比例；到了2018年底，城市化率达到59.58%，城镇人口为8.31亿人，其中常住人口中的农民工达到2.88亿人。③按照世界城市化变迁规律，城市化率在30%以下为低速发展，在

---

① 《中国国民经济和社会发展第十三个五年规划纲要》，中国中央政府网 http：//www.gov.cn/xinwen/2016-03/17/content_5054992.htm。

② 《中华人民共和国2016年国民经济和社会发展统计公报》，国家统计局网 http：//www.stats.gov.cn/tjsj/zxfb/201702/t20170228_1467424.html。

③ 国家统计局：《中国统计年鉴2016》（电子版），http：//www.stats.gov.cn/tjsj/ndsj/2016/indexch.htm；国家统计局：《2018年国民经济和社会发展统计公报》，http：//www.stats.gov.cn/tjsj/zxfb/201902/t20190228_1651265.html。

30%~70% 之间为高速发展，70% 以上为平稳发展。由此看，中国目前处于城市化高速发展阶段，加上没有城市户籍的农民工大量流动，且他们是工业生产的主力军和职业危害的主要受害者，因此，中国目前的职业安全健康风险非常突出。这是必须高度重视的一面。

再次，从职业安全健康领域本身看，[①]“十二五”期间，全国大力推进依法治安、科技强安，加快职业安全健康基础保障能力建设，推动了该领域持续稳定好转。如安全事故总量连续 5 年下降，2015 年各类事故起数和死亡人数较 2010 年分别下降 22.5% 和 16.8%，其中重特大事故起数和死亡人数分别下降 55.3% 和 46.6%。但是，也要看到该领域存在新的挑战，除了经济社会发展、城乡和区域发展不平衡、全社会安全意识与法治意识不强等外部宏观挑战外，领域内部也存在着安全健康监管体制机制不完善等深层次问题没有得到根本解决；全国生产经营规模不断扩大，矿山、化工等高危行业比重大，大量存在落后的工艺、技术、装备和产能，事故隐患与安全风险交织叠加，职业安全健康基础依然薄弱；城市规模日益扩大，结构日趋复杂，城市建设、轨道交通、油气输送管道、危旧房屋、玻璃幕墙、电梯设备以及人员密集场所等安全风险突出，城市安全管理难度增大；传统和新型生产经营方式并存，新工艺、新装备、新材料、新技术广泛应用，新业态大量涌现，增加了事故风险概率，复合型事故有所增多，重特大事故由传统高危行业领域向其他行业领域蔓延，职业病危害依然加剧；职业安全健康治理能力与经济社会发展还不相适应，企业主体责任不落实、

---

① 国务院办公厅：《关于印发安全生产“十三五”规划的通知》，中国中央政府网 http://www.gov.cn/zhengce/content/2017-02/03/content_5164865.htm；国家安全监管总局：《关于印发〈职业病危害治理“十三五”规划〉的通知》，国家安全监管总局网 http://www.chinasafety.gov.cn/newpage/Contents/Channel_5916/2017/0728/291652/content_291652.htm。

监管环节有漏洞、法律法规不健全、执法监督不到位等问题依然突出，监管执法的规范性、权威性亟待增强。

最后，“十三五”时期，职业安全健康治理也面临许多有利条件和机遇。一是从党政领导层面看，中央高层高度重视职业安全健康治理工作，如先后提出安全发展战略、红线意识、党政同责与一岗双责等新理念，做出了一系列重大决策部署，尤其 2016 年底出台了深入推进该领域改革发展的指导性意见，为该领域提供了强大政策支持；2018 年应急管理部的成立，使得职业安全健康监管又站在新的历史起点上；地方各级党委政府加强领导、强化监管，狠抓责任落实，为职业安全健康治理工作提供了有力的组织保障。二是从市场发展层面看，经济社会发展提质增效、产业结构优化升级、科技创新快速发展，将加快淘汰落后工艺、技术、装备和产能，有利于降低安全风险，改善职业卫生条件，提高本质安全水平和卫生水平。三是从社会进步与社会需求层面看，随着“四个全面”战略布局持续推进、五大发展理念深入人心，社会治理能力不断提高，全社会文明素质、安全意识和法治观念不断提升，安全发展、健康发展的社会环境进一步优化；人民群众日益增长的安全需求，以及全社会对职业安全健康的高度关注，为推动职业安全健康治理工作提供了巨大动力和能量。①

此外，从本课题本次问卷调查看（见表 1-1），35% 的被调认为，中国职业安全健康面临的经济社会形势较为严峻，回答率最高（职业安全与职业健康回答率差不多），比 2013 年的评价下降约 15%。分别有 45.7%、

---

① 国务院办公厅：《关于印发安全生产“十三五”规划的通知》，中国中央政府网 http：//www.gov.cn/zhengce/content/2017-02/03/content_5164865.htm；国家安全监管总局：《关于印发〈职业病危害治理“十三五”规划〉的通知》，国家安全监管总局网 http：//www.chinasafety.gov.cn/newpage/Contents/Channel_5916/2017/0728/291652/content_291652.htm。

38.8% 的被调认为，目前中国职业安全（安全生产）、职业健康持续好转；其次，33.4% 的被调认为职业安全明显好转（2013 年为 47%），只有 25.2% 的被调认为职业健康明显好转，而 28.9% 的被调认为职业健康状况一般。①

表 1–1　中国职业安全健康面临的形势与状况问卷

（2018 年 =1086 人，2013 年 =355 人，%）

（职业安全）问题 / 选项		2018 回答率	2013 回答率	（职业健康）问题 / 选项		2018 回答率
您认为目前我国安全生产面临的经济社会形势如何：	非常严峻	13.4	14.6	您认为目前我国职业健康面临的经济社会形势如何：	非常严峻	15.9
	较为严峻	35.0	49.9		较为严峻	35.2
	一般	30.3	23.7		一般	34.0
	较好	18.0	10.1		较好	12.8
	非常好	3.3	1.7		非常好	2.1
您认为目前我国安全生产的基本状况：	根本好转	3.8	7.3	您认为目前我国职业健康的基本状况：	根本好转	3.5
	明显好转	33.4	47.0		明显好转	25.2
	持续好转	45.7	39.2		持续好转	38.8
	一般	16.0			一般	28.9
	没有好转	1.1	6.5		没有好转	3.6

二、主要问题：单一性或非常态化治理问题突出

如果遵循西方工业化发展规律，人均 GDP 突破 5000 美元，劳动生产领域的安全事故和职业危害也应该下滑。然而，从 2018 年综合汇率（1 美元 =6.8 元人民币）看，中国人均国内生产总值已突破 9900 美元（接近 1 万美元），②但并没有显现这样职业安全健康“规律性”。我们曾经研究指出，中国职业安全健康问题可能不是学界或政界所称的倒 U 形曲线（抛物线）

① 颜烨：《安全生产现代化研究》，世界图书出版公司，2016 年，第 5–8 页。

② 国家统计局：《2018 年国民经济和社会发展统计公报》，http：//www.stats.gov.cn/tjsj/zxfb/201902/t20190228_1651265.html。

变迁，[①] 而是波浪形或 M 形变迁特征：[②] 一方面，反映该类风险与中国国情历史密切相关，即长期处于政府全能主义管控（“社会”消弭于政府全能）之中，因而“集中力量办坏事”与“集中力量办大事”相伴而行，职业安全健康领域尤其如此。另一方面，表明中国治理职业安全健康问题具有复杂性、长期性和反复性，即缺乏多元合作治理（尤其缺乏三方合作治理）机制、缺乏社会参与和监督，可能是主要原因；即便在政府内部，部门之间、中央地方之间也缺乏良性合作治理，反而诱发事故。本质上看，这是多元主体、多种要素之间的“结构性”问题。具体说：

首先，从纵向看，我国职业安全事故虽然出现所谓“四个明显下降”，但横向比，并不乐观，且重特大事故时有发生。这里需要拷问的是：现行治理体制机制是否存在弊端?

从“十一五”时期末以来，我国突发性的职业安全事故出现所谓“四个明显下降”，即事故总量明显下降、事故死亡人数明显下降、重特大事故明显下降、反映安全发展的四个相对指标（亿元 GDP 死亡率、万车死亡率、10 万就业人口死亡率、煤矿百万吨死亡率）明显下降。但与国外横向比较，中国事故总量、死亡总人数仍然很大，重特大事故时有发生。如 2015 年底官方统计，全国生产安全事故死亡 6 万多人（交通事故占主要比重），而英、美、德等国家早已下降到 1 万人以下；亿元 GDP 死亡率也高出美国等国家 3 倍以上。而且，近年还发生过多起特重大事故（如 2015 年发生过东方之星 6・1 沉没事故、天津港 8・12 事故、深圳 12・20 滑坡事故等）。这就需要进一步拷问的是：目前我国现行的这套职业安全治理体制机制和

---

① 王显政主编：《安全生产与经济社会发展报告》，煤炭工业出版社，2006 年。

② 颜烨：《当代中国公共安全问题的社会结构分析》，《华北科技学院学报》2008 年第 1 期。

理念是否存在弊端？强政府的单一监管性治理方式是否需要加以改变？

其次，目前我国安全生产事故有所下降，但职业病有增无减，还出现过“开胸验肺”的极端事件。这里需要拷问的是：重安全生产执法而轻职业病防范的症结在哪里？

慢性职业病（“白伤”）防范与突发性安全事故（“红伤”）控制实际上同属于一个范畴，均涉及从业者的生命保障问题。目前，中国职业病防范处于高发态势，这与西方国家的发展阶段有所不同（他们在经济中低速增长时期，职业病相对是下降的）。据卫生部门统计，职业病发病人数从 20 世纪 90 年代初逐年下降，1997 年降至最低后又呈反弹趋势，一度出现开封等地农民工被逼“开胸验肺”求救治的极端事件。目前，从每年报告的职业病病例来看，近几年每年都在 3 万例左右，而且有逐年上升的趋势；有 30 多个行业、1000 多万家企业存在职业病危害因素（中国职业病危害因素分为 6 大类、常见的有 400 多种），可以说是量大面广；在一些企业尤其是一些中小微型企业，工作场所的粉尘、化学毒物和噪声的浓度和水平都超标，有些甚至严重超标近百倍。从近几年报告的职业病病例的人数来看，煤矿、非煤矿山、化工、建材这些行业报告的职业病病例大概在 70% 左右，是职业病比较严重的行业。[①]“红伤”容易感人，“白伤”容易蒙人，以至于中国长期以来以突发性安全事故防治（一定程度地）遮盖了慢性职业病防范，使得职业健康治理处于相对“隐性”的地位（事实上职业健康问题在凸显）。很显然，这与中国目前安全生产法与职业病防治法一度“分法而治”所引发的问题有很大关系，涉及部门合作治理、两

① 《安监总局司长解读职业病危害治理“十三五”规划》，中国网 http：//www.china.com.cn/fangtan/2017-08/31/content_41508212.htm。

法合并立法治理的问题。表 1–1 的问卷调查也显示了职业健康不如职业安全状况好。

再次，面对职业安全健康风险日益弥散性的特征，政府单一性的强监管、大投入、严制度等，已不足以或不能从根本上遏制事故和危害。这里值得拷问的是：“政府失灵”需要从哪些方面来解决？

随着经济社会的纵深发展，职业安全健康风险日益呈现弥散性特征，即在高危行业事故中，农民工是主要牺牲者（90% 以上），但当前职业安全健康风险已经不局限于高危行业和农民工，也深深地侵蚀到轻工业、服务业部门，慢性职业病的暴发已经侵蚀白领阶层，因而仅仅依靠政府单方面的强力监管、大量投入或严刑峻法，已经难以为继和奏效。如 2016 年 8 月国务院还出台了对省级政府安全生产考核的严格标准，但完全依靠这类严厉措施或制度就一定能够遏制职业安全健康事故或事件的发生吗？回答是否定的。其实，在 20 世纪 70 年代，美国能把矿难降下来，除了加强立法、设置监管机构，更在于三方机制（工会等组织强大）的建立及其强大社会运动的制约和能量提供。因而，“政府失灵”问题急需市场、社会等多主体多方式合作治理：一方面解决政府成本过高、压力过大、任务过重的问题；一方面其他力量可以监督政府的不作为或乱作为。

最后，要阐述的是，要从根本上遏制职业安全事故或职业危害，主要在于资源、机会在社会成员之间的公平配置，即社会结构的均衡问题，即“风险治本”，从源头上杜绝职业风险的发生。

比如，农民工为什么会成为工业化进程中职业安全事故和危害的主要承担者？根本上还是在于他们的教育文化资源不足、生存资源偏少、上升能力不够等，这就需要政府、市场、社会在民生资源和社会保障政策等方面进行投入和帮扶，解决其后顾之忧。也就是说，这不仅仅是单个安监部门、

单方主体能解决的问题，而需要多部门、多主体通力合作治理解决。但目前，我国从上到下很多时候都将风险“治标”（如铺天盖地的安全考绩措施和机制）手段当作“治本”，反而贻误职业安全健康发展战略实施，贻误职业安全健康治理体系和能力现代化建设。这方面尤其须要借鉴学习发达国家的成熟经验。

综上所述，中国职业安全健康问题的最大弊端是存在合作治理的“短板”。我们通过多年的研究积累认为：结构不合理，功能则紊乱；目前中国职业安全健康领域的实质问题是结构性问题，是各大主体之间、各政府部门之间、中央地方之间的治理资源和能力相互分割、相互壁垒，以至于不能很好地进行合作，反而浪费资源，贻误事故和危害的预防治理时机；同时，没有从根本上（如社会成员的民生及其保障政策以及城乡、区域、组织、阶层等之间的结构性）或者说解除事故和危害发生的风险隐患，存在治标不治本或将治标当治本的错误理念和做法，存在分散化、非常态化治理症结，反而人为引发新的风险。这恰恰需要多部门、多主体、多方式的合作治理。

第二节　相关研究回顾及评述

这里，我们主要归纳为事故致因论、安全系统论、政府安全监管论、企业安全管理论、安全治理论等几方面的学科或主张（涉及工程技术、自然科学、社会科学）加以回溯和评述。[①]

① 参考谢宏主编：《安全生产基础理论新发展》，世界图书出版公司，2016年，第25–40页。

一、事故致因理论：被动机械的初始化还原论

事故致因理论研究由来已久，20 世纪初期就始有探索，安全科学界一般认为有几种：[①]

（一）事故频发倾向原理

1919 年，英国格林伍德和伍兹对许多伤亡事故发生次数进行了泊松分布、偏倚分布、非均等分布等不同类型的分析；1939 年，法默等人在此基础上提出了事故频发倾向原理（即个别容易发生事故的稳定的个人内在倾向）。其结论是，如果企业中减少事故频发倾向者，就可以减少工业事故。

（二）能量意外释放原理

1961 年，吉布森提出事故是一种不正常的或不希望的能量释放，各种形式的能量是构成伤害的直接原因，因而通过控制能量或控制达及人体媒介的能量载体等，就能预防伤害事故；哈登引申提出认为，在一定条件下，伤害能量还与人体接触能量的时间和频率、能量的集中程度、身体接触能量的部位等有关。

（三）因果连锁原理

德国海因里希提出事故因果连锁原理，证明事故致因因素与伤害之间的关系，认为每一起严重事故的背后，必然有 29 次轻微事故和 300 起未遂先兆以及 1000 起事故隐患，即著名的"海因里希法则"（1931）；此后

---

① 如，林柏泉：《安全学原理》，煤炭工业出版社，2002；隋鹏程、陈宝智、隋旭：《安全原理》，化学工业出版社，2005；何学秋：《安全科学与工程》，中国矿业大学出版社，2008。

发展出一系列的如墨菲定律（事故难免而须谨防，1949）、瑟利模型（1969）、海尔模型（1970）、威格里沃思“人失误的一般模型”（1972）、劳伦斯“金矿山人失误模型”（1974），以及安德森等对瑟利模型的扩展和修正（1978）等。

（四）北川彻三事故因果连锁原理

日本人北川彻三对海因里希的原理进行修正，提出将宏观和微观结合的事故因果连锁原理，认为工业伤害事故发生不仅仅局限于企业内部及个人，也与一个国家或地区的政治、经济、文化、教育、科技水平等诸多社会因素有一定的关系。

（五）扰动起源事故原理

贝纳提出了解释事故致因的综合概念和术语，同时把分支事件链和事故过程链结合起来（1972），认为一个事件的发生势必由有关人或物即“行为者”所造成的“行为”。

（六）动态变化原理

约翰逊提出“变化—失误”模型（1975）、塔兰茨介绍“变化论”模型（1980）、佐藤吉信提出“作用—变化与作用连锁”模型（1981），都从动态和变化的观点阐述了事故的致因。

（七）轨迹交叉原理

该原理认为事故的发生不外乎是人的不安全行为和物的不安全状态两大因素综合作用的结果，即人、物两大系统时空运动轨迹的交叉点就是事故发生的所在；预防事故的方法就是设法从时空上避免人、物运动轨迹的交叉，使得事物致因研究又有了进一步的发展。

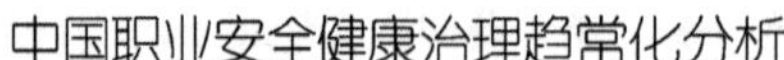

简要评述：事故致因理论（早期或称“事故学”）一直在科技领域有一定影响力，但它是从事后的事故统计分析角度出发的一种机械式的解释（包括“事故树分析法”），虽然后来打破传统理论中仅仅分析人的不安全行为的局限，开始考虑物的不安全状态，但其局限性主要还是在于将人视为事故的被动者，而且注重事后整改而非事前预防；尽管后来发展到加入一些经济社会因素（基础原因）、组织管理或制度（间接原因）的系统解释，但仍然没有摆脱物理技术性的机械还原主义的泥淖（将人的不安全行为、物的不安全状态作为两大直接原因进行分析，因而也就不可能上升到宏观性的能动治理高度）。宏观治理是本选题的研究方向。

二、安全科学：融入人本理念但局限技术理性

这方面突出的有以下几大理论：

1. 美国 1973 年创办的《美国科学文摘》杂志、德国学者库尔曼 1981 年出版的《安全科学导论》使得事故学转向安全科学研究。[①] 库尔曼将人（不安全行为）、物（不安全状态）两大因素扩展为三大因素即人、机器（物）、环境（操作现场环境与经济社会生态环境）及其构成的有机系统，从单一的技术安全（系统安全）治理正式走向综合的安全技术（安全系统）预防治理，实现了职业安全健康治理的一次飞跃，认为这是“本质安全”（即指通过设计等手段使生产设备或生产系统本身具有安全性，即使在误操作或发生故障的情况下也不会造成事故）的源泉。

2. 中国学者刘潜等人 1985 年来逐步推出“三要素四因素”的安全系统观。这基本是在库尔曼的安全科学理论基础上发展起来的，认为人—物—

① （联邦德国）A. 库尔曼：《安全科学导论》（赵云胜等译），中国地质大学出版社，1991 年。

事的安全保障三要素同时作为事故因素而存在，且三者内在联系而形成一个动态的系统（即第四因素）。接下来，国内一些学者纷纷出版专著对安全科学及其原理进行探索。[①]除了国外早有的安全心理学（安全行为科学），国内逐步推出安全经济学、[②]安全管理学、[③]安全文化学、[④]安全社会学、[⑤]安全法学[⑥]等分支学科加以深化研究，发展了安全科学技术学科体系（1992年版的《国家学科分类及代码》正式将安全科学技术列为一级学科，2009年版继续发展下属二、三级学科）。

3. 中国学者吴超对安全科学技术体系划分的新突破。吴超等撰文认为，真正的安全科学技术学科体系应该涵盖五大方面的二级学科（安全生命科学、安全自然科学、安全工程技术、安全社会科学、安全系统科学）和若干三级学科。[⑦]我们认为，这种新突破具有一定的科学合理性。

4. 美国麻省理工学院莱文森教授对安全系统理论的新发展。2012年，他

---

① 如，林柏泉：《安全学原理》，煤炭工业出版社，2002年；隋鹏程、陈宝智、隋旭：《安全原理》，化学工业出版社，2005年；何学秋：《安全科学与工程》，中国矿业大学出版社，2008年。

② 罗云：《安全经济学导论》，经济科学出版社，1993年。

③ 吴穹、许开立：《安全管理学》，煤炭工业出版社，2002年。

④ 徐德蜀主编：《中国安全文化建设——研究与探索》，四川科学技术出版社，1994年；曹琦：《关于安全文化范畴的讨论》（1991年提出企业安全文化概念），《劳动保护》1995年第12期；徐德蜀、邱成编著：《企业安全文化简论》，化学工业出版社，2004年。

⑤ 颜烨：《安全社会学》，中国社会出版社，2007年；颜烨：《安全社会学》（第二版），中国政法大学出版社，2013年。

⑥ 赵耀江：《安全法学》，机械工业出版社，2006年；张付领等：《公共安全法学与法律法规概论》，当代中国出版社，2007年；石少华等主编：《安全法学》，中国劳动社会保障出版社，2010年；詹瑜璞：《安全生产法的实践和理论》，中国矿业大学出版社，2011年；詹瑜璞主编：《安全法学》，中国知识产权出版社，2012年。

⑦ 吴超、杨冕：《安全科学原理及其结构体系研究》，《中国安全科学学报》2012年第11期。

出版了专著《基于系统思维构筑安全系统》。[①]该书分析了传统事故致因模型及安全方法的局限性，以系统工程理论为基础，提出了事故模型STAMP，该模型引入“安全约束”与分层控制结构，通过建立面向社会系统与技术系统两个层面的系统过程模型，来捕获系统在分析、设计、操作、维护等阶段中导致事故的诱因，从而提出工程风险分析与管理技术STPA，可以对同一工程中所涉及的技术系统和社会系统中的风险同时进行控制与管理。

简要评述：上述研究力图从安全科学学科角度对职业安全健康问题进行治理，涵盖从技术到文化、从经济到社会、从管理到政治等层面，体现了学科的交叉性、合理性、手段和方式的多维性，而且重在考量事故及危害的预防，体现了人的主观能动性和人本安全原理，显然具有合理之处；但最大的问题是，将职业安全健康仍然局限在技术层面、物理层面和静态系统中去解决问题，难以从宏观上进行动态性本质治理的突破。本选题恰恰需要摆脱这种技术性的静态思维。

三、政府全能式监管主义：强政府的管控思维

最突出的研究是王绍光对中国煤矿安全生产监管模式的评价，认为中国已从全能型国家进入监管型国家行列（美国20世纪80年代前逐步进入监管型）。[②]因为2000年后一段时期是中国新一轮矿难高峰期，因而这类文献比较多。

实际上，新中国从成立到改革开放，因袭历史而经历过三四十年的政

① ［美］南希·莱文森：《基于系统思维构筑安全系统》（唐涛、牛儒译），国防工业出版社，2015年。英文书名为：Engineering a Safer World：Systems Thinking Applied to Safety，2012年由The MITPress出版。

② 王绍光：《煤矿安全生产监管：中国的治理模式的转变》，《比较》2003年第13辑。

府全能主义管控阶段，[①]政府全能即牵一发而动全身，既管安全还管生产，兼具“裁判员”与“运动员”的双重角色，因此那时的职业安全健康事故或事件主要与全能政府的决策正确与否联袂紧密，而且全能政府在灾难危害治理面前本身也是失灵的。[②]如1960年，山西大同老白洞一场煤矿事故死亡600多人。[③]

接下来，改革开放推进“以经济建设为中心”的市场化路线，矿难也在这场“准放任主义”中持续攀升。[④]为了解决经济高速增长下的能源短缺问题，1981年中央主要领导人在山西考察后发表“有水快流”论的谈话，一时间国有和民营煤矿无论大小一哄而上，根本无暇顾及安全投入和安全技术，也因此中国矿难再度飙向高峰（1989年成为新中国成立以来煤矿事故死亡人数的最高峰）。

到了1998年底，国家推行“关井压产”政策，即不分国有民营，关掉内部管理混乱、无市场竞争力的企业，压缩过剩产能。[⑤]这实际上揭开了职业安全健康领域监管主义的序幕。“关井压产”的推进并不顺利，矿难也并没有迅速降下去，中间还一度出现反复，也招致国内一些新自由主义崇拜者的非议。[⑥]且在2000年前后，当时加入世贸组织（WTO）的“乌

① 邹谠：《二十世纪中国政治：从宏观历史与微观行动的角度看》，牛津大学出版社（中国）有限公司，1994年。

② 如，张笑玲：《中国矿难治理问题的内部性与外部性及其政府管制》，《新西部》2007年第5期。

③ 煤炭工业部安全司编写：《中国煤矿伤亡事故统计分析资料汇编（1949—1995年）》，煤炭工业出版社，1998年。

④ 颜烨：《煤殇——煤矿安全的社会学研究》，社会科学文献出版社，2012年。

⑤ 国务院：《关于关闭非法和布局不合理煤矿有关问题的通知》（43号文），1998年12月。

⑥ 如，茅于轼、施训鹏：《对“关井压产”工作的剖析、反思和建议》，《煤炭经济研究》1999年第6期。

拉圭回合谈判”提出中国职业安全健康管理体系和标准国际化的要求（“只有采取同一职业健康安全标准的国家与地区才能参加贸易区的国际贸易活动”[①]），国家借此决定下大力气治理职业安全健康问题：一方面，在机制上出台法律制度等，如 2001 年和 2002 年分别颁布职业安全健康领域两个首部大法——《职业病防治法》《安全生产法》；另一方面，在机构上成立独立的副部级国家安全生产监管局（与国家煤炭工业局脱钩，2005 年升格为正部级），专司职业安全健康监管职能。

直到 2008 年，中国安全生产事故（主要是煤矿事故）开始持续下降。回望历史，中国真正开启监管主义治理模式是在 1992 年邓小平视察南方谈话和党的十四大前后。2002 年，九届全国人大五次会议首次提出政府在市场化改革进程中的职能定位为：宏观调控、市场监管、社会管理和公共服务（2013 年党的十八届三中全会加入“环境保护”职能，并将公共服务调整到第二位）。也就是说，职业安全健康属于政府社会管理和市场监管范畴的职能。而研究探索职业安全健康问题监管的文献，多在 2002 年以后大幅度集中增加，[②] 这与 2003 年“非典”事件和几番煤矿重特大事故密

① 刘铁民：《WTO 与中国安全生产》，《林业劳动安全》2000 年第 11 期。

② 如，王绍光：《煤矿安全生产监管：中国的治理模式的转变》，《比较》2003 年第 13 辑；钟开斌：《煤矿安全：转型期中国政府监管面临的挑战》，《广东社会科学》2007 年第 1 期；钟开斌：《遵从与变通：煤矿安全监管中的地方行为分析》，《公共管理学报》2006 年第 3 期；李传军：《管理主义的终结：我国服务新政府兴起的历史与逻辑》，中国人民大学出版社，2007 年；禹金云、罗一新：《基于煤矿安全生产监督研究的博弈分析》，《中国安全科学学报》2007 年第 3 期；文军：《航空运输安全监管的博弈分析》，《中国安全科学学报》2008 年第 3 期；刘玉龙：《中国煤矿安全生产监管研究》，东北财经大学硕士学位论文，2011 年；翁翼飞等编著：《安全监管学》，中国水电水利出版社，2012 年；刘亚平、蒋绚：《监管型国家建设的轨迹与逻辑：以煤矿安全为例》，《武汉大学学报》（哲社版）2013 年第 5 期；杨炳霖：《回应性管制——以安全生产为例的管制法和社会学研究》，知识产权出版社，2012 年；杨炳霖：《基于新安法构建协同型监管治理体系》，注安之家网 http：//www.esafety.cn/Blog/group.asp?cmd=show&gid=4&pid=9424。

集发生密切相关。与其他领域相比，中国职业安全健康领域推进监管性改革相对滞后，因为它具有为经济持续增长而保护能源生产的特殊需要性质，与能源（煤炭）价格的市场化改革滞后直接关联。

“监管”，往往是指公共权威对共同关切的活动施加持续性和集中性影响力的控制。安全监管（Safety Administration）是指政府运用政治的、经济的、法律的手段和力量，对各行业、部门和领域企事业单位的安全生产活动进行监督、（行政）监察与管制的一种特殊的管理活动；其主体是政府，客体是企业等生产经营组织，强调公平正义、社会福利最大化和公共产品的提供。[①] 比如，目前安全生产工作格局（体制）是“政府统一领导、部门依法监管、企业全面负责、群众参与监督、全社会广泛支持”；目前安全生产监管格局是“党政同责、一岗双责、齐抓共管”，[②] 强调大政府的监管责任；2014 年修订的《安全生产法》明确规定，要建立“生产经营单位负责、职工参与、政府监管、行业自律和社会监督”的安全生产工作机制，其中生产经营单位（企业）对安全生产负主体责任。

兴起于 20 世纪 70 年代的“新公共管理”理论（New Public Management），也被国内学者应用于特殊职业安全健康管理领域。[③]“回应性监管”（Responsive Regulation）则是 20 年前国外兴起的一种监管理论，是美国学者伊恩·艾尔斯和澳大利亚学者约翰·布雷斯维特共同提出的（1992），主要在职业安全健康、环境保护等领域得到应用。其中心意思是要解除政府的过度监管，要求政府要在它与非政府组织之间建立一种

---

① 如，翁翼飞等编著：《安全监管学》，中国水电水利出版社，2012 年。

② 《始终把人民生命安全放在首位 切实防范重特大安全生产事故的发生》，《人民日报》2013 年 6 月 8 日第 1 版。

③ 林妙南:《厦门湾水上安全监管系统公共投人研究》,大连海事大学硕士学位论文,2013 年。

合作型监管模式（包括金字塔监管与监管分配权方案两种形式），这样政府必须改变自身的定位，由原来的直接监管者转为“构建者”角色，即通过制度建设保障其他非政府组织的主体地位，并激发他们自我监管的意愿和能力，政府以结点治理网络的方式对其他主体行驶监督者的职能，被监管者可以对政府监管措施做出对等回应，从而形成共同监管的格局。[①]这种监管模式能够使得生产经营单位行使一定的安全管理主动性和回应性，从而能够达成某种协同或合作。

简要评述：政府监管主义适应市场化改革的需要，摆脱了“运动员”和“裁判员”的双重角色，而实行“有限理性”（西蒙，1947）的监管，[②]厘清了自身的角色定位，也给予安全主体一定的地位和作用。几乎所有的政府监管研究都对全能主义管控思路进行抨击批判，但监管主义安全治理思路本身也有其时代局限性，因为它仍然是一种“强政府—弱社会”的政府单一监管思路（或者说是一种准国家主义治理模式），社会或社会组织的参与治理仍然缺位或弱化，因而不能很好地实现平等的结构性合作治理，企业依赖政府且被动应对政府执法，企业员工等安全主体本身依然处于被动的安全保障角色，“安全民主”相当缺失。虽然“回应性监管”强调政府与非政府组织之间的合作监管，但政府依然是主要监督方，行使主要监

---

① Binglin Yang. Regulatory Governance and Risk Management: Occupational Health and Safety in the Coal Mining Industry. Routledge, 2011; 杨炳霖:《监管治理体系建设理论范式与实施路径研究——回应性监管理论的启示》，《中国行政管理》2014 年第 6 期；杨炳霖：《基于新安法构建协同型监管治理体系》，注安之家网 http: //www.esafety.cn/Blog/group.asp?cmd=show&gid=4&pid=9424；刘鹏、王力：《回应性监管理论及其本土适应性分析》，《中国人民大学学报》2016 年第 1 期。

② ［美］赫伯特 · A. 西蒙：《管理行为》（詹正茂译），机械工业出版社，2014 年；卢现祥主编：《西方新制度经济学》（修订版），中国发展出版社，2006 年。

管权，并没有强调非政府组织或经营生产组织对政府的反监督，这恰需迈向“后监管主义”时代——平等的合作共治。这是本选题需要研究突破之处。

四、企业安全管理研究：宏观淡化而微观强势

广义上的“管理”（Management）当然包括政府监管，但这里所指的“管理主义”一般是指生产经营单位内部的管理（实际上相当于企业治理或公司治理），接近泰勒、法约尔等意义的传统管理。[①] 安全管理（Safety Management）即是企业以安全为目的，进行有关决策、计划、组织、领导和控制方面的活动；同生产或营销管理、人力资源管理、财务管理、物流管理等一样，是企业管理的职能之一和主要活动之一。相对于宏观治理和监管，企业内部管理是微观或中观层面的行为。国内外职业安全健康问题的企业管理研究非常多，[②] 主要归纳为以下几大范式。

（一）基于安全文化（学派）的安全健康管理研究

“安全文化”最初是由国际核能组织基于切尔诺贝利事故而提出的概念（德国社会学家贝克此时正提出“风险社会”理论研究），认为人们的安全理念、素质、态度和安全意识对于促进安全管理非常重要（1986）；后来国际原子能机构、英美等国家安全健康管理机构先后提出自己的安全文化概念和行动指南、安全文化法规条例（IAEA，1991，1994，2002）。

---

① Christopher Pollitt. Public Management Reform. Oxford University Press，2011.

② 如，罗云、程五一：《现代安全管理》，化学工业出版社，2004 年；田水承、景国勋：《安全管理学》，机械工业出版社，2009 年；王凯全：《安全管理学》，化学工业出版社，2011 年；傅贵：《安全管理学——事故预防的行为控制方法》，科学出版社，2013 年。

中国学者在这方面研究也非常多，并借鉴国外的研究，[①]在企业安全管理实践中设计指标体系、测量模型进行实际测评，[②]国家安全监管总局层面也先后出台企业安全文化建设评价准则（AQT 9005—2008）、安全文化五年规划（2011/2016）、全社会安全生产宣传教育工作的意见（2016）。总之，该派学者认为，广义的安全文化包括安全物质文化、安全制度文化、安全精神文化和安全行为文化四个层面的内容；认为安全文化是安全管理的灵魂，具有潜移默化、润物无声、事半功倍的行为控制和管理效果，需要通过教育培训、科普宣传等方式推进安全知识入眼入耳、入脑入心，安全管理则是一种意识养成及其结果。

国外职业安全健康监管中的典型经验是“罗本斯模式”（Robens，1972），认为安全事故的发生很大程度上是由不安全行为导致的，而背后很多时候可能不是外在的法律规定，而是早已根植于头脑中的习惯和意识，即要认识到安全文化不足（主要是人们对安全健康问题的“漠视”态度）是事故的根本原因，也就是安全意识的问题；认为要强化人的安全意识，

---

① 如，Lee，R T. Perceptions，Attitudes and Behavior：the Vital Elements of a Safety Culture. Health and Safety，1996（7）：pp1-15；Flemming M.，Lardner R. Safety culture - The way forward. The Chemical Engineering，1999；Neal A，Griffin A M，Hart M P. The Impact of Organizational Climate on safety. Safety Science，2000（34）：99-109；Hahn E S，Murphy R L. A Short Scale for Measuring Safety Climate，Safety Science，2008（46）：1047-1066。

② 如，徐德蜀主编：《中国安全文化建设——研究与探索》，四川科学技术出版社，1994年；曹琦：《关于安全文化范畴的讨论》，《劳动保护》1995年第12期；徐德蜀、邱成编著：《企业安全文化简论》，化学工业出版社，2004年；甘心孟、林宏源主编：《安全文化导论》，四川科学技术出版社，1999；傅贵等：《企业安全文化的作用及其定量测量探讨》，《中国安全科学学报》2009年第1期；田水承、景国勋：《安全管理学》，机械工业出版社，2009；张跃兵：《安全行为特征的研究及其应用》，《中国安全科学学报》2013年第7期。

不能只靠政府，而是需要全社会的共同努力。这种模式又称为“协同型监管模式”。[③]

（二）基于安全行为（学派）的安全健康管理研究

行为是文化、心理活动的外在表现。该派学者认为，人的不安全行为是安全事故发生的初始危险源，因而安全管理学其实就是安全行为控制论。[④]最早提出和系统研究安全行为科学的是英国学者 Gene Earnest 和 Jim Palmer 以基于行为的安全（BBS，Behavior Based Safety）的名称提出（1979）；基于行为控制理论，安全管理学重点在于研究法律制度、规范标准制定及对行为控制的实践，[⑤]构建不安全行为控制的栅栏理论。[⑥]有些学者认为，要让安全行为成为一种习惯，让人们熟练、稳定地记得、掌握、运用安全知识，尤其是大量的事故案例知识，从中了解事故发生的规律性，就需要有一套做法和思想做指导，这就是行为安全方法。[⑦]比如，中国企业近年从日本引入并普遍实施的手指口述法，即是主要针对生产过程高危及操作复杂的行业，员工容易发生遗忘、错觉、注意力不集中、先入为主和判断

---

③ 杨炳霖：《基于新安法构建协同型监管治理体系》，注安之家网 http：//www.esafety.cn/Blog/group.asp?cmd=show&gid=4&pid=9424。

④ Vroom V.H. Organizational Choice： A Study of Pre–and Post Decision Processes. Organizational Behavior and Human Performance，1966（2）： 212–225；Lawler E E，Porter L W，Tennenbaum A. Managers' Attitudes Toward Interaction Episodes. Journal of Applied Psychology，1968，52（6）：432；张跃兵：《安全行为特征的研究及其应用》，《中国安全科学学报》2013 年第 7 期。

⑤ John Austin.An Introduction to Behavior– Based Safety. Stone，Sand & Gravel Review，2006（2）： 38–39。

⑥ 陈红：《中国煤矿重大事故中的不安全行为研究》，科学出版社，2006。

⑦ 傅贵：《安全管理学——事故预防的行为控制方法》，科学出版社，2013 年。

失误等问题，运用心想、眼看、手指、口述等一系列行为，使人的注意力和物的可靠性达到高度统一，从而避免违章、消除隐患、杜绝事故。又如，近年国内企业从德国、日本等引入并普遍应用的安全精细化管理原理，强调通过这种管理理念和管理技术，使得规则系统化和精细化，手段和方式程序化、标准化和数据化等，促进组织管理各单元精确、高效、协同和持续运行，达到事前预防、超前控制隐患或事故。① 目前，国内普遍采用信息系统对组织及其员工的安全行为进行管理并进行评价。②

（三）基于积极心理（学派）的安全健康管理研究

安全管理根本上是对风险的化解、隐患的消除，因而需要人的主观能动性和积极心理去辨识、发现和排除化解风险，实现安全预防为本。因此，也有学者认为传统的职业安全健康管理方法和理念显得有些消极和被动，具有一定的局限性，转而运用积极心理学的原理和方法，③ 研究职业安全健康管理。他们运用不安全行为统计、多主体模型建构、行为涌现仿真系统等方法，调研分析了惩罚制度、群体性倦态同化心理等不良现象及其后果，认为积极安全管理就该培育积极的安全人格特质、积极的安全预防意识、兼顾自我与集体两个层面的安全以及营造积极的安全制度和文化环

---

① 祁有红：《安全精细化管理》，新华出版社，2009 年。

② 宫世文等：《“手指口述安全确认操作法”与“手指口述三三整理作业法”在煤矿现场的应用》，《煤矿安全》2009 年第 9 期；谢宏主编：《安全生产基础理论新发展》，世界图书出版公司，2016 年。

③ Seligman，M.E.P. Learned optimism （2nd ed.）. New York： Pocket Books，1998；Seligman，Martin E.P.，Csikszentmihalyi，Mihaly. “Positive Psychology： An Introduction” .American Psychologist. 2000（1）：5-14。

境。[①] 这对于促进安全管理方法改进和效率提高具有一定的意义。

简要评述：安全管理理论主要偏重于企业内部管理制度建设、员工不安全行为控制，具有很强的问题导向和实用操作价值，一定程度地遏制了事故和危害；但问题是，宏观上层的治理架构没有理清楚，下面微观企业层面过于“完美的折腾”，效果恰恰消耗于顶层设计不确定或缺失之中，“治标”而不“治本”，其结果可能是低效或无效的；[②] 而且它强调企业内部自上而下的单一管控，仍然缺乏员工的安全自觉参与和安全民主，甚至于将“治标”当作“治本”。这些均是本选题要着重解决的根本性问题。此外，安全管理还有研究物的安全管理、环境安全管理等，但这些活动均属于人的管理参与活动，具体不赘述。

五、安全治理理论：行业治理现代化的新思维

西方治理理论始于世界银行关于“治理危机”的概念。[③] 这一理论拓展政府管治视角，逐步延伸到政治、经济、社会、文化等诸多领域，逐步延伸到经济学、公共管理学、社会学、法学等学科，进而出现了全球治理、政府治理、公共治理、社会治理、法律治理、公司治理等概念。广泛意义上的“治理”包括前述的各类监管、统治、管理等，但“治理”的真正内涵是指与传统行政管理理论等强调政府自上而下的管控或统治不同，也与特别强调市民社会自我治理理论不同，它一开始就强调政府、市场、社会

---

① 陈红、祁慧：《积极安全管理视域下的煤矿安全管理制度有效性研究》，科学出版社，2013年。

② 李传军：《管理主义的终结：我国服务新政府兴起的历史与逻辑》，中国人民大学出版社，2007年。

③ The World Bank. Sub–Saharan Africa： From Crisis to Sustainable Growth，Washington，D.C.，1989。

合作共治，多元方式并举，是一种最终走向公共利益最大化的“善治”。[①]

2013 年，党的十八届三中全会提出全面深化改革的总目标，“就是完善和发展中国特色社会主义制度、推进国家治理体系和治理能力现代化”。至此，国内关于治理理论研究和经验研究开始繁荣起来，但事实上也进入了多元合作治理时代。在职业安全健康治理问题上，包括本课题组负责人在内均发表过职业安全健康治理现代化的文章，[②] 而且本课题负责人强调的是一种结构性的安全合作治理。[③] 在此之前，国内有关安全事故治理的文献也比较多，如前所述，对那些或偏重于政府单一治理，或偏重于企业单一治理而诱致的政府治理失灵与市场治理失灵都做了一些批判；[④] 也有人对中国职业安全健康存在的“新公共管理”的碎片化现象进行批判，从而提出进行“整体性治理”的重构。[⑤] 此外，博弈论、委托代理制等管理

① 如，俞可平：《治理和善治引论》，《马克思主义与现实》1999 年第 5 期；俞可平：《治理与善治》，社会科学文献出版社，2000 年；［美］休伊森等：《全球治理理论的兴起》，《马克思主义与现实》2002 年第 1 期；胡鞍钢等：《中国国家治理现代化》，中国人民大学出版社，2014 年。

② 如，颜烨：《中国安全生产现代化问题思考》，《华北科技学院学报》2012 年第 1 期；颜烨：《安全生产现代化研究》，世界图书出版公司，2016 年；林振华：《合作治理视角下的职业健康促进研究》，上海交通大学公共管理硕士（MPA）学位论文，2013 年；常纪文：《安全生产党政同责是国家治理体系的创新和发展》，《中国安全生产报》2014 年 8 月 13 日；张兴凯：《按照全面深化改革要求 推进安全生产治理体系现代化》，（中国安全生产协会）《专家工作通讯》2015 年第 1 期。

③ 颜烨：《论结构性安全治理》，《中国社会科学》（内部文稿）2016 年第 2 期。

④ 如，杨宜勇、李宏梅：《矿难：拷问制度安排》，《中国劳动保障》2005 年第 4 期；张笑玲：《中国矿难治理问题的内部性与外部性及其政府管制》，《新西部》2007 年第 5 期；张凤林、李保华：《矿难治理对策：一种劳动经济学分析视角》，《长安大学学报》（社科版）2007 年第 5 期。

⑤ 刘婷婷：《我国职业安全监管的碎片化现状及其整体性重构》，复旦大学硕士学位论文，2012 年。

学和制度经济学理论也在职业安全健康治理中得以展示。①

在国外，英、美、德等国家的职业安全健康管理早就基本上推行了政府、企业、社会三方合作治理机制。如德国实行职业安全健康管理的“双轨制”（行业协会等社会组织与政府这两条线并行约束企业职业安全健康）。他们采取社会治理、市场治理与政府治理并驾齐驱的做法，经验值得借鉴。

简要评述：就目前趋势看，中国职业安全健康治理正在迈向多元合作治理方向，但进度可能不会有想象的那么快。2015年，本课题组负责人曾经参与国家安全监管总局首届应急救援理论研讨会，当时几位发言人均提交了有关社会化应急管理的建议稿，建议方案具体、科学、合理，但在2016年修订出台的《生产安全事故应急预案管理办法》中，仅有一两句话即“提高从业人员和社会公众的安全意识与应急处置技能”、应急救援评估“必要时可以委托安全生产技术服务机构实施”，其他具体的相关建议内容均未采纳。尽管如此，多元合作治理趋势是不可阻挡的，也是发达国家职业安全健康治理反复证明的行之有效的路径。

六、关于上述相关研究文献的总体评价

从上述研究文献和政策文献看，中国职业安全健康治理研究实际上历经了这样一条路径：技术安全（系统安全）研究—安全技术（安全系统）研究—政府监管与企业管理研究—职业安全健康治理现代化研究（即技术—制度—结构）。这一研究历程，反映了人们对于职业安全健康问

① 薛红伟：《基于委托代理视角下综合治理矿难危机的对策分析》，西南政法大学硕士学位论文，2011年；冯群、陈红：《基于动态博弈的煤矿安全管理制度有效性分析》，《中国安全科学学报》2013年第5期。

题的认识不断走向深入，更加接近事实本身，也反映了经济社会结构纵深发展趋势与国家宏观政策的理性化变动，也更加接近发达国家经历的研究理路，但其中一些根深蒂固的旧有理念和制度显然不是一两天能够撼动的。

当然，以上文献综述和评价可能有未尽或不合理之处，但主要的文献观点和思想应该得到了基本阐述，且以宏观治理的视角对它们进行了一定的评价。

第三节 概念理论与研究方法

一、概念界定

这里，我们主要选取与本研究紧密相关的三组概念进行辨识和释义。

（一）与职业劳动风险相关联的概念

在中国历史上，“劳动保护”“安全生产”“劳动安全卫生”“职业安全卫生”“职业病防治”“职业安全健康”等概念或名称都在交错使用。如《宪法》第 42 条第 2 款提到“创造劳动就业条件，加强劳动保护，改善劳动条件”；《劳动法》第六章即以“劳动安全卫生”为章名，第 52 条又指出，“用人单位必须建立、健全劳动安全卫生标准，对劳动者进行劳动安全卫生教育”；在职业安全健康立法历史上，中国曾使用过“劳动保护法”“劳动保护条例”“劳动安全卫生条例”“劳动安全卫生法”等法名，也尝试使用过“职业安全法”法名。而在标准化建设方面，国家又接轨国际的做法，称为“职业健康安全”（OHS），如 1999 年 10 月，国

家经济贸易委员会颁布《职业健康安全管理体系试行标准》；2001 年 11 月，国家质量监督检验检疫总局正式颁布《职业健康安全管理体系 规范》（2011 年 12 月修订）。

安全生产，有时叫生产安全（如国务院颁布的《生产安全事故报告和调查处理条例》），源于中国特色的政策话语。早在新中国成立伊始，中央人民政府燃料工业部就提出坚决执行安全生产的方针；[①]1952 年又着眼于劳动保护角度，相继提出“安全生产方针”“生产必须安全，安全为了生产”“安全第一，生产第二”的工作方针，[②]从而沿袭下来称为“安全生产”。这是世界上独一无二的叫法。中国的立法者并不认为“职业安全”与“生产安全”存在混同。当年制定《安全生产法》时，立法机关曾就法名选择问题进行过说明，并倾向认为，职业安全侧重生产作业场所的安全，并不能覆盖商贸经营和公共娱乐等场所的安全，因而使用生产安全或安全生产的概念。[③]其实，职业安全主要是从职业者的身心安全健康角度来理解的，而生产安全却表达的是物质生产场所或过程的安全，从而使得从业者——人的生命安全从属于经济物质生产，失去了人本安全的意义。从中国目前实践状况看，安全生产主要是指劳动生产过程中从业者的安全，但也包括生产的服务对象（如在场的交通乘客、购物顾客、附近居民等）的安全。[④]

---

① 《坚决执行安全生产的方针》，《人民日报》1950 年 6 月 24 日。

② 1952 年 12 月，毛泽东对当时第二次全国劳动保护工作会议（12 月 23—31 日）关于《三年来劳动保护工作总结与今后方针任务》批示：“在实施增产节约的同时，必须注意职工的安全、健康和必不可少的福利事业；如果只注意前一方面，忘记或稍加忽视后一方面，那是错误的。”当时劳动部部长李立三就是根据这一指示提出了“安全生产方针”6 个字，但总体上还是着眼于劳动保护的。——悦光昭：《中国的劳动政策和制度》，经济管理出版社，1989 年，第 155 页。

③ 刘超捷、李明霞：《新〈安全生产法〉立法目的评析》，载《学海》2014 年第 5 期。

④ 颜烨：《安全生产现代化研究》，世界图书出版公司，2016 年，第 1 页。

也就是说，它不仅仅包括从业者的安全。这比国外所谓职业安全的概念的外延又要大得多。

职业卫生，一般是对职业场所内的人、机器设备、环境、产品或工艺技术等进行全面性危害预防与防治的活动；职业健康，单指排除职业场所内有害因素而保障从业者健康的活动，当然也包括技术工艺改进、机器维护和环境改善，但重点是保障从业者的健康；职业病防治，包括对从业者的职业病预防、职业病治疗两个方面，这有点接近职业健康保障。①

上述这些说法都意指同样的事物，但也有些微差别。劳动，一般是指人们创造物质财富或精神财富的一切活动，包括体力劳动和脑力劳动，也包括家庭劳动和社会劳动。职业，一般是指从业者按照社会分工要求、行业性需求与约定，运用一定的知识和技能从事某一行业属性劳动，从而获取应得报酬的社会活动。可见，劳动的外延比职业要大，不仅仅限于社会性分工的劳动，也包括不计报酬的家务活动，更具有社会性；而职业的内涵要比劳动丰富，外延相对较小，仅指某一行业的具体属性的劳动，且要依法约定就业，最后获得一定回报。因而本研究认为使用“职业”一词较为妥当。

职业病，即民间对所谓慢性职业病，通常被称为“白伤”，可分为广义与狭义两种，与职业健康、职业卫生、职业危害的名称联系比较紧密。广义上的职业病，应该是指所有劳动从业者在从业过程中，因遭受职业性有害因素的影响而引起的各种疾病。但为了研究的方便，我们还是采用政

① 另外，根据一些学者如华北科技学院田冬梅副教授的说法，“职业卫生”与“职业健康”的区别在于：职业卫生一般是指通过医学、卫生工程技术等控制人体外在的职业危害因素，不让劳动者患上职业病，侧重于事前预防；职业健康主要是指劳动者患上职业病后或受到危害后，如何处置以恢复健康的问题，侧重于事中应急、事后康复。

府的狭义界定。《职业病防治法》认为，职业病是指企业、事业单位和个体经济组织等用人单位的劳动者在职业活动中，因接触粉尘、放射性物质和其他有毒、有害因素而引起的疾病。职业病的遴选原则是：有明确的因果关系或剂量反应关系；有一定数量的暴露人群；有可靠的医学认定方法；通过限定条件可明确界定职业人群和非职业人群；患者为职业人群即存在特异性。[①]这样一来，目前普遍存在于高级白领中的职业性颈椎病或电脑综合征、特殊行业的过度敏感性心理反应（如公安侦查心理强迫症）等，均不属于法定的职业病范畴。

有鉴于上述概念的分析，并参考国外的情况，本研究统称为“职业安全健康”。其实质是指职业从业者在劳动生产过程中，其身体、心理及其相关权利得到有效保障而呈现持续正常完好的状态。[②]在国外，职业安全健康英文为 occupational safety and health（缩写 OSH），一般由同一个政府主管部门统一实施监管治理。在中国，它分别被称为“安全生产”（work safety，即民间所谓见血的“红伤”说法）、“职业健康”（occupational health），且两者长期以来分门而治，直到近年才逐渐呈现合并执法的趋势；一般局限于高危行业（矿山、交通、建筑施工、化工、烟花爆竹、城镇管道输送、消防、工贸、人口密集场所、民用爆炸品等），而对于轻工业或服务业涉及不多。直至目前，国内政府在实践中往往将安全生产监管职能扩大到包括职业健康监管（职业病防治）在内，即所谓“大安全生产”的监管。

---

① 参见国家卫计委、国家人社部、国家安监总局、全国总工会 2013 年 12 月 23 日联合发布的《职业病分类和目录》。

② 颜烨：《安全社会学内涵及其体系深化研究》，《中国安全科学学报》2013 年第 4 期。

总体而言，本研究在涉及直接引用文献和中文政策文本时，仍然使用“安全生产”“职业健康”的原有名称，其他情况下统一使用“职业安全健康”名称，偶尔会使用“职业健康”或者“职业健康（卫生）”的说法；但这些均属于“职业风险”（即来自职业劳动而不是家务劳动等的风险）大概念范畴，是职业风险的具体化表述。因而本研究也统一为职业风险概念。

（二）监管、监察、管理、治理辨析

监管，从字面理解，即为“监督＋管理”，但在西方经济学里，则是指规制或管制的意思，英文为regulation，而不是supervision或management。在中文里，政府通常使用某某“监督管理局”的概念，但其本质意义是规制或管制的意思，是指政府在市场化条件下，为了实现公共政策目标，立足于公共利益的立场，依法对微观市场主体（主要是企事业组织或个人经营者）及其责任人的行为进行直接或间接干预、控制、约束的管理活动，即政府监管活动。

监察，英文为supervision，一般是指政府监督各级国家机关和机关工作人员的工作，并检举违法失职的机关或工作人员，通常称为行政监察。但目前政府的行政监察职责有所扩大，扩大到对政府系统之外的具体公共事务的专项监察，如安全监察、环境监察、劳动监察、卫生监察等。因此。可以说，实际上是指政府依法对触及公共事务和公共利益的行政组织及其工作人员、微观市场主体及其责任人（主要是企事业组织或个人经营者）的行为，进行监督、检查、监测、监控、监视和察看等的专门管理活动；它一般需要进行监察立法才能开展活动。政府监管必然包括政府（行政）监察活动。

政府监管根据权力支配及其方向，可分为纵向垂直监管、横向综合监管、纵横交叉监管等模式。判断政府监管是纵向垂直还是横向交叉（综合），一般有几条标准（如表 1–2），因为这些标准里涉及权力支配和资源来源的问题。这三类标准对于纯粹纵向和纯粹横向监管来说，是缺一不可的，否则就是混合式监管。混合式监管在联邦制与单一制国家中均会存在。

管理，则是一个大概念，英文一般为 management。法国管理学家法约尔认为，管理就是实行计划、组织、指挥、协调、控制，[①] 即管理的 5 个要素。《世界百科全书》则定义为：管理是对工商企业、政府机关、人民团体以及其他各种组织的一切活动的指导；它的目的是使每一行为或决策有助于实现既定的目标。因此，一般地说，管理是指组织系统的统治者通过一定决策和指挥，从上到下对其内部各种资源要素进行合理规划、调配和控制，从而实现组织既定目标的人类理性活动。很显然，管理的外延非常大，包括上述的监管、监察活动。管理从不同角度可以分为很多类型，如基于不同主体的公共管理、企业管理、社会管理、国家管理等，基于不同系统或手段的经济管理、政治管理、文化管理、法律管理等，基于不同具体对象的环境管理、安全管理、财务管理、社区管理等。

---

① ［法］H. 法约尔：《工业管理与一般管理》（周安华等译），中国社会科学出版社，1982 年，第 46–122 页。

表 1-2 政府纵向与横向监管的基本标准比较

	立法状况	机构设置支配	人员安排与资源调配
纵向垂直监管	全国立法机构出台一部统一法律	中央及中央监管部门统一安排设置支配	中央及中央监管部门订制和调拨资源
横向交叉监管	其他中央部门或地方政府可立法制定法规	其他中央部门或地方政府按规设置支配	其他中央部门或地方政府订制和调拨资源
纵横混合监管	全国立法同部门或地方政府立法立规并行	中央监管部门与其他部门或地方政府交叉设置	中央监管部门同其他部门或地方政府订制调拨资源

治理，英文为 governance，与管理的内涵接近，均具有公共性、理性化等特点，但又与管理有很多不同：首先，活动主体不同。管理的施治主体一般是组织系统内部的各级首领，是统治阶层；而治理的主体则是组织系统内部和外部的各种主体，包括管理者与被管理者，包括内部人与外部利益相关者，包括政府、企业、社会（个人或社群组织）等。其次，活动方向不同。管理一般是从上而下进行单向的指令性管理，下层仅仅是服从，包括命令—服从的系统行动结构；而治理则是各种主体之间的平等参与和共同治理，不存在上下命令—服从的关系，是一种民主博弈与协商的多向（上下左右）互动过程。再次，活动目的不同。管理是要达到组织既定的共同目标，实质是实现管理者（统治阶层）的预期目标；而治理的目的是指相关主体围绕公共事务，通过反复博弈、民主磋商，从而使得绝大多数民众获得最大利益，即所谓“善治”的目的。简而言之，治理是指各种相关主体围绕某种或多种公共事务，通过平等参与、反复互动，从而实现各自利益（公共利益）最大化目的的过程或活动。依据治理对象不同，它同样分为不同类型，如公司治理、社会治理、社区治理、国家治理，环境治理、安全治理、交通治理等。

（三）体制、体系、机制概念的辨识

体制，英文为system、style，与格局、风格、规格、体例、体系、范式近义。中国的《辞海》解释认为，体制是指国家机关、企事业单位在机构设置、领导隶属关系和管理权限划分等方面的体系、制度、方法、形式等的总称。也就是说，体制是一种制度体系，是某个系统内部不同要素之间相互联系、相互作用，且按照一定规则排列与运行的体系化（有机化）制度。从这一角度看，制度决定体制内容并由体制表现出来（一种制度可以通过不同的体制表现出来），体制的形成和发展要受制度的制约。从管理学角度看，体制一般指的是有关组织形式的制度，限于上下之间有着层级关系的国家机关、企事业单位；在政治学或行政学看来，一般是指不同权力主体之间相互联系、相互作用，且按照一定规则排列和运行的有机化的制度体系。在一个国家或社会系统中，有很多体制，如基于不同系统的政治体制、经济体制、社会体制、文化体制等，基于不同具体事务或对象的管理体制、监察体制、监管体制、政党体制、学校体制、领导体制、财政体制等。

体系，英文同样为system，总体而言与体制意义非常接近，但在中文里，体系的外延要远远大于体制，当然包括体制，即可理解为一体化的系统。体制往往是某系统内部内在要素之间的有机构成，即内在结合度、构成度比较严谨，是更加人为理性化的制度安排和设置，与制度、机制紧密联系，即制度化体系、体系化制度；而体系则相对比较松散，可能是不同要素、不同事物或不同人群之间自然状态下的自由组合，没有太多的人为理性设置或规制。相对而言，治理体系比治理体制的说法更为妥帖，监管（管理）体制比监管（管理）体系更为妥帖，当然也可以视

具体情况而定。

机制，英文通常为 mechanism，与机理近义；在中文里，有时候等同于措施、手段、方式、方法、运行规则等。中国的《辞海》解释认为，机制原指机器的构造和运作原理，借指事物的内在工作方式，包括有关组成部分的相互关系以及各种变化的相互联系。这一界定重在强调事物内部各部分的机理及相互关系，具有强烈的社会性、人为理性化色彩。在社会系统里，机制一般从属于制度、体制，严格说来，是指制度、体制运行的机制，即通常是通过制度系统内部组成要素，按照一定方式的相互作用实现其特定的功能，是制度、体制运行的具体化；众多有机联系的机制，反过来完整地构成制度、体制；机制也可以上升为制度，即制度化（人为设置）的机制。机制也有很多类型，如政治机制、法律机制、市场机制、社会机制、行政机制、竞争机制、激励机制、惩戒机制等。

综上所述，本研究根据具体情况，一般指称职业安全健康的政府监管体制、企业管理体制、国家治理体系，或职业安全健康的监管机制、管理机制、治理机制（不论政府、企业或社会，均有机制）。

二、理论视角

主要涉及治理理论、现代化理论与立法学原理三种社会科学理论的研究，其中治理理论是本课题研究的核心理论。

（一）治理理论

治理理论的兴起，曾是政治哲学的重要贡献。20 世纪 80 年代末，随着各类社会自治组织力量不断壮大及对公共生活影响的重要性上升，理论界重新反思政府与市场、政府与社会的关系问题，并对新公共管理

的局限性进行修正。世界银行 1989 年首提“治理危机”概念之后，治理理论应运而生。[①]它拓展政府管治视角，逐步延伸到政治、经济、社会、文化等诸多领域，逐步延伸到经济学、公共管理学、社会学、法学等学科，进而出现了全球治理、公共治理、社会治理、法律治理、公司治理等概念。

当初，世界银行提出“治理”理念，明确其核心内涵为：传统的以政府为主体、以纵向命令控制为特征的层级制治理模式，已经无法应对政府面临的各种危机，因此国家应该进行“分权化”“去中心化”改革，让市场、社会组织等多元主体更多地参与公共事务，实行公共事务的公私共同治理，实现从上下层级控制到纵横网络治理。[②]实际上这是一种不同于传统治理的“新公共治理”理论，[③]同时也是对 20 世纪 70 年代以来流行的“新公共管理”理论的超越。[④]由于新公共管理强调市场的基础性作用，将公共部门私有化，以经济效率代替公正追求，从而背离了民主、公正、平等、自由等基本价值，[⑤]由此掀起了迈向“民主”“效能”“包容”的治理理论研究。

鉴于国家作用的不同，治理研究一开始就存在国家中心论的治理和社会中心论的治理两大模式。不同学科由此强调的重点大不一样，政治

---

① The World Bank. Sub–Saharan Africa: From Crisis to Sustainable Growth, Washington, D.C., 1989, p.34; 俞可平：《治理和善治引论》，《马克思主义与现实》1999 年第 5 期；［美］休伊森等：《全球治理理论的兴起》，《马克思主义与现实》2002 年第 1 期。

② 田凯、黄金：《国外治理理论研究：进程与争鸣》，《政治学理论》2015 年第 6 期。

③ ［英］鲍勃·杰普索：《治理的兴起及其失败的风险：以经济发展为例的论述》（原载《国际社会科学》1998 年第 3 期），俞可平主编：《治理与善治》，社会科学文献出版社，2000 年。

④ ［英］罗伯特·罗茨：《新的治理》（原载《英国政治学研究》1996 年第 154 期），俞可平主编：《治理与善治》，社会科学文献出版社，2000 年。

⑤ 佟德志：《当代西方治理理论的源流与趋势》，《人民论坛》2014 年第 5 期。

学多强调政府治理或政府主导的治理；社会学可能更多强调社会治理或社会自治；经济学强调市场治理或公司治理；等等。其实，与传统行政管理理论等强调政府自上而下的管控不同，也与特别强调市民社会自我治理理论不同，治理理论一开始就强调政府、市场、社会三者共治，多元方式并举。国家治理的目的或功能，不外乎经济平稳发展、政治长治久安、社会和谐进步、人民安居乐业，也即社会学创始人孔德所希冀的“秩序”和“进步”两块基石。这些在具体职业安全健康治理研究中，都是需要回溯和整合的。同时，对比分析中国与其他国家关于“治理”的不同理解。

从“管理”到“治理”是一种理念的飞跃。英国学者曾概括了治理的6种不同用法，即作为最小国家的治理、作为公司治理的治理、作为新公共管理的治理、作为善治的治理、作为社会—控制系统的治理、作为自组织网络的治理。[①] 目前从国外到国内，逐渐衍生出多种治理研究范式：整体性治理、[②] 包容性治理、[③] 复合治理、[④] 社团主义治理、[⑤] 干预式治理、[⑥] 结构性治理，[⑦] 以及对协同治理、协商治理、共同治理、合作治理的区别

① ［英］罗伯特·罗茨：《新的治理》（原载《英国政治学研究》1996年第154期），俞可平主编：《治理与善治》，社会科学文献出版社，2000年。

② Perri 6，Seltzer K，Leat D and Stoker G，Towards Holistic Governance：the New Agenda in Government Reform，Palgrave：Basingstoke. 2002。

③ 李春成：《包容性治理：善治的一个重要向度》，《领导科学》2011年第7期。

④ ［德］乌尔里希·贝克：《世界风险社会》（吴英姿、孙淑敏译），译林出版社，2004年；杨雪冬：《全球风险社会呼唤复合治理》，《文汇报》2005年1月10日。

⑤ 张静：《法团主义》，中国社会科学出版社，1998年。

⑥ 李瑞昌：《干预式治理：公共安全风险辨识与管理》，上海人民出版社，2013年。

⑦ 颜烨：《论结构性安全治理》，《中国社会科学》（内部文稿）2016年第2期。

与联系[①]等。本研究主要偏重于强调结构性合作治理。

（二）现代化理论

从社会学角度看，观照帕森斯的社会系统论认为，整个社会的现代化其实就是系统不断升级和适应变迁的社会过程，是社会内部结构发生量变和质变的过程；现代社会与传统社会的区别就在于帕氏社会价值体系的五组“模式变量”：特殊性与普遍性、广泛性与专一性、先赋性与自致性、情感性与非情感性、集体倾向性与自我倾向性，因此所谓现代社会，就是将每组变量中的后一项合并而成的变量组合体。[②]

通俗地说，现代化即是人类为了满足自身持续生存和发展的需要，有意识、有目的、有计划、有步骤地改造自然和社会的理性活动。现代性是一个静态概念，现代化则是动态变迁的历史连续过程，因此综合学界的观

① 颜佳华、吕炜：《协商治理、协作治理、协同治理与合作治理概念及其关系辨识》，《湘潭大学学报》（哲社版），2015 年第 2 期。

② 美国社会学家 T. 帕森斯关于结构—功能的社会系统思想从 20 世纪 30 年代就一直没有间断过思考，其中关于社会行动系统及其 AGIL 功能模式多见于其著作《社会体系》（1951 年）、《关于行动的一般理论》（1951 年）、《经济与社会》（1956 年，与斯梅尔瑟合著）、《现代社会系统》（1971 年）等：一是适应（Adaptation）能力：能够确保从环境获得系统所需要的资源，并在系统内加以分配，对应于经济子系统；二是目标达成（Goal Attainment）功能：能够制定该系统的目标和确立各种目标间的主次关系，并调动资源和引导社会成员去实现目标，对应于政治子系统；三是整合（Integration）：能够使系统各部分协调为一个起作用的整体，对应于社会（生活共同体）子系统；四是潜在模式维系（Latent Patter-maintenance）：能够维持价值观的基本模式并使之在系统内保持制度化，以及处理行动者的内部紧张和行动者之间的关系紧张问题，对应于文化子系统。在帕森斯那里，（社会）行动系统包括 4 个子系统：文化系统、社会系统、人格系统、行为有机体系统；而其中的社会系统又包括 4 个子系统：经济系统、政治系统、文化系统、社区系统。帕森斯 1951 年出版的《社会体系》一书认为，总体社会系统包括经济系统、政治系统、社会共同体系统、文化模式托管系统 4 个子系统。

点认为，现代化是指由传统农业社会向现代工业社会转变的过程，是在社会分化的基础上，以科技进步为先导，以工业化（经济）、城市化（社会）、世俗化（文化）、民主化（政治）为主要内容，经济与社会协调发展的社会变迁过程。

现代化理论从萌芽至成熟，大致分为三个阶段、六大学派。（1）第一个阶段，是现代化理论的萌芽阶段，从18世纪至20世纪初。这一阶段以总结和探讨西欧国家自身的资本主义现代化经验和面临的问题为主，其中主要的学者有圣西门、孔德、迪尔凯姆和韦伯等。（2）第二个阶段，是现代化理论的形成时期。从第二次世界大战结束至20世纪60—70年代，以美国为中心，形成了比较完整的理论体系，这一时期形成了社会学的结构—功能主义学派、过程学派、实证学派。结构—功能主义认为，现代化是从传统社会向现代社会的转变；重点研究现代性和传统性的比较和转换；代表人物帕森斯、列维、穆尔。过程学派认为，现代化是从农业社会向工业社会转变的过程，这个过程包括一系列阶段和深刻的变化；重点研究转变过程的特点和规律，其代表人物是罗斯托。实证学派认为，各国的现代化具有不同特点；开展现代化的实证研究；代表人物亨廷顿。（3）第三个阶段，是从20世纪60—70年代至今，这一时期研究的核心是如何处理非西方的后进国家现代化建设中的传统与现代的关系。在这一时期主要流派有行为学派、综合学派、未来学派。行为学派认为，现代化必然涉及个人心理和行为的改变，强调人的现代化；代表人物是英克尔斯。综合学派认为，现代化涉及人类生活方方面面的深刻变化；需要开展比较研究、发展模式研究、定量指标研究等；代表人物是布莱克。未来学派认为，要研究未来的发展趋势，重点研究发达国家的发展趋势，代表人物是托夫勒。

从帕森斯的社会系统论角度看，整个社会大系统包括三大主体力量即政府、市场、（公民）社会；它同时包括经济子系统、社群子系统（主要是指公民社会组织、社区、基本民生等）、政治子系统、文化子系统（大文化概念，包括科技、思想、价值、规范在内）四大领域，[①] 每个子系统又内在地包含着这四大方面。[②] 三大主体力量分别对应于四大领域（社会和文化有时合在一起）。现代化是在各大主体力量共同推动下，各子系统辩证统一且不断适应升级的过程。在这个基础上，中国学界沿袭结构—功能主义的分析，逐步形成了经济现代化、社会现代化、政治现代化、文化现代化等理论与实践体系。职业安全健康现代化本质上就是职业安全健康领域的经济现代化、社会现代化、政治现代化、文化现代化。沿着这样的思路，我们曾于2013—2016年对中国安全生产现代化水平进行了测量评

---

① 四大领域在中国国家建设实践中的演变：孙中山20世纪初在《建国方略》一书中初步提出心理建设（相当于文化建设）、物质建设（相当于经济建设）、社会建设、国家建设（相当于政治建设）；1940年毛泽东在《新民主主义论》提出新中国要进行政治、经济、文化三方面建设，此后中共一直沿此决策；1982年中共十二大报告从经济建设、政治建设、思想建设、文化建设等方面阐述社会主义现代化建设；1988年中共十三大报告提出“社会主义经济、政治、文化等多方面的现代化建设”，这可谓中共党内新“四化”的提法（原有“四化”即于1964年由周恩来提出，即到20世纪末，基本实现工业、农业、国防和科学技术现代化）；2004年中共中央提出加强社会建设、构建和谐社会的思想，2005年初中共中央提出社会主义现代化总体布局由过去的“三位一体”变为包括社会建设在内的“四位一体”即经济建设、政治建设、社会建设、文化建设（参见《构建社会主义和谐社会》，《人民日报》2005年2月26日社论），2007年“四位一体”写入中共新党章；2012年，党的十八大又提出经济建设、政治建设、社会建设、文化建设、生态文明建设“五位一体”格局，并强调把生态文明建设放在突出地位，融入经济建设、政治建设、文化建设、社会建设各方面和全过程。

② Talcott Parsons. 1951，The Social System，First Published in England by Routledge & Kegan Paul Ltd；［美］T. 帕森斯：《社会行动的结构》，张明德、夏遇南、彭刚译，南京译林出版社，2003年。

价；[①]本课题要继续开展第二轮测量评价，并且本次要纳入“职业健康”的测量评价（第一轮未包含之）。

（三）立法学原理

立法学一般是研究各类立法现象及其规律性的科学。所谓立法，就是指法的创制活动，是有关国家机关（或国际组织）按照统治阶级的意志，在其职权范围内，依照法定程序，制定、修改和废止规范性文件以及认可法律规范的各种活动。它内在地包含法的制定与法的认可两大部分。[②]立法学需要研究各类立法主体的立法、各种效力等级的立法、各种效力范围的立法、不同历史类型的立法等。一般而言，立法学的核心要素是立法原理、立法制度、立法技术三大类，当然也还包括具有统一性的立法过程。（1）立法原理通常包括立法活动中带有普遍性的规律理论、立法本质与作用、立法原则与指导思想、立法与社会关系及其利益、立法的历史文化传统等内容。（2）立法制度一般涉及立法理应遵守的各种实体性、程序性制度，包括立法主体、立法体制、立法程序、立法效力等制度规定。（3）立法技术一般指确保立法科学合理的各种有效方式和手段，包括法律规范结构与形式、规范性文件的结构与形式、立法语言等微观技术。（4）立法过程通常包括立法预测、立法规划、立法决策、立法协商、立法解释、立法修正、立法监督以及立法会议、立法调查研究、立法意见征求、立法试行等具体活动。

---

① 颜烨：《中国安全生产现代化评价：正值中级水平阶段》，《北京工业大学学报》（社科版）2016年第3期；颜烨：《安全生产现代化研究》，世界图书出版公司，2016年。

② 参考周旺生：《立法学教程》，北京大学出版社，2006年，第1–6页；朱力宇、叶传星主编：《立法学》（第四版），中国人民大学出版社，2015年，第1–3页。

立法学具有跨学科性，也是一门交叉科学，除了法学本身，还涉及哲学、历史学、政治学、社会学、社会心理学、语言学、传播学等。因此，立法学还要研究与立法活动相关的其他各种事物，包括立法的外在环境因素、历史文化因素、国别比较因素等。

职业安全健康问题合并立法同样涉及上述各个方面，既具有中国特色的立法话语与实践，也要融合、吸取西方发达国家先进合理立法的思想和内容，并以此为指导，完成两者合并立法的初步探讨。

三、研究方法

课题以问题为导向，运用跨学科理论和方法，立足结构—功能主义的系统论分析策略，采取规范研究与实证研究相结合、定量研究与定性研究相结合的方法开展研究。主要的具体研究方法如下：

（一）文献研究法

在开展课题实证调查研究之前，需要进行细密的文献研究，分为三类文献。

1. 第一类：国内外相关学术文献。这些学术文献包括论著、论文、公开发布的研究报告、视频等。其中内容可分为 3 方面：（1）治理理论研究文献，挖掘 20 世纪 80 年代末提出治理理论以来（World Bank，1989），不同学科（主要是社会学、管理学、政治学、法学、经济学）的西方学者和中国学者（90 年代末引介进入）的研究文献，以及不同治理模式的比较研究文献。（2）中外学者关于职业安全健康（安全生产）宏观、中观、微观的理论探索（包括安全科学、卫生科学在内的研究）文献分析。（3）其他相关学术文献研究。

2. 第二类：国内外相关制度文献。这也包括几方面的内容：（1）发达国家尤其美国、英国、德国、日本、澳大利亚、波兰、俄罗斯等的职业安全健康治理的主要法律制度、基本的体制沿革等文献。（2）国际组织如国际劳工组织、联合国教科文卫组织等的制度文献，主要包括保障劳动者人权、安全健康权益等的条约和公约等。（3）中国本土的职业安全健康治理制度，如安全生产法律体系、职业病防治法律体系，以及国家层面重要的（具有转折意义的）政策文件、工作报告、领导讲话等；也包括国家安全卫生监管体制架构沿革文献。

3. 第三类：国内外统计资料和典型经验案例文献。主要是不同国家或国际性的相关组织（政府部门或非政府部门），以数据描述及其分析、典型经验案例描述等形式呈现的职业安全健康状况的文献；也包括我国全国性的、地区性的数据及经验案例文献。

（二）实地调查法

与文献研究法相对应的是实地调查分析方法，本课题实施中主要包括抽样调查法、实地访谈法、问卷调查法、统计分析法等。当然，也可以通过实地调研发现典型案例。

1. 抽样调查法。根据本课题的需要，抽查下列样本对象，即“三五三”。（1）“三”个被调群体：政府官员、企业管理者与专业技术人员、企业一线员工。（2）“五”个被调层次：一是国家职业安全健康行政监管机构层面；二是省级、地市级相关行政部门；三是县乡镇相关行政部门；四是企业（分国有大型、中小型，民营大型、中小型）；五是其他组织（事业单位如大学和中小学、医院、银行等）。（3）“三”类地区样本：东部或沿海经济发达地区、中部或经济中等发展地区、西部或经济欠发达地区。

2. 实地访谈法。根据上述被调群体、层次和地区样本分开访谈。需要访谈如下内容（结构式访谈）：一方面，国家层面和地区层面的安全生产监管、职业病防治体制沿革的利弊，对其中成功的经验和应该吸取的教训进行具体描述分析；另一方面，对个别地区、个别单位、个别人进行具体访谈，包括对目前治理体制机制的看法，对今后改革方向建议或合作治理新格局的看法等。

3. 问卷调查法。同样根据上述被调群体、层次和地区样本开展问卷调查，采取结构式问卷。问卷主要内容涉及：（1）现行安全生产和职业病防治体制机制及其运行、执行效果；（2）生产经营单位（企业）内部安全管理制度及其效果，今后职业安全健康治理体制机制的改革方向及建议；（3）结合合作治理新格局设计的指标体系进行问卷调查，以预测或考察成果的效应。

4. 统计分析法。主要是对上述问卷调查结果进行统计分析，尤其要察看被调者对今后新的职业安全健康治理格局、体制机制的看法和态度。

（三）比较分析法

这里从纵横比较方面重点强调两点，从而通过比较分析推动中国职业安全健康领域的治理创新。

1. 纵向比较方面。主要是对中国职业安全健康治理体制的转折及其效果进行历史纵向比较，包括每一轮体制架构变革后的案发率（事故发生起数、死亡人数、新增职业病案例等）状况、职业安全健康投入状况、高危行业劳动者就业人数等，主要是数据对比。

2. 横向比较方面。主要是对就中国与部分国家之间现行的职业安全健康治理体制机制进行对比，包括治理模式比较、事故（起数与伤害人数等）、投入等的比较，从比较中看到差距和不足，以期提出切实可行的改革创新建议。

（四）指标评价法

主要是对职业安全健康现代化水平及所处阶段进行测量评价，需要依据一定的理论视角，建立一套科学的指标体系，包括经济性、社会性、政治性、文化性的评价。在评价过程中，可以适当建立测量模型进行评价。

第四节 评价体系与实际调查

2013—2016 年，我们对中国安全生产现代化实行了第一轮的指标体系测评，结论显示，当时中国安全生产现代化实现水平为 41.5%（2013 年调研数据），正处于中级阶段的初级水平状态。[①]时隔 5 年，我们接受专家建议，基于 2013 年的调研分析基础，对本次测评体系进行一些改进，包括对其中指标体系设计的改进，并纳入职业健康方面的内容，统一为“中国职业安全健康现代化”水平评价。

一、评价理论视角与指标体系设计

基于帕森斯社会系统（四位一体）基本理论，根据中国国情，运用专家咨询法，[②]将职业安全健康现代化指标体系分为一级 4 个指标（基本归

① 具体成果参见颜烨：《安全生产现代化研究》，世界图书出版公司，2016 年。

② 2013 年邀请的专家有：谢宏（安全工程技术）、刘伟（安全管理学 / 安全经济学）、翁翼飞（安全行政学）、张跃兵（安全工程技术 / 安全文化）、张剑虹（安全生产法）、王丽珂（公共管理与统计技术）、谭立云（安全统计学）。在此基础上，邀请他们对 2018 年指标体系进一步修订。

属项目，包括经济、社会、政治、文化四大子系统方面内容，相对死亡率可穿插其中）、二级 14 个指标（分析参考项目）、三级 31 个指标（具体监测和评价项目）这三大层面（如图 1–1、表 1–3）。

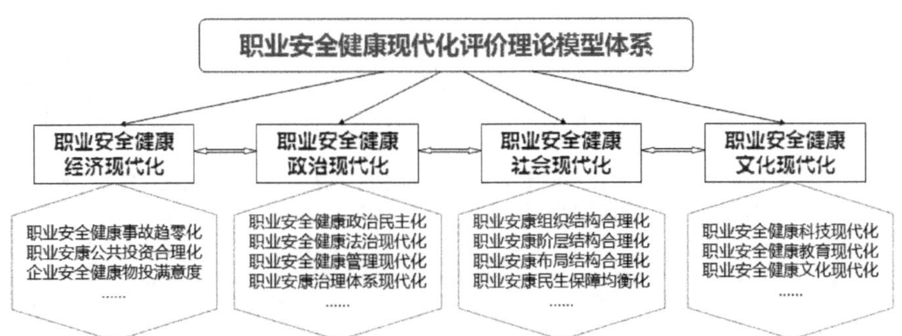

图 1–1 职业安全健康现代化评价理论体系

这里，我们同样采取专家咨询法，对表 1–3 中的指标目标值进行确定，指标体系设计（尤其 5~10 年的中长期规划指标设计）力图体现科学合理、符合实际、系统有序、可测评性的原则。这里，尚有几点需要说明：

表 1–3 中国职业安全健康现代化评价指标体系

一级指标（4 个）	二级指标（14 个）	三级指标（31 个）	目标值	指标性质	备注
A 职业安全健康经济现代化	A1 职业安全健康事故趋零化	A11 职业安全事故的亿元 GDP 死亡率	0	逆指标	政府数据
		A12 职业安全事故万名劳动力死亡率	0	逆指标	
		A13 年度新增职业病占累计病例比重 %	0	逆指标	
	A2 职业安康投资相对量合理化	A21 职业安康财政投资占全年财政支出比 %	2.0	适度正指标	政府数据
		A22 年末工伤参保人员占就业者的覆盖率 %	100.0	正指标	政府数据
	A3 企业职业安康物投比满意度	A31 企业职业安全健康信息化建设满意度 %	100.0	正指标	问卷
		A32 企业职业安全健康保障金建设满意度 %	100.0	正指标	问卷

续表

一级指标（4个）	二级指标（14个）	三级指标（31个）	目标值	指标性质	备注
B职业安全健康政治现代化	B1职业安康政治民主化	B11职业安康重大决策中下层参与满意率% B12政府职业安康信息公开的满意度%	100.0 100.0	正指标 正指标	问卷 问卷
	B2职业安康法治现代化	B21企业违法违规处理数占总企业比% B22职业安全健康法律法规的普及率% B23企业安康管理标准化建设满意率%	0 100.0 100.0	逆指标 正指标 正指标	政府数据 问卷 问卷
	B3职业安康管理现代化	B31万名就业者政府职业安康监管人员比 B32政府职业安康监管效果的群众满意度%	2.0 100.0	适度正指标 正指标	政府数据 可问卷
	B4职业安康体制现代化	B41政府、企业、社会安全责任明确满意度% B42政府职业安康机构及其人事安排满意度%	100.0 100.0	正指标 正指标	问卷 问卷
C职业安全健康社会现代化	C1职业安康组织结构合理化	C11职业安康社会组织占总社会组织比% C12企业工会等组织维权的员工满意度%	1.0 100.0	适度正指标 正指标	政府数据 问卷
	C2职业安康阶层结构合理化	C21中间阶层成员占总人口比重% C22全社会农民工占从业者比重%	50.0 10.0	适度正指标 适度逆指标	学术数据 政府数据
	C3职业安康布局结构合理化	C31职业安康状况区域差异评价度（标准差） C32职业安康状况行业差异评价度（标准差）	0 0	逆指标 逆指标	问卷 问卷
	C4职业安康民生保障均衡化	C41年度全国居民人均收入的基尼系数 C42农民工与正式工待遇一致的满意度%	0.4 100.0	逆指标 正指标	政府数据 问卷
D职业安全健康文化现代化	D1职业安康科技现代化	D11职业安康科技人才占总科技人才比重% D12职业安康科技投入占总科技投资比重%	2.0 2.0	适度正指标 适度正指标	政府数据 政府数据
	D2职业安康教育现代化	D21大专以上文化者占总劳动力比重% D22职业安全健康年度受训者覆盖率% D23应急救援演练年度参与者覆盖率%	50.0 100.0 100.0	适度正指标 正指标 正指标	政府数据 问卷 问卷
	D3职业安康文化社会化	D31职业安康基本操作规范熟练程度% D32媒体关注职业安全健康的满意率%	100.0 100.0	正指标 正指标	问卷 问卷

（1）所谓适度正指标，意指不是越大（越多）越好，而是适度即可；相反，适度逆指标也一样，不是越小（越少）越好。

（2）正指标的满意率目标值最大为 100，逆指标目标值最小为 0。

（3）有些指标的目标值是根据国内外具体情况确定的。

（4）对于三级指标，分为正指标与逆指标两种计算法。第一种，正指标计算方法为：实现程度 %= 现实值 / 目标值 ×100%，这样目标值均可视为满分 100。第二种，逆指标计算方法，又可细分为两类：一是目标值为 0 时，其实现程度 %=1- 现实值 %（某些实现值默认为百分数），这样目标值 0 可视为满分 100；其实际意思就是将目标值视为 1（100%），将现实值加上 1，其计算过程为 {1-［（现实值 +1）-1］/1}×100%。二是逆指标目标值为 0~100 之间的任意数值时，其实现程度 %=［1-（现实值 - 目标值）/ 目标值］×100%，这样任意数值本身就相当于满分 100。

（5）一级指标计算公式为：总实现程度 *T*=（A+B+C+D）/4。

（6）具体现实值与目标值对比实现程度 % 的计算，将在后面各章节进行。

（7）在 31 个三级指标中，可选取其中 12 个作为核心指标（占总指标 38.7%），即 A11 职业安全事故的亿元 GDP 死亡率、A13 年度新增职业病占累计病例比重、A21 职业安康财政投资占全年财政支出比、A31 企业职业安全健康信息化建设满意度，B11 职业安康重大决策中下层参与满意率、B21 企业违法违规处理数占总企业比、B32 政府职业安康监管效果的群众满意度，C12 企业工会等组织维权的员工满意度、C21 中间阶层成员占总人口比重、C41 年度全国居民人均收入的基尼系数，D12 职业安康科技投入占总科技投资比重、D21 大专以上文化者占总劳动力比重、D31 职业安康基本操作规范熟练程度。

（8）与 2013 年策略指标比较：一、二级指标总数不变，三级指标总数由 43 个减为 31 个；2013 年主观指标 29 个，占 67%，2018 年这次的主观、客观指标各占 50%，以增强客观性测量和可信度。如其中增加三级客观指标 C41 年度全国居民人均收入的基尼系数。

（9）部分三级指标的目标值有所变动。如 A21 职业安康财政投资占全年财政支出比的目标值，由原来的 5% 降到 2%；C22 全社会农民工占从业者比重的目标值，由原来的 15% 降为 10%；B31 万名就业者政府职业安康监管人员比的目标值，由原来的 4 降为 2；D12 职业安康科技投入占总科技投资比重的目标值，由原来的 1% 调整为 2%。

二、问卷与访谈：实际调查之概况

（一）调研队伍与时间

本次调研主要以课题承担单位的部分教师、学生为主要研究人员组建调研队伍，并按照调研内容初步侧重任务分工。由于本次调研属于中偏小型调研，因而没有大批选调问卷调查员和具体调研培训。

调查研究时间安排大体是：（1）2017 年，课题组主要进行文献研究、问卷设计、指标体系设计，进行专家咨询确定，并对问卷调查进行试调查和修正；对部分章节进行研撰。（2）2018 年，课题组带回问卷，进行资料分析、归类、问卷统计、总结；并对部分章节进行研撰。（3）2019 年 1—5 月，开展文献深入研究、系统撰写研究报告等。（4）2018 年 8 月以后，课题组陆续发布阶段性成果、上报有关专题成果报告、结题上报。

（二）调研对象及层面

调研（座谈、问卷）分为两大层面：（1）政府管理层面：相关类别

的各级领导干部，这次不局限于安全生产监管部门；（2）企业层面：企业里的管理者（基层、中层、企业主）、专业技术人员、一线工人进行问卷调查，因为他们对职业安全健康有着切肤的体验和理解。

（三）调查问卷的设计

本项问卷一共 37 道题，问卷结构包括标题、导语和具体内容（被调基本情况、全国职业安全健康基本情况、企业和地方职业安全健康治理状况）三大部分（见附录问卷）。问卷标题一般针对直接调研的问题，尽量简明；均为结构式问题。问卷导语部分比较简短，主要说明问卷调研的课题来源、调研目的、注意事项、调研单位（课题组）和时间。问卷主要内容包括三大部分：被访者基本情况、安全生产基本状况、安全生产发展水平方面。

（四）样本选取的考虑

地区经济发展水平、行业发展状况的差异，会使得地方干部或行业企业员工在心理上对职业安全健康现代化发展水平评价产生一定潜在的差异。

国际上一般认为，人均 GDP 介于 3000~5000 美元的国家或地区，被认为进入中等发达经济行列；介于 5000~10000 美元的，为中等偏上发达经济行列；高于 10000 美元的，已经进入全面发达阶段。但由于国情、地情不同，经济发展水平的划分因而会有所不同。

我们按照 2017 年（调研年度的前一年）人民币兑换美元平均值（1 美元 =6.7518 元）和人均 GDP（折合 8884 美元）的情况，[①] 特设置三个经济发展水平的档次进行抽样：低于 6500 美元的为经济落后地区，介于

① 中华人民共和国统计局编：《2018 中国统计年鉴》（电子版）。

6500~10000 美元之间的为经济中等发达地区，高于 10000 美元的为经济发达地区。由此，选取经济发达地区的上海（18856 美元）、广东（11952 美元）、浙江（13708 美元），经济中等发达地区的吉林（8166 美元）、河北（6758 美元）、重庆（9447 美元）、湖北（8964 美元）、湖南（7379 美元）、新疆（6692 美元），经济相对落后地区的黑龙江（6241 美元）、山西（6263 美元）、西藏（5847 美元）12 个省份，[①] 遍及华东、华北、东北、西南、西北、华中、华南各大区域。

此外，还针对参加相关培训班的干部学员，重点选取全国交通行业的干部群体、煤矿安全监察领域的干部群体两类特殊行业人员参与问卷。

（五）样本的基本特征

本次回收 1086 份有效问卷（2013 年为 355 份）。统计方法上，主要采用 SPSS 工具统计；由于多为定类、定序数据，因此采用频数、有效百分比、累计百分比来进行，适当采用交叉分析法（被调的个人属性、社会属性同具体职业安全健康调查内容交叉）。样本具体特征见表 1–4、表 1–5。

表 1–4　有效问卷样本的区域和行业分布情况

经济发展水平（人均 GDP）	调研地区（2018 年人均 GDP/ 美元）	样本数 / 份及占比 /%	所属行业	样本数 / 份及占比 /%
经济发达（10000 美元及以上）	广东广州、深圳（23831、29211）	81/7.5	党政机关	76/7.0
	上海（20401）	57/5.2	矿山	302/27.8
	浙江温州鹿城区（20053）	139/12.8	交通（水陆空）	80/7.4
	湖南长沙浏阳市（15128）	54/5.0	建筑	97/8.9
	湖北宜昌（14850）	72/6.6	制造业	160/14.7
	重庆巴南区（10954）	83/7.6	消防化工（含烟花爆竹）	135/12.4
	小计	486/44.8	商贸 / 轻工 / 服务	10/0.9

① 中华人民共和国统计局编：《2018 中国统计年鉴》（电子版）。

续表

经济发展水平（人均 GDP）	调研地区（2018 年人均 GDP/ 美元）	样本数 / 份及占比 /%	所属行业	样本数 / 份及占比 /%
经济中等（5000~10000 美元）	新疆（7541）	96/8.8	社会团体	11/1.0
	河北（7237）	150/13.8	其他（含钢铁、学校）	215/19.8
	西藏（6623）	43/4.0		
	小计	289/26.6		
经济落后（5000 美元及以下）	山西大同（4925）	55/5.1		
	吉林通化（4908）	30/2.8		
	黑龙江鸡西（4215）	20/1.8		
	小计	105/9.7		
两大特殊行业	全国交通管理系统	86/7.9%		
	全国煤矿安监系统	120/11.0%		
合计		1086/100	合计	1086/100

资料来源：（1）相关地区实地问卷调查；（2）相关地区电子版的年度统计公报、统计年鉴或互联网公开数据；（3）交通行业 86 份问卷中包含部分交通建筑类问卷（6 份）。

（1）问卷样本对象的区域和行业分布。从统计年鉴看，2018 年人均 GDP 在 80000 元（人民币）及以上的有 7 个省份，依次是北京、上海、天津、江苏、浙江、福建、广东；人均 GDP 在 50000~80000 元的，有 12 个省份；人均 GDP 在 50000 元以下的，也有 12 个省份。但是，按照 2018 年人均 GDP 和人民币兑换美元平均值（1 美元 =6.6174 元）衡量，① 所选的省份内部发展不平衡，如重庆、湖南、湖北整体上虽属于中等发达地区，但内部的巴南区、浏阳市、宜昌市人均 GDP 却已进入经济发达行列；山西、吉林整体上虽属于中等经济地区，但内部的大同、通化却属于经济落后地区。因此，可根据调研的具体地区经济水平进行列表（如表 1–3）：经济发达地区、中等发达地区和落后地区的样本分别占有效总样本的 44.8%、

① 中华人民共和国统计局：《中华人民共和国 2018 年国民经济和社会发展统计公报》（电子版），http：//www.stats.gov.cn/tjsj/zxfb/201902/t20190228_1651265.html。

26.6%、9.7%，中东地区、落后地区偏少（2013年此三类地区样本大体持平）；从行业领域分布看，矿山、其他（含钢铁、学校）、制造业、消防、消防化工（含烟花爆竹）类样本偏多，商贸、社会团体类样本偏少，党政机关、交通、建筑类样本比例基本持平。

（2）问卷样本的基本属性与特征。这里，主要根据样本对象的性别、年龄、文化程度、身份、收入、劳动时间、所属单位性质等自身因素进行统计，并与2013年的调查样本特征进行简要比较。①

表 1–5　问卷有效样本的基本属性与特征

项目	类别	样本数 / 份及占比 /%	项目	类别	样本数 / 份及占比 /%
性别	男性	839/77.3	从事现岗位时间	2 年及以下	156/14.4
	女性	247/22.7		3~5 年	279/25.7
年龄	30 岁及以下	209/19.2		6~10 年	285/26.2
	31~40 岁	409/37.7		11~15 年	146/13.4
	41~50 岁	336/30.9		16 年及以上	220/20.3
	61 岁及以上	6/0.6	所在单位性质	党政机关	88/8.1
文化程度	初中及以下	183/16.9		国有企业	446/41.1
	高中（中专、高职）	274/25.2		民营企业	333/30.7
	大学（本专科）	566/52.1		合资企业	36/3.3
	（硕博）研究生	63/5.8		外资 / 台资企业	40/3.7
身份	政府部门的公务员	106/9.8		其他	55/5.1
	企业中层及以上管理人员	242/22.3	月收入	1500 元及以下	13/1.2
	企业一般管理和专技人员	332/30.6		1501~3000 元	155/14.3
	国有企业一线正式工人	89/8.2		3001~5000 元	418/38.5
	一线临时（农民）工人	139/12.8		5001~8000 元	311/28.6
	其他	178/16.3		8001~15000 元	134/12.3
				15001 元及以上	55/5.1

① 颜烨：《安全生产现代化研究》，世界图书出版公司，2016 年，第 28–29 页。

一是性别、年龄方面，男性样本占绝对优势，为77.3%（2013年样本比重为70.4%），体现了高危行业的性别特征。从年龄上看，31~50岁占多数，为68.6%（2013年比重为65.1%），符合全国劳动人口年龄实际。

二是文化程度方面，大学本专科学历占了最多数，为52.1%（2013年比重为53.8%）；高中（中专）及以下其次，为42.1%（2013年比重为40.6%）。样本学历较高，有利于对问题深度的理解。

三是个人身份方面，企业中层及以上管理人员、一般专技和管理人员占了52.9%（2013年比重为49.3%），他们在整体上对企业职业安全健康状况有所把握；而一线工人（包括正式和临时的）其次，占21%（2013年比重为28.7%）。

四是样本对象从事本岗位时间（工龄）是安全生产经验的一个侧面反映，其中6~10年工龄占最多，为26.2%（2013年比重为23.7%）；其次是3~5年的工龄，为25.7%（2013年比重为21.4%）；再次是16年及以上的工龄，为20.3%（2013年比重为18%）。5年及以下的共占40.1%（2013年比重为42.2%）；11年及以上的占33.7%（2013年比重为32.1%），是经验丰富的主要工作人群。样本反映出工作人群"老中青"三结合，有利于对职业安全健康现代化进行评价分析。

五是从所在单位性质看，国有企业和民营企业样本分别占41.1%、30.7%（2013年比重分别为41.4%、30.7%，几无变化），两者比例相对较高，但两者相差10个百分点，符合调研意图，能够较好地表达安全生产发展情况；党政机关公务员占有一定比例，为8.1%（2013年比重为16.6%）；其他比重较小。

六是收入分配方面，中等收入（3001~5000元）、中高收入（3001~8000元）者占绝大多数，分别占38.5%、28.6%，两者共占67.1%；而相应地，低收入（1500元及以下）比例均很低，占1.2%（2013年比重为6.5%），高收入（8001元及以上）者17.4%（2013年比重为2.2%）；中低收入（1501~3000元）者占比14.3%，较2013年比重（43.7%）下降很多。这充分说明，5年以来，员工月收入均有不同程度提升。

三、全国职业安全健康的基本数据

为了方便后面的分析，这里，我们通过文献调查研究，特将1993年以来全国职业病例（每年新增）数据，分为总病例以及尘肺病病例、急性和慢性中毒病例、其他等列表如1–6（2013年课题无此方面内容）；将2005年以来全国安全生产基本状况，按照事故起数、死亡人数、亿元GDP死亡率、10万人死亡率（消防和工矿商贸业）、万车死亡率（交通）、煤矿百万吨死亡率，列表如1–7（2013年课题还列有直接经济损失等指标，意义不大，本次删除）。

表1–6　1993—2018年全国职业病例情况（单位：例或人）

年度	1993	1994	1995	1996	1997	1998	1999	2000	2001	2002
新增职业病例	17892	15321	14297	13256	10228	10637	10238	11718	13218	14821
其中：尘肺病	10664	10830	9871	8192	7418	8285	7464	9100	10505	12248
急中毒	1315	1087	1436	848	598	510	759	785	222	590
慢中毒	2269	2016	1906	1511	1313	1068	1201	1196	1166	1300
其他	3644	1388	1084	2705	899	774	814	637	1325	683
年度	2003	2004	2005	2006	2007	2008	2009	2010	2011	2012
新增职业病例	10467	4654	15251	11524	14296	13744	18128	27240	29879	27420
其中：尘肺病	8364	3326	12212	8783	10963	10829	14495	23812	26401	24206
急中毒	504	301	613	467	600	309	552	617	590	601
慢中毒	882	501	1379	1083	1638	760	1912	1417	1541	1040
其他	717	526	1047	1191	1095	1846	1169	1394	1347	1573
年度	2013	2014	2015	2016	2017	2018				
新增职业病例	26393	29972	29180	31789	26756	23497				
其中：尘肺病	23152	26873	24495	26730	22701	19468				
急中毒	637	486	383	400	295	1333				
慢中毒	904	795	548	812	726					
其他	1700	1818	3754	3847	3034	2696				

资料来源：国家卫生与人口计划生育委员疾病预防控制局（职业与放射卫生）网 http：//www.nhfpc.gov.cn/jkj/new_index.shtml；疾病预防控制中心职业卫生与中毒控制中心（职业病与中毒监测）网 http：//www.niohp.net.cn/jbjcbg；《中国卫生统计》《中国职业医学》《中国卫生监督杂志》《中华劳动卫生职业病杂志》《劳动保护》《实用预防医学》等发表的统计分析文章；《2017 年我国卫生健康事业发展统计公报》；《2018 年我国卫生健康事业发展统计公报》。

注：（1）上述数据不包括香港、澳门、台湾在内，西藏数据未监测，但包括新疆建设兵团数据在列；（2）表中未包括因农业生产活动引起的农药中毒病例：（3）其他病例，一般包括职业性耳鼻喉口腔疾病、职业性传染病、物理因素致病、职业性肿瘤、职业性皮肤病、职业性眼病、职业性放射性疾病等；（3）2004 年缺失官方数据，本表 2004 年的为估计数。

需要说明的是，“家底不清”是全国职业病防治最大的难题。全国如此，各省份更是资料不全，因而未能将各省份具体年度新增职业病例列出。据报道，截至 2018 年底，中国累计报告职业病病例共达 97.5 万人，[①]2013 年累计报告数为 83 万例。[②]

与 2013 年不同，表 1–7 只是列出了 2005—2018 年全国安全生产事故统计情况，各省份的安全生产事故数据未能列出。因为在 2016 年后，国家有关部门的统计口径发生变化，即非安全生产领域的交通事故不再在安全生产中进行统计，各省份的统计也相应发生变化，造成数据收集困难。后面相关章节，针对具体问题具体收集分析。

① 《2018 年我国累计报告职业病 97.5 万例 尘肺病占 90%》，搜狐网 https：//www.sohu.com/a/330547817_114731。

② 《全国累计报告职业病 83 万例 尘肺病占九成》，民福康健康网 http：//www.39yst.com/xinwen/20150206/231524.shtml。

表 1-7　2005—2018 年全国安全生产事故情况（单位：起，人）

年度	2005	2006	2007	2008	2009	2010	2011	2012
事故起数	727945	627158	506376	413752	379248	363383	347728	337273
死亡人数	127052	112822	101480	91172	83196	79552	75572	71983
亿元 GDP 死亡率	0.70	0.56	0.413	0.312	0.248	0.201	0.173	0.142
万名劳动力死亡率	3.85	3.33	3.05	2.82	2.4	2.13	1.88	1.64
道路万车死亡率	7.60	6.20	5.10	4.3	3.6	3.2	2.8	2.5
煤矿百万吨死亡率	3.08	2.04	1.485	1.182	0.892	0.749	0.564	0.374
年度	2013	2014	2015	2016	2017	2018		
事故起数	311713	291719	281576	272846	256049	254735		
死亡人数	69434	68061	66182	66155	62624	76539		
亿元 GDP 死亡率	0.124	0.107	0.098	0.089	0.076	0.084		
万名劳动力死亡率	1.52	1.328	1.071	1.702	1.639	0.939		
道路万车死亡率	2.30	2.22	2.10	2.10	2.06	1.93		
煤矿百万吨死亡率	0.288	0.255	0.162	0.156	0.106	0.093		

数据来源：国家统计局网相关年度“中国统计年鉴”“国民经济和社会发展统计公报”“数据查询”（国家数据）；应急管理部统计司（提供 2018 年安全生产领域的安全事故与道路交通事故数据）。

注：亿元 GDP 死亡率 = 死难人数 / 全国 GDP 总量；万名劳动力死亡率 = 死难人数 / 全国就业劳动力；道路万车死亡率 = 死难人数 / 全国机动车辆拥有量；煤矿百万吨死亡率 = 煤矿死难人数 / 全国产煤量。从 2004 年开始，全国实行安全生产事故控制指标；10 万人死亡率为工商贸场所的死亡率，不是所有死亡人数 / 全部劳动力为基数的商；2016 年起，安全监管总局（后为应急管理部）对生产安全事故统计制度进行改革，排除了非生产经营领域（道路交通等）的事故，但若加上道路交通事故起数和死难人数，则又呈现上升趋势；表中 2016—2017 年 2 个年度死难人数 =（统计公报所列安全生产死难人数 + 道路交通事故死难人数）- 重复计算的生产领域交通事故估计人数（2016 年约 40000 人、2017 年约 39000 人）；2018 年为原始数据。

第二章　职业安全健康现代化现状评价

有人认为，人类安全生产先后经历过强制安全（有效管理）阶段、本质安全（安全科技）阶段、自为安全（安全文化）阶段，中国目前正处于从强制安全向本质安全转变的阶段。[①]实际上，职业安全健康现代化治理体系与治理能力的要素，既包括政治统治、行政管理、企业内部管理，也包括安全健康科技研发与应用、经济投入，更包括社会结构调整、安全健康文化的提升。

第一节　职业安全健康经济现代化水平测评

一、职业安全健康经济现代化基本概述

在社会大系统中，经济子系统表达着行动者的适应性功能。职业安全健康经济子系统执行该领域正常运转和可持续发展的功能。职业安全

① 杨占科：《着力推进安全生产领域全面改革发展》，《学习时报》2017 年 8 月 30 日。

健康经济现代化，主要是反映职业安全健康活动中投入与产出之间的关系合理性，包括影响职业安全健康治理的经济结构、产业结构、各类投资比重等因素，总体上是指生产领域职业安全健康治理物质投入方面的现代化。

为此，我们设计了职业安全健康事故相对量、安全总投资及投资相对量 3 个二级指标和具体监测评价的 7 个三级指标；三级指标的核心是反映职业安全健康投资变迁的总投资年增长率、反映职业安全健康经济现代化相对量的亿元 GDP 投资率，以此指标来衡量中国职业安全健康经济现代化的水平（如表 2–1）。

表 2–1　职业安全健康经济现代化评价指标体系

一级指标（1个）	二级指标（3个）	三级指标（7个）	目标值	指标性质	备注
A 职业安全健康经济现代化	A1 职业安全健康事故趋零化	A11 职业安全事故的亿元 GDP 死亡率	0	逆指标	政府数据
		A12 职业安全事故万名劳动力死亡率	0	逆指标	政府数据
		A13 年度新增职业病占累计病例比重 %	0	逆指标	政府数据
	A2 职业安康投资相对量合理化	A21 职业安康财政投资占全年财政支出比 %	2.0	适度正指标	政府数据
		A22 年末工伤参保人员占就业者的覆盖率 %	100.0	正指标	政府数据
	A3 企业职业安康物投比满意度	A31 企业职业安全健康信息化建设满意度 %	100.0	正指标	问卷
		A32 企业职业安全健康保障金建设满意度 %	100.0	正指标	问卷

从表 2–1 看，在 7 个三级指标中，亿元 GDP 死亡率、万名劳动力死亡率、职业病年新增病例占比，是职业安全健康相对量中非常重要的指标，表明职业劳动者的非自然死亡与 GDP、与劳动者生命安全健康密切相关，因而权重各占 1/3；同时，职业安全健康财政投资占全年财政投资比，反映政府应该依据整个国家或地区内部情况进行职业安全健康资金的合理配置投入，体现以人为本的安全观，因而这一指标的权重也非常大；年末工伤参保人员占就业者的覆盖率，反映国家对职业劳动者的安全健康保障程度，

也不可小觑。此外，企业安全生产基金投入和保障条件的数据，因无法进行全盘统计所得，因而采取抽样问卷获得满意度的回答比率（物质投入、保障基金投入“相当到位”“比较到位”或“非常好”“比较好”）。至于常说的百万吨死亡率、万车死亡率等，因其普遍性不高（有的省份缺失），因而未纳入指标体系。

从职业安全健康经济投入的制度层面看，中国现行的《劳动法》（1995/2018）、《劳动合同法》（2007/2012）、《职业病防治法》（2001/2018）、《安全生产法》（2002/2014）、《社会保险法》（2010/2018）、《工伤保险条例》（2003/2010）、《企业安全生产费用提取和使用管理办法》（2012）等相关法律法规，对职业安全健康保障维护费用均做了制度性安排。

从职业安全健康经济投入的主体层面看，主要分为政府与生产经营单位（企业），社会组织参与投入状况非常一般。生产经营单位（企业）是职业安全健康的经济投入的第一主体、责任主体；对于政府这一主体而言，主要是公共财政对职业安全健康行政工作、重大科技攻关等的投入，基本属于辅助性的投入主体；在国外尤其发达国家，社会组织、慈善机构、公民个人等也对职业安全健康（尤其事中事后应急救援）有一定的投入。

《企业安全生产费用提取和使用管理办法》（2012年2月）在“提取标准”部分针对不同行业企业均有详尽规定，涵盖密切关联的职业卫生（健康）保障的经费使用。安全费用按照“企业提取、政府监管、确保需要、规范使用”的原则进行管理。比如，煤矿安全费用要求按月提取：“（一）煤（岩）与瓦斯（二氧化碳）突出矿井、高瓦斯矿井吨煤30元；（二）其他井工矿吨煤15元；（三）露天矿吨煤5元。”又如，该办法要求，“危险品生产与储存企业以上年度实际营业收入为计提依据，采取超额累退方式按照以下标准平均逐月提取：（一）营业收入不超过 1000 万元的，按照 4% 提取；（二）营业收入超过 1000 万元至 1 亿元的部分，按照 2% 提取；（三）营业收入超过 1 亿元至 10 亿元的部分，按照 0.5% 提取；（四）营业收入超过 10 亿元的部分，按照 0.2% 提取。”再如，该办法对交通运输企业则“以上年度实际营业收入为计提依据，按照以下标准平均逐月提取：（一）普通货运业务按照 1% 提取；（二）客运业务、管道运输、危险品等特殊货运业务按照 1.5% 提取”。

二、职业安全健康经济现代化区域比较

（一）各省份职业安全健康基本相关数据

表 2–2 显示 2018 年各省份企业生产事故和道路交通事故的死亡人数、地区生产总值、从业人员总量（15~64 岁的经济社会活动人口）、年末工伤保险参保人员覆盖率等基本客观数据。计算得知，全国职业安全事故亿元 GDP 死亡率为 0.084、万名从业劳动力死亡率为 0.939、年末工伤参保人数占从业者总数的 29.3%；据第一章表 1–6 和相关资料计算，2018 年全国（缺地区数据）新增职业病例占累计报告病例 2.41%。

表 2–2　2018 年度各省份职业安全事故死亡人数及相关数据

（单位：人，万人，亿元）

	生产事故人数	道路事故人数	年末工伤参保人数	地区生产总值	从业人员
全国	35546	40993	23874.2	914707.46	81503.8
北京	511	900	1187.0	30319.98	1383.4
天津	594	252	398.5	18809.64	1008.3
河北	1172	1546	880.3	36010.27	4261.2
山西	1072	1250	596.6	16818.11	2258.0
内蒙古	573	673	325.5	17289.22	1597.6

续表

	生产事故人数	道路事故人数	年末工伤参保人数	地区生产总值	从业人员
辽宁	1090	1140	841.1	25315.35	2676.3
吉林	699	683	441.4	15074.62	1670.5
黑龙江	631	954	520.1	16361.62	2389.9
上海	484	428	972.9	32679.87	1495.0
江苏	3909	1934	1777.5	92595.40	4749.9
浙江	1963	2097	2087.8	56197.15	3448.5
安徽	1433	1702	603.5	30006.82	3534.1
福建	939	2195	853.9	35804.04	2384.2
江西	1333	1026	534.6	21984.78	2664.8
山东	1120	2791	1633.0	76469.67	5507.1
河南	756	2139	926.3	48055.86	5322.0
湖北	1590	3667	675.6	39366.55	3499.5
湖南	655	829	793.8	36425.78	3844.6
广东	3356	2561	3592.5	97277.77	6960.8
广西	2314	2637	412.6	20352.51	2748.6
海南	1832	733	152.9	4832.05	556.1
重庆	1091	262	577.1	20363.19	1743.5
四川	1675	1536	1012.6	40678.13	4691.5
贵州	1118	1441	355.8	14806.45	1958.5
云南	1134	2003	403.3	17881.12	2863.7
西藏	148	0	35.7	1477.63	199.4
陕西	682	1073	528.0	24438.32	2359.2
甘肃	771	758	219.4	8246.07	1536.6
青海	241	334	69.2	2865.23	360.3
宁夏	188	318	93.3	3705.18	400.0
新疆	472	1131	372.4	12199.08	1430.7

数据来源：各地企业生产领域死难人数为应急管理部统计司提供的内部资料；道路交通死难人数、年末工伤参保人数、地区生产总值均源于《中国统计年鉴 2019》（电子版）、各省份统计局网发布的 2019 年统计年鉴或经济年鉴、2018 年各省份的国民经济和社会发展统计公报、互联网公开数据等。

注：从 2004 年开始，全国实行安全生产事故控制指标。2016 年起，安全监管总局（后为应急管理部）对生产安全事故统计制度进行改革，排除了非生产经营领域（道路交通等）的事故；表中的道路交通死亡人数是非企业生产经营领域的道路事故，是根据《中国统计年鉴数据 2019》道路交通死亡总人数减去生产经营领域的道路交通事故死亡人数（应急管理部统计司内部提供）而得。表中有的省份安全生产死亡人数是

根据公布的亿元 GDP 死亡率倒算出来的，有的包含火灾事故死亡人数在内。表中 2018 年年末就业人数，因无法查找到各省份确切数据，故根据中国统计年鉴关于 15~64 岁人口当年抽样调查人数（0.82‰）除以 10 而得的，与实际就业人数略有出入，但包括大中学生这一部分的经济社会活动人口。表中死难人数未包括当年全国民航安全事故死难的 15 人。新疆数据包括新疆建设兵团数据。

（二）各省份职业安全健康相对指标比较

由于各省份绝对数据比较的实际意义不大，因而这里主要根据表 2–1 的 A11 职业安全事故的亿元 GDP 死亡率（= 死难人数 / 地区 GDP 总量）、A12 职业安全事故万名劳动力死亡率（= 死难人数 / 地区所有从业人员）、A22 年末工伤参保人员占就业者的覆盖率三类相对指标进行对比分析，观察各地区的职业安全健康现代化发展状况。

从图 2–1 看，2018 年各省份职业安全事故亿元 GDP 死亡率大体可以分为很好、较好、一般、较差、很差 5 个梯度等级（越低越好）：（1）很好等级，亿元 GDP 死亡率低于 0.03 的是上海，状态最好（绝对死亡人数也不到 1000 人）；（2）较好等级，亿元 GDP 死亡率介于 0.03~0.1 之间，从低到高依次有湖南、天津、北京、山东、河南、广东、江苏、重庆、内蒙古、浙江、陕西、河北、四川、辽宁、福建、吉林、黑龙江 17 个省份；（3）一般等级，亿元 GDP 死亡率介于 0.1~0.2 之间，从低到高依次有西藏、安徽、江西、新疆、湖北、宁夏、山西、贵州、云南、甘肃 10 个省份；（4）较差等级，亿元 GDP 死亡率介于 0.2~0.5 之间，从低到高依次为青海、广西 2 个省份；（5）最差等级，亿元 GDP 死亡率高于 0.5，是海南省，产值低，事故多、死难人数多，是否与旅游人数增加有关？总体看，2018 年全国职业安全亿元 GDP 死亡率总体较好：较好、很好的省份较多，共 18 个省份，占 58.1%；一般的为 10 个省份，占 32.3%；较差、很差的 3 个省份，占 9.9%。

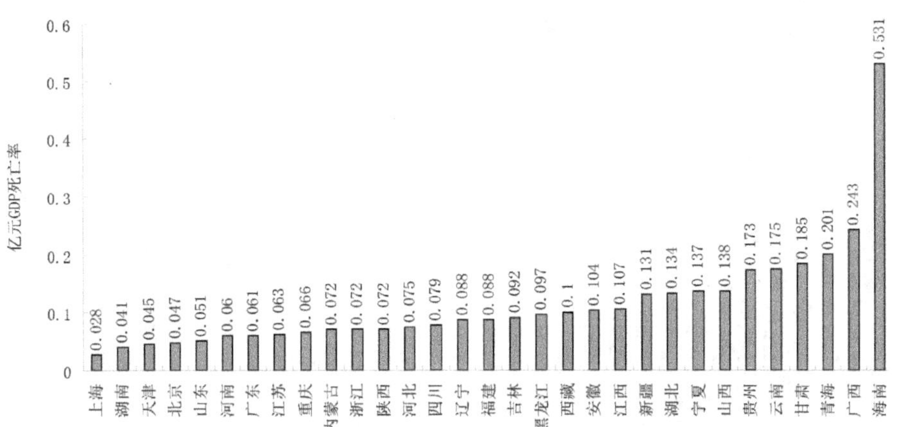

图 2-1 2018 年全国职业安全事故亿元 GDP 死亡率省份比较

从图 2-2 看，2018 年各省份职业安全事故万名从业劳动力死亡率大体也可分为很好、较好、一般、较差、很差 5 个梯度等级（越低越好）：（1）很好等级，万名劳动力死亡率低于 0.5 的是湖南，状态最好；（2）较好等级，万名劳动力死亡率介于 0.5~1.0 之间，从低到高依次有河南、上海、河北、黑龙江、四川、山东、西藏、陕西、重庆、内蒙古、吉林、辽宁、天津、广东、江西、安徽、甘肃 17 个省份；（3）一般等级，万名劳动力死亡率介于 1.0~1.5 之间，从低到高依次有北京、山西、云南、新疆、浙江、江苏、宁夏、贵州、福建 9 个省份；（4）较差等级，万名劳动力死亡率介于 1.5~2.0 之间，从低到高依次为湖北、青海、广西 3 个省份；（5）最差等级，万名劳动力死亡率高于 2.0，也是海南省。总体看，2018 年全国职业安全万名劳动力死亡率总体较好：较好、很好的省份较多，也有 18 个，占 58.1%；一般的为 9 个省份，占 29.0%；较差、很差的 4 个省份，占 12.9%。

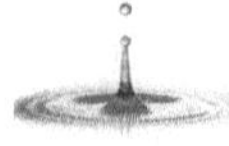

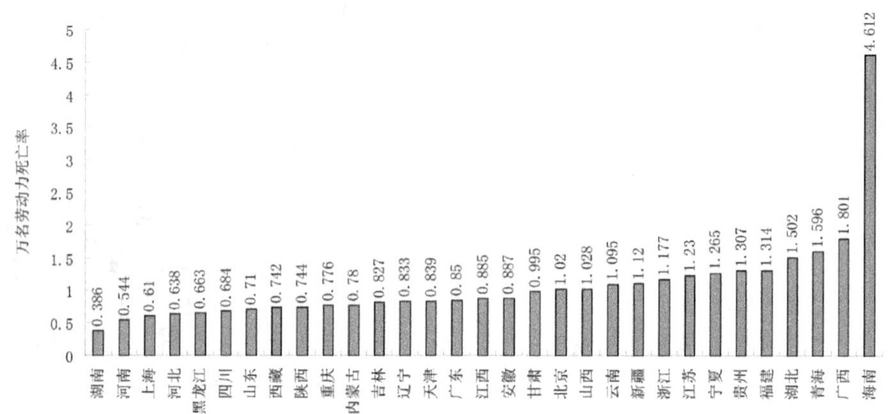

图 2-2　2018 年全国职业安全事故万名劳动力死亡率省份比较

从图 2-3 看，2018 年各省份年末工伤参保人员占就业者的覆盖率大体也可分为很好、较好、一般、较差、很差 5 个梯度等级（越低越好）：（1）很好等级，年末工伤参保覆盖率高于 85% 的是北京，状态最好；（2）较好等级，年末工伤参保覆盖率介于 50%~85% 之间，从高到低依次有上海、浙江、广东 3 个省份；（3）一般等级，年末工伤参保覆盖率介于 20%~50% 之间，从高到低依次有天津、江苏、福建、重庆、辽宁、山东、海南、山西、吉林、新疆、宁夏、陕西、黑龙江、四川、河北、湖南、内蒙古、江西 18 个省份；（4）较差等级，年末工伤参保覆盖率介于 15%~20% 之间，从高到低依次为湖北、青海、贵州、西藏、河南、安徽、广西 7 个省份；（5）最差等级，年末工伤参保覆盖率低于 15%，从高到低依次为甘肃、云南。总体看，2018 年全国年末工伤参保覆盖率一般偏差，与经济发达程度明显相关：较好、很好的省份有 4 个，占 12.9%；一般的为 18 个省份，占 58.1%；较差、很差的 9 个省份，占 29.0%。

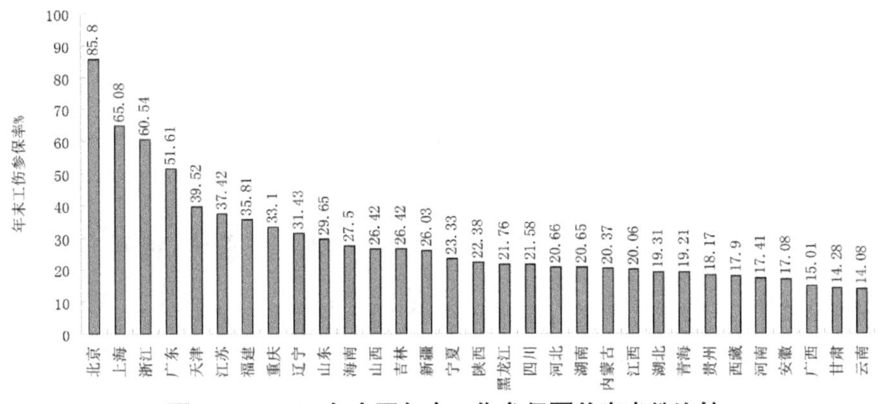

图 2-3　2018 年全国年末工伤参保覆盖率省份比较

（三）各省份职业安全行业客观状况比较

在一定程度上，地区职业安全（安全生产）行业的客观状况，一方面反映地区经济发展水平；另一方面也反映地区职业安全经济投入、装备设施与社会保障水平。根据应急管理部统计司提供的资料，具体分为 5 大行业进行简要比较分析（如表 2-3）。

从企业生产经营领域的交通事故看，死亡人数从多到少有 5 个档次:（1）死亡超过 2400 人的，为江苏、广东 2 个经济发达省份，占省份数 6.5%；（2）死亡在 1000~2000 人之间的，有广西、浙江、湖北、江西、河北 5 个省份，占省份数 16.1%；（3）死亡在 500~1000 人之间的，有安徽、贵州、四川、山西、山东、辽宁、云南、重庆、福建、河南、吉林、甘肃、天津 13 个省份，占省份数 41.9%，多为经济中等或欠发达省份；（4）死亡在 200~500 人之间的，有陕西、湖南、北京、黑龙江、内蒙古、新疆、上海 7 个省份，占省份数 22.6%；（5）死亡在 200 人以下的，为青海、西藏、海南、宁夏 4 个省份，占省份数 12.9%，均为经济欠发达地区。总体为一般状态。

从建筑（施工）事故看，死亡人数从多到少可以分为 6 个档次（见表

2-3）：（1）死亡超过400人的，仍为江苏、广东2个经济发达省份，占省份数6.5%；（2）死亡在200~400人之间的，为四川、重庆2个西南省份，占省份数6.5%；（3）死亡在100~200人之间的，有广西、安徽、云南、湖北、江西5个省份，占省份数16.1%；（4）死亡在50~100人之间的，有福建、甘肃、陕西、湖南、山东、黑龙江、浙江、辽宁、河南、山西、贵州、吉林、上海、新疆、内蒙古、北京16个省份，占省份数51.6%；（5）死亡在20~50人之间的，有河北、海南、天津3个省份，占省份数9.7%；（6）死亡在20人以下的，为宁夏、青海、西藏3个省份，也占省份数9.7%，均为经济欠发达地区。总体为一般偏好状态。

表2–3　2018年度各省份分行业职业安全事故死亡人数（单位：人）

	生产领域交通运输（含道路、铁路、水上）	建筑施工	冶金机械与农机	煤矿与金属非金属矿	化工（工业火灾）与烟花爆竹
全国	24371	3676	1978	730	258
北京	407	55	13	0	0
天津	509	38	33	0	6
河北	1019	48	44	10	35
山西	888	73	20	38	9
内蒙古	345	56	56	33	5
辽宁	777	75	75	43	14
吉林	544	61	29	12	5
黑龙江	373	81	78	35	5
上海	254	58	30	1	9
江苏	2635	472	395	15	15
浙江	1498	80	205	6	8
安徽	984	172	89	22	9
福建	658	98	56	18	2
江西	1024	116	78	30	23
山东	836	90	54	23	16
河南	575	73	39	14	7
湖北	1216	163	56	21	6
湖南	422	91	24	34	7
广东	2415	430	158	9	1
广西	1877	174	58	53	3
海南	115	43	4	1	2

续表

	生产领域交通运输（含道路、铁路、水上）	建筑施工	冶金机械与农机	煤矿与金属非金属矿	化工（工业火灾）与烟花爆竹
重庆	688	219	55	22	3
四川	889	379	120	74	21
贵州	935	63	22	54	3
云南	773	169	37	47	7
西藏	124	16	0	4	0
陕西	456	94	19	44	5
甘肃	530	95	54	25	4
青海	175	18	15	9	7
宁夏	91	19	22	9	9
新疆	339	57	40	24	12

数据来源：应急管理部统计司提供的内部资料。

注：表中的交通运输死亡人数，为企业生产经营领域的道路交通、铁路运输、水上交通运输和渔业船舶事故死亡人数（未包括当年全国民航安全事故死难的15人），不是指普通的道路交通事故。工业火灾或消防事故死亡人数，有时包含在化工（含烟花爆竹）中统计。新疆数据包括新疆建设兵团数据。

从冶金机械（8大行业）、农机行业事故看，死亡人数从多到少可以分为6个档次：（1）死亡超过200人的，为江苏（395人）、浙江（205人）2个经济发达省份，占省份数6.5%；（2）死亡在100~200人之间的，为四川、广东2个省份，占省份数6.5%；（3）死亡在50~100人之间的，有安徽、江西、黑龙江、辽宁、广西、湖北、福建、内蒙古、重庆、甘肃、山东11个省份，占省份数35.5%；（4）死亡在20~50人之间的，有河北、新疆、河南、云南、天津、上海、吉林、湖南、宁夏、贵州、山西11个省份，也占省份数35.5%；（5）死亡在20人以下的，为陕西、青海、北京、海南、西藏5个省份，也占省份数16.1%。总体为较好状态。

从矿山（包括煤矿、金属矿、非金属矿）事故看，死亡人数从多到少可以分为6个档次：（1）死亡超过50人的，为四川、贵州、广西3个西南省份，占省份数9.7%；（2）死亡在40~50人之间的，为云南、陕西、辽宁 3 个省份，占省份数 9.7%；（3）死亡在 30~40 人之间的，有山西、黑龙江、湖南、内蒙古、江西 5 个省份，占省份数 16.1%；（4）死亡在 20~30 人之间的，有甘肃、新疆、山东、重庆、安徽、湖北 6 个省份，占省份数 19.4%；（5）死亡在 10~20 人之间的，有福建、江苏、河南、吉林、河北 5 个省份，占省份数 16.1%；（6）死亡在 10 人以下的，为宁夏、青海、广东、浙江、西藏、海南、上海、天津（为 0）、北京（为 0）9 个省份，也占省份数 29.0%，多数省份没有煤矿或没有其他非煤矿山。总体为较好状态。

从化工 / 烟花爆竹（含工业火灾）事故看，死亡人数从多到少可以分为 5 个档次：（1）死亡超过 30 人的，为河北 1 个省份，占省份数 3.2%，该省化工企业特别多；（2）死亡在 20~30 人之间的，为四川、江西 2 个省份（烟花爆竹生产企业多），占省份数 6.5%；（3）死亡在 10~20 人之间的，有山东、江苏、辽宁、新疆 4 个省份（化工企业多），占省份数 12.9%；（4）死亡在 5~10 人之间的，有宁夏、安徽、上海、山西、浙江、青海、云南、湖南、河南、湖北、天津、陕西、黑龙江、吉林、内蒙古 15 个省份，占省份数 48.4%；（5）死亡在 5 人以下的，有甘肃、贵州、重庆、广西、海南、福建、广东、西藏、北京（为 0）9 个省份，占省份数 29.0%，多数省份没有化工或烟花爆竹企业。总体为较好状态。

三、全国职业安全健康公共财政投入比

表 2–4、表 2–5 分别为 2018 年度中央、省级、地市级、县级、乡镇（街道）级共 5 级的职业安全健康监管行政经费开支。这里，有几点说明：（1）至于主观评价数据，以本课题样本回答率为依据。（2）各省份的职业健康新增病例数据没有公布，或者统计不全，因此本处也不列出。（3）

2018 年因为机构改革，地方政府关于安全生产监管与职业病防治行政管理分立，一般到年底基本完成，因此这方面的财政决算经费大多没有分开，可以放在一起统计分析。（4）因为很难全面统计，故分别选择发达、中等、落后三类地区共 6 个代表性的地市和县级，考察其 2018 年安全生产监管、交通安全监管、职业卫生健康监管的财政支出决算情况；然后，结合全国地市、县级区划单位个数，按照平均值，计算出 2018 年全国地市级、县级职业安全健康行政经费总支出情况（见表 2–5）。同时，也因为很难全面统计，我们对中部地区个别乡镇情况进行调查，故确定乡镇 / 街道估计均值为 60 万元 / 个；然后，计算出全国乡镇、街道办事处的职业安全健康监管总体行政经费（见表 2–5）。

表2–4　2018年中央与省级本级部门职业安全健康公共财政投入情况（单位：万元）

中央级 593220.7					
省份	金额	省份	金额	省份	金额
北京	29354.6	上海	22768.3	重庆	15904.7
天津	9811.1	江苏	42875.3	四川	28009.6
河北	22782.8	浙江	7263.4	贵州	4984.8
山西	8975.8	安徽	9474.9	云南	10511.2
内蒙古	5637.7	福建	8739.2	西藏	12346.4
辽宁	9187.9	江西	12507.0	陕西	16036.1
吉林	15499.8	山东	13307.5	甘肃	17771.1
黑龙江	15771.8	河南	17567.7	青海	1732.3
		湖北	19272.4	宁夏	5778.4
		湖南	44853.9	新疆	17516.5
		广东	12884.7		
		广西	38472.4		
		海南	3387.4		

资料来源：中央与各省份应急管理（原安全监管）、交通运输厅、卫健委（原人口与计生委）公布的 2018 年本级部门支出决算表。

注：2018 年度各级机构改革期间，应急管理部门当时主要业务仍以原安全监管部门职责为主，因而支出决算仍然包括职业健康监管经费；同时纳入 2018 年度交通运输部门仅涉及交通安全、应急管理等经费，发达地区一般按 1000 万元计入，中等地区一

般按 800 万元计入，不发达地区一般按 500 万元计入；纳入卫健委（人口与计生委）的职业卫生与放射卫生监管经费，发达地区一般按 100 万元计入，中等地区一般按 80 万元计入，不发达地区一般按 50 万元计入。青海省安监（应急）、交通部门 2018 年的支出决算是根据 2019 年决算情况倒算出来的。2018 年中央级决算支出中，应急管理部（原安全生产监管总局）部门（安全生产）决算减去自然灾害救助、国土地震海洋气象等支出经费，纳入国家卫健委关于职业健康的部门监管决算经费约 2000 万元、交通运输部关于交通运输安全的部门监管决算经费约 30000 万元。

表 2–5　2018 年三类地区代表性地市县职业安全健康财政支出决算（单位：万元）

	发达地市	中等地市	落后地市	发达县级	中等县级	落后县级
地市、县名	江苏 苏州市	湖北 宜昌市	甘肃 金昌市	江苏 海门市	湖北 安县	甘肃 静宁县
职业安全健康财政支出额	5023.13	1812.71	558.51	1702.26	917.01	284.07
地市、县名	浙江 温州市	辽宁 锦州市	云南 楚雄州	浙江 临海市	辽宁 东港市	云南 禄丰县
职业安全健康财政支出额	3245.90	1503.55	1036.15	1519.10	573.32	345.31
三类地区（部门）平均值	2196.66			890.18		
全国地市、县级估计总支出	333（地市）× 2196.66=731487.78			2851（县级）× 890.18=2537903.18		
全国乡镇街道（部门）估计总支出	39945（乡镇 / 街道）× 平均估计值 60=2396700.00					

数据来源：《中国统计年鉴 2019》（电子版）http：//www.stats.gov.cn/tjsj/ndsj/2019/indexch.htm；江苏苏州市应急管理局 http：//yjglj.suzhou.gov.cn/szsafety/zcwj/202001/3302962b6eca4bed9c33b7dd99ec76c6.shtml；江苏海门市应急管理局 http：//www.haimen.gov.cn/hmsajj/bmyjshsg/content/00cacaeb-ce40-4506-8559-ff33d26026fc.html；浙江温州市应急管理局 http：//yjglj.wenzhou.gov.cn/art/2019/9/26/art_1210135_38460726.html；浙江临海市 http：//www.linhai.gov.cn/art/2019/9/20/art_1457387_38259072.html；湖北宜昌市应急管理局 http：//xxgk.yichang.gov.cn/show.html?aid=1&id=194411；湖北远安县应急管理局 http：//xxgk.yuanan.gov.cn/show.html?aid=11&id=118617；辽宁锦州市应急管理局 http：//yjj.jz.gov.cn/news/2020/01/25/3807.html；辽宁东港市应急管理局 http：//www.donggang.gov.cn/mshtml/2019-7/103003.html；甘肃金昌市应急管理局 http：//yjgl.jcs.gov.cn/art/2020/1/20/art_40276_554120.html；甘肃静宁县应急管理局 http：//

www.pingliang.gov.cn/pub/gsjn/xxgk/bmxxgk/ajj/201909/t20190909_656749.html；云南楚雄彝族自治州应急管理局 http：//yjglj.cxz.gov.cn/info/egovinfo/1001/overt_centent/11532300MB19155603-/2019-1217002.htm；云南禄丰县应急管理局 http：//www.ynlf.gov.cn/info/1143/4996.htm。

注：2018 年度各级机构改革期间，应急管理部门当时主要业务仍以原安全监管部门职责为主，因而支出决算仍然包括职业健康监管经费；同时纳入 2018 年度交通运输部门仅涉及交通安全、应急管理等经费，发达地市、县级一般分别按 500 万元、300 万元计入，中等地市、县级一般分别按 300 万元、150 万元计入，不发达地市、县级一般分别按 100 万元、50 万元计入；纳入卫健委（人口与计生委）的职业卫生与放射卫生监管经费，发达地市、县级一般分别按 50 万元、30 万元计入，中等地市、县级一般分别按 30 万元、15 万元计入，不发达地市、县级一般分别按 10 万元、5 万元计入。另外，《中国统计年鉴 2019》一般将四大直辖市、副省级城市的市辖区划为县级。

基于上述情况，大体可按 5 级财政经费，计算出 2018 年全国职业安全健康监管经费约为 6760298.36 万元，占全国全年公共财政支出 220904.13 亿元的 0.31%。[①] 至于职业安全健康重大或特助项目，如科技攻关项目、建设项目、伤害防治与死难赔付等经费，则基本很难计入。

四、企业职业安全健康物投保障满意度

（一）企业职业安全健康信息化建设、保障金建设总满意度

这主要涉及表 2-1 的 A31、A32。在现代社会，信息化系统建设体现最高体量的人、财、物的投入；生产经营领域加大职业安全健康信息化建设投入更有必要，因为这是现代企业保障员工生命安全健康不可或缺的一部分。企业职业安全健康保障金是最基本的资金投入，一般是年度储备费

① 数据来源：《中国统计年鉴 2019》（电子版）。

用，但从实践层面看，很多企业量入为出，尽量年度规划用完。从表 2–6 看，关于企业职业安全健康信息化建设满意度的总体情况，50% 强的被调认为一般，近 30% 认为较为满意，还有 8.6% 回答非常满意，总体评价为一般偏好（38.3%）。关于职业安全健康保障金建设满意度的总体情况，回答有建设的为 38.3%，多数回答不清楚（41.9%），回答一般没有建设的近 20%，总体反映为一般。

表 2–6　企业职业安全健康信息化、保障金建设满意状况的总体回答率（个，%）

问题	选项	回答数	回答率	问题	选项	回答数	回答率
您认为当地企业职业安全健康信息化系统建设如何	非常满意	93	8.6	您认为当地企业是否建设有职业安全健康保障基金	有建设	416	38.3
	较为满意	322	29.7		没有建设	215	19.8
	一般	547	50.4		不清楚	455	41.9
	较不满意	100	9.2		总计	1086	100.0
	很不满意	24	2.2				
	总计	1086	100.0				

（二）个人属性不同者关于信息化建设、保障金建设满意度

从表 2–7 看，个人属性不同的被调者，对职业安全健康信息化、保障金建设的满意度回答，有较大差异。

表 2–7　个人属性不同者对企业职业安全健康信息化、保障金建设满意度的回答（%）

		信息化建设满意度					保障金建设满意度		
		非常满意	较为满意	一般	较不满意	很不满意	有建设	没有建设	不清楚
年龄	30 岁以下	10.5	31.1	48.3	7.7	2.4	36.1	19.1	44.5
	31~40 岁	9.0	32.0	50.1	7.3	1.5	40.8	19.8	39.4
	41~50 岁	7.4	27.7	52.4	11.0	1.5	37.8	19.6	42.6
	51~60 岁	6.3	23.8	50.8	12.7	6.3	34.2	20.6	45.2
	61 岁及以上	16.7	50.0	16.7	16.7	0	50.0	33.3	16.7
学历	初中及以下	18.0	31.7	43.7	4.4	2.2	36.1	14.2	49.7
	高中（中专 / 高职）	12.0	33.2	46.4	6.6	1.8	39.0	17.9	43.1
	大学本专科	4.1	27.2	54.9	11.5	2.3	38.5	21.6	39.9
	硕博士研究生	6.3	30.2	46.0	14.3	3.2	39.7	28.6	31.7

续表

		信息化建设满意度					保障金建设满意度		
		非常满意	较为满意	一般	较不满意	很不满意	有建设	没有建设	不清楚
工龄	2 年及以下	9.0	28.8	53.2	6.4	2.6	35.9	23.7	40.4
	3~5 年	11.8	27.2	47.3	10.8	2.9	34.4	22.6	43.0
	6~10 年	9.8	36.5	46.0	6.7	1.1	36.8	16.8	46.2
	11~15 年	6.8	28.1	54.1	9.6	1.4	50.0	12.3	37.7
	16 年及以上	3.6	25.5	55.5	12.3	3.2	39.1	22.3	38.6
月均收入	1500 元及以下	23.1	30.8	46.2	0	0	30.8	7.7	61.5
	1501~3000 元	14.8	20.0	60.0	3.9	1.3	32.3	13.5	54.2
	3001~5000 元	8.9	32.5	50.7	5.5	2.4	40.0	18.9	41.1
	5001~8000 元	6.4	31.2	47.9	13.2	1.3	37.9	23.2	38.9
	8001~15000 元	6.0	25.4	49.3	15.7	3.7	37.3	21.6	41.0
	15001 元及以上	3.6	36.4	38.2	16.4	5.5	49.1	23.6	27.3

个人属性不同者关于企业内部职业安全健康信息化（系统）建设的满意情况。（1）从不同年龄被调的回答看，60 岁及以下者 50% 左右认为企业职业安全健康信息化建设一般，61 岁及以上者有 50% 认为较为满意；50 岁及以下者 30% 左右认为较为满意。总体评价为一般偏较满意。（2）从不同学历被调的回答看，接近 55% 的大学本专科者认为信息化建设一般，其他学历者认为一般的均在 45% 左右；各学历者回答较为满意的均在 30% 左右。总体评价为一般偏满意。（3）从不同工龄的被调回答看，各工龄段 45%~56% 的被调认为信息化建设为一般；除 6~10 年工龄者有 36.5% 回答较为满意外，其余各工龄段回答较为满意的均接近 30%。总体评价为一般略偏较为满意。（4）从不同收入层次被调的回答看，1500 元 / 月及以下者、3001~15000 元 / 月的被调 50% 左右，以及 1501~3000 元 / 月者 60% 认为一般，各收入层被调的 20%~37% 回答较为满意。总体评价为一般偏较满意。

个人属性不同者关于企业职业安全健康保证金建设满意度的回答情况。（1）从不同年龄被调的回答看，除了 61 岁及以上回答企业保障金有建设为 50% 外，其他年龄组回答有建设的均在 37%；51 岁及以上回答没有建设的比例均超出 20%；除 61 岁及以上回答不清楚不到 17% 外，其他年龄组回答不清楚的均在 40% 左右。总体评价为一般。（2）从不同学历被调的回答看，回答有建设的均在 38% 左右；回答没有建设的，大专以上学历者比例超出 20%；除了硕博士学历者回答不清楚的比例 31% 强外，其余学历组回答不清楚的均在 45% 左右，较高。总体评价为一般。（3）从不同工龄的被调回答看，除了 11~15 年工龄者回答有建设比例高达 50% 外，其余工龄组回答有建设的均在 35% 左右；回答没有建设的均在 24% 以下；回答不清楚的均在 37%~47%，较高。总体评价为一般。（4）从不同收入层次被调的回答看，回答有建设的均在 30%~50% 之间摆动；回答没有建设的同样均低于 24%；回答不清楚的，3000 元 / 月及以下者比例很高（超出 50%），3001~15000 元 / 月者比例均在 40% 左右，15001 元及以上者比例低于 30%。最低与最高收入组回答率刚好相反。总体评价为一般偏低。

（二）社会属性不同者关于信息化建设、保障金建设满意度

从表 2-8 看，社会属性不同的被调者，对职业安全健康信息化建设和保障金建设的回答和认知，也有较大差异。

社会属性不同者关于企业内部职业安全健康信息化（系统）建设的满意情况。（1）从不同工作岗位被调的回答看，政府公务人员、一线工人、其他岗位者均有 53% 左右的认为企业职业安全健康信息化建设一般，企业各级管理者和专业技术人员均有 48% 左右的认为一般；除了公务员回答较为满意的低于 20%，其他类岗位者回答较为满意的均在 24%~36% 之间。总体评价为一般偏较满意。（2）从不同单位属性被调的回答看，合资企业接近 65% 的被调、事业单位和其他岗位接近 60% 的认为信息化建设一般，党政机关、国有企业、民营企业、外资 / 台资企业接近 50% 认为一般；除

了外资 / 台资企业接近 50% 被调、事业单位不到 20% 被调的回答较为满意外，其余单位属性被调回答较为满意的为 21%~33%。总体评价为一般偏满意。（3）从不同行业的被调回答看，党政机关、商贸行业 50% 强认为企业职业安全健康信息化建设较为满意外，其余回答较为满意的均在 35% 以下；交通、建筑、消防 / 化工（含烟花爆竹）认为一般的在 50%~64% 之间，其余行业被调认为一般的在 45% 左右。总体评价为一般偏较为满意。（4）从不同地区被调的回答看，湖南被调近 75% 认为企业职业安全健康信息化建设一般（最高回答率），其次为黑龙江（65%）、广东（60.5%）被调认为一般，再其次是新疆、山西、湖北、上海被调认为一般（55% 左右），重庆、河北认为一般的在 45% 左右，吉林、浙江认为一般的在 35% 左右；吉林高达 50%、浙江 43.2% 的被调认为信息化建设较为满意，其余地区被调 36% 以下或 20% 以下回答较为满意。总体评价为一般略偏较满意。

表 2–8　社会属性不同者对企业职业安全健康信息化、保障金建设满意度的回答（%）

		信息化建设满意度					媒体关注满意度		
		非常满意	较为满意	一般	较不满意	很不满意	有建设	没有建设	不清楚
工作岗位	政府公务员	1.9	18.9	52.8	19.8	6.6	27.4	40.6	32.1
	企业中层及以上管理人员	11.6	28.5	47.1	11.2	1.7	43.8	20.2	36.0
	企业一般管理和专技人员	6.0	35.8	49.1	7.5	1.5	43.1	13.9	43.0
	国企一线正式工	7.9	33.7	52.8	4.5	1.1	43.8	16.9	39.3
	企业一线临时工（农民工）	8.6	29.5	51.8	7.9	2.2	34.5	16.6	48.9
单位属性	党政机关	2.3	21.6	48.9	21.6	5.7	31.8	39.8	28.4
	国有企业	7.4	32.3	49.1	8.7	2.5	46.0	15.0	39.0
	民营企业	11.1	31.8	48.0	7.5	1.5	31.8	19.5	48.6
	合资企业	11.1	22.2	63.9	2.8	0	38.9	11.1	50.0
	外资 / 台资企业	5.0	47.5	45.5	2.5	0	47.5	15.0	37.5
	事业单位（公办或民办）	10.2	15.9	59.1	11.4	3.4	29.5	28.4	42.1
	其他	10.9	21.8	58.2	9.1	0	32.8	23.6	43.6

续表

		信息化建设满意度					媒体关注满意度		
		非常满意	较为满意	一般	较不满意	很不满意	有建设	没有建设	不清楚
所属行业	党政机关	2.6	52.0	48.7	17.1	6.6	30.3	36.8	32.9
	矿山	7.3	32.1	46.4	11.9	2.3	40.4	16.9	42.7
	交通（含水陆空）	1.3	13.8	63.8	16.3	5.0	33.8	31.3	35.0
	建筑	9.3	29.9	55.7	5.2	0	29.9	15.5	54.6
	制造业	10.6	35.0	43.8	8.1	2.5	41.3	13.1	45.6
	消防 / 化工（含烟花爆竹）	15.6	25.9	56.3	1.5	0.7	57.0	13.4	29.6
	商贸行业	0	50.0	40.0	10.0	0	20.0	30.0	50.0
	社团组织	0	18.2	54.5	27.3	0	36.4	18.2	45.4
	其他	9.8	31.6	50.7	6.5	1.4	30.7	24.2	45.1
所在地区	上海	7.0	35.1	52.6	5.3	0	54.5	10.5	35.1
	广东	1.2	21.0	60.5	14.8	2.5	19.8	49.4	30.8
	浙江	15.8	43.2	30.2	7.9	2.9	33.1	14.4	52.5
	湖北	25.0	20.8	52.8	1.4	0	56.9	16.7	26.4
	湖南	3.7	18.5	74.1	1.9	1.9	50.0	11.1	38.9
	重庆	12.0	36.1	48.2	3.6	0	38.6	15.7	45.7
	河北	14.7	33.3	44.0	6.0	2.0	34.7	18.7	46.6
	吉林	6.7	50.0	36.6	6.7	0	53.3	10.0	36.7
	山西	3.6	21.8	54.5	10.9	9.1	27.3	23.6	49.1
	黑龙江	5.0	30.0	65.0	0	0	45.0	5.0	50.0
	新疆	3.1	30.2	57.3	8.3	1.0	41.7	12.5	45.8
	西藏	0	16.3	51.2	25.6	7.0	32.6	39.5	27.9

社会属性不同者关于企业职业安全健康保障金建设的满意度回答情况。（1）从不同工作岗位被调的回答看，政府公务员、其他岗位被调回答有建设的不到 30%，企业一线临时工被调回答有建设的接近 35%，企业管理者和专业技术人员、一线正式工被调回答有建设的在 45%；回答没有建设的，政府公务员被调回答率 40% 强，其余岗位被调均在 15% 左右；回答不清楚的，企业一般管理与专业技术人员、企业一线临时工（农民工）、其他岗位被调回答率均在 45% 左右，政府公务员、企业中层及以上管理者、国企一线工人被调回答率均在 35%。总体评价为一般。（2）从不同单位性质被调的回答看，国有企业、外资 / 台资企业 46% 以上的被调回答有建

设（较高），此外，除了事业单位不到 30%，其余单位被调均有 35% 左右回答有建设；回答没有建设的，政府公务员被调回答率接近 40%，事业单位、其他单位被调回答率接近 30%；回答不清楚的，除了党政机关回答率不到 30%，国有企业、外资 / 台资企业被调回答率在 37% 左右，其余在 45% 左右。总体评价为一般偏低。（3）从不同行业的被调回答看，回答有建设的，消防 / 化工（含烟花爆竹）回答率为 57%（很好），矿山、制造业被调回答率在 40% 左右，商贸行业被调回答率仅为 20%，其余行业被调回答率在 35% 左右；回答没有建设的，党政机关、交通、商贸行业被调回答率在 35% 左右，其余低于 25% 或 20%；回答不清楚的，建筑、商贸行业被调回答率超过 50%，矿山、制造业、社团组织、其他行业被调回答率在 45% 左右，其余行业被调回答率低于 35%。总体评价为一般。（4）从不同地区被调的回答看，回答有建设的，湖北、上海、吉林、湖南被调回答率在 55% 左右，黑龙江、新疆被调回答率在 45% 左右，重庆、河北、西藏、浙江被调回答率在 35% 左右，山西、广东被调回答率不到 30%；回答没有建设的，广东、西藏、山西被调回答率分别接近 50%、40%、25%，其余地区被调回答率均低于 20%；回答不清楚的，浙江、黑龙江被调回答率超过 50%，山西、河北、新疆、重庆被调回答率在 45% 左右，西藏、湖北被调回答率低于 28%。总体评价为一般。

五、职业安全健康经济现代化实现程度

这里，我们将问卷调查中相关问题的主观回答情况进行统计（舍去回答中的“一般”、负向回答率类），并加入前述相关的客观数据，对中国安全生产经济现代化总体水平进行综合测评（见表 2–9），从而视其实现程度。

总体计算方法（公式）是：（1）单项对比实现值分两类：一是正向对比单项实现值 a 正 =（单项现实值 / 单项目标值）× 100%；二是逆向单项对比实现值 a 逆，如 A11、A12，需要将目标值转换为 100%，现实值转换为（1+ 现实值），即 a 逆 =1-（1+ 现实值 -1）/1 × 100%；三是逆向单项对比实现值 a 逆，如 A13，需要将目标值 0 转换为 100%，现实值默认为百分数，直接进行加减计算。（2）总体对比实现值 A=an/n，其中，an =（A11+A12+A13）+（A21+A22）+（A31+A32）的 a 值，即各单项对比实现值之和。（3）n 为三级指标项数。（4）实现程度的单位均换算为 %。

最后的计算结果：2018 年中国职业安全健康经济现代化总体水平为 45.2%。同样，我们按照实现程度，将职业安全健康经济现代化设为三个阶段：0~33% 为初级水平阶段、34%~66% 为中级水平阶段、67%~100% 为高级水平阶段。那么，目前 45.2% 的中国职业安全健康经济现代化处于中级水平的中期阶段。

表 2-9　职业安全健康经济现代化实现程度测评（%）

一级指标（1个）	二级指标（3个）	三级指标（7个）	目标值	现实值	对比实现值 a
A 职业安全健康经济现代化	A1 职业安全健康事故趋零化	A11 职业安全事故的亿元 GDP 死亡率	0	-0.084	91.6
		A12 职业安全事故万名劳动力死亡率	0	-0.939	6.10
		A13 年度新增职业病占累计病例比重 %	0	-2.410	97.6
	A2 职业安康投资相对量合理化	A21 职业安康财政投资占全年财政支出比 %	2.0	+0.31	15.5
		A22 年末工伤参保人员占就业者的覆盖率 %	100.0	+29.3	29.3
	A3 企业职业安康物投比满意度	A31 企业职业安全健康信息化建设满意度 %	100.0	+38.3	38.3
		A32 企业职业安全健康保障金建设满意度 %	100.0	+38.3	38.3

注：表中 + 号表示正指标，- 号表示逆指标，不涉及计算意义。

与 2013 年单纯的安全生产（不含职业健康）经济现代化实现值约 20%（原误算为 31.6%）的测评相比较，[①]“上升”了 25.2%，统计口径变化大，也是原因之一。两个年度指数有如下变化：职业安全事故亿元 GDP 死亡率下降了 0.04，万名劳动力死亡率基本持平，职业安全健康财政投入比略升 0.1%（目标值与统计口径有所变化），职业安全健康保障金建设满意度上升 4.3%，信息化建设（保障条件）满意度下降 5.9%；此外，增加年度新增职业病例占比（实现程度为 97.6%），增加年末工伤参保人员覆盖率（实现程度为 29.3%），删除了 2013 年的 2 个指标项。

第二节　职业安全健康政治现代化水平测评

一、职业安全健康政治现代化基本概述

在社会大系统中，政治子系统主要关涉行动者的目标实现功能，即通过政治理性及其监督管理理性和法律制度理性，达到行动者设定的目标。在职业安全健康领域，组织管理及其方式、法律制度（包括体制机制）等是实现职业安全健康发展的有效手段和方式。

所谓职业安全健康政治现代化，主要包括职业安全健康民主、职业安全健康法治、职业安全健康企业管理、职业安全健康监管体制几方面的内容。其核心问题是职业安全健康民主。宏观上指涉职业安全健康体制现代化，即职业安全健康行业分工协作、责任主体、监管体制、规章制度、组织设置、资源配置等都应该合理化；同时涉及职业安全健康管理现代化，

① 颜烨：《安全生产现代化研究》，世界图书出版公司，2016 年，第 56–57 页。

即在现代化社会，中观层面表现为职业安全健康管理科学化，微观上表现为生产组织内部的职业安全健康管理精细化。

鉴于此，我们对中国职业安全健康政治现代化指标体系进行设计，选取了 4 个二级指标、9 个三级指标（如表 2-10）；三级指标的核心指标包括：职业安全健康决策中下层群众参与率、违法违规企业处理数占总企业比、政府职业安全健康监管人员占从业人员比重、政府—企业—社会职业安全健康责任是否明确。这里，对职业安全健康管理和法治现代化的评价，主要采取问卷数据进行主观评价，2 个指标采用政府公布的数据。

表 2-10 中国职业安全健康政治现代化评价指标体系

一级指标（1个）	二级指标（4个）	三级指标（9个）	目标值	指标性质	备注
B 职业安全健康政治现代化	B1 职业安康政治民主化	B11 职业安康重大决策中下层参与率 %	100.0	正指标	问卷
		B12 政府职业安康信息公开的满意度 %	100.0	正指标	问卷
	B2 职业安康法治现代化	B21 违法违规企业处理数占总企业比 %	0	逆指标	政府数据
		B22 职业安全健康法律法规的普及率 %	100.0	正指标	问卷
		B23 企业安康管理标准化建设满意率 %	100.0	正指标	问卷
	B3 职业安康管理现代化	B31 万名就业者政府职业安康监管人员比 %	2.0	适度正指标	政府数据
		B32 政府职业安康监管效果的群众满意度 %	100.0	正指标	可问卷
	B4 职业安康体制现代化	B41 政府、企业、社会安康责任明确满意度 %	100.0	正指标	问卷
		B42 政府职业安康机构及其人事安排满意度 %	100.0	正指标	问卷

二、职业安全健康政治现代化发展评价

结合问卷调查和客观数据，对当前中国职业安全健康政治现代化发展状况进行测量评价如下。

（一）职业安全健康政治民主化方面

这涉及表 2-10 两项三级主观指标 B11、B12。表 2-11 显示，政府关于职业安全健康治理信息能及时公开的回答率为 40.9%，未能及时公开的回答率为 29.4%，还有 29.7% 不太清楚，总体不太乐观。在回答近 2 年是否参与过单位职业安全健康重大决策时，44.5% 认为参与过，55.5% 认为没有参与，非常不乐观；总体看，职业安全健康治理民主化程度不太高，群众尤其对瞒报事故或事件的行为，有很大不满。

表 2-11 职业安全健康信息公开、参与重大决策的总体回答率（个，%）

问题	选项	回答数	回答率	问题	选项	回答数	回答率
您认为当地政府关于安全生产、职业健康信息能否及时公开	能及时公开	444	40.9	您近 2 年是否参与过单位安全生产、职业健康重大决策	参与过	483	44.5
	未能及时公开	319	29.4		没有参与	603	55.5
	不清楚	323	29.7		总计	1086	100.0
	总计	1086	100.0				

从表 2-12 看，个人属性不同的被调者对职业安全健康的政府信息公开、近 2 年是否参与单位职业安全健康重大决策的回答是不一样的。

（1）不同年龄被调的回答显示，政府能否及时公开职业安全健康信息，认为能及时公开的，50 岁以下的回答率均在 40% 左右，51~60 岁与 61 岁及以上的，回答差异大；认为未能及时公开的，除了 61 岁以上的，各年龄段的差异均不大，均在 30% 左右（左右 5 个百分点）徘徊；回答不清楚的，也均在 30% 左右。总体看，各年龄段被调认为职业安全健康信息公开民主化的情况，为一般。从近 2 年是否参与单位职业安全健康管理重大决策的回答看，除了 61 岁及以上（退休部门）被调超出 60% 的人回答参与过外，其他年龄段被调的回答率均未超出 50%，可见民主化大打折

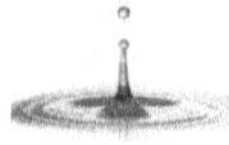
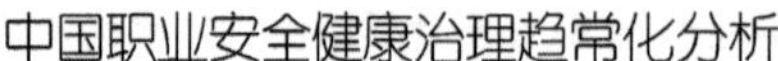

扣。（2）从学历层次看，关于政府能否及时公开职业安全健康信息的回答显示，硕博士学位被调认为能及时公开的回答率最高（54%），其以下学历者均在45%以下；各学历层次被调认为未能及时公开或不清楚的回答率，均在20%~36%之间。可见，不同学历者对信息公开的看法，总体一般。从近2年是否参与单位职业安全健康管理重大决策的回答看，不同学历层次被调回答参加过的均在45%左右，相反，没有参与的在55%左右，总体看，民主参与度不高。（3）从工龄角度看，关于政府能否及时公开职业安全健康信息的回答显示，除了36.4%的16岁及以上被调认为能及时公开外，其他工龄段被调的回答率稍高，均在45%左右，但总体认同都不高。关于近2年是否参与单位职业安全健康管理重大决策的回答显示，工龄较长的（11年及以上）被调参与过的回答率，略高于10年及以下被调，说明他们参与的机会较多（可能是部门管理者），但总体参与度不高（多数回答没有突破50%）。（4）从不同层次收入获得的被调情况看，关于政府能否及时公开职业安全健康信息的回答率，月均5000元及以下的被调中，认为能及时公开的不到42%，但回答不清楚的，在40%或以上；月均5000元以上的被调回答能及时公开的，回答率在40%以上（未超45.5%），但认为未能及时公开的，回答率超出30%，高于前面的被调。从近2年是否参与单位职业安全健康管理重大决策的回答率看，认为参与过的，月均1500元及以下的与8000元及以上的，回答率接近或超出60%，其他收入层回答率低于49%，明显有差异。总体看，不同层次收入被调者对职业安全健康民主化看法一般。

表2-12 个人属性不同者对职业安全健康政府信息公开、参与重大决策的回答(%)

		政府能否及时信息公开			近2年是否参与重大决策	
		能及时公开	未能及时公开	不清楚	参与过	没有参与
年龄	30岁以下	42.6	26.3	31.1	40.2	59.8
	31~40岁	40.3	29.6	30.1	42.8	57.2
	41~50岁	42.3	28.9	28.9	46.4	53.6
	51~60岁	34.9	36.5	28.6	50.8	49.2
	61岁及以上	66.7	0	33.3	66.7	33.3
学历	初中及以下	44.3	20.8	35.0	43.7	56.3
	高中(中专/高职)	42.3	24.5	33.2	42.0	58.0
	大学本专科	37.6	35.3	27.0	45.8	54.2
	硕博士研究生	54.0	22.2	23.8	46.0	54.0
工龄	2年及以下	44.2	18.6	37.2	41.0	59.0
	3~5年	41.6	32.3	26.2	38.7	61.3
	6~10年	40.7	26.7	32.6	43.9	56.1
	11~15年	43.2	33.6	23.3	49.3	50.7
	16年及以上	36.4	34.1	29.5	51.8	48.2
月均收入	1500元及以下	38.5	15.4	46.2	61.5	38.5
	1501~3000元	35.5	25.2	39.4	30.3	69.7
	3001~5000元	41.6	25.4	33.0	39.2	60.8
	5001~8000元	41.2	33.4	25.4	48.6	51.4
	8001~15000元	42.5	35.8	21.6	59.0	41.0
	15001元及以上	45.5	36.4	18.2	61.8	38.2

从表2-13看，社会属性不同的被调者对职业安全健康的政府信息公开、近2年是否参与单位职业安全健康重大决策的回答，也同样有很大差别。

（1）从不同岗位的被调情况看，认为政府能及时公开职业安全健康信息的回答率，均在35%~45%左右之间，均不算高；相比较而言，企业一般管理人员和专业技术人员、企业一线临时工、政府公务人员的回答比例稍高一些。近2年参与过单位重大决策的被调在30%~45%左右之间，比例不高；相比较而言，与决策身份相一致的政府公务人员、企业中层及以上管理者，回答率稍高，在45%左右，但总体不高；国企一线正式工、企业一线临时工参与度明显较低（分别在30%左右、35%左右）。（2）

从不同单位性质看，认为政府能及时公开职业安全健康信息的，外资 / 台资企业被调回答率最高（57.5%）；其次是党政机关、其他类、国有企业被调者，但均未超出 50%；再次是民营企业、事业单位、合资企业被调者（30%~35% 左右）。总体认同度不高。近 2 年参与过单位重大决策的被调中，超出 50% 回答率的是外资 / 台资企业、党政机关被调；其次是其他类、民营和国有企业被调（45% 左右）；再次是合资企业、事业单位被调（40% 以下）。总体参与度也不高。（3）从不同行业看，认为政府能及时公开信息的，消防 / 化工（含烟花爆竹）、商贸行业被调的回答率最高（60%）；其次是党政机关、制造业、建筑业被调（45% 左右）；再次是交通（含水陆空）、其他类、矿山被调（35% 左右）；社团组织回答率最低（18.2%），且此部分被调认为未能及时公开、不清楚的占比分别为 45.5%、36.4%，比例较高。总体看，对信息公开评价一般。近 2 年参与过单位重大决策的被调中，党政机关、其他类被调的回答超出 50%；其次是制造业、建筑、交通、矿山类被调（45% 左右）；再次是消防 / 化工、社团组织、商贸行业被调（低于 30%）。总体看，重大决策参与度一般。（4）从不同地区看，认为政府能够及时公开信息的，依次为：上海、湖南被调回答最高（超出 60%）；其次是湖北、吉林、重庆被调（50%~60% 之间）；西藏 46.5%；然后是浙江、新疆、河北、广东被调（30%~40% 之间）；最低的是山西、黑龙江（低于 25%）。发达、中等、欠发达地区的回答率高低均无规则性；对信息公开的总体反映一般，其中广东有 50.6% 被调认为未能及时公开。关于近 2 年参与过单位重大决策的回答率，上海、河北、西藏、浙江被调的最高（超出 50%）；其次是重庆、吉林、广东（40%~50%）；再次是湖南、新疆被调（30%~40%）；最后是山西、湖北、黑龙江被调，低于 25%。决策参与度总体不高。

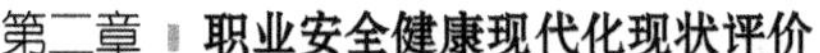

表2-13 社会属性不同者对职业安全健康政府信息公开、参与重大决策的回答(%)

		政府能否及时信息公开			近2年是否参与重大决策	
		能及时公开	未能及时公开	不清楚	参与过	没有参与
工作岗位	政府公务员	41.5	37.7	20.8	45.3	54.7
	企业中层及以上管理人员	37.6	36.0	26.4	46.5	33.5
	企业一般管理和专技人员	46.1	24.1	29.8	37.3	62.7
	国企一线正式工	38.2	38.2	23.6	30.3	69.7
	企业一线临时工(农民工)	42.4	23.0	34.5	34.5	65.5
	其他	35.4	25.8	38.8	42.1	57.9
单位属性	党政机关	47.7	37.5	14.8	50.0	50.0
	国有企业	42.6	28.5	28.9	44.4	55.6
	民营企业	36.9	30.9	32.1	45.0	55.0
	合资企业	30.6	25.0	44.4	38.9	61.14
	外资/台资企业	57.5	22.5	20.0	52.5	47.5
	事业单位(公办或民办)	34.1	34.1	31.8	34.1	65.9
	其他	45.5	14.5	40.0	47.3	52.7
所属行业	党政机关	48.7	32.9	18.4	51.3	48.7
	矿山	33.4	36.1	30.5	42.7	57.3
	交通(含水陆空)	37.5	33.8	28.8	45.0	55.0
	建筑	41.2	20.6	38.1	46.4	53.6
	制造业	43.1	26.3	30.6	48.1	51.9
	消防/化工(含烟花爆竹)	60.0	13.3	26.7	28.9	71.1
	商贸行业	60.0	20.0	20.0	20.0	80.0
	社团组织	18.2	45.5	36.4	27.3	72.7
	其他	36.3	33.0	30.7	52.6	47.4
所在地区	上海	61.4	17.5	21.2	57.9	42.1
	广东	30.9	50.6	18.5	45.7	54.3
	浙江	39.6	28.1	32.4	52.5	47.5
	湖北	58.3	15.3	26.4	25.9	74.1
	湖南	63.0	1.9	35.2	31.9	68.1
	重庆	50.6	13.3	36.1	48.2	51.8
	河北	33.3	35.3	31.3	54.0	46.0
	吉林	56.7	20.0	23.3	46.7	53.3
	山西	23.6	41.8	34.5	27.3	72.7
	黑龙江	20.0	15.0	65.0	25.0	75.0
	新疆	37.5	24.0	38.5	35.4	64.6
	西藏	46.5	41.9	11.6	53.5	46.5

（二）职业安全健康法治现代化方面

这涉及表 2–10 的 3 项指标 B21、B22、B23。违法违规企业处理数占总企业比（B21 项指标），是一项逆指标；这一方面，我们按照国家—省级—地市级—县级这四级行政监管进行分析。

（1）2018 年，应急管理部（原国家安全监管总局）共发布 3 批安全生产失信联合惩戒“黑名单”管理企业的公告，先后分别对 46 家、42 家、59 家企业（共 147 家）进行名单公示、约谈和限期整改等。[①] 这算是国家级层面的“黑名单”。（2）与此同时，如果按照江苏省等 2018 年公布的省级安全生产失信联合惩戒“黑名单”管理企业数（年均约 10 个），采取模糊估算法，大陆 31 个省份估算即有 310 个省级“黑名单”企业。（3）全国 333 个地市级单位，[②]2018 年每个地市按平均 5 个“黑名单”企业估算，[③]则全国地市级共有 1665 个企业被纳入地市级“黑名单”。（4）全国县级单位 2851 个，[④]2018 年每个县级按平均 10 个“黑名单”企业估算（发达

---

① 国家安全监管总局公告（2018 年第 6 号），https：//www.mem.gov.cn/gk/tzgg/yjbgg/201803/t20180302_230496.shtml；应急管理部公告（2018 年第 1 号），https：//www.mem.gov.cn/gk/tzgg/yjbgg/201805/t20180524_230528.shtml；应急管理部公告（2018 年第 6 号），https：//www.mem.gov.cn/gk/tzgg/yjbgg/201807/t20180727_230569.shtml。

② 数据来源：《中国统计年鉴 2019》（电子版），中国统计局网。

③ 参考资料：《徐州市 2018 年度安全生产社会法人诚信红黑名单公布》，徐州日报网 http：//epaper.cnxz.com.cn/xzrb/html/2018-12/16/content_512253.htm；《常州 2 家企业被列入安全生产不良记录“黑名单”》，常州网 http：//news.cz001.com.cn/2017-08/16/content_3359680.ht；《市安委办关于 2017—2018 年第一批安全生产不良记录“黑名单”典型案例的通报》，深圳政府在线网 http：//www.sz.gov.cn/szzt2010/zdlyzl/scaq/bg/content/post_1343984.html。

④ 数据来源：《中国统计年鉴 2019》（电子版），中国统计局网。

地区多一些，欠发达地区相对少一些），[1] 则全国县级共有 28510 个企业被纳入地市级“黑名单”。因此，四级“黑名单”企业合并共有 30632 个。但考虑到 2018 年全国机构改革，尤其忙于从安全监管部门转型到应急管理部门，因而对职业安全健康监管略有松弛，因此再估加 500 个“黑名单”企业，即总数为 31132 个。从互联网公布的名单看，曝光企业涵盖三大产业。这一数目占全国 18097682 家法人企业（不含事业单位、机关、社团等法人）的 0.17% 左右。[2] 按照 2017 年原国家安全监管总局颁布的《对安全生产领域失信行为开展联合惩戒的实施办法》的规定，这些企业一般存在严重违法违规行为，发生性质恶劣、危害性严重、社会影响大的重大生产安全责任事故；未按规定取得安全生产许可，擅自开展生产经营建设活动；被责令停产停业整顿，仍然从事生产经营活动；有意瞒报、谎报、迟报事故；采取隐蔽、欺骗或阻碍等方式逃避、对抗安全生产监管监察；煤矿超层越界开采等几类情形。

关于 B22、B23 的主观指标，涉及问卷中的 2 个问题，我们列表 2–14、表 2–15、表 2–16 进行评价。从表 2–14 看，对安全生产法、职业病防治法条款熟悉情况，回答一般的占 43.3%，回答较为熟悉的占 36.5%，总体为一般；职业安全健康法律法规的普及率为 43.5%（非常熟悉与较为熟悉回答率之和），不高。关于当地企业内部职业安全健康管理标准化满意度方面，回

---

① 参考资料：《2018 年武进区第一批安全生产“黑名单”企业公布》，企查查网 https://news.qcc.com/postnews_b22eefe9e93c3eb790b0fe36698f40d1.html；《看看哪些企业被列入我区 2018 年第二批安全生产“黑名单”!》，企查查网 https://news.qcc.com/postnews_73f1be631a8f836f7d89a175a5227228.html；《徽州区 2018 年上半年安全生产工作情况总结》，徽州区政府网 http://www.huizhouqu.gov.cn/BranchOpennessContent/show/1090442.html。

② 《中国统计年鉴 2019》显示法人企业单位数是 2017 年的数据。

答一般的占44.8%，其次32.9%回答较为满意，总体为一般；企业职业安全健康管理标准化满意度为41.1%（非常满意与较为满意回答率之和），也不高。

表 2-14 职业安全健康法熟悉度、企业管理标准化满意度的总体回答率（个，%）

问题	选项	回答数	回答率	问题	选项	回答数	回答率
您对《安全生产法》或《职业病防治法》具体条款是否熟悉	非常熟悉	76	7.0	您对当地企业内部职业安全健康管理标准化达标情况是否满意	非常满意	89	8.2
	较为熟悉	396	36.5		较为满意	357	32.9
	一般	470	43.3		一般	486	44.8
	较不熟悉	132	12.2		较不满意	139	12.8
	很不熟悉	12	1.1		很不满意	15	1.4
	总计	1086	100.0		总计	1086	100.0

从表2-15看，个人属性不同的被调者，对职业安全健康的法律法规熟悉程度（普法程度）、企业内部职业安全健康管理标准化满意度，是有些差异的。

关于对《安全生产法》或《职业病防治法》具体条款是否熟悉、对当地企业内部职业安全健康管理标准化达标情况是否满意的回答情况中，多数年龄段、多数学历段、多数工龄段、多数月均收入段的被调回答均为一般（45%左右）；回答较为熟悉或较为满意的其次（35%左右）；非常熟悉或非常满意的回答率均在10%左右或以下。回答差异较大的如下：（1）51~60岁对“两法”具体条款较为熟悉的回答率最高（51.6%）；66.7%的61岁及以上被调对企业安全健康管理标准化较为满意，最高。（2）硕、博士研究生学历者认为企业管理标准化一般的占比最高（55.6%）；高中（中专/高职）对法律法规回答较为熟悉的占比稍高一点（39.1%）；初中及以下学历者认为企业标准化较为满意的占比稍高（43.2%）。（3）工龄2年及以下的被调对法律法规较为熟悉的回答率最低（28.2%），回答率最高的是6~10年工龄者（41.1%），显示与被调的工作经验、记忆力有一定关系；对标准化较为满意的最高回答率是6~10年工龄被调者（39.6%），回答一

般的是 11 年以上工龄者最多（均接近 50%）。（4）月均收入 1500 元及以下的被调中，30.7% 认为非常熟悉“两法”，回答率非常非常高，看来熟悉法律对这一底层保住“饭碗”有关系；同样，他们当中 30.7% 的被调对企业标准化也非常满意，回答率仍然非常非常高。月均收入 15001 元及以上的被调中，43.6% 对法律法规较为熟悉，回答率相对较高，可能多为管理层或专业技术人员；月均收入 3001~5000 元的被调中，40% 对企业标准化较为满意，回答率最高；月均收入 5001~15000 元之间的两个收入层次，对企业标准化较为满意的最低（均在 25% 左右）。

表 2–15 个人属性不同者对职业安全健康法熟悉度、企业管理标准化满意度的回答（%）

		对《安全生产法》或《职业病防治法》具体条款是否熟悉					对当地企业内部职业安全健康管理标准化达标情况是否满意				
		非常熟悉	较为熟悉	一般	较不熟悉	很不熟悉	非常满意	较为满意	一般	较不满意	很不满意
年龄	30 岁以下	9.1	32.1	42.6	15.8	0.5	8.6	37.3	44.6	8.1	1.4
	31~40 岁	7.3	33.5	45.0	12.2	2.0	10.7	32.8	45.5	10.0	1.0
	41~50 岁	5.7	37.2	44.6	11.9	0.6	6.2	30.4	45.5	16.7	1.2
	51~60 岁	5.6	51.6	34.9	7.1	0.8	4.0	31.0	42.1	19.8	3.1
	61 岁及以上	16.7	33.3	50.0	0	0	16.6	66.7	16.7	0	0
学历	初中及以下	12.0	30.1	44.8	12.0	1.1	14.8	43.2	34.4	7.1	0.5
	高中(中专/高职)	7.3	39.1	37.2	15.0	1.5	12.4	38.7	40.5	7.3	1.1
	大学本专科	4.9	37.3	45.2	11.5	1.1	4.2	28.4	48.9	16.6	1.8
	硕博士研究生	9.5	36.5	47.6	6.3	0	6.3	17.5	55.6	19.0	1.6
工龄	2 年及以下	6.4	28.2	46.2	19.2	0	7.1	35.3	47.4	9.6	0.6
	3~5 年	9.0	33.7	44.4	10.8	2.2	9.3	33.3	44.4	10.4	2.5
	6~10 年	8.8	41.1	37.5	11.6	1.1	12.3	39.6	38.2	9.5	0.4
	11~15 年	4.8	38.4	46.6	9.6	0.7	7.5	28.8	49.3	13.7	0.7
	16 年及以上	4.1	38.6	45.0	11.4	0.9	2.7	24.5	48.6	21.8	2.3
月均收入	1500 元及以下	30.7	38.5	30.8	0	0	30.7	30.8	38.5	0	0
	1501~3000 元	9.7	30.3	43.9	16.1	0	12.3	31.0	51.6	5.2	0
	3001~5000 元	6.6	33.5	45.0	13.2	1.7	6.7	40.0	41.4	10.0	1.9
	5001~8000 元	5.8	40.5	41.8	11.3	0.6	9.0	28.3	44.7	17.0	1.0
	8001~15000 元	5.2	40.3	43.3	9.0	2.2	5.2	23.1	49.3	20.1	2.2
	15001 元及以上	7.3	43.6	40.0	9.1	0	5.5	34.5	41.8	16.4	1.8

从表 2–16 看，社会属性不同的被调者，对职业安全健康的法律法规熟悉程度（普法程度）、企业内部职业安全健康管理标准化满意度，更是不同。

（1）从工作岗位不同的被调回答看，关于“两法”条款熟悉程度的回答率中，46.3% 的企业中层及以上管理者认为较为熟悉，回答率居于其他岗位者之首；50.9%（相对高）的政府公务员和 45% 左右的国企一线正式工、企业一线临时工、企业一般管理或专业技术人员认为一般熟悉；非常熟悉的均在 4%~10% 左右。关于企业管理标准化满意度回答率中，52.8% 的政府公务员、45% 左右的其他各类工作岗位被调者一般满意；40.4% 的企业一般管理和专业技术人员较为满意，比例相对较高；非常满意的均非常少。（2）从单位属性不同的被调回答看，关于“两法”条款熟悉程度的回答率中，认为非常熟悉的除了其他被调有 12.7%，其余类被调回答率均不到 10%；较为熟悉的回答率中，总体均在 27%~40% 之间；认为一般熟悉的，外资 / 台资企业被调有 62.5%（很高），合资企业、事业单位有 50% 被调，党政机关、国有企业、其他均有 45% 左右的被调，民营企业被调有 37.5%；较不熟悉的回答率均未超出 20%。关于企业管理标准化满意度回答率中，认为一般的，党政机关、事业单位、合资企业、外资 / 台资企业、其他均在 55% 左右，国有企业、民营企业被调分别为 55.7%、43.5% 的回答率；外资 / 台资也、民营企业分别有 45%、40% 左右的被调回答较为满意，其余回答较为满意的均在 35%；非常满意的均在 10% 左右或以下；党政机关、事业单位均有 22.7% 的被调回答较不满意。（3）从行业性质不同的被调回答看，关于“两法”条款熟悉程度的回答率中，回答非常熟悉的多在 10% 左右或以下，商贸企业、社团组织甚至为 0；50% 的商贸企业，40% 左右的其他、矿山，30% 左右的社团组织、

制造业、建筑、交通、党政机关，23% 消防 / 化工被调，均认为较为满意；尚有 22.7% 的建筑被调回答较不熟悉。关于企业管理标准化满意度回答率中，回答为一般的，社团组织、商贸企业被调为 60% 左右，建筑、交通、党政机关被调为 50% 左右，其余被调为 40% 左右；回答较为满意的，商贸行业、制造业被调为 40% 左右，矿山、建筑、消防 / 化工、其他被调为 35% 左右，其余类被调不到 20%；非常满意的回答率很低，社团组织、商贸企业甚至为 0。（4）从不同地区被调的回答看，关于“两法”条款熟悉程度的回答率中，回答非常熟悉的，湖北被调为 20.8%（最高），其余回答率非常低，东北地区的吉林、黑龙江为 0；回答较为熟悉的，吉林被调为 60%，浙江、广东、河北被调为 45% 左右，上海、湖北、重庆、黑龙江在 30% 多一点，其余回答率低于 30%；回答为一般的，西藏、湖南、上海回答率在 60% 左右及以上，山西、新疆回答率为 50%~60%，黑龙江为 45%，其余回答率低于 40%。关于企业管理标准化满意度回答率中，回答非常满意的，湖北被调为 29.2%（最高），多数地方被调回答为 0；回答较为满意的，吉林、浙江回答率在 50% 左右，上海、湖南、河北、黑龙江、新疆、重庆回答率均在 40% 左右，其余地方的回答率在 20% 以下；回答为一般的，广东有 61.7%，黑龙江有 55%，山西为 50% 左右，回答率 45% 左右的地区多（上海、湖北、湖南、重庆、吉林、新疆、西藏），浙江、河北被调为 30% 左右。

表 2-16 社会属性不同者对职业安全健康法熟悉度、企业管理标准化满意度的回答（%）

		对《安全生产法》或《职业病防治法》具体条款是否熟悉					对当地企业内部职业安全健康管理标准化达标情况是否满意				
		非常熟悉	较为熟悉	一般	较不熟悉	很不熟悉	非常满意	较为满意	一般	较不满意	很不满意
工作岗位	政府公务员	4.7	28.3	50.9	15.1	0.9	2.8	9.4	52.8	29.2	5.7
	企业中层及以上管理人员	9.5	46.3	38.8	5.4	0	9.5	29.8	42.6	17.8	0.4
	企业一般管理和专技人员	4.2	38.0	44.6	12.3	0.9	6.6	40.4	44.3	7.8	0.9
	国企一线正式工	9.0	25.8	48.3	14.6	2.2	9.0	32.6	48.3	9.0	1.1
	企业一线临时工（农民工）	4.3	30.2	46.8	17.3	1.4	11.5	36.7	41.7	10.1	0
	其他	11.2	35.4	37.1	14.0	2.2	9.6	34.3	44.4	9.6	2.2
单位属性	党政机关	6.8	33.0	46.6	12.5	1.1	3.4	13.6	55.7	22.7	4.5
	国有企业	5.6	38.6	42.6	11.4	1.8	7.6	34.1	43.5	13.9	0.9
	民营企业	9.3	39.9	37.5	12.6	0.6	10.5	39.9	39.0	9.9	0.6
	合资企业	5.6	27.8	52.8	13.9	0	8.3	30.6	55.6	2.8	2.8
	外资 / 台资企业	7.5	27.5	62.5	2.5	0	5.0	45.0	50.0	0	0
	事业单位（公办或民办）	2.3	27.3	51.1	18.2	1.1	6.8	15.9	50.0	22.7	4.5
	其他	12.7	30.9	45.5	10.9	0	10.9	30.9	52.7	5.5	0
所属行业	党政机关	7.9	31.6	48.7	11.8	0	3.9	15.8	48.7	27.6	3.9
	矿山	7.9	41.1	40.4	9.6	1.0	8.3	33.8	41.4	15.9	0.7
	交通（含水陆空）	2.5	32.5	46.3	17.5	1.3	2.5	15.0	52.5	25.0	5.0
	建筑	2.1	33.0	40.2	22.7	2.1	7.2	33.03	51.5	8.2	0
	制造业	5.6	35.6	45.0	12.5	1.3	6.9	39.4	43.8	9.4	0.6
	消防 / 化工（含烟花爆竹）	10.4	23.0	55.6	10.4	0.7	17.0	37.0	42.2	3.0	0.7
	商贸行业	0	50.0	40.0	10.0	0	0	40.0	60.0	0	0
	社团组织	0	36.4	63.6	0	0	0	18.2	63.6	18.2	0
	其他	8.8	43.3	35.8	10.7	1.4	8.4	37.2	42.8	9.8	1.9
所在地区	上海	7.0	31.6	59.6	1.8	0	8.8	40.4	47.4	3.5	0
	广东	8.6	43.2	37.0	11.1	0	0	18.5	61.7	16.0	3.7
	浙江	10.8	45.3	30.2	12.9	0.7	9.4	49.6	30.2	10.1	0.7
	湖北	20.8	31.9	34.7	11.1	1.4	29.2	19.4	47.2	4.2	0
	湖南	1.9	18.5	64.8	14.8	0	3.7	40.7	46.3	9.3	0
	重庆	2.4	31.3	39.8	24.1	2.4	10.8	37.3	45.8	6.0	0
	河北	13.3	42.7	34.0	10.0	0	13.3	40.7	32.7	13.3	0
	吉林	0	60.0	30.0	10.0	0	0	53.3	43.3	3.3	0
	山西	3.6	25.5	56.4	7.3	7.3	12.7	18.2	50.9	10.9	7.3
	黑龙江	0	35.0	45.0	20.0	0	5.0	40.0	55.0	0	0
	新疆	3.1	28.1	51.0	16.7	0	5.2	39.6	44.8	10.4	0
	西藏	2.3	27.9	65.1	4.7	0	2.3	18.6	48.8	25.6	4.7

（三）职业安全健康管理体制现代化方面

这主要涉及表 2-10 的具体 4 个三级指标 B31、B32、B33、B34。B31 为客观指标，其余 3 个为主观指标。根据相关分析推算，2018 年全国政府职业安全健康监管人员总数约 8.5 万人，① 占当年总就业人数 77586 万人的 0.011%，② 相当于每万名就业者就有 1.1 个职业安全健康监管人员在管理服务；与国外每万名劳动者的 2 人比例尚差 0.9 人，只是后者的 55%。

从表 2-17 看，被调的主观回答中，认为政府职业安全健康监管效果总体满意度一般的居多（43.5%），较为满意其次（38.4%）；关于政府、企业、社会三方对职业安全健康治理的责任明确与否的总体满意度，也是回答一般的居多（43.7%），较为满意的其次（32.9%）；但在回答政府机构设置及其认识安排是否合理的满意度时，较为满意的居多（41.9%），其次是一般（37%）。上述回答非常满意的，都不到 10%，较不满意的在 10% 左右。总体看，职业安全健康监管效果、体制机制和机构人事安排的满意率：一般略偏好。

表 2-17　职业安全健康监管效果、机构人事安排、三方责任满意度的总体回答（个，%）

问题 / 选项	政府监管效果满意情况		政府机构及人事安排满意情况		政企社三方责任明确满意情况	
	回答数	回答率	回答数	回答率	回答数	回答率
非常满意	106	9.8	94	8.7	86	7.9
较为满意	417	38.4	455	41.9	357	32.9
一般	472	43.5	402	37.0	475	43.7
较不满意	66	6.1	123	11.3	150	13.8
很不满意	25	2.3	12	1.1	18	1.7
总计	1086	100.0	1086	100.0	1086	100.0

① 国家安全监管总局：《关于印发安全生产人才中长期发展规划（2011—2020 年）的通知》（安监总培训〔2011〕53 号）。全国职业安全健康监管人员 8.5 万人，是根据文件中的数据推算而得（约每年新增 1500 人）。计算方法：年新增量 =（2020 年预期量 -2010 年现存量）/10 年，然后推算而得。

② 中国国家统计局：《中国统计年鉴 2019》（电子版），国家统计局网 http://www.stats.gov.cn/tjsj/ndsj/2019/indexch.htm。

从表 2–18 看，个人属性不同，对政府职业安全健康监管效果、政府机构设置和认识安排、政府—企业—社会三方责任明确与否的满意度评价也不一样。

首先，个人属性不同者关于政府职业安全健康监管效果。（1）从不同年龄的被调回答看，大多数年龄段的被调中，45% 左右认为一般，仅有不到 20% 的 61 岁及以上的被调认为一般；35%~41% 的被调认为较为满意，61 岁及以上被调的 66.7% 较为满意（可能工作经历让他们觉得政府监管改善了）。总体评价一般偏好。（2）从不同学历被调看，高中（中专 / 中职）、硕博士生被调对监管效果满意度（40% 多）要高于初中及以下、大学本专科被调（35% 左右）；认为一般的，大专以上学历者（超 45%）明显高于高中及以下学历者（35% 左右），反过来后者非常满意回答率（13%~24%）高于前者（不到 7%）。总体为一般偏好。（3）从不同工龄被调回答看，工作 6~10 年的被调认为非常满意（12.6%）、较为满意（44.2%）的回答率高于其他段工龄者；2 年及以下、16 年及以上者认为一般的比率（50% 左右），高于其他工龄段被调。（4）从不同月均收入的被调回答看，各收入层被调认为监管效果一般的占主体（均为 45%）；其次多数较为满意（略低于 40%）；1500 元以下非常满意、较为满意率均为 23.1%，非常满意率最高，较为满意率最低。总体评价一般偏好。

表 2–18　个人属性不同者对监管效果、机构人事安排、三方责任满意度的回答（%）

		政府监管效果					政府机构设置及人事安排					政企社三方责任明确				
		非常满意	较为满意	一般	较不满意	很不满意	非常满意	较为满意	一般	较不满意	很不满意	非常满意	较为满意	一般	较不满意	很不满意
年龄	30 岁以下	11.5	40.2	41.1	6.7	0.5	10.5	38.8	42.1	7.2	1.4	9.1	37.3	41.6	11.5	0.5
	31~40 岁	9.0	40.6	43.8	3.4	3.2	8.3	35.5	40.8	13.2	2.2	8.8	43.8	36.7	9.8	1.0
	41~50 岁	11.3	35.1	45.5	6.8	1.2	7.1	28.3	48.5	15.2	0.9	9.5	42.3	35.1	12.2	0.9
	51~60 岁	4.8	35.7	42.1	11.9	5.6	3.2	26.2	44.4	23.8	2.4	4.8	40.5	37.3	14.3	3.2
	61 岁及以上	16.7	66.7	16.7	0	0	33.3	50.0	16.7	0	0	16.7	83.3	0	0	0

续表

		政府监管效果					政府机构设置及人事安排					政企社三方责任明确				
		非常满意	较为满意	一般	较不满意	很不满意	非常满意	较为满意	一般	较不满意	很不满意	非常满意	较为满意	一般	较不满意	很不满意
学历	初中及以下	23.5	36.1	35.0	4.9	0.5	15.3	47.0	34.4	2.7	0.5	14.2	48.1	34.4	2.7	0.5
	高中（中专 / 高职）	13.5	41.6	37.2	5.1	2.6	12.4	38.7	37.6	9.9	1.5	10.9	45.3	34.3	8.0	1.5
	大学本专科	3.9	37.1	48.9	7.1	3.0	3.5	26.5	48.9	18.9	2.1	5.8	38.9	39.4	14.8	1.1
	硕博士研究生	6.3	42.9	46.0	4.8	0	6.3	23.8	50.8	17.5	1.6	7.9	36.5	34.9	19.0	1.6
工龄	2 年及以下	10.9	32.7	51.3	4.5	0.6	7.7	33.3	50.0	7.1	1.9	11.5	35.3	43.6	8.3	1.3
	3~5 年	11.8	38.7	40.1	7.2	2.2	9.7	36.9	39.8	11.1	2.5	9.3	41.2	38.0	10.4	1.1
	6~10 年	12.6	44.2	36.1	4.2	2.8	10.2	37.9	38.6	11.9	1.4	10.9	47.0	33.0	8.4	0.7
	11~15 年	10.3	39.0	45.9	2.1	2.7	6.2	32.2	47.9	13.7	0	6.8	41.8	38.4	13.0	0
	16 年及以上	2.3	34.1	50.0	10.9	2.7	4.1	21.4	48.2	24.5	1.8	4.1	40.9	35.5	17.3	2.3
月均收入	1500 元及以下	23.1	23.1	46.2	0	7.7	23.1	30.8	23.1	23.1	23.1	23.0	38.5	23.1	7.7	7.7
	1501~3000 元	14.2	34.2	46.5	3.9	1.3	16.1	27.7	49.0	6.5	0.6	14.2	40.0	34.8	11.0	0
	3001~5000 元	11.5	39.5	41.6	4.1	3.3	6.7	39.7	41.6	9.6	2.4	8.4	43.5	37.1	9.3	1.7
	5001~8000 元	6.8	39.2	43.1	9.6	1.3	7.1	29.3	46.3	16.1	1.3	6.4	43.4	38.3	11.3	0.6
	8001~15000 元	6.7	39.6	44.8	6.7	2.2	4.5	23.1	48.5	22.4	1.5	5.2	36.6	41.8	16.4	0
	15001 元及以上	5.5	38.2	47.3	7.3	1.8	3.6	40.0	23.6	30.9	1.8	12.7	40.0	27.3	16.4	3.6

其次，个人属性不同者关于政府职业安全健康监管机构设置与人事安排的满意情况。（1）从不同年龄被调看，除 61 岁及以上被调回答非常满意（33.3%）、较为满意（50%）的比例最高外，60 岁及以下年龄者均回答一般的比例较高（45% 左右），回答较为满意的比率其次；51~60 岁的被调回答较不满意的最多（23.8%），41~50 岁的也有 15.2%，表明这个年龄段的被调或许在个人利益上没有得到满足。对机构设置和人事安排总体评价一般。（2）从不同学历被调回答看，大专及以上学历者的满意度（较为满意 25% 左右、一般的回答率 50% 左右）明显低于高中及以下学历者（非常满意、较为满意回答率相对较高），较不满意率（接近 20%）明显高于前者，可能他们觉得设置和安排不科学、不合理，甚至个人利益没有得到满足。总体评价一般。（3）从不同工龄被调回答看，11 年及以上者（尤其 16 年及

以上者）对机构设置和人事安排的满意度（20% 或 30% 左右）明显低于 10 年及以下者（35% 左右）；16 年及以上者 24.5% 较不满意（最高）；2 年及以下者 50% 认为一般。总体评价一般偏下。（4）从不同层次月均收入被调回答看，1500 元及以下者，除 30.8% 的人对机构设置和人事安排较为满意外，回答非常满意、一般、较不满意、很不满意的均为 23.1%，态度分歧较大，也比较模糊；15001 元及以上者，较为满意率（40%）与较不满意率（30.9%）相执拗，而回答一般的反而较低（23.6%），可见利益差距导致对问题看法分歧很大；其他收入层次回答一般的较多（45% 左右）。总体评价分歧很大。

再次，个人属性不同者关于政府、企业、社会三方的职业安全健康责任明确与否的回答情况。（1）从不同年龄被调回答看，除了 37.3% 的 30 岁及以下者较为满意外，多数年龄段被调的 40% 以上者较为满意，尤其 61 岁及以上者达 83.3%。对三方责任体制总体评价较为满意。（2）从不同学历被调回答看，高中及以下者的满意率（回答非常满意、较为满意的占 60% 左右）明显高于大专及以上者（回答非常满意、较为满意的低于 45%）。对三方责任体制总体评价一般。（3）从不同工龄被调回答看，除 2 年及以下者外，各工龄段被调较为满意率（45% 左右）的略高于一般回答率（35% 左右）。总体评价较为满意。（4）从不同层次月均收入被调回答看，1500 元及以下者非常满意（23%）、较为满意 38.5%、一般（23.1%）的回答率相对均衡，态度分歧大，对问题或许也较模糊；其他收入层次被调较为满意的回答均在 40% 左右。总体评价较为满意。

从表 2-19 看，不同社会属性者对职业安全健康监管效果、政府结构设置和人事安排、政府—企业—社会三方责任明确与否的看法是不一样的。

首先，社会属性不同者关于政府对职业安全健康监管效果的满意情况。（1）从不同工作岗位的被调回答看，政府公务员认为一般的回答率最高

（56.6%），对自身的监管工作不褒不贬，其余各类岗位被调回答一般的均为 40% 左右；各岗位被调回答较为满意的为 30%~44%；企业一线临时工（农民工）20.1% 回答非常满意，最高。（2）从不同单位属性被调看，回答一般的，党政机关、事业单位、其他类占 55% 左右，国有企业、合资企业占 45% 左右，民营企业、外资 / 台资企业为 35% 左右；回答较为满意的，外资 / 台资企业为最高（57.2%），其次是民营企业（37.5%）。（3）从不同行业被调回答看，回答监管效果一般的，社团组织、交通、商贸行业超出 50%（其中社团组织达 72.7%），其次为党政机关、其他、建筑、矿山，45% 左右，再次为制造业、消防 / 化工（含烟花爆竹），37% 左右；回答较为满意的，最高为商贸行业、制造业，50% 左右。（4）从不同地区的被调回答看，30% 左右的湖北、湖南被调对监管效果最为满意；在回答较为满意时，黑龙江、上海、浙江、吉林超出 50%，其他地区均在 40% 以下；回答一般时，广东、西藏超出 50%，山西、新疆、重庆、河北、吉林为 40%~47%。总体回答情况参差不齐。

表 2–19　社会属性不同者对监管效果、机构人事安排、三方责任满意度的回答（%）

		政府监管效果					政府机构设置及人事安排					政企社三方责任明确				
		非常满意	较为满意	一般	较不满意	很不满意	非常满意	较为满意	一般	较不满意	很不满意	非常满意	较为满意	一般	较不满意	很不满意
工作岗位	政府公务员	3.8	30.2	56.6	8.5	0.9	0.9	15.1	46.2	34.9	2.8	3.8	31.1	41.5	21.7	1.9
	企业中层及以上管理人员	5.4	39.3	43.8	8.7	2.9	6.6	26.9	45.9	19.4	1.2	7.9	40.1	36.8	14.0	1.2
	企业一般管理和专技人员	9.0	43.7	39.5	5.7	2.1	6.0	41.0	42.5	8.4	2.1	7.2	49.1	32.8	10.2	0.6
	国企一线正式工	10.1	34.8	46.1	4.5	4.5	12.4	30.3	46.1	9.0	2.2	10.1	38.2	40.4	10.1	1.1
	企业一线临时工（农民工）	20.1	30.9	42.4	6.5	0	10.1	41.0	44.6	4.3	0	7.2	47.5	38.8	6.5	0
	其他	12.4	39.9	42.1	2.2	3.4	13.5	31.5	39.9	13.5	1.7	15.7	34.8	39.3	7.9	2.2

续表

		政府监管效果					政府机构设置及人事安排					政企社三方责任明确				
		非常满意	较为满意	一般	较不满意	很不满意	非常满意	较为满意	一般	较不满意	很不满意	非常满意	较为满意	一般	较不满意	很不满意
单位属性	党政机关	5.7	34.1	54.5	5.7	0	3.4	12.5	46.6	34.1	3.4	5.7	29.5	44.3	19.3	1.1
	国有企业	8.5	36.8	43.7	7.2	3.8	7.6	28.7	46.4	15.0	2.2	8.5	40.4	36.5	13.2	1.3
	民营企业	12.3	43.5	36.9	6.0	1.2	7.8	47.4	35.7	7.8	1.2	8.4	49.8	33.6	7.2	0.9
	合资企业	8.3	38.9	44.4	5.6	2.8	5.6	36.1	50.0	8.3	0	5.6	47.2	38.9	8.3	0
	外资 / 台资企业	7.5	57.2	32.5	2.5	0	10.0	42.5	35.0	12.5	0	10.0	42.5	37.5	10.0	0
	事业单位（公办或民办）	9.1	27.3	54.5	6.8	2.3	9.1	15.9	55.7	18.2	1.1	10.2	31.8	39.8	15.9	2.3
	其他	14.5	30.9	52.7	0	1.8	16.4	29.1	49.1	5.5	0	14.5	38.2	43.6	3.6	0
所属行业	党政机关	6.6	39.5	47.4	0.6	0	3.9	14.5	46.1	31.6	3.9	6.6	34.2	40.8	17.1	1.3
	矿山	4.3	40.7	43.0	7.6	4.3	6.3	31.1	42.1	17.5	3.0	6.0	40.1	37.1	15.2	1.7
	交通（含水陆空）	5.0	27.5	53.8	11.3	2.5	3.8	22.5	43.8	28.8	1.3	2.5	36.3	36.3	22.5	2.5
	建筑	14.4	32.0	45.4	7.2	1.0	8.2	37.1	49.5	4.1	1.0	9.3	36.1	44.3	10.3	0
	制造业	6.3	48.8	37.5	5.6	1.9	6.3	45.6	40.6	6.9	0.6	7.5	45.6	40.6	6.9	0.6
	消防 / 化工（含烟花爆竹）	29.6	27.4	37.8	3.7	1.5	14.8	40.7	38.5	3.7	2.2	17.0	45.9	32.6	3.7	0.7
	商贸行业	0	50.0	50.0	0	0	0	50.0	40.0	10.0	0	0	40.0	50.0	10.0	0
	社团组织	0	18.2	72.7	0	9.1	0	9.1	81.8	9.1	0	0	27.3	72.7	0	0
	其他	9.3	41.4	44.2	3.7	1.4	10.7	29.8	46.5	13.0	0	11.6	47.4	31.2	9.3	0.5
所在地区	上海	8.8	56.1	28.1	5.3	1.8	10.5	38.6	42.1	8.8	0	10.5	43.9	38.6	7.0	0
	广东	2.5	30.9	56.8	6.2	3.7	0	24.7	56.8	18.5	0	3.7	37.0	43.2	13.6	2.5
	浙江	9.4	58.3	25.9	5.8	0.7	12.2	55.4	24.5	7.2	0.7	11.5	48.2	31.7	7.9	0.7
	湖北	29.2	26.4	40.3	4.2	0	27.8	27.8	38.9	2.8	2.8	29.2	22.2	44.4	4.2	0
	湖南	31.5	24.1	37.0	5.6	1.9	0	44.4	48.1	7.4	0	0	66.7	27.8	5.6	0
	重庆	18.1	30.1	44.6	7.2	0	10.8	42.2	44.6	2.4	0	10.8	44.6	39.8	4.8	0
	河北	9.3	38.7	43.3	6.0	2.7	11.3	26.7	42.0	17.3	2.7	10.7	42.7	30.7	14.0	2.0
	吉林	6.7	50.0	40.0	3.3	0	0	26.7	73.3	0	0	6.7	53.3	26.7	13.3	0
	山西	9.1	27.3	49.1	11.8	12.7	7.3	27.3	36.4	21.8	7.3	9.1	38.2	38.2	9.1	5.5
	黑龙江	0	65.0	30.0	5.0	0	0	55.0	45.0	0	0	0	50.0	40.0	10.0	0
	新疆	6.3	39.6	46.9	5.2	2.1	7.3	30.2	52.1	10.4	0	6.3	41.7	39.6	12.5	0
	西藏	4.7	37.2	53.5	4.7	0	0	14.0	34.9	46.5	4.7	7.0	32.6	46.5	14.0	0

其次，社会属性不同者关于政府职业安全健康监管机构设置与人事安排满意情况。（1）从不同工作岗位被调回答看，大多数认为一般，除其他岗回答 40% 左右外，其余各岗位被调均占 45%；政府公务员中近 35% 较不满意，回答率最高，自身能感受到不公平、不合理，其次是企业中层及以上管理者（近 20%）。（2）从不同单位属性被调回答看，认为一般

的，事业单位、合资企业、其他被调为 50%~56%，党政机关、国有企业为 46% 强，民营企业、外资 / 台资企业为 35% 左右；回答较为满意的，民营企业、外资 / 台资企业略高一些（45% 左右）；近 35% 的政府公务员回答较不满意（最高），其次是事业单位、国有企业被调（15% 左右）。（3）从不同行业被调回答看，高达 81.8% 的社团组织被调对机构设置和人事安排的满意率为一般，制造业、商贸行业、消防 / 化工（含烟花爆竹）被调认为一般的为 40% 左右，其余各类被调认为一般的均为 45% 左右；但党政机关、交通行业被调中 30% 左右较不满意。（4）从不同地区被调回答看，突出的有 46.5% 的西藏被调对机构设置和人事安排较不满意；27.8% 的湖北被调非常满意；浙江、黑龙江高达 55% 左右的被调较为满意；吉林高达 73.3%、广东、新疆 55% 左右的被调认为一般；其余地区被调回答一般、较为满意的比率较高。

再次，社会属性不同者关于政府、企业、社会三方职业安全健康责任明确与否的回答情况。（1）从不同工作岗位被调回答看，企业一般管理人员与专业技术人员、企业一线临时工（农民工）较为满意的回答率接近 50%；其余岗位者均有 31%~42% 认为较为满意或一般；仍有 21.7% 的公务员较不满意，最高。（2）从不同单位属性被调回答看，党政机关、国有企业、事业单位均有 15% 左右的被调较不满意；近 50% 的民营企业、合资企业被调较为满意；其余 31%~45% 的不同单位被调回答较为满意或一般。（3）从不同行业被调回答看，17% 的消防 / 化工（含烟花爆竹）被调非常满意，最高；高达 72.7% 的社团组织被调认为一般；22.5% 的交通业、15% 左右的党政机关和国有企业被调回答较不满意；其余多为 31%~48% 的不同行业被调回答较为满意或一般。（4）从不同地区被调回答看，湖北 29.2% 的被调非常满意，最高；湖南 66.7%、吉林和黑龙江均有 50% 强的被调较为满意；其余多为 31%~49% 的被调回答较为满意或一般。

三、职业安全健康政治现代化实现程度

这里，我们将问卷调查中相关问题的主观回答情况进行统计（舍去回答中的“一般”、负向回答率类），并加入前述相关的客观数据，对中国安全生产政治现代化总体水平进行综合测评（见表 2-20），从而视其实现程度。

总体计算方法（公式）是：（1）单项对比实现值分两类：一是正向对比单项实现值 b 正 =（单项现实值 / 单项目标值）× 100%；二是逆向单项对比实现值 b 逆，如 B21，需要将目标值 0 转换为 100%，现实值转换为（1+ 现实值），即 b 逆 =1-（1+ 现实值 -1）/1 × 100%。（2）总体对比实现值 C=bn/n，其中：bn =（B11+B12）+（B21+B22+B23）+（B31+B32）+（B41+B42）的 b 值，即各单项对比实现值之和。（3）n 为三级指标项数。（4）实现程度的单位均换算为 %。

最后的计算结果：2018 年中国职业安全健康政治现代化总体水平为 49.7%，目前尚且如此。同样，我们按照实现程度，将职业安全健康政治现代化设为三个阶段：0~33% 为初级水平阶段、34%~66% 为中级水平阶段、67%~100% 为高级水平阶段。那么，目前中国职业安全健康政治现代化处于中级水平的中期阶段。

与 2013 年单纯的安全生产（不含职业健康）政治现代化实现值 52.2% 的测评相比较，[①] 略降 2.5%。两个年度对比，具体指数有如下变化：中下层参与重大决策的比率上升了 8.4%，政府信息公开满意度略降 2.1%，法

---

① 颜烨：《安全生产现代化研究》，世界图书出版公司，2016 年，第 70 页。

律法规普及率（法制建设满意度）略降 5.2%，质量标准化建设满意度上升 7.3%，政府安监人员占比略升 3%（目标值与口径相应有变化），政府监管效果的群众满意度上升了 11.8%，三方责任明确满意度上升 4.6%，政府机构及其人事安排满意度略升 1.3%；此外，增加违规违法企业占比指标项（实现程度为 83%），删除了 2013 年的 3 个指标项。

表 2-20 职业安全健康政治现代化实现程度测评（%）

一级指标（1个）	二级指标（4个）	三级指标（9个）	目标值	现实值	对比实现值 b
B 职业安全健康政治现代化	B1 职业安康政治民主化	B11 职业安康重大决策中下层参与率 %	100.0	+40.9	40.9
		B12 政府职业安康信息公开的满意度 %	100.0	+44.5	44.5
	B2 职业安康法治现代化	B21 违法违规企业处理数占总企业比 %	0	−0.17	83.0
		B22 职业安全健康法律法规的普及率 %	100.0	+43.5	43.5
		B23 企业安康管理标准化建设满意率 %	100.0	+41.1	41.1
	B3 职业安康管理现代化	B31 万名就业者政府职业安康监管人员比	2.0	+1.1	55.0
		B32 政府职业安康监管效果的群众满意度 %	100.0	+48.2	48.2
	B4 职业安康体制现代化	B41 政府、企业、社会安康责任明确满意度 %	100.0	+50.6	50.6
		B42 政府职业安康机构及其人事安排满意度 %	100.0	+40.8	40.8

注：表中 + 号表示正指标，- 号表示逆指标，不涉及计算意义。

第三节 职业安全健康社会现代化水平测评

一、职业安全健康社会现代化基本概述

在宏观社会系统中，“社会”（社群共同体）是一个重要的子系统，起着组织聚合群体的功能。在职业安全健康领域，“社会”同样起着聚合

社会力量、制约政府和企业的社会功能。长期以来，我们常常忽视这一块社会建设，一方面反映了强政府全能主义时代吞没“社会”；另一方面反映市场主义时代，“社会”建设依然得不到应有的重视。应该说，“市场”与“社会”是相伴而生的。“社会”弱小，则无法保障劳动者的生命安全健康。

这里，社会是“小社会”概念，而不是前述的反映整个宏观社会系统（等同于国家或全球社会）的“大社会”，也不是“经济社会发展”中的“中社会”概念（除经济以外的政治、文化、科技等）。[①]社会现代化是社会建设的总体目标。社会建设内容丰富，学者认为，大体包含五个方面：一是体现社会建设基础和切入点的民生事业建设（衣食住行用）、社会事业建设（教科文卫体）和收入分配改革完善，这是保障社会成员生存权和发展权的基础能力方面；二是社会成员自治的行动载体即社会组织建设和城乡社区建设；三是反映社会整合、系统整合、维续秩序的两种社会控制方式，即社会管理创新加强和社会规范建设；四是社会建设的宏观架构和顶层设计即社会体制改革和完善；五是反映社会建设核心意义的社会结构的优化调整。[②]

由此推理，职业安全健康社会现代化，主要包括职业安全健康治理领域的公民社会组织现代化，如社群组织、工会组织、民间中介组织等不断发育，发挥与政府组织、企业组织并驾齐驱的中介服务和社会监督制约的作用；也包括职业安全健康的社会结构现代化，主要指向“安全

---

① 陆学艺：《关于社会建设的理论与实践》，《国家行政学院学报》2008 年第 2 期。

② 陆学艺主编《当代中国社会建设》，社会科学文献出版社，2013 年，第 19–20 页。

公正”，[①]涉及职业安全健康领域的不平等问题，即在社会阶层之间、城乡之间、区域之间，确保安全健康资源、机会的公平公正分配，包括员工的收入分配、工伤保险投入。基于上述界定，我们设置职业安全健康指标体系如图 2–21。

表 2–21　中国职业安全健康社会现代化指标体系

一级指标（1个）	二级指标（4个）	三级指标（8个）	目标值	指标性质	备注
C 职业安全健康社会现代化	C1 职业安康组织结构合理化	C11 职业安康社会组织占总社会组织比 %	1.0	适度正指标	政府数据
		C12 企业工会等组织维权的员工满意度 %	100.0	正指标	问卷
	C2 职业安康阶层结构合理化	C21 中间阶层成员占总人口比重 %	50.0	适度正指标	学术数据
		C22 全社会农民工占从业者比重 %	10.0	适度逆指标	政府数据
	C3 职业安康布局结构合理化	C31 职业安康状况区域差异评价度（标准差）	0	逆指标	问卷
		C32 职业安康状况行业差异评价度（标准差）	0	逆指标	问卷
	C4 职业安康民生保障均衡化	C41 年度全国居民人均收入的基尼系数	0.4	逆指标	政府数据
		C42 农民工与正式工待遇一致的满意度 %	100.0	正指标	问卷

二、职业安全健康社会现代化发展评价

（一）职业安全健康组织结构合理化方面

这涉及表 2–21 的两个三级指标 C11、C12。社会组织与政府组织、企业组织不同，其职业安全健康的功能包括：凝聚国内职业安全健康专家人

① 颜烨：《当代中国公共安全问题的社会结构分析》，《华北科技学院学报》2008 年第 4 期；颜烨：《转型期煤矿安全事故高发频仍的社会结构分析》，《华北科技学院学报》2010 年第 2 期。

才；承担国家职业安全健康科研任务；开展学术、学科专业评审评奖或专家评选；向相关企事业单位开展工程技术合作、技术服务、专家指导、产品推介应用等；充分发挥专家咨询指导救援的功能；出版发行相关学术性、政策宣贯性刊物和报纸，以及组织编写出版相关教材和学术书籍。[①]

中国的社会组织目前分为社会团体、民办非企业单位、基金会、涉外组织四类，后两类比较少。截至 2018 年底，全国登记注册的社会组织达 81.6 万个，每万人组织数为 5.6 个，[②] 与发达国家内部约万人 50 个以上、与全部发展中国家平均约万人 10 个相比，有很大差距。依托"中国社会组织公共服务平台"，[③] 我们分别输入如下查询条件：社会组织名称为"安全""职业病""职业卫生""职业健康"；截止时间为"2018 年 12 月 31 日"；社会组织类型分别为"社会团体""民办非企业单位""基金会"（外国商会中的职业安全健康组织为 0）。

经过在平台上的逐一查询，舍去其中涉及的食品药品类、信息网络类、社会治安类社会组织，合并与"职业安全健康"重合的 10 个社会组织，最后得到全国职业安全健康类社会组织 2023 个（2013 年估算纯粹的安全生产类社会组织为 2000 个[④]），占全国登记注册社会组织的 0.25%（本次暂未纳入单纯的应急管理或救援类社会组织），比例较 2013 年的 0.4% 下降，[⑤] 说明此类社会组织发育增长率不高。2023 个社会组织的具体构成如

---

① 颜烨：《安全生产现代化研究》，世界图书出版公司，2016 年，第 77 页。

② 资料来源：中国社会组织网 http：//www.chinanpo.gov.cn。

③ 资料来源：中国社会组织公共服务平台 http：//chinanpo.gov.cn/search/orgcx.html；《中国统计年鉴 2019》（电子版），国家统计局网。

④ 颜烨：《安全生产现代化研究》，世界图书出版公司，2016 年，第 75 页。

⑤ 颜烨：《安全生产现代化研究》，世界图书出版公司，2016 年，第 75 页。

表 2-22。

表 2-22 截至 2018 年中国职业安全健康社会组织构成（个 /%）

	社会团体		民办非企业单位		基金会	
	民政部注册	地方注册	民政部注册	地方注册	民政部注册	地方注册
职业安全类	11/0.54	1444/71.38	1/0.05	529/26.15	0	4/0.20
职业健康类	0	24/1.19	0	13/0.64	0	0

上述社会组织最大的功能缺陷也很明显，比如：资金来源主要依靠政府和企事业会员单位投入；官方色彩非常浓厚，不利于从底层社会角度思考问题，不利于独立开展工作，很难带动底层生产者进行安全维权，很难站在生产经营单位普通员工一边同政府、单位法人代表进行对话和抗争；虽然也开展技术咨询和专家服务乃至于产品推销，但出发点多以自身营利为主，很难真正为生产经营单位提供服务优质、技术先进、管理先进的东西；与国外相关社会组织比较，目前国内这些社会组织无法担当起职业安全健康监督检查的任务，其中也体现了中国“政府全能主义”理念和特色。[①]企业工会等组织维权的员工满意度调查，即可反映这类组织的社会功能缺陷。本次问卷调查显示（如图 2-4），在回答企业工会在维护员工安全健康方面的地位作用是否强时，认为一般的最多（42.6%），回答较强的其次（22.8%），再次是较弱（18.9%），回答非常强、非常弱的比率均很低（分别为 8.8%、6.8%）。总体看，工会左右在被调的影响中不强。当地社会组织（志愿者）参与企业职业安全健康治理的效果与此基本一致（如图 2-5）：认为一般的最多（48%），回答较好的其次（24.3%），再次是不好（16.5%），回答很好、很不好的比率均很低（分别为 7.6%、3.7%）。

① 颜烨：《安全生产现代化研究》，世界图书出版公司，2016 年，第 77 页。

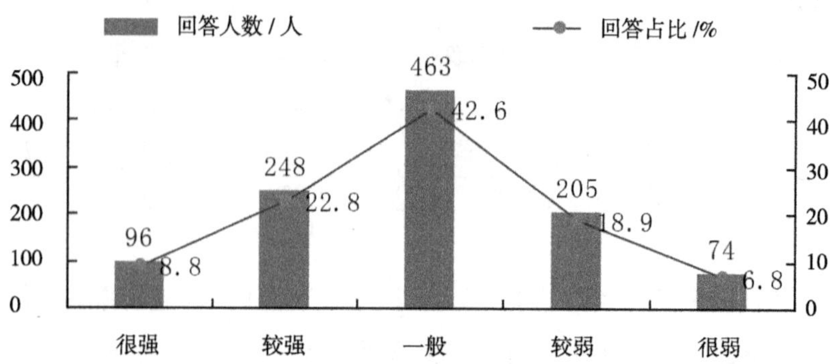

图 2-4　企业工会组织在维护员工安全健康方面的地位作用如何

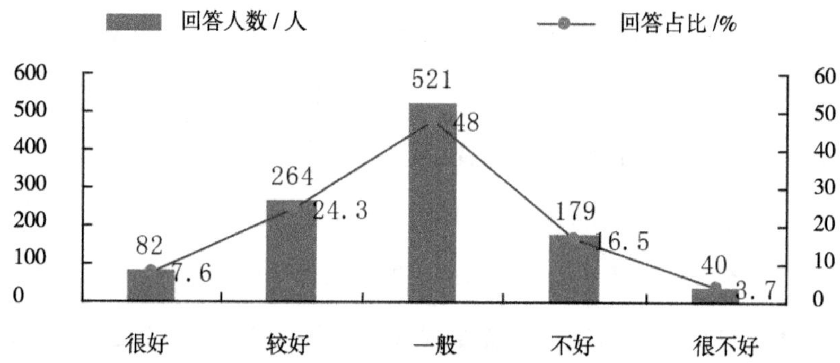

图 2-5　当地社会组织（志愿者）参与企业职业安全健康事务状况的回答率

表 2-23、表 2-24 显示，个人属性、社会属性的不同被调，对企业工会等组织为员工维权的强度评价是不一样的。

（1）从不同年龄被调回答看，除 61 岁及以上的回答工会维权作用较强外，大多数年龄段被调的 45% 左右认为一般；41~60 岁被调的 25% 左右认为较弱；15% 左右的 51~60 岁认为很弱。总体认为工会维权作用一般。（2）从不同学历被调回答看，高中及以下学历被调的 30% 左右认为工会维权作用较强；20% 左右初中及以下被调认为很强；相反，大专及以上被调的 25% 左右认为较弱；高中与大学本专科学历者认为工会维权作用一般的比例在 45% 弱。（3）从不同工龄被调的回答看，工作 10 年及以下的被

调25%左右认为工会维权作用较强；11年及以上工龄者20%左右认为较弱；其他多认为一般的比例较高。（4）从不同月均收入获得者回答看，1500元及以下获得者认为工会维权作用很强、较强的比率（共61.5%）高于其他收入获得者，看来这部分人容易得到满足；除51%的1501~3000元获得者认为一般外，其他认为一般的均在40%左右；8001~15000元获得者中认为较弱的反而高达26.9%。低年龄、长工龄、高学历、高收入者对工会维权作用评价不高。

表2-23　个人属性、社会属性不同者对企业工会维权强度的回答（%）

个人属性不同的被调		很强	较强	一般	较弱	很弱	社会属性不同的被调		很强	较强	一般	较弱	很弱
年龄	30岁以下	12.9	26.8	42.6	13.4	4.3	工作岗位	政府公务员	1.9	6.6	43.4	39.6	8.5
	31~40岁	9.0	26.2	43.5	16.4	4.9		企业中层及以上管理人员	8.3	16.1	38.0	26.4	11.2
	41~50岁	7.4	20.2	41.7	22.9	7.7		企业一般管理和专技人员	6.0	31.9	41.6	14.5	6.0
	51~60岁	4.8	11.1	43.7	25.4	15.1		国企一线正式工	10.1	25.8	50.6	10.1	3.4
	61岁及以上	16.7	50.0	16.7	16.7	0		企业一线临时工（农民工）	10.1	26.6	47.5	12.2	3.6
学历	初中及以下	20.2	30.6	38.3	8.2	2.7		其他	17.4	20.2	42.7	14.0	5.6
	高中（中专/高职）	12.0	29.2	43.1	12.8	2.9	单位属性	党政机关	2.3	8.0	45.5	35.2	9.1
	大学本专科	4.1	17.7	44.5	24.2	9.5		国有企业	7.2	20.4	42.6	20.4	9.4
	硕博士研究生	4.8	19.0	36.5	28.6	11.1		民营企业	11.4	29.7	41.4	12.9	4.5
工龄	2年及以下	10.3	26.9	39.1	17.9	5.8		合资企业	13.9	22.2	50.0	11.1	2.8
	3~5年	12.2	23.7	39.8	19.0	5.4		外资/台资企业	7.5	52.5	30.0	7.5	2.5
	6~10年	11.2	28.1	42.8	14.0	3.9		事业单位（公办或民办）	10.2	9.1	45.5	29.5	5.7
	11~15年	6.2	18.5	47.9	21.2	6.2		其他	12.7	25.5	45.5	12.7	3.6
	16年及以上	2.3	15.0	45.0	24.1	13.6		党政机关	2.6	10.5	42.1	34.2	10.5

续表

个人属性不同的被调		很强	较强	一般	较弱	很弱	社会属性不同的被调		很强	较强	一般	较弱	很弱
月均收入	1500 元及以下	23.0	38.5	38.5	0	0	所属行业	矿山	7.3	17.2	39.1	24.2	12.3
	1501~3000 元	16.8	18.1	51.0	12.3	1.9		交通（含水陆空）	1.3	8.8	51.3	33.8	5.0
	3001~5000 元	8.6	27.8	41.9	17.0	4.8		建筑	8.2	20.6	53.6	11.3	6.2
	5001~8000 元	6.8	21.9	39.5	21.5	10.3		制造业	10.0	31.3	43.1	11.9	3.8
	8001~15000 元	4.5	14.9	43.3	26.9	10.4		消防 / 化工（含烟花爆竹）	14.1	40.7	34.8	9.6	0.7
	15001 元及以上	7.3	20.0	41.8	21.8	9.1		商贸行业	0	20.0	20.0	40.0	20.0
								社团组织	0	9.1	54.5	27.3	9.1
								其他	13.0	24.7	44.7	13.5	4.2

社会属性不同的被调，对工会维权作用的回答也不一样。（1）从工作岗位不同的被调回答看，在普遍（各岗位被调的 38%~51%）认为一般的情况下，高达 40% 左右的公务员、25% 强的企业中层及以上管理者认为较弱；相反，25% 左右的国企一线正式工、企业一线临时工认为较强。（2）从不同单位属性被调回答看，多数单位被调的 41%~50% 认为一般；但外资 / 台资企业被调的 52.5% 认为工会维权作用较强，仅 30% 认为一般，可见这一群体的感受或许实际行动，显然与国内土生土长的企业明显不同；同样，多达 30% 左右的民营企业被调认为较强；而多达 35% 左右的党政机关被调、30% 左右的事业单位被调认为较弱。总体评价一般。（3）从不同行业被调回答看，消防 / 化工（含烟花爆竹）业高达 40% 强、制造业高达 30% 强，以及其他、建筑业、商贸行业 20% 左右被调认为工会维权作用较强；交通业、建筑、社团组织高达 55% 左右，以及制造业、其他、党政机关、矿山 40% 左右的被调认为一般；商贸行业高达 40%、党政机关和交通业 35% 弱、矿山业和社团组织 25% 左右的被调认为较弱。总

体认为一般，但分歧也比较大。（4）从不同地区被调回答看，大多数被调（33%~51%）认为一般，但湖南 46.3%（最高）、上海 45.6%、黑龙江 35%、浙江 33.8%，以及湖北、重庆、吉林 25% 左右的被调认为工会维权作用较强；西藏 30% 强、吉林 26% 强还认为较弱。

表 2-24　不同地区被调对企业工会维权强度的回答（%）

被调省份	很强	较强	一般	较弱	很弱	被调省份	很强	较强	一般	较弱	很弱
上海	10.5	45.6	33.3	10.5	0	河北	11.3	20.0	38.7	19.3	10.7
广东	2.1	14.8	49.4	19.8	13.6	吉林	3.3	23.3	46.7	26.7	0
浙江	18.0	33.8	34.5	10.8	2.9	山西	7.3	16.4	52.7	16.4	10.7
湖北	23.6	26.4	40.3	9.7	0	黑龙江	10.0	35.0	50.0	0	5.0
湖南	3.7	46.3	33.3	14.8	1.9	新疆	5.2	21.9	45.8	19.8	7.3
重庆	10.8	26.5	50.6	8.4	3.6	西藏	0	11.6	46.5	30.2	11.6

（二）职业安全健康阶层结构合理化方面

这涉及表 2–21 的两个三级指标 C21、C22，主要使用中产和底层农民工比例来观察。中产阶层是社会的中坚力量，是社会变迁的“发动机”“稳定器”和“平衡轮”。目前中国中产阶层的成员，主要来源于干部阶层的下层、私企业主的下层、经理人员、专业技术人员、个体工商户、办事人员中上层、个体工商户中上层、商业服务人员中上层八大阶层。[①] 职业安全健康覆盖全域社会，中产阶层成员既是其中的重要劳动者，也是安全健康维护的强大社会力量，因而影响比较大。社会学家陆学艺先生曾经预测，中国中产阶层人口规模以每年 1% 的速度在发展；[②] 按照他所主持的“当

① 陆学艺主编：《当代中国社会阶层研究报告》，社会科学文献出版社，2002 年，第 8 页。

② 陆学艺：《中国未来 30 年的主题是社会建设》，《绿叶》2010 年第 1–2 期。

代中国社会阶层结构变迁”课题组的调查估算，[①]2018 年底，中国中产阶层占总人口应约为 36%（与欧美发达国家超出 50% 的中产阶层比较，还有 15 年左右的发展历程）。但在高危行业，中产阶层成员比重可能更低一些，如煤矿调查中发现，很多中产阶层（部门经理负责人、专业技术人员、办事人员、服务人员等）非常少，尤其私营煤矿，除了几个老板，就是人数众多的矿工，专业技术人员相当缺乏，阶层结构非常单一。这样的阶层结构后果在于：一方面，没有足够的专业技术力量进行安全卫生工程技术开发研究和安全维护；一方面，没有广大中产阶层带动庞大的底层矿工与矿主抗争，进行安全健康维权。[②]

与此同时，目前全国农民工是职业安全健康领域，尤其“脏乱险苦差”行业最活跃的人群，生命安全健康朝不保夕。很多职业安全健康事故调查发现，受害者中 80%~90% 都是底层农民工。中国的《劳动法》《安全生产法》《职业病防治法》对底层从业人员的安全权利，都做了明确规定，但农民工安全健康保障的执法状态并不太好。农民工占全部就业者的比重，参照中国现行状况，目标值为 10% 为宜。根据国家统计局的数据，2018 年全国农民工人数达到 28836 万人，[③] 占全国总就业劳动力 80567 万人的 35.79%，[④] 下降到目标值，即农民工多转换为城市正式新市民或厂矿正式新工人，尚有一段距离。

---

① 陆学艺主编：《当代中国社会建设》，社会科学文献出版社，2013 年第 7 页。

② 颜烨：《煤殇——煤矿安全的社会学研究》，社会科学文献出版社，2012 年，第 215 页。

③ 国家统计局：《2018 年农民工监测调查报告》（电子版），中国工业新闻网 http：//www.cinn.cn/headline/201904/t20190429_211528.html。

④ 资料来源：《中国统计年鉴 2019》（电子版），国家统计局网。

（三）职业安全健康布局结构合理化方面

中国目前所指职业安全健康八大高危行业，通常包括危险化学品、煤矿、非煤矿山、消防、交通运输、建筑施工、燃气、冶金等。因为在前述（本章第一节）各地区、各行业的客观数据中，缺失年度新增职业病人数数据，因而这里我们主要使用职业安全健康状况区域、行业被调评价（满意度问卷）的标准差来观察。这涉及表 2-21 的两个三级指标 C31、C32。本次问卷（如表 2-25）差不多全部涵盖这八大高危行业，其中“其他”中包含钢铁冶金类、石油化工类，具有一定代表性。表 2-25 中的 12 个地区分别涵盖发达地区、中等发达地区、欠发达地区的三类省份，同样具有代表性。

表 2-25 显示，从不同行业被调回答看，党政机关、制造业 55% 左右（高比例），矿山、消防 / 化工（含烟花爆竹）、其他的 45% 左右，交通、商贸行业 40% 的，建筑 35% 左右的被调认为近 2 年所在行业职业安全健康状况较好；社团组织高达 81.8%，建筑、交通、商贸行业的 50% 左右，其他、矿山的 40% 左右，党政机关、消防 / 化工（含烟花爆竹）的被调认为一般。总体评价偏较好。

从不同地区被调的回答看，湖北高达 20.8% 的被调认为近 2 年所在地区职业安全健康状况很好，比例最高；12 个地区中，认为较好的不低于 30%，其中湖南、西藏、吉林、上海、黑龙江、新疆高达 50% 乃至 60% 左右的被调认为较好；广东高达 55.6% 的被调认为一般，重庆、山西、黑龙江、湖北 45% 左右，新疆、西藏、河北、湖南 35% 左右的被调认为一般。总体看评价偏较好。

表 2-25　不同行业、地区被调对近 2 年所在行业、地区职业安全健康状况的回答（%）

不同行业	很好	较好	一般	较差	很差	不同地区	很好	较好	一般	较差	很差
党政机关	5.3	52.6	36.8	3.9	1.3	上海	12.3	56.1	26.3	3.5	1.8
矿山	7.3	46.7	39.1	5.0	2.0	广东	6.2	30.9	55.6	7.4	0
交通（含水陆空）	2.5	40.0	50.0	7.5	0	浙江	8.6	60.4	26.6	3.6	0.7
建筑	7.2	35.1	51.5	6.2	0	湖北	20.8	34.7	43.1	1.4	0
制造业	11.9	55.6	27.5	3.8	1.3	湖南	7.4	59.3	31.5	1.9	0
消防 / 化工（含烟花爆竹）	14.8	48.1	34.8	0.7	1.5	重庆	10.8	36.1	49.4	3.6	0
商贸行业	10.0	40.0	50.0	0	0	河北	16.0	45.3	34.0	2.7	2.0
社团组织	0	18.2	81.8	0	0	吉林	6.7	56.7	30.0	3.3	3.3
其他	7.9	45.1	43.7	2.8	0.5	山西	3.6	38.2	49.1	3.6	5.5
						黑龙江	0	55.0	45.0	0	0
						新疆	4.2	50.0	39.6	6.3	0
						西藏	2.3	58.1	34.9	2.3	2.3

根据标准差计算公式，对上述不同行业、不同地区被调评价职业安全健康状况为很好和较好之和，进行标准差计算。这里，σ 是标准差的符号表达；r 是指不同行业或不同地区评价为很好和较好之和的平均值；x 是指评价为很好和较好之和；N 为不同行业个数或地区个数；Σ 是指（$x-r$）2 之和。

通过计算得到如下结果：不同行业被调评价职业安全健康状况的标准差为 13.69（后面综测可以表达为 13.69%）；不同地区被调评价职业安全健康状况的标准差为 9.92（后面综测可以表达为 9.92%）。一般，标准差衡量不同主体（这里指行业或地区）之间的差异稳定性（集中度）。标准差数值越大，表明不同主体之间的状况（这里指对职业安全健康评价为很好和较好的看法评价）差异越大；反之，则越小；趋近于 0，即为无差异。

除此之外，因个人属性不同、其他社会属性不同，被调对近 2 年不同行业或地区职业安全健康状况评价不一样（如表 2-26）。

表 2-26 个人属性、其他社会属性不同者对行业、地区职业安全健康状况的回答（%）

个人属性、社会属性不同的被调		所在行业职业安全健康状况					所在地区职业安全健康状况				
		很好	较好	一般	较差	很差	很好	较好	一般	较差	很差
年龄	30 岁以下	10.5	45.5	42.1	1.9	0	11.5	43.1	41.6	3.8	0
	31~40 岁	8.8	45.5	39.9	3.9	2.0	11.5	42.8	40.8	3.7	1.2
	41~50 岁	8.0	47.0	40.8	3.3	0.9	10.1	44.0	41.1	3.6	1.2
	51~60 岁	5.6	50.0	34.9	9.5	0	4.0	46.8	34.9	11.1	3.2
	61 岁及以上	0	33.3	50.0	0	16.7	16.7	50.0	33.3	0	0
学历	初中及以下	14.2	47.5	36.1	1.6	0.5	15.8	42.6	38.8	1.1	1.6
	高中（中专 / 高职）	12.8	46.4	35.0	4.4	1.5	15.3	42.7	35.8	5.1	1.1
	大学本专科	4.6	47.2	42.6	4.4	1.2	5.8	44.9	43.1	4.9	1.2
	硕博士研究生	7.9	36.5	50.8	4.8	0	11.1	41.3	39.7	7.9	0
工龄	2 年及以下	10.9	43.6	43.6	1.9	0	10.9	41.0	42.9	3.8	1.3
	3~5 年	8.2	45.5	41.9	3.2	1.1	11.5	41.9	41.2	3.9	1.4
	6~10 年	9.5	50.5	36.1	2.8	1.1	10.5	47.7	37.9	3.2	0.7
	11~15 年	10.3	41.8	41.8	4.8	1.4	13.0	41.8	41.8	2.7	0.7
	16 年及以上	4.5	47.3	39.1	7.3	1.8	5.9	44.1	39.5	8.6	1.8
月均收入	1500 元及以下	53.8	23.1	23.1	0	0	46.2	23.1	30.8	0	0
	1501~3000 元	9.0	42.6	44.5	3.9	0	9.0	36.8	49.7	4.5	0
	3001~5000 元	9.1	48.1	38.0	3.3	1.4	10.8	45.9	38.8	2.6	1.9
	5001~8000 元	5.5	45.3	44.4	4.2	0.6	7.4	42.4	44.1	5.1	0
	8001~15000 元	7.5	44.0	40.3	5.2	3.0	12.7	45.5	34.3	6.7	0.7
	15001 元及以上	10.9	61.8	21.8	5.5	0	10.9	54.5	21.8	10.9	1.8
工作岗位	政府公务员	4.7	43.4	45.3	5.7	0.9	5.7	44.3	43.4	3.8	2.8
	企业中层及以上管理人员	9.5	49.6	33.9	6.2	0.8	9.9	45.9	34.7	9.1	0.4
	企业一般管理和专技人员	7.5	50.9	37.3	3.0	1.2	9.9	45.5	39.8	3.3	1.5
	国企一线正式工	10.1	42.7	38.2	5.6	3.4	12.4	44.9	38.2	3.4	1.1
	企业一线临时工（农民工）	8.6	41.0	46.8	3.6	0	10.1	36.7	50.4	1.4	1.4
	其他	10.1	41.6	46.1	1.1	1.1	12.9	42.1	40.4	3.9	0.6
单位属性	党政机关	3.4	52.3	39.8	3.4	1.1	6.8	52.3	36.4	2.3	2.3
	国有企业	7.4	47.5	39.0	4.5	1.6	8.5	46.9	39.2	4.3	1.1
	民营企业	9.3	51.7	33.9	4.5	0.6	11.4	42.6	39.6	5.4	0.9
	合资企业	11.1	38.9	50.0	0	0	11.1	47.2	41.7	0	0
	外资 / 台资企业	12.5	52.5	30.0	2.5	2.5	20.0	57.5	17.5	2.5	2.5
	事业单位（公办或民办）	9.1	26.1	59.1	4.5	1.1	9.1	28.4	51.1	9.1	2.3
	其他	14.5	29.1	56.4	0	0	16.4	23.6	58.2	1.8	0

（1）从不同年龄被调回答看，51~60 岁高达 50%、50 岁及以下 45% 的被调认为所在行业职业安全健康状况较好；61 岁及以上 50% 的被调认

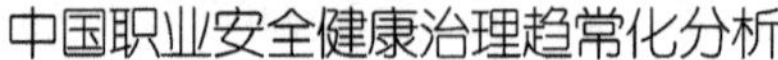

为一般。但61岁及以上33.3%的被调认为所在地区职业安全健康状况较好；其他年龄段均为45%左右的被调认为较好。行业、地区总体评价较好。（2）从不同学历被调回答看，硕士博士学历者50.8%认为所在行业职业安全健康状况一般，之下学历者多为46%强认为较好。41%~45%的不同学历者认为所在地区职业安全健康状况较好。行业、地区总体评价较好。（3）从不同工龄被调回答看，除6~10年工龄被调中50.5%认为所在行业职业安全健康状况较好外，其他年龄段认为较好的均在45%左右。不同工龄段被调认为所在地区职业安全健康状况较好的多为41%~48%。行业、地区总体评价较好。（4）从不同月均收入获得者回答看，1500元及以下的被调高达53.8%认为所在行业职业安全健康状况很好；15001元及以上的被调高达61.8%认为较好；其他收入层次获得者认为较好多为45%左右。行业总体评价较好。同样，1501~3000元及以下的被调高达46.2%认为所在地区职业安全健康状况较好；15001元及以上的被调高达61.8%认为较好；其他收入层次获得者认为较好多为45%左右；但1501~3000元者认为一般的被调近50%。地区总体评价较好。（5）从不同工作岗位被调回答看，企业中层及以上管理者、企业一般管理者和专业技术人员50%左右被调认为所在行业职业安全健康状况较好；其余工种者认为较好的在41%强；政府公务员、企业一线临时工（农民工）、其他被调45%强认为一般。除了企业一线临时工（农民工）46.8%被调认为所在地区职业安全健康状况一般外，其余工种者多为45%左右被调认为较好。行业、地区总体评价较好略一般。（6）从不同单位被调回答看，党政机关、民营企业、外资/台资企业被调有52%左右，以及国有企业47.5%的被调认为所在行业职业安全健康状况较好；事业单位、其他56%以上被调，以及合资企业50%认为一般。同样，党政机关、外资/台资企业被调有55%左右，以及国有企业、

合资企业、民营企业 45% 左右被调认为地区职业安全健康状况较好；事业单位、其他分别有 59%、56.4% 被调认为一般。行业、地区总体评价较好略一般。

（二）职业安全健康民生保障均衡化方面

这涉及表 2-21 的两项三级指标 C41 和 C42，体现职业安全健康保障资源的公平配置问题。一般地，基尼系数能够从总体上反映一个国家或地区居民或劳动者的收入差距，是一项客观指标。国际社会一般使用基尼系数 0.4 作为全民收入差距的“警戒线”，超出此线即为收入差距过大乃至更大的贫富悬殊、两极分化。[①] 按照有关计算，中国 2018 年全国居民人均收入基尼系数为 0.474，[②] 比 0.4 的“警戒线”高出 18.5%。这同时表明，职业安全健康领域民生保障的差异非常大。

关于农民工与正式工待遇是否一致，对于职业安全健康保障具有重要的意义。因为目前大多数高危行业的底层员工是农民工。农民工是改革开放以来尤其 21 世纪以来工人阶级的生力军。他们的职业安全健康保障更为重要。从图 2-6 关于农民工（临时工）与正式工各方面待遇是否一致的回答率看，认为多数方面一视同仁的占多数（40.1%）；其次认为少数方面一视同仁（23.8%）；再次是认为各方面一视同仁（18.7%），比认为各方面差别非常大的，仅多 1 个百分点。总体评价一般偏好。

---

① 基尼系数一般标准是：为 0 表示绝对平等，为 1 表示绝对不平等。低于 0.2，收入分配绝对平均；在 0.2 ~ 0.3 之间，收入分配相对平均；在 0.3 ~ 0.4 之间，收入分配相对合理；在 0.4 ~ 0.5 之间，收入分配差距过大；在 0.5 ~ 0.6 之间，收入分配差距悬殊；高于 0.6，则为两极分化。

② http：//blog.sina.com.cn/s/blog_950af5280102zmzo.html。

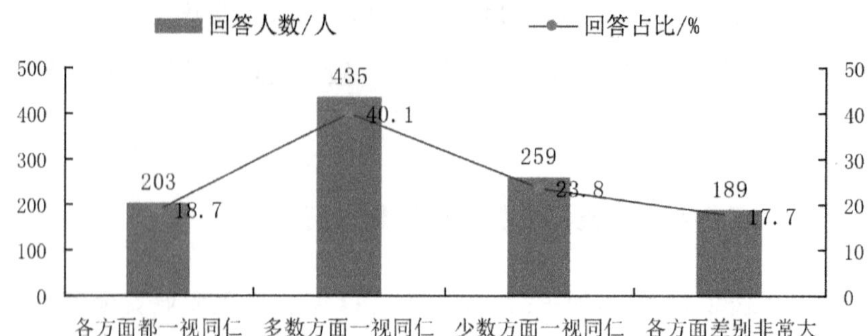

图 2-6　农民工（临时工）与正式工待遇是否一致的回答率

但是，个人属性、社会属性不同的被调，对农民工与正式工待遇是否一致的看法，是不一样的（如表 2-27、表 2-28）。

表 2-27　个人属性、社会属性不同者对农民工与正式工待遇一致与否的回答（%）

个人属性不同的被调		各方面一视同仁	多数一视同仁	少数一视同仁	各方差别非常大	社会属性不同的被调		各方面一视同仁	多数一视同仁	少数一视同仁	各方差别非常大
年龄	30 岁以下	21.1	38.8	26.8	13.4	工作岗位	政府公务员	6.6	36.8	29.2	27.4
	31~40 岁	20.3	42.3	21.8	15.6		企业中层及以上管理人员	21.1	37.6	19.8	21.5
	41~50 岁	16.7	41.7	23.2	15.6		企业一般管理和专技人员	19.9	42.5	24.1	13.6
	51~60 岁	13.5	31.0	27.8	27.8		国企一线正式工	15.7	42.7	24.7	16.9
	61 岁及以上	50.0	33.7	16.7	0		企业一线临时工（农民工）	22.3	36.0	27.3	14.4
学历	初中及以下	29.5	47.5	14.2	8.7		其他	19.1	42.7	22.5	15.7
	高中（中专/高职）	27.7	34.3	23.4	8.7	单位属性	党政机关	8.0	43.2	25.0	23.9
	大学本专科	11.0	40.6	27.2	21.2		国有企业	16.6	39.5	24.2	19.7
	硕博士研究生	17.5	38.1	23.8	20.6		民营企业	26.1	41.7	21.3	10.8
工龄	2 年及以下	24.4	41.7	21.8	12.2		合资企业	25.0	41.7	13.9	19.4
	3~5 年	21.5	42.7	19.4	16.5		外资 / 台资企业	20.0	50.0	15.0	15.0
	6~10 年	20.4	41.8	23.5	14.4		事业单位（公办或民办）	5.7	34.1	30.7	29.5
	11~15 年	15.8	34.2	26.0	24.0		其他	23.6	30.9	36.4	9.1
	16 年及以上	10.9	37.3	30.0	21.8		党政机关	7.9	42.1	23.7	26.3

续表

个人属性不同的被调		各方面一视同仁	多数一视同仁	少数一视同仁	各方差别非常大	社会属性不同的被调		各方面一视同仁	多数一视同仁	少数一视同仁	各方差别非常大
月均收入	1500 元及以下	23.1	38.5	30.8	7.7	所属行业	矿山	16.9	39.4	24.8	18.9
	1501~3000 元	30.3	39.4	18.1	12.3		交通（含水陆空）	7.5	35.0	32.5	25.0
	3001~5000 元	18.4	42.6	22.5	16.5		建筑	27.8	28.9	20.6	22.7
	5001~8000 元	17.4	35.7	27.3	19.6		制造业	25.0	41.3	24.4	9.4
	8001~15000 元	10.4	45.5	24.6	19.4		消防 / 化工（含烟花爆竹）	25.2	52.6	14.8	7.4
	15001 元及以上	14.5	34.5	27.3	23.6		商贸行业	0	50.0	40.0	10.0
							社团组织	0	36.4	63.6	0
							其他	18.1	38.1	23.3	20.5

（1）从不同年龄被调回答看，除了 61 岁及以上被调的 50% 认为农民工与正式工待遇各方面一视同仁外，各个年龄段中的大多数（31%~43%）被调认为多数方面一视同仁；30 岁及以下被调的 21.1% 认为各方面一视同仁；51~60 岁被调认为多数方面、少数方面一视同仁或各方面差别非常大的，均在 30% 左右。年龄不同，看法差异大。（2）从不同学历被调回答看，基本上也是各个学历段的大多数（34%~48%）被调认为多数方面一视同仁；高中及以下学历者认为各方面一视同仁的比例（均接近 30%）高于其他学历段；但大专及以上被调的 20% 认为各方面差别非常大。这两者反映文化程度对待遇一致与否的认知分歧比较大。（3）从不同工龄被调回答看，认为多数方面一视同仁的各工龄段被调比例均为最高（34%~43%）；工作 10 年及以下被调的 20% 左右认为各方面一视同仁；但工作 11 年及以上者则有 26% 以上的被调分别认为，少数方面一视同仁或各方面差别非常大。这两者反映工作经历对待遇一致与否的看法分歧比较大。（4）

从不同层次月均收入获得被调回答看，仍然是每个收入层被调的最高回答率（34%~46%）认为多数方面一视同仁；但是，1501~3000 元者 30.3%、1500 元及以下者 23.1% 认为各方面一视同仁；而 1500 元及以下者 30% 强认为少数方面一视同仁；5000 元及以上者 20% 左右被调认为各方面差别非常大。不同收入层虽然多数人认为农民工与正式工在多数方面一视同仁，但仍然存在一定分歧。（5）从不同工作岗位被调回答看，各工种被调认为多数方面一视同仁的回答率（36%~43%）也是最高的；但是，企业中层及以上管理者、企业一般管理者和专业技术人员、企业一线临时工（农民工）均有 20% 被调认为各方面一视同仁；政府公务员分别有接近 30% 的被调认为少数方面一视同仁或各方面差别非常大；企业中层及以上管理者 20% 左右被调认为各方面差别非常大。多数看法一致的基础上，尚有一定分歧。（6）从不同单位被调的回答看，除其他类被调中 36.4% 认为少数方面一视同仁的比例最高外，大多数单位中的 34%~50% 被调认为多数方面一视同仁；当然，体制外的民营企业、合资企业、外资 / 台资企业以及其他单位被调中仍有 25% 左右，认为各方面一视同仁；而体制内的党政机关、国有企业、事业单位被调的 25% 左右，则认为仅少数方面一视同仁；事业单位还有 29.5%、党政机关还有 23.9% 的被调认为各方面差别非常大。多数看法一致的基础上，同样分歧明显。（7）从不同行业被调回答看，除社团组织被调 63.6% 认为仅少数方面一视同仁的最高比例外，多数行业（建筑业除外）的多数被调（35%~53%）认为，多数方面一视同仁；建筑业被调认为各方面一视同仁、多数方面一视同仁的回答率均在 27% 左右，认为少数方面一视同仁、各方面差别非常大的回答率均在 22% 左右，内部成员的看法差异较大；除了建筑业，制造业、消防 / 化工（含烟花爆竹）被调 25% 左右也认为各方面一视同仁；除了建筑业，党政机关、交通等尚

有25%左右的被调认为各方面差别非常大。总体看法一致基础上的差异比较大。（8）从不同地区被调回答看，认为各方面一视同仁回答率较高的有：重庆、黑龙江为30%~35%，浙江、湖北、湖南为25%左右；认为多数方面一视同仁的为多数意见，回答率排序为：湖南、上海接近60%，浙江、黑龙江为50%左右，吉林、湖北、西藏、河北在45%左右，重庆、新疆为33%强，山西、广东最低（21%~24%）；广东、山西认为仅少数方面一视同仁的回答率最高（分别为40.7%、36.4%），湖北、西藏、新疆、吉林回答率其次（25%左右）；新疆、山西、广东、西藏、河北、吉林超出20%的被调认为各方面差别非常大，新疆更是接近30%。可见，各地区看法的差异比较大。

表2–28 不同地区被调对农民工与正式工待遇一致与否的回答（%）

被调省份	各方面一视同仁	多数一视同仁	少数一视同仁	各方差别非常大	被调省份	各方面一视同仁	多数一视同仁	少数一视同仁	各方差别非常大
上海	17.5	57.9	14.0	10.5	河北	21.3	41.3	17.3	20.1
广东	14.8	21.0	40.7	23.5	吉林	10.0	46.7	23.3	20.0
浙江	25.2	50.4	20.1	4.3	山西	14.5	23.6	36.4	25.5
湖北	25.0	43.1	26.4	5.5	黑龙江	30.0	50.0	15.0	5.0
湖南	27.8	59.3	7.4	5.5	新疆	12.5	33.3	25.0	29.2
重庆	34.9	33.7	15.7	15.7	西藏	7.0	41.9	27.9	23.3

三、职业安全健康社会现代化实现程度

这里，我们将问卷调查中相关问题的主观回答情况进行统计（舍去回答中的“一般”、负向回答率类），并加入前述相关的客观数据，对中国安全生产社会现代化总体水平进行综合测评（见表2–29），从而视其实现程度。

总体计算方法（公式）是：（1）单项对比实现值分三类：一是正向单项对比实现值 c 正 =（单项现实值 / 单项目标值）×100%；二是逆向单

项对比实现值 c 逆 =100%-（单项现实值 - 单项目标值），如 C22；三是 c 逆 =100%-［（单项现实值 - 单项目标值）/ 单项目标值］×100%，如 C41；四是 c 逆，如 C3 部分，需要将目标值 0 转换为 100%，现实值默认为百分数，直接进行加减计算。（2）总体对比实现值 $C=c_n/n$，其中：c_n =（C11+C12）+（C21+C22）+（C31+C32）+（C41+C42）的 c 值，即各单项对比实现值之和。（3）n 为三级指标项数。（4）实现程度的单位均换算为 %。

最后的计算结果：2018 年中国职业安全健康社会现代化总体水平为 64.9%。同样，我们按照实现程度，将职业安全健康社会现代化设为三个阶段：0~33% 为初级水平阶段、34%~66% 为中级水平阶段、67%~100% 为高级水平阶段。那么，目前中国职业安全健康社会现代化处于中级水平的后期阶段。

与 2013 年单纯的安全生产（不含职业健康）社会现代化实现值 55.2%（当年计算误为 46.1%）的测评相比较，［颜烨：《安全生产现代化研究》，世界图书出版公司，2016 年，第 82—83 页。书中计算结果为 46.1%，应为中产阶层比重、农民工比重、农民工与正式工待遇一致满意度（加入多数方面一视同仁比重）的实现值计算错误，现将结果纠正为 55.2%。］上升了 9.7 个百分点。两个年度对比，具体指数有一些变化：职业安全健康社会组织占比没啥增长（占比下降了 0.15%），企业工会等组织维权的满意度上升了 4.2%，中间阶层成员占比上升了 10%（2013 年计算有误），农民工占比下降了 6.8%（目标值变化，但 2013 年计算有误），区域、行业评价度（标准差）分别上升了 18.1%、3.3%，农民工与正式工待遇一致的满意度上升了 16%（2013 年计算有误）；此外，2018 年增加了基尼系数测评指标（实现度为 81.5%），删除了 2013 年的 4 个指标项。

表 2–29 中国职业安全健康社会现代化实现程度测评（%）

一级指标（1个）	二级指标（4个）	三级指标（8个）	目标值	现实值	对比实现值 c
C 职业安全健康社会现代化	C1 职业安康组织结构合理化	C11 职业安康社会组织占总社会组织比 %	1.0	+0.25	25.0
		C12 企业工会等组织维权的员工满意度 %	100.0	+31.6	31.6
	C2 职业安康阶层结构合理化	C21 中间阶层成员占总人口比重 %	50.0	+36.0	72.0
		C22 全社会农民工占从业者比重 %	10.0	–35.8	74.2
	C3 职业安康布局结构合理化	C31 职业安康状况区域差异评价度（标准差）	0	–9.92	90.1
		C32 职业安康状况行业差异评价度（标准差）	0	–13.7	86.3
	C4 职业安康民生保障均衡化	C41 当年度全国居民人均收入基尼系数	0.4	–0.474	81.5
		C42 农民工与正式工待遇一致的满意度 %	100.0	+58.8	58.8

注：表中 + 号表示正指标，– 号表示逆指标，不涉及计算意义。

第四节 职业安全健康文化现代化水平测评

一、职业安全健康文化现代化基本概述

在宏观社会大系统中，文化子系起着社会模式维续的作用，使得社会系统必须按一定规范连续地进行，并且能够缓和其内部的紧张。在职业安全健康领域，安全（健康）文化同样起着系统延展维续、潜移默化的作用。关于安全文化的概念，最初是 1986 年国际原子能机构的国际核安全咨询组针对苏联切尔诺贝利核事故、核电站问题提出来的，即认为“是存在于单位和个人中的种种素质和态度的总和”（1991 年正式提出这一概念）。

后来，国内外有很多研究，国内也有人出版了安全文化学的专著。[①]综合国内外研究，多从安全（健康）物质环境文化、安全（健康）行为文化、安全（健康）制度文化、安全（健康）精神文化4类层级，多数实质上等同于“安全氛围”，即安全文化环境研究，是关于“安全文化”的“学”，而不是关于“安全”的“文化学”，即很少从文化科学的角度探索安全健康问题。

文化，有宏观的“大文化”、中观的“中文化”，也有微观的“小文化”。这里，我们偏重于中观层面的“中文化”概念。所谓职业安全健康文化现代化，主要包括职业安全健康科技、职业安全健康教育培训、职业安全健康宣传和社会化，基础是职业安全健康科技现代化，主要是职业安全健康科技信息化，以推进本质安全发展，核心是现代职业安全健康理念树立、职业安全健康意识强化、职业安全健康行为养成、职业安全健康基本规范形成和遵守，最后形成全社会的安全健康文明。

为此，我们选取了3个二级指标、7个三级指标（如表2-30），核心三级指标是职业安全健康科技投入比重、大专以上文化者占总从业者比重、职业安全健康基本规范操作熟练程度。中国现代化，“关键是科学技术的现代化”（邓小平语），[②]因此，职业安全健康科技现代化也可以单独作为一个二级指标体系进行设计。职业安全健康文化，从根本上是要通过广泛的职业安全健康知识和规范宣传教育，让人们自觉将这类知识和规则内化为自己的理性化行动，自觉强化职业安全健康理念、遵守职业安全健康规则、践行职业安全健康行为等。

① 王秉、吴超：《安全文化学》，化学工业出版社，2018年。

② 《邓小平文选》（第二卷），人民出版社，1983年，第83页。

表 2-30 中国职业安全健康文化现代化评价指标体系

一级指标（1个）	二级指标（3个）	三级指标（7个）	目标值	指标性质	备注
D 职业安全健康文化现代化	D1 职业安康科技现代化	D11 职业安康科技人才占总科技人才比重 % D12 职业安康科技投入占总科技投资比重 %	2.0 2.0	适度正指标 适度正指标	政府数据 政府数据
	D2 职业安康教育现代化	D21 大专以上文化者占总劳动力比重 % D22 职业安全健康年度受训者覆盖率 % D23 应急救援演练年度参与者覆盖率 %	50.0 100.0 100.0	适度正指标 正指标 正指标	政府数据 问卷 问卷
	D3 职业安康文化社会化	D31 职业安康基本操作规范熟练程度 % D32 媒体关注职业安全健康的满意率 %	100.0 100.0	正指标 正指标	问卷 问卷

（一）职业安全健康科技现代化方面

这主要涉及表 2-30 的两个三级指标 D11 和 D12。2013 年推算出全国安全生产科技研发人才总量约 2 万人，①再加入每年新毕业的硕博士、职业健康等人才，2018 年全国职业安全健康科技研发人才总数约为 5.5 万人（不包含职业安全监管监察人才、高级管理人才、高技能人才和专业服务人才），②占 2018 年全国科技研发人才总量 876.2 万人的 0.63%（2013 年

① 颜烨：《安全生产现代化研究》，世界图书出版公司，2016 年，第 95、100 页。2013 年是按照《国家安全监管总局关于印发安全生产科技“十二五”规划的通知》（中央政府网 http：//www.gov.cn/zwgk/2011-11/17/content_1995695.htm）推算出来的。

② 国家安全监管总局：《关于印发安全生产人才中长期发展规划（2011-2020 年）的通知》［安监总培训〔2011〕53 号］。计算方法：年新增量 =（2020 年预增量 -2010 年现存量）/10 年；2018 年总量 =2010 年现存量 +（年新增量 ×8 年）。《国家安全监管总局关于印发安全生产科技“十二五”规划的通知》，中央政府网 http：//www.gov.cn/zwgk/2011-11/17/content_1995695.htm，其中提到硕士博士人才大约年毕业 6000~8000 人，这一部分未必全部参与研发，但按年增 7000 人的研发人才规模计算，则 2018 年职业安全健康研发人才总量约为 5.5 万人。

为0.33%），[①]与2%的目标值尚有差距（仅为31.5%）。

国家安全生产“十三五”规划指出：“鼓励采用政府和社会资本合作、投资补助等多种方式，吸引社会资本参与有合理回报和一定投资回收能力的安全基础设施项目建设和重大安全科技攻关。”“鼓励金融机构对生产经营单位技术改造项目给予信贷支持。”[②]根据本章第一节表2–3、表2–4所推算的2018年全国职业安全健康公共财政开支6760298.36万元，按照职业安全健康科技公共财政占据职业安全健康全部公共财政开支20%的比例计算，全国职业安全健康科技财政支出为1352059.672万元，加上企业自身投入和社会投入约100亿元（估计值），全国职业安全健康研发（R&D）经费总额约为235亿元，占全国研发经费全部投入的19677.9亿元的1.2%（如果舍去民间投入的100亿元，则仅占0.7%），[③]与目标值2%相差0.8个百分点，实现率为60%。2013年，课题组设计的目标值为1%，估计实现值为10亿元，[④]相对于2018年，均有些偏低。

（二）职业安全健康教育现代化方面

这主要涉及表2–30的3个三级指标D21、D22和D23。大专以上文化

---

① 根据《中国统计年鉴2019》电子版所提供的数据进行估算而得。年鉴数据为438.1万人年的全年当量，意为折合成实际研发工作量计算的；在此基础上，如果我们按人员总数计算的话，应乘以2左右（非折合工作时），即约为876.2万实际人数。

② 《国务院办公厅关于印发安全生产“十三五”规划的通知》，中央人民政府网http：//www.gov.cn/zhengce/content/2017–02/03/content_5164865.htm。

③ 全部研发经费资料来源：《中国统计年鉴2019》（电子版），国家统计局网http：//www.stats.gov.cn/tjsj/ndsj/2019/indexch.htm。这里包括政府财政投入和企业等组织投入的经费，涵盖基础研究、应用研究和试验发展三部分经费。

④ 颜烨：《安全生产现代化研究》，世界图书出版公司，2016年，第94页。

者占总劳动力比重，是衡量一个国家或地区劳动力文化素质的重要指标，均涉及职业安全健康问题。2018 年，全国大专以上文化水平者为 14910.4 万人，占全部劳动力 80567 万人的 18.5%。[①] 如果去掉 65 岁以上非劳动人口中的大专以上文化者，大致为 18%，与 2013 年的 13% 比较，[②] 每年约增长 1 个百分点。与欧美等发达国家的 50% 以上为大专以上人口比较，中国劳动力文化素质整体偏低，差距太大，仍然是一个人力资源大国，还不是人才资源强国。

这里，我们设置员工参与职业安全健康培训、应急演练情况，对其接受的职业安全健康教育的实际行动进行考察。从表 2–31 看，每年脱产参加一次以上职业安全健康培训、应急救援演练的均占主体（分别为 67.8%、54%），其次是其他（含没有）的回答率（分别为 15.9%、24.6%），再次是两年参加一次的（分别为 11.8%、15.2%）。

表 2–31 职业安全健康年受训、年参加应急演练的总体回答率（个，%）

问题	选项	回答数	回答率	问题	选项	回答数	回答率
您脱产参加安全（职业卫生）培训的情况如何	每年 1 次以上	736	67.8	您参加安全生产（职业病防治）应急救援演练的情况如何	每年 1 次以上	586	54.0
	2 年参加 1 次	128	11.8		2 年参加 1 次	165	15.2
	3 年参加 1 次	49	4.5		3 年参加 1 次	67	6.2
	其他（含没有）	173	15.9		其他（含没有）	268	24.6
	总计	1086	100.0		总计	1086	100.0

从表 2–32 看，个人属性不同的被调者，对职业安全健康脱产参加培训、参加应急救援演练的情况，有所不同。

个人属性不同者关于职业安全健康脱产受训的情况：（1）从不同年

① 资料来源：《中国统计年鉴 2019》（电子版），国家统计局网。

② 颜烨：《安全生产现代化研究》，世界图书出版公司，2016 年，第 97 页。

龄被调回答看，每年脱产参加 1 次以上培训的，除了 30 岁及以下有 48.3% 外，其余年龄段均为 50% 以上的回答率，参训率较高。（2）从不同文化被调回答看，呈现出随着学历越高，每年脱产 1 次以上的参训回答率越低的状态，但均在 49% 以上，即学历低者，应参训者较多，符合人群文化特征要求；但初中及以下学历者超出 20% 的认为两年脱产参训一次，在所有学历段中回答率最高。（3）从不同工龄被调者的回答看，工作 15 年及以下者，每年脱产参训回答率（均在 51% 以上）是递增的，即随着工龄增加，受训回答率逐步增加，但 16 年及以上者回答率低于 50%（48.6%），参训率较高。（4）从不同收入层次被调的回答看，每年脱产参训一次及以上的，随着收入的提高，参训回答率逐步降低，如最低的 1500 元 / 月及以下者参训率高达 76.9%，到了 8001~15000 元 / 月者则降到 45.5%，但到了 15001 元 / 月被调时，又进一步回升（56.4%）。总体看参训率较高。

个人属性不同者关于参加应急救援演练的情况：（1）从不同年龄被调的回答看，随着年龄增大，每年参加应急救援演练的回答率（均高于 50%）逐步提高，到 51~60 岁被调者则高达 71.4%，但 61 岁及以上者突降到 50%（估计对退休返聘人员减少安排应急演练）。总体应急演练率很高。（2）不同学历被调对每年参加一次及以上应急演练的回答率很高，均在 65% 左右。（3）不同工龄被调者对每年参加一次及以上应急演练的回答率也很高，以工作 10 年为界，之下在 65% 左右，之上在 75% 左右。（4）不同收入层次被调者的回答显示，每年参加一次及以上应急演练的回答率均在 61% 以上，非常高，最低 1500 元 / 月及以下者的回答居然高达 92.3%，符合对特定人群的要求。

表 2–32 个人属性不同者对职业安全健康参加培训、应急救援演练情况的回答（%）

		您脱产参加安全（职业卫生）培训的情况如何				您参加安全生产（职业病防治）应急救援演练的情况如何			
		每年1次以上	2年1次	3年1次	其他/含没有	每年1次以上	2年1次	3年1次	其他/含没有
年龄	30岁以下	48.3	20.6	7.2	23.9	58.4	15.3	5.7	20.6
	31~40岁	52.8	16.4	6.4	24.4	67.2	13.0	5.1	14.7
	41~50岁	57.7	11.6	4.2	26.5	73.2	8.9	3.0	14.9
	51~60岁	56.3	11.9	9.5	22.2	71.4	9.5	4.0	15.1
	61岁及以上	66.7	16.7	0	16.7	50.0	16.7	16.7	16.7
学历	初中及以下	60.7	20.2	3.8	15.3	68.9	13.7	4.4	13.1
	高中（中专/高职）	58.0	17.9	6.2	17.9	70.1	12.8	6.2	10.9
	大学本专科	50.4	12.2	7.2	30.2	66.6	10.6	3.9	18.9
	硕博士研究生	49.2	15.9	3.2	31.7	65.1	12.7	3.2	19.0
工龄	2年及以下	51.3	17.3	1.9	29.5	66.0	9.6	2.6	21.8
	3~5年	54.8	14.0	7.5	23.7	63.4	14.3	3.6	18.6
	6~10年	57.5	17.9	4.9	19.6	65.3	16.8	6.7	11.2
	11~15年	56.2	13.7	7.5	22.6	76.7	4.1	4.1	15.1
	16年及以上	48.6	12.7	8.2	30.5	71.8	8.6	4.5	15.0
月均收入	1500元及以下	76.9	23.1	0	0	92.3	7.7	0	0
	1501~3000元	55.5	14.2	7.1	23.2	61.9	16.8	3.2	18.1
	3001~5000元	55.0	15.8	4.1	25.1	67.7	12.2	3.3	16.7
	5001~8000元	54.0	16.1	6.1	23.8	70.1	10.6	6.8	12.5
	8001~15000元	45.5	14.2	11.2	29.1	69.4	8.2	4.5	17.9
	15001元及以上	56.4	9.1	9.1	25.4	61.8	10.9	5.5	21.8

从表 2–33 看，社会属性不同的被调者，对职业安全健康参加培训、应急救援演练情况的回答，有较大差异。

社会属性不同者关于职业安全健康脱产受训的情况：（1）从不同工作岗位被调回答看，每年脱产参加 1 次以上培训的，各岗位回答者明显不同，具有显著的工种特征：公务员回答率不到 40%，国有企业一线正式工不到 45%，其他各类工作岗位被调回答率均在 51%~61% 之间。（2）从单位属性不同的被调回答看，每年脱产参加 1 次以上培训的，也呈现差异性特征：国有企业、民营企业和其他（含钢铁冶金）单位回答率均在 53% 以上，合资企业、外资/台资企业 47% 强，而党政机关、事业单位明显在 40% 左右。

（3）从不同行业被调者的回答看，每年脱产参加1次以上培训的，更具行业差异：消防/化工（含烟花爆竹）、社团组织、其他（含钢铁冶金）、商贸业均高于60%；其次是矿山、制造业在53%左右；再次是建筑业，不到50%；最低的是党政机关和交通，不到40%。（4）从不同地区被调的回答看，每年脱产参训一次及以上的，区域差异明显：最高是湖南，回答率高达74.1%，与浏阳烟花爆竹业重视培训有关；其次是湖北、吉林、浙江，回答率超出66%；再次是河北、上海、广东，回答率在50%~57%之间；较低的是新疆、黑龙江、山西、西藏，回答率均在46%以下，山西、西藏还不到35%。

表2-33　社会属性不同者对职业安全健康参加培训、应急救援演练情况的回答(%)

		您脱产参加安全(职业卫生)培训的情况如何				您参加安全生产（职业病防治）应急救援演练的情况如何			
		每年1次以上	2年1次	3年1次	其他/含没有	每年1次以上	2年1次	3年1次	其他/含没有
工作岗位	政府公务员	37.7	7.5	3.8	26.4	62.3	7.5	3.8	26.4
	企业中层及以上管理人员	58.3	15.3	8.3	18.2	76.0	12.4	2.5	9.1
	企业一般管理和专技人员	60.2	12.0	7.2	20.5	71.1	10.5	5.7	12.7
	国企一线正式工	44.9	16.9	7.9	30.3	68.5	14.6	2.1	14.6
	企业一线临时工（农民工）	51.8	23.0	3.6	21.6	61.9	12.2	7.9	18.0
	其他	52.2	15.7	1.7	30.3	57.9	14.0	3.9	24.2
单位属性	党政机关	39.8	13.6	8.0	38.6	69.3	8.0	2.3	20.5
	国有企业	53.8	15.0	7.0	24.2	72.2	9.4	3.4	15.0
	民营企业	61.6	18.6	6.0	13.8	64.6	17.1	6.9	11.4
	合资企业	47.3	11.1	8.3	33.3	75.0	13.9	2.8	8.3
	外资/台资企业	47.5	12.5	7.5	32.5	82.5	12.5	0	5.0
	事业单位（公办或民办）	43.2	8.0	2.3	46.6	51.1	11.4	6.8	30.7
	其他	58.2	14.5	1.8	25.5	60.0	3.6	3.6	32.3
所属行业	党政机关	39.5	11.8	7.9	40.8	67.1	6.6	2.6	23.7
	矿山	52.3	18.9	6.3	22.5	64.9	16.2	4.3	14.6
	交通（含水陆空）	37.5	12.5	10.0	40.0	48.8	20.0	7.5	23.2

续表

		您脱产参加安全（职业卫生）培训的情况如何				您参加安全生产（职业病防治）应急救援演练的情况如何			
		每年1次以上	2年1次	3年1次	其他/含没有	每年1次以上	2年1次	3年1次	其他/含没有
所属行业	建筑	47.4	22.7	3.1	26.8	64.9	7.2	7.2	20.7
	制造业	54.4	17.5	8.8	19.4	68.1	15.0	6.9	10.0
	消防/化工（含烟花爆竹）	66.7	11.9	3.0	18.5	86.7	8.1	6.9	10.0
	商贸行业	60.0	30.0	0	10.0	60.0	20.0	10.0	10.0
	社团组织	63.6	0	0	36.4	27.3	9.1	9.1	54.5
	其他	61.4	9.3	6.0	23.3	70.7	6.0	3.3	20.0
所在地区	上海	54.4	12.3	5.3	28.0	87.7	8.8	0	3.5
	广东	50.6	12.3	8.6	28.4	38.3	8.6	11.1	42.0
	浙江	66.2	18.7	8.6	6.5	66.2	18.0	10.1	5.7
	湖北	66.7	13.9	2.8	16.7	86.1	8.3	1.4	4.2
	湖南	74.1	13.0	1.9	11.1	85.2	5.6	1.9	7.3
	重庆	51.8	19.3	1.2	27.7	66.3	4.8	4.8	24.1
	河北	56.7	18.7	6.7	18.0	76.7	14.7	4.0	4.7
	吉林	66.7	6.7	3.3	23.3	96.7	0	3.3	0
	山西	34.5	14.5	9.1	41.8	40.0	16.4	7.3	36.4
	黑龙江	40.0	15.0	5.0	40.0	70.0	25.0	5.0	0
	新疆	45.8	24.0	10.4	19.8	75.0	13.5	2.1	9.4
	西藏	32.6	14.0	14.0	39.5	69.8	7.0	0	23.2

社会属性不同者关于参加应急救援演练的情况：（1）从不同工作岗位被调的回答看，每年参加一次及以上应急救援演练的，除其他类回答率在57.9%外，其余各类工作岗位被调回答均在61%以上，企业中层及以上管理者高达76%，总体应急演练率很高。（2）从不同性质单位的被调回答看，每年参加一次及以上应急演练的回答率很高，除事业单位被调回答率51.1%外，其余均在60%以上，外资/台资企业更是高达82.5%。（3）从不同行业被调者对每年参加一次及以上应急演练的回答看，差异非常大，明显具有行业特征：消防/化工（含烟花爆竹）、其他（含钢铁冶金）最高，分别为86.7%、70.7%；其次是制造业、党政机关、矿山、建筑和商贸行业，在60%~68%之间；交通、社团组织最低，分别不到50%、30%。（4）从

不同地区被调者的回答看，每年参加一次及以上应急演练的，回答率最高的是吉林（通化钢铁），高达96.7%；其次是上海、湖北、湖南，均超出85%；再次是河北、新疆、黑龙江，回答率在70%~77%之间；接着是西藏、浙江、重庆，回答率超出66%；最低的是山西、广东，在40%左右。总体看，山西地区的职业安全健康培训和应急演练，不是很积极，而他们的煤矿多，属于高危行业，需要进一步改进。

（三）职业安全健康文化社会化方面

这主要涉及表2-30的D31基本操作规范熟悉程度、D32媒体关注职业安康满意度，即涉及职业安全健康文化普及问题。从表2-34看，关于职业安全健康岗位基本操作技能规范熟悉程度的总体情况，回答较为熟悉的超出52%，回到非常熟悉的也有25%强，回答一般的不到20%，总体为熟悉；关于媒体关注职业安全健康的满意度总体情况，回答较为满意的超出40%，回答一般的超出30%，总体为一般偏好。

表2-34　职业安全健康操作规范熟悉度、媒体关注满意的总体回答（个，%）

问题 / 选项	职业安康基本操作规范熟练程度		问题 / 选项	媒体关注职业安全健康的满意度	
	回答数	回答率		回答数	回答率
非常熟悉	274	25.2	非常满意	187	17.2
较为熟悉	568	52.3	较为满意	459	42.3
一般	207	19.1	一般	340	31.3
较不熟悉	29	2.7	较不满意	80	7.4
很不熟悉	8	0.7	很不满意	20	1.8
总计	1086	100.0	总计	1086	100.0

从表2-35看，个人属性不同的被调者，对职业安全健康信息化满意度、基本操作规范熟悉程度、媒体关注满意度，有较大差异。

个人属性不同者关于职业安全健康基本操作规范熟悉程度的回答情

况：（1）从不同年龄被调的回答看，回答较为熟悉的均在 50% 左右，回答非常熟悉的在 22%~28%。总体评价为熟悉。（2）从不同学历被调的回答看，回答较为熟悉的也均在 50% 左右，回答非常熟悉的在 23%~28%。总体评价为熟悉。（3）从不同工龄的被调回答看，回答较为熟悉的均在 55% 左右（11~15 年的接近 60%），回答非常熟悉的在 20%~29%。总体评价为熟悉。（4）从不同收入层次被调的回答看，3000~15000 元 / 月被调回答较为熟悉的均接近 55%，1501~3000 元 / 月被调回答较为熟悉的接近 50%，1500 元 / 月及以下、15001 元及以上者回答较为熟悉的在 40% 左右；46.2% 的 1500 元 / 月及以下、36.4% 的 15001 元及以上者回答非常熟悉，回答率较高，1501~15000 元 / 月被调回答非常熟悉的在 25% 左右。总体评价为熟悉。

表 2–35 个人属性不同者对信息化满意度、操作规范熟悉度、媒体关注满意度的回答（%）

		基本规范操作熟悉度					媒体关注满意度				
		非常熟悉	较为熟悉	一般	较不熟悉	很不熟悉	非常满意	较为满意	一般	较不满意	很不满意
年龄	30 岁以下	24.9	47.4	23.0	3.8	1.0	17.7	40.7	29.7	9.1	2.9
	31~40 岁	22.5	53.8	19.3	3.4	1.0	16.9	41.6	32.0	8.1	1.5
	41~50 岁	28.0	54.2	17.0	0.9	0	17.0	43.2	33.9	5.4	0.6
	51~60 岁	27.8	50.8	17.5	2.4	1.6	18.3	45.2	23.8	7.9	4.8
	61 岁及以上	16.7	50.0	16.7	16.7	0	16.7	33.3	50.0	0	0
学历	初中及以下	23.5	51.4	21.3	2.2	1.6	17.5	37.7	36.1	6.0	2.7
	高中（中专 / 高职）	27.7	47.1	21.2	2.9	1.1	20.8	36.1	33.6	7.3	2.2
	大学本专科	24.7	54.8	17.7	25.0	0.4	15.4	46.6	28.8	7.6	1.6
	硕博士研究生	23.8	55.6	15.9	4.8	0	17.5	42.9	30.2	9.5	0
工龄	2 年及以下	24.4	50.0	23.7	1.3	0.6	18.6	39.1	32.7	7.7	1.9
	3~5 年	20.1	50.5	24.0	3.9	1.4	15.8	33.7	40.5	7.9	2.2
	6~10 年	27.7	52.3	15.8	3.9	0.4	20.0	46.3	24.6	7.0	2.1
	11~15 年	25.3	58.9	15.1	0.7	0	19.9	45.2	24.7	8.9	1.4
	16 年及以上	29.1	51.8	16.4	1.8	0.9	12.7	48.2	31.8	5.9	1.4
月均收入	1500 元及以下	46.2	38.5	15.4	0	0	46.2	30.8	15.4	7.7	0
	1501~3000 元	23.9	49.7	25.8	0.6	0	21.3	32.9	39.4	6.5	0
	3001~5000 元	24.6	54.4	17.0	2.6	1.2	16.5	43.5	30.6	6.5	2.9

续表

		基本规范操作熟悉度					媒体关注满意度				
		非常熟悉	较为熟悉	一般	较不熟悉	很不熟悉	非常满意	较为满意	一般	较不满意	很不满意
月均收入	5001~8000 元	25.7	53.4	16.4	3.5	1.0	15.1	41.8	31.2	9.3	2.6
	8001~15000 元	20.9	52.2	23.9	3.0	0	6.0	14.9	49.3	15.7	3.7
	15001 元及以上	36.4	40.0	20.0	3.6	0	21.8	54.5	18.2	5.5	0

个人属性不同者关于媒体关注职业安全健康问题的满意回答情况：（1）从不同年龄被调对媒体关注职业安全健康问题的回答看，除 61 岁及以上者 33.3% 对媒体关注职业安全健康问题回答较为满意的外，60 岁及以下者回答较为满意的均为 45% 左右；51~60 岁者接近 25%，61 岁及以上者 50%，50 岁及以下者 30% 左右回答一般。总体评价为较为满意偏一般。（2）从不同学历被调对媒体关注职业安全健康问题的回答看，对媒体关注职业安全健康问题回答较为满意的，高中及以下学历者为 35% 左右、大学本专科及以上学历者为 45% 左右；回答一般的，高中及以下学历者为 35% 左右、大学本专科及以上学历者为 30% 左右。总体评价为较为满意偏一般。（3）从不同工龄被调对媒体关注职业安全健康问题的回答看，回答较为满意的，5 年及以下工龄者为 35% 左右，6 年及以上工龄者为 45% 左右；回答一般的，3~5 年工龄者为 40% 强，2 年及以下者、16 年及以上者为 32% 左右，6~15 年工龄者接近 25%。总体评价为较为满意偏一般。（4）从不同收入层次被调对媒体关注职业安全健康问题的回答看，1500 元 / 月及以下者回答非常满意的为 46.2%，回答率最高；回答较为满意的，15001 元及以上 / 月者接近 55%，回答率最高，其次是 3001~8000 元 / 月者为 43% 左右，3000 元 / 月及以下者为 30% 左右；回答一般的，8001~15000 元 / 月者接近 50%，1501~3000 元 / 月者接近 40%，3001~8000 元 / 月者在 30% 左右，1500 元 / 月及以下者、15001 元及以上 / 月者不到 20%。总体评价为较为

满意偏一般。

从表 2–36 看，社会属性不同的被调者，对职业安全健康基本操作规范熟悉程度、媒体关注满意度，也有较大差异。

社会属性不同者关于职业安全健康基本操作规范的熟悉程度回答情况：（1）从不同工作岗位被调的回答看，政府公务员、企业各层管理者和专业技术人员、其他岗位被调回答较为熟悉的均在 55% 左右，国有企业一线正式工人回答较为熟悉的接近 50%，企业一线临时工（农民工）回答较为熟悉的仅 36% 强，安全性较差；企业管理者和专业技术人员、一线正式工回答较为熟悉的均在 50% 左右；除政府公务员回答非常熟悉不到 15% 外，其余岗位者均有 20% 或 30% 左右回答非常熟悉；政府公务员、企业一线临时工（农民工）尚有 30% 强回答一般。总体评价为熟悉。（2）从不同单位性质被调的回答看，除了合资企业不到 40%、其他单位不到 45% 回答基本操作规范较为熟悉（这两部分被调 30% 强回答一般）外，其余单位被调均有 55% 左右回答较为熟悉；国有企业、外资 / 台资企业 30% 以上的被调回答非常熟悉，回答率较高，其次是合资企业、事业单位和其他行业，回答非常满意的为 25% 左右。总体评价为熟悉。（3）从不同行业的被调回答看，除了建筑、制造业被调的 41% 强回答较为熟悉外，其余行业被调均超过 50%（交通、商贸行业 60% 多）回答较为熟悉；矿山、建筑、制造业、消防 / 化工（含烟花爆竹）、社团组织均有 30% 左右被调回答非常熟悉。总体评价为熟悉。（4）从不同地区被调的回答看，湖南高达 70.4%、新疆高达 63.5% 的被调回答基本操作规范较为熟悉，其次是上海、浙江、河北、西藏 55% 左右的被调回答较为熟悉，再其次是吉林、湖北、山西、广东 45% 左右回答较为熟悉，重庆不到 35%、黑龙江 25% 的被调回答较为熟悉；吉林高达 46.7% 的被调回答非常熟悉，上海、广东、湖北、重庆、

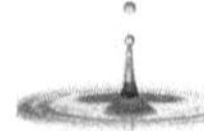

河北、山西、新疆 23%~35% 的被调回答非常熟悉，其余地区回答非常熟悉的比例非常低；黑龙江 40% 被调回答一般，广东、西藏 30% 多的被调回答一般，重庆、湖北、山西 25% 左右回答一般。总体评价为熟悉。

表 2-36　社会属性不同者对操作规范熟悉度、媒体关注满意度的回答（%）

		基本规范操作熟悉度					媒体关注满意度				
		非常熟悉	较为熟悉	一般	较不熟悉	很不熟悉	非常满意	较为满意	一般	较不满意	很不满意
工作岗位	政府公务员	12.3	57.5	27.4	2.8	0	14.2	41.5	28.3	15.1	0.9
	企业中层及以上管理人员	32.2	53.3	13.2	0.8	0.4	18.2	45.9	26.0	7.9	2.1
	企业一般管理和专技人员	24.7	56.9	14.5	3.6	0.3	16.6	47.6	27.4	7.2	1.2
	国企一线正式工	29.2	49.4	19.1	1.1	1.1	20.2	36.0	34.8	6.7	2.2
	企业一线临时工（农民工）	27.3	36.7	31.7	2.9	1.4	19.4	33.1	41.7	3.6	2.2
	其他	20.8	52.8	20.8	3.9	1.7	15.7	38.2	37.6	5.6	2.8
单位属性	党政机关	17.0	53.4	24.8	1.1	0	17.0	43.2	26.1	13.6	0
	国有企业	30.3	50.7	16.8	1.3	0.9	21.7	41.3	29.6	5.6	1.8
	民营企业	19.5	57.1	18.9	3.9	0.6	11.1	44.4	32.7	9.3	2.4
	合资企业	27.8	38.9	30.6	2.8	0	19.4	25.0	41.7	13.9	0
	外资 / 台资企业	37.5	52.5	10.0	0	0	17.5	57.5	20.0	5.0	0
	事业单位（公办或民办）	25.0	52.3	13.6	6.8	2.3	14.8	43.2	33.0	4.5	4.5
	其他	21.8	43.6	30.9	3.6	0	20.0	34.5	43.6	1.8	0
所属行业	党政机关	13.2	57.9	27.6	1.3	0	15.8	44.7	27.6	11.8	0
	矿山	28.5	52.0	16.2	2.6	0.7	17.2	42.1	32.5	5.6	2.6
	交通（含水陆空）	18.8	61.3	15.0	5.0	0	12.5	43.8	30.0	11.3	2.5
	建筑	25.8	41.2	27.8	4.1	1.0	24.7	28.9	36.1	9.3	1.0
	制造业	30.6	41.3	18.8	3.0	1.3	13.1	49.4	29.4	5.0	3.1
	消防 / 化工（含烟花爆竹）	27.4	51.1	20.0	0.7	0.7	23.7	35.6	30.4	9.6	0.7
	商贸行业	20.0	60.0	20.0	0	0	10.0	30.0	30.0	30.0	0
	社团组织	27.3	54.5	18.2	0	0	0	45.5	54.5	0	0
	其他	21.9	57.2	17.2	2.8	0.9	16.3	46.5	30.2	5.6	1.4
所在地区	上海	33.3	57.9	8.8	0	0	19.3	59.6	17.5	3.5	0
	广东	24.7	39.5	30.9	4.9	0	12.3	37.0	38.3	8.6	3.7
	浙江	18.0	56.8	18.7	5.0	1.4	7.9	50.4	33.1	5.8	2.9
	湖北	31.9	41.7	25.0	1.4	0	36.1	30.6	27.8	5.6	0
	湖南	9.2	70.4	20.4	0	0	3.7	40.7	38.7	16.7	0
	重庆	34.9	33.7	26.5	3.6	1.2	30.1	28.9	33.7	6.0	1.2
	河北	32.7	54.7	10.0	2.0	0.7	24.0	49.3	22.7	3.3	0.7
	吉林	46.7	46.7	6.7	0	0	20.0	53.3	26.7	0	0
	山西	23.6	41.8	21.8	7.3	5.5	18.2	21.8	38.2	9.1	12.7
	黑龙江	30.0	25.0	40.0	5.0	0	15.0	15.0	60.0	10.0	0
	新疆	25.0	63.5	11.5	0	0	17.7	44.8	30.2	7.3	0
	西藏	4.7	58.1	34.9	2.3	0	14.0	39.5	34.9	11.6	0

社会属性不同者关于媒体关注职业安全健康问题的满意回答情况：（1）从不同工作岗位被调对媒体关注职业安全健康问题的回答看，政府公务员、企业管理层和专业技术人员被调回答较为满意的在45%左右，企业一线工和其他岗位被调回答较为满意的在35%左右；相反，回答一般的，前者在25%左右，后者在35%或40%左右。认同有一定分层性，总体评价为较为满意偏一般。（2）从不同单位属性被调对媒体关注职业安全健康问题的回答看，回答较为满意的，外资/台资企业被调回答率接近60%，党政机关、国有企业、民营企业、事业单位回答率在45%左右，合资企业、其他单位回答率分别为25%、35%左右；相反，认为媒体关注度一般的，合资企业、其他单位被调回答率在43%左右，其余单位回答率在20%~33%之间。总体评价为较为满意偏一般。（3）从不同行业被调对媒体关注职业安全健康问题的回答看，回答较为满意的，除建筑、消防/化工（含烟花爆竹）、商贸行业回答率在30%左右外，其余行业回答率均在45%左右；认为一般的，社团组织回答率接近55%（最高），其余行业回答率均在30%左右。总体评价为较为满意偏一般。（4）从不同地区被调对媒体关注职业安全健康问题的回答看，湖北、重庆超过30%，河北、吉林超过20%的被调非常满意；回答较为满意的，上海（近60%）、浙江、吉林被调回答率超过50%，河北、新疆、湖南被调回答率在45%左右，广东、湖北、西藏被调回答率在35%左右，其余的回答率低于30%（黑龙江仅为15%）；认为一般的，黑龙江被调回答率最高（60%），河北、吉林被调回答率在25%左右，其余（除上海低于20%）地区被调回答率在35%左右。总体评价为较满意偏一般。

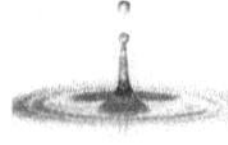

二、职业安全健康文化现代化实现程度

这里，我们将问卷调查中相关问题的主观回答情况进行统计（舍去回答中的“一般”、负向回答率类），并加入前述相关的客观数据，对中国安全生产文化现代化总体水平进行综合测评（见表 2–37），从而视其实现程度。

由于职业安全健康文化现代化指标体系中没有逆指标，因而可以直接选择正指标（+）计算方法，即是：（1）对比实现值 d=（单项现实值 / 单项目标值）×100%。（2）总体对比实现值 D=dn/n，其中：d_n =（D11+D12）+（D21+D22+D23）+（D31+D32）的 d 值，即各单项对比实现值之和。（3）n 为三级指标项数。（4）实现程度的单位均换算为 %。

最后的计算结果：2018 年中国职业安全健康文化现代化总体水平为 55.2%。同样，我们按照实现程度，将职业安全健康文化现代化设为三个阶段：0~33% 为初级水平阶段、34%~66% 为中级水平阶段、67%~100% 为高级水平阶段。那么，目前 55.2% 的中国职业安全健康文化现代化处于中级水平的中期阶段。

与 2013 年单纯的安全生产（不含职业健康）文化现代化实现值 36.1% 的测评相比较，[①]“上升”了 19.1 个百分点，主要原因在于：职业安全健康科技研发人才占比增长了 0.3%，大专以上文化者占比增长了 5%，应急救援演练参加人数增长了 20%，基本操作规范熟悉率增长了 9.1%，媒体对职业安全健康的关注度增长了 9.6%；此外，职业安全健康受训覆盖率对比实现程度相应增长了 35.8%（目标值和统计口径有所变化），职业安全健

① 颜烨：《安全生产现代化研究》，世界图书出版公司，2016 年，第 99–100 页。

康科技投入占比的计算口径变化比较大，同时删除了2013年的6个指标项。

表 2-37 中国职业安全健康文化现代化评价指标体系（%）

一级指标（1个）	二级指标（3个）	三级指标（7个）	目标值	现实值	对比实现值 d
D 职业安全健康文化现代化	D1 职业安康科技现代化	D11 职业安康专业人才占总专业人才比重 %	2.0	+0.63	31.5
		D12 职业安康科技投入占总科技投资比重 %	2.0	+1.20	60.0
	D2 职业安康教育现代化	D21 大专以上文化者占总劳动力比重 %	50.0	+18.0	36.0
		D22 职业安全健康年度受训者覆盖率 %	100.0	+67.8	67.8
		D23 应急救援演练年度参与者覆盖率 %	100.0	+54.0	54.0
	D3 职业安康文化社会化	D32 职业安康基本操作规范熟练程度 %	100.0	+77.5	77.5
		D33 媒体关注职业安全健康的满意率 %	100.0	+59.5	59.5

第五节 职业安全健康现代化总体水平评价

一、中国职业安全健康现代化总测算与发展趋势

根据上述四节四类一级指标的计算结果（又见表 2-38），我们可以对 2018 年度全国职业安全健康现代化总体水平（T）进行汇总计算，即 T=（A+B+C+D）/4=（45.2%+49.7%+64.9%+55.2%）/4=53.8%。我们按照实现程度，将全国职业安全健康现代化总体水平设为三个阶段：0~33% 为初级水平阶段、34%~66% 为中级水平阶段、67%~100% 为高级水平阶段。那么，2018 年中国职业安全健康现代化 53.8% 的总体水平，大体处于中级水平的中期阶段。

与此同时，我们以本次课题组设定的目标值和统计口径为基础，结合 2013 年课题组的基本数据，将 2018 年与 2013 年职业安全健康现代化实

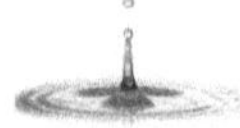

现程度（实现率 %）进行对比（见表 2–38）分析。2013 年按照课题组新标准计算的结果为 47.5%，略高于前述原标准总体现代化的修正值（包括误算纠正）40.9%。从两个年度对比看，2018 年职业安全健康经济、政治、社会、文化四大子系统的现代化水平均高于 2013 年，分别高出 0.7%、5.1%、2.9%、16.2%；总体现代化水平高出 6.3%，意即 2013—2018 年 5 年间年均增长 1.3%。

表 2–38　2018 年与 2013 年职业安全健康现代化实现率（%）

一级指标（4 个）	二级指标（14 个）	三级指标（31 个）	目标值	2018 年实现率	2013 年实现率
A 职业安全健康经济现代化	A1 职业安全健康事故趋零化	A11 职业安全事故的亿元 GDP 死亡率 A12 职业安全事故万名劳动力死亡率 A13 年度新增职业病占累计病例比重 %	0 0 0	91.6 6.10 97.5	87.6 10.0 96.8
	A2 职业安康投资相对量合理化	21 职业安康财政投资占全年财政支出比 % A22 年末工伤参保人员占就业者的覆盖率 %	2.0 100.0	15.5 29.3	10.5 25.8
	A3 企业职业安康物投比满意度	A31 企业职业安全健康信息化建设满意度 % A32 企业职业安全健康保障金建设满意度 %	100.0 100.0	38.3 38.3	37.1 44.2
	$A=a_n/7$			45.2	44.5
B 职业安全健康政治现代化	B1 职业安康政治民主化	B11 职业安康重大决策中下层参与率 % B12 政府职业安康信息公开的满意度 %	100.0 100.0	40.9 44.5	32.5 46.6
	B2 职业安康法治现代化	B21 企业违法违规处理数占总企业比 % B22 职业安全健康法律法规的普及率 % B23 企业安康管理标准化建设满意率 %	0 100.0 100.0	83.0 43.5 41.1	69.8 48.7 33.8
	B3 职业安康管理现代化	B31 万名就业者政府职业安康监管人员比 B32 政府职业安康监管效果的群众满意度 %	2.0 100.0	55.0 48.2	48.5 36.4
	B4 职业安康体制现代化	B41 政府、企业、社会安全责任明确满意度 % B42 政府职业安康机构及其人事安排满意度 %	100.0 100.0	50.6 40.8	46.0 39.5
	$B=b_n/9$			49.7	44.6

续表

一级指标（4个）	二级指标（14个）	三级指标（31个）	目标值	2018年实现率	2013年实现率
C 职业安全健康社会现代化	C1 职业安康组织结构合理化	C11 职业安康社会组织占总社会组织比 %	1.0	25.0	40.0
		C12 企业工会等组织维权的员工满意度 %	100.0	31.6	25.4
	C2 职业安康阶层结构合理化	C21 中间阶层成员占总人口比重 %	50.0	72.0	62.0
		C22 全社会农民工占从业者比重 %	10.0	74.2	76.0
	C3 职业安康布局结构合理化	C31 职业安康状况区域差异评价度（标准差）	0	90.1	83.0
		C32 职业安康状况行业差异评价度（标准差）	0	86.3	85.0
	C4 职业安康民生保障均衡化	C41 年度全国居民人均收入的基尼系数	0.4	81.5	81.7
		C42 农民工与正式工待遇一致的满意度 %	100.0	58.8	42.5
	$C=c_n/8$			64.9	62.0
D 职业安全健康文化现代化	D1 职业安康科技现代化	D11 职业安康科技人才占总科技人才比重 %	2.0	31.5	16.5
		D12 职业安康科技投入占总科技投资比重 %	2.0	60.0	40.0
	D2 职业安康教育现代化	D21 大专以上文化者占总劳动力比重 %	50.0	36.0	26.0
		D22 职业安全健康年度受训者覆盖率 %	100.0	67.8	32.0
		D23 应急救援演练年度参与者覆盖率 %	100.0	54.0	34.0
	D3 职业安康文化社会化	D31 职业安康基本操作规范熟练程度 %	100.0	77.5	68.4
		D32 媒体关注职业安全健康的满意率 %	100.0	59.5	55.9
	$D=d_n/7$			55.2	39.0

注：2013 年度新增职业病病例和当年累计报告数，见第一章表 1–6 等；2013 年企业违规违法处理数占比为主观问卷调查率（因安全生产“黑名单”企业制度是在 2017 年推行的）；2013 年政府安全监管人员，根据国家安全监管总局发布的《关于印发安全生产人才中长期发展规划（2011—2020 年）的通知》推算为 7.7 万人，占当年经济活动人数比为 0.0097%；表中 2013 年职业安全健康科技投入占总科技投入比，按照当时计算结果默认为 0.8%；2013 年全国经济活动人数（79300 万人）源于《中国统计年鉴 2014》；其余资料源于笔者所著《安全生产现代化评价》（世界图书出版公司 2016 年版）相关章节。

党的十九大报告指出，从 2020 年到 2035 年，在全面建成小康社会的基础上，再奋斗 15 年，基本实现社会主义现代化。相应地，如果按照目前年增 1.3% 的速度测算，2018—2035 年 17 年间，职业安全健康现代化将共实现 22.1%；加上 2018 年已经实现的 53.8%，到 2035 年，中国职业安全健康现代化约 76%，即高级水平的前期阶段（2020—2035 年间，或许速度加快，或许 70% 以后速度放缓），或曰接近基本实现现代化水平（80% 以上）。这是与整个国家社会主义现代化同步的，是社会主义现代化的重要组成部分。

此外，从上述测评看，2018 年中国职业安全健康现代化的四大子系统（4 个一级指标）发展同样是不平衡的，依次为（C ＞ D ＞ B ＞ A）：职业安全健康社会现代化最好（64.9%），其次是职业安全健康文化现代化（55.2%），再次是职业安全健康政治现代化（49.7%），最后是职业安全健康经济现代化（45.2%）。2013 年测评的安全生产现代化各子系统的情况则是（修正后）：C ＞ B ＞ A ＞ D（即 62.0% ＞ 44.6% ＞ 44.5% ＞ 39.0%）。2018 年与 2013 年各子系统对比，除了职业安全健康社会现代化保持原有位置，职业安全健康政治现代化位置从第二位下滑到第三位，职业安全健康文化现代化从第四位上升到第二位，职业安全健康经济现代化从第四位上升到第三位。主要在于职业安全健康的客观治理水平及其主观评价发生了变化，如（文化子系统）教育水平、受训率、应急演练参与率、基本操作规范熟悉率均有提升，而（政治子系统的）政府监管（如信息公开、法律普及）水平及其满意度却略有下降。①

未来一段时期，中国职业安全健康经济现代化、职业安全健康政治现代化方面亟须发力，职业安全健康社会现代化、职业安全健康文化现

① 颜烨：《安全生产现代化研究》，世界图书出版公司，2016 年，第 9–13 页。

代化需稳步提升。结合前面四大子系统的分析，未来 10 年，尤其需要在如下具体方面着力加快发展：（1）亟须加大职业安全健康的公共财政投入，使之达到或超过全年全国财政投入 2% 占比目标的 50%；（2）加大工伤参保人员覆盖率（尤其中西部地区），使之达到或超过 80%；（3）加强企业内部信息化建设、保障金建设的力量，不断提升员工的满意度到 80% 的水平；（4）加大中下层员工参与企业重大决策、政府信息公开的力度和政府监管效果，使之达到或超过 80% 的参与率和满意率；（5）加大职业安全健康普法力度和企业标准化建设力度，使之达到或超过 80% 的普及率和满意率；（6）提升政府监管人员比重到 90%，进一步明确三方责任、合理化政府机构设置与人员安排，使之满意率在 80% 以上；（7）加快发展职业安全健康领域的社会组织和技术中介服务组织，切实提升工会等组织的维权力度，使其比重和满意度均达到 80%；（8）着力推进农民工或临时工与正式工待遇一致的工作，提升群众满意率到 90%；（9）进一步千方百计加大职业安全健康类科技研发人才培养和引进力度，不断提升科技投入占比，使其相关比重均达到或超过目标值的 90%；（10）大专以上文化劳动者逐步提升，使之在 2035 年超出 50% 或达到 60%；（11）劳动者年受训率、应急救援演练参与率、基本规范操作熟悉率均接近 90%；（12）不断提升媒体关注职业安全健康治理的影响力，使之满意率接近 90%。

二、被调对职业安全健康现代化总水平直评验证

上述测算是经过较为科学严谨的方法，层层筛选和核算完成的，相对比较精准。我们是否可以通过问卷直接评价，来验证上述精准测算结果呢？答案是肯定的。

从表 2–39 看，认为中国职业安全健康现代化水平正处于中级水平阶段的被调回答率最多，职业安全与职业健康分别为 63%、54.3%，两者平均即为 58.7%，这与上述测算结果基本一致；2013 年认为职业安全现代化处于中级水平阶段的被调回答率稍低于 2018 年 4.4%，认为处于初级水平的被调回答率高于 2018 年 7.3%（其实 2013 年被调的主观评价，是默认职业健康治理问题在内的）。

总体看，问卷调查的直接主观评价显示，职业安全健康现代化仍然居于中级水平，但稍有提升，基本得到验证。其中，被调关于职业健康现代化水平处于的回答率拉低了整体水平，如认为职业健康现代化居于初级水平的回答率高达 42.7%，这也可以明显看出职业健康不如职业安全现代化水平。

表 2–39　职业安全健康现代化总水平问卷直评

（2018 年 =1086 人，2013 年 =355 人，%）

<table>
<tr><th colspan="2">（职业安全）问题 / 选项</th><th>2018
回答率</th><th>2013
回答率</th><th colspan="2">（职业健康）问题 / 选项</th><th>2018
回答率</th></tr>
<tr><td rowspan="3">您认为目前我国安全生产的现代化水平处于哪个阶段</td><td>初级水平阶段</td><td>31.0</td><td>38.3</td><td rowspan="3">您认为目前我国职业健康的现代化水平处于哪个阶段</td><td>初级水平阶段</td><td>42.7</td></tr>
<tr><td>中级水平阶段</td><td>63.0</td><td>58.6</td><td>中级水平阶段</td><td>54.3</td></tr>
<tr><td>高级水平阶段</td><td>6.0</td><td>2.8</td><td>高级水平阶段</td><td>2.9</td></tr>
<tr><td rowspan="5">您认为我国安全生产达到理想状态至少还需要多少年</td><td>2 年</td><td>6.2</td><td>4.5</td><td rowspan="5">您认为我国职业健康达到理想状态至少还需要多少年</td><td>2 年</td><td>4.4</td></tr>
<tr><td>5 年</td><td>24.5</td><td>18.0</td><td>5 年</td><td>21.8</td></tr>
<tr><td>10 年</td><td>44.8</td><td>42.5</td><td>10 年</td><td>41.2</td></tr>
<tr><td>15 年</td><td>11.9</td><td>14.1</td><td>15 年</td><td>16.5</td></tr>
<tr><td>20 年</td><td>12.7</td><td>20.0</td><td>20 年</td><td>16.1</td></tr>
</table>

表 2–39 同时显示，认为中国职业安全健康要达到理想状态至少还需要 10 年的回答率最高，分别为 44.8%、41.2%（职业安全与职业健康平均回答率为 43%），其中职业安全的回答率比 2013 年略高 2.3%；[①] 其次，

① 颜烨：《安全生产现代化研究》，世界图书出版公司，2016 年，第 8 页。

是认为至少需要 5 年的回答率，分别为 24.5%、21.8%（两者平均值为 23.2%），前者高于 2013 年 6.5%。看来，被调对于中国职业安全健康现代化发展的期望很急迫（虽然说是“至少”），这也给政府、企业和社会带来很大的工作压力和紧迫感。但被调认为职业安全达到理想状态至少需要 15 年、20 年的回答率均在 12% 左右，认为职业健康达到理想状态至少需要 15 年、20 年的回答率均为 16% 强，也有一定比例。

三、不同属性被调对职业安全健康现代化的直评

除了被调对职业安全健康现代化总体水平的直接评价外，我们尚须观察不同个人属性、社会属性的被调对职业安全健康现代化总体水平的不同评价，他们的看法或许并非完全一致。

表 2-40 显示，个人属性不同的被调，对当前中国职业安全健康现代化总体水平所处阶段、达到理想状态所需时间的看法是不一样的。

表 2-40　个人属性不同者对中国职业安全 / 健康现代化总体状况的直评（%）

		您认为目前我国安全生产 / 职业健康现代化水平处于哪个阶段			您认为我国安全生产 / 职业健康达到理想状态至少还需要多少年				
		初级水平阶段	中级水平阶段	高级水平阶段	2 年	5 年	10 年	15 年	20 年
年龄	30 岁以下	24.9/35.4	67.0/61.2	8.1/3.3	13.9/8.1	31.1/32.5	34.9/33.5	12.4/15.3	7.7/10.5
	31~40 岁	28.1/39.1	64.5/57.5	7.3/3.4	5.6/4.4	24.4/19.6	47.7/46.0	11.2/15.4	11.0/14.7
	41~50 岁	37.2/50.6	59.8/47.9	3.0/1.5	3.6/3.3	23.2/20.2	44.3/39.9	13.1/17.6	15.8/19.0
	51~60 岁	34.9/46.8	61.9/51.6	3.2/1.6	2.4/1.6	15.9/14.3	53.2/42.1	10.3/19.8	18.3/22.2
	61 岁及以上	16.7/16.7	16.7/16.7	66.7/66.7	0/0	50.0/50.0	33.3/33.3	0/0	16.7/16.7
学历	初中及以下	17.5/32.2	69.4/61.7	13.1/6.0	13.1/8.2	39.9/37.7	35.5/32.2	6.0/13.7	5.5/8.2
	高中（中专 / 高职）	15.3/23.7	74.8/71.5	9.9/4.7	10.2/8.4	32.5/28.5	42.7/44.2	0.8/11.3	5.8/7.7
	大学本专科	41.3/53.5	56.4/45.2	2.3/1.2	2.5/1.6	17.1/15.0	47.9/42.4	15.5/19.3	17.0/21.7
	硕博士研究生	46.0/58.7	52.4/39.7	1.6/1.6	1.6/1.6	11.1/7.9	52.4/42.9	9.5/22.2	25.4/25.4

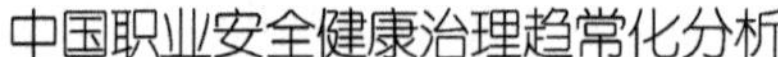

续表

		您认为目前我国安全生产/职业健康现代化水平处于哪个阶段			您认为我国安全生产/职业健康达到理想状态至少还需要多少年				
		初级水平阶段	中级水平阶段	高级水平阶段	2年	5年	10年	15年	20年
工龄	2年及以下	30.1/41.0	60.3/56.4	9.6/2.6	13.5/8.3	26.9/32.7	38.5/32.1	11.5/14.1	9.6/12.8
	3~5年	29.4/41.0	63.1/54.5	7.5/4.3	8.6/3.9	28.0/24.7	41.9/38.0	12.5/19.7	9.0/13.6
	6~10年	25.3/33.3	68.4/63.9	6.3/2.8	3.9/5.3	28.1/20.0	48.4/49.5	8.4/13.7	11.2/11.6
	11~15年	30.8/47.9	65.8/49.3	3.4/2.7	4.8/4.1	23.3/20.5	44.5/41.8	13.7/16.4	13.7/17.1
	16年及以上	41.4/54.5	55.9/43.6	2.7/1.8	1.8/1.4	14.5/13.6	48.2/40.5	14.5/17.7	20.9/26.8
月均收入	1500元及以下	61.5/38.5	30.8/53.8	7.7/7.7	30.8/23.1	30.8/30.8	15.4/15.3	0/7.7	23.1/23.1
	1501~3000元	20.6/35.5	73.5/60.6	5.8/3.9	6.5/4.5	41.3/36.1	32.9/33.5	11.0/16.1	8.4/9.7
	3001~5000元	26.8/37.8	66.0/58.9	7.2/3.3	6.2/3.8	23.9/23.2	46.4/42.1	12.4/17.7	11.0/13.2
	5001~8000元	35.4/47.6	58.5/49.5	6.1/2.9	5.8/4.2	21.9/18.3	45.3/43.7	11.6/13.5	15.4/20.3
	8001~15000元	40.3/53.0	57.5/46.3	2.2/0.7	5.2/4.5	17.2/11.9	49.3/44.8	14.2/16.4	14.2/22.4
	15001元及以上	38.2/49.1	56.4/49.1	5.5/1.8	3.6/5.5	12.7/12.7	58.2/38.2	9.1/27.3	16.4/16.4

个人属性不同者关于当前中国职业安全健康现代化处于哪个阶段的直接问卷评价。（1）从不同年龄的被调回答看，60岁及以下被调的65%左右认为职业安全现代化处于中级水平阶段，50%左右或60%左右的被调认为职业健康现代化处于中级水平阶段；而61岁及以上的被调认为职业安全或健康居于中级水平的均仅为16.7%，相反他们认为处于高级水平的均占66.7%，看来历史经验对他们来说，非常看好当下状态；除61岁及以上被调外，其他年龄段被调均有25%左右或35%左右认为职业安全现代化居于初级水平阶段，职业健康现代化回答处于初级水平的比例更高一些均在35%以上，尤其41~50岁的被调不看好职业健康现代化状况。总体评价为中级。（2）从不同学历层次的被调回答看，高中及以下被调的70%左

右认为职业安全现代化处于中级水平，大学专科及以上者仅为 55% 左右；与此同时，这两部分学历者回答为初级水平的比例刚好相反；这两部分学历者回答职业健康现代化处于中级水平的比例相对低一些，同样高学历者认为职业健康现代化处于初级水平的回答率均在 55% 左右。可见学历高的被调对职业安全健康现代化水平要求相对较高。（3）从不同工龄的被调回答看，60%~70% 之间的被调均认为职业安全现代化处于中级水平阶段，但在回答职业健康现代化处于中级水平阶段的回答率差异明显：16 年及以上工龄者不到 45%，6~10 年工龄者却占近 65%，其余工龄者回答率均在 50% 左右。相应地，回答职业安全或健康处于初级阶段的，16 年及以上工龄者的比例最高（分别接近 42%、55%），其余工龄者均有 25%~31% 的比例认为职业安全现代化处于初级水平、40% 左右认为职业健康现代化处于初级水平。（4）从不同月均收入被调的回答看，回答率差异比较明显：1500 元及以下者 61.5% 认为职业安全现代化处于初级水平阶段，相应地，他们当中仅有 30.8% 认为处于中级水平，而其余月收入层被调者的 55%~74% 认为处于中级水平阶段；但各层月收入者的 45% 左右或 55% 左右的被调认为职业健康现代化处于中级水平阶段，低于前者；8001~15000 元 / 月收入者的 53% 认为职业健康现代化处于初级水平阶段，回答率最高。

个人属性不同者关于中国职业安全健康达到理想状态尚需多少年的回答情况。（1）从不同年龄被调的回答看，除了 61 岁及以上被调 50% 认为职业安全或职业健康达到理想状态至少需要 5 年的较高比例外，其余年龄段 44%~54% 之间、34%~46% 之间的被调分别认为职业安全和职业健康理想化至少需要 10 年，比例较高。（2）从不同学历层次被调的回答看，高中及以下学历者与大专及以上学历者的回答差异较大，前者认为至少需要 5 年的回答率明显较高（30% 左右或 35% 左右），后者认为至少需要 10

年的比例稍微偏高（如硕博士学历者占 52.4%）；还有 25.4% 的硕博士学历者认为职业安全或职业健康理想化至少需要 20 年。可见被调学历越高，越易于倾向认为职业安全健康理想化需要较长时间。（3）从不同工龄被调的回答看，认为职业安全或职业健康理想化至少需要 10 年的回答率较高，均为 35% 左右或 45% 左右；除了 16 年及以上工龄者，其余段工龄被调均有 25% 左右认为至少需要 5 年；尚有 25% 左右的 16 年及以上工龄者认为至少需要 20 年。（4）从不同月均收入被调的回答看，5000 元 / 月及以下被调的 25% 左右或 35% 左右认为职业安全或职业健康理想化至少需要 5 年；除了 1500 元 / 月及以下被调不到 16%，其余收入层被调的 35% 左右或 45% 左右认为职业安全或职业健康理想化至少需要 10 年（15001 元 / 月及以上者更是近 60% 的回答率认为职业安全理想化至少需要 10 年）；尚有 1500 元 / 月及以下被调的近 16% 认为职业安全健康理想化至少需要 20 年。

表 2-41 显示，社会属性不同的被调，对当前中国职业安全健康现代化总体水平所处阶段、达到理想状态所需时间的看法也是不一样的。

表 2-41　社会属性不同者对中国职业安全健康现代化总体状况的直评（%）

		您认为目前我国安全生产 / 职业健康现代化水平处于哪个阶段			您认为我国安全生产 / 职业健康达到理想状态至少还需要多少年				
		初级水平阶段	中级水平阶段	高级水平阶段	2 年	5 年	10 年	15 年	20 年
工作岗位	政府公务员	52.8/70.8	46.2/29.2	0.9/0	1.9/1.9	15.1/9.4	45.3/40.6	18.9/20.8	18.9/27.4
	企业中层及以上管理人员	31.0/45.0	63.6/52.5	5.4/2.5	5.0/3.3	18.6/16.1	51.7/45.5	9.9/18.6	14.9/16.5
	企业一般管理和专技人员	31.9/41.3	63.6/56.0	4.5/2.7	5.4/4.8	22.0/20.2	47.3/40.7	13.6/18.4	11.7/16.0

续表

		您认为目前我国安全生产/职业健康现代化水平处于哪个阶段			您认为我国安全生产/职业健康达到理想状态至少还需要多少年				
		初级水平阶段	中级水平阶段	高级水平阶段	2年	5年	10年	15年	20年
工作岗位	国企一线正式工	34.8/34.8	57.3/59.6	7.9/5.6	4.5/3.4	27.0/29.2	44.9/44.9	10.1/11.2	13.5/11.2
	企业一线临时工（农民工）	15.1/29.5	73.4/65.5	11.5/5.0	11.5/8.6	29.5/22.3	41.7/43.9	8.6/14.4	8.6/10.8
	其他	27.0/39.9	65.7/57.3	7.3/2.8	8.4/3.9	37.6/36.0	32.6/32.6	10.7/11.8	10.7/15.7
单位属性	党政机关	50.0/68.2	48.9/30.7	1.1/1.1	2.3/2.3	14.8/19.1	51.1/44.3	13.6/17.0	18.2/27.3
	国有企业	30.5/41.0	63.0/55.4	6.5/3.6	5.6/5.4	20.4/18.6	45.3/39.9	13.7/18.8	15.0/17.3
	民营企业	26.1/38.7	66.7/58.9	7.2/2.4	9.9/5.4	33.0/29.7	44.1/40.2	7.5/15.9	5.4/8.7
	合资企业	11.1/22.2	86.1/75.0	2.8/2.8	2.8/0	27.8/36.1	41.7/44.4	13.9/5.6	13.9/13.9
	外资/台资企业	50.0/52.5	50.0/47.5	0/0	0/0	22.7/19.3	40.0/43.6	12.7/16.4	9.1/12.7
	事业单位（公办或民办）	36.4/50.0	59.1/48.9	4.5/1.1	0/0	22.7/19.3	35.2/36.4	19.3/14.8	22.7/29.5
	其他	25.5/34.5	63.6/56.4	10.9/9.1	10.9/7.3	27.3/20.0	40.0/43.6	12.7/16.4	9.1/12.7
所属行业	党政机关	48.7/67.1	50.0/31.6	1.3/1.3	2.6/2.6	13.2/9.2	52.6/44.7	11.8/14.5	19.7/28.9
	矿山	28.1/43.4	67.5/54.3	4.3/2.3	7.0/5.0	19.5/17.9	42.1/36.4	13.2/18.2	18.2/22.5
	交通（含水陆空）	43.8/55.0	51.3/43.8	5.0/1.3	1.3/2.5	20.0/8.8	45.0/45.0	20.0/22.5	13.8/21.3
	建筑	21.6/33.0	62.9/62.9	15.5/4.1	13.4/9.3	28.9/32.0	37.1/39.2	13.4/14.4	7.2/5.2
	制造业	15.6/25.6	74.4/71.9	10.0/2.5	7.5/3.1	26.3/30.0	49.4/43.1	9.4/16.9	7.5/6.9
	消防/化工（含烟花爆竹）	31.9/43.0	62.2/51.1	5.9/5.9	6.7/5.9	26.7/25.9	51.9/41.5	7.4/17.8	7.4/8.9
	商贸行业	40.0/40.0	50.0/50.0	10.0/10.0	0/0	10.0/30.0	80.0/60.0	10.0/10.0	0/0
	社团组织	36.4/54.5	63.6/36.4	0/9.1	0/0	27.3/9.1	27.3/36.4	27.3/18.2	18.2/36.4
	其他	38.6/45.1	58.1/52.6	3.3/2.3	4.2/3.3	33.0/23.7	40.5/43.7	10.2/12.6	12.1/16.7
所在地区	上海	49.1/50.9	50.9/49.1	0/0	1.8/1.8	19.3/19.3	54.4/49.1	8.8/10.5	15.8/19.3
	广东	54.3/63.0	43.2/35.8	2.5/1.2	2.5/1.2	24.7/21.0	46.9/44.4	12.3/16.0	13.6/17.3
	浙江	8.6/24.5	78.4/73.4	12.9/2.2	9.4/4.3	43.2/30.9	36.0/42.4	6.5/13.7	5.0/8.7
	湖北	19.4/27.8	68.1/59.7	12.5/12.5	9.7/9.7	26.4/27.8	54.2/51.4	8.3/8.3	1.4/2.8
	湖南	35.2/63.0	63.0/37.0	1.9/0	7.4/3.7	18.5/16.7	63.0/27.8	9.3/40.7	1.9/11.1
	重庆	15.7/20.5	67.5/72.3	16.9/7.2	14.5/12.0	30.1/32.5	33.7/36.1	13.3/13.3	8.4/6.0
	河北	24.7/36.7	67.3/57.3	8.0/6.0	12.7/8.7	26.0/28.7	38.0/32.0	8.0/12.0	15.3/18.7
	吉林	43.3/46.7	53.3/53.3	3.3/0	0/0	26.7/26.7	50.0/50.0	16.7/20.0	6.7/3.3
	山西	18.2/29.1	78.2/69.1	3.6/1.8	1.8/1.8	21.8/16.4	47.3/47.3	7.3/10.9	21.8/23.6
	黑龙江	5.0/10.0	95.0/90.0	0/0	0/0	35.0/50.0	40.0/40.0	15.0/5.0	10.0/5.0
	新疆	50.0/46.9	46.9/51.0	3.1/2.1	3.1/3.1	20.8/17.7	43.8/47.9	15.6/14.6	16.7/16.7
	西藏	48.8/69.8	51.2/30.2	0/0	2.3/2.3	14.0/14.0	53.5/41.9	14.0/16.3	16.3/25.6

社会属性不同者关于当前中国职业安全健康现代化处于哪个阶段的直接问卷评价。（1）从不同工作岗位被调回答看，认为职业安全现代化处于中级水平阶段的，政府公务员被调仅为46.2%，其余岗位回答率均高达近60%或65%左右乃至接近75%（如一线临时农民工）；认为职业健康现代化处于中级水平的回答率相对低一些，除公务员回答率不到30%，其余回答率均为55%左右或65%左右（如一线临时农民工）。政府公务员认为职业安全或职业健康现代化处于初级水平阶段的比例最高，分别为52.8%、70.8%，看来他们高屋建瓴更了解行业状况；其余岗位者（除一线工稍低外）回答率均在35%或45%左右。总体评价为中级水平偏低。（2）从不同属性单位被调的回答看，对于职业安全现代化、职业健康现代化处于哪个阶段，除党政机关被调回答率较低（分别低于49%、低于31%）外，其余单位被调回答率分别为55%左右或65%左右、45%左右或55%左右。认为职业安全现代化处于初级水平阶段的，党政机关、外资企业/台资企业被调的回答率均为50%，较高，其余低于37%；认为职业健康现代化处于初级水平阶段的，党政机关、外资企业/台资企业、事业单位被调回答率均高于50%，党政机关回答率接近70%，其余低于41%。总体评价为中级水平偏低。（3）从不同行业被调的回答看，认为职业安全现代化处于中级水平阶段的，制造业被调的回答率为75%左右，矿山、社团组织、建筑、消防/化工（含烟花爆竹）被调的回答率在65%左右，其余行业被调回答率在55%左右；认为职业健康现代化处于中级水平阶段的，回答率相应低一些，但仍然是制造业最高（71.9%），其次是建筑、矿山、其他（含钢铁等）、消防/化工（含烟花爆竹）、商贸行业被调的回答率（55%左右），其余3个行业被调回答率低于44%。认为职业安全现代化处于初级水平阶段的，党政机关、交通、商贸行业、其他、社团组织被调回答率在30%~50%之

间；认为职业健康现代化处于初级水平阶段的，党政机关、交通、社团组织被调的回答率在 54% 以上（党政机关接近 70%），矿山、其他（含钢铁等）、消防 / 化工（含烟花爆竹）在 45% 左右。整体评价为中级水平偏低。（4）从不同地区被调的回答看，认为职业安全现代化处于中级水平阶段的，分为几类：回答率高于 78% 的有黑龙江（95%）、浙江、山西，回答率为 65% 左右的有湖北、重庆、河北、湖南，回答率接近 55% 的有吉林、西藏、上海，回答率在 45% 左右的为新疆、广东；认为职业健康现代化处于中级水平阶段的，也分为几类：回答率接近或高于 70% 的有黑龙江（90%）、浙江、重庆、山西，回答率在 55% 左右的有湖北、河北、吉林、新疆、上海，回答率在 35% 左右的有湖南、广东、西藏。认为职业安全现代化处于初级水平阶段的，回答率超出 50% 的有广东、新疆，回答率在 35%~45% 之间的有上海、西藏、吉林、湖南，其余省份回答率很低；认为职业健康现代化处于初级水平阶段的，回答率在 65% 左右的有西藏、广东、湖南，回答率在 45% 左右的有上海、吉林、新疆，河北被调回答率为 36.7%，其余省份回答率很低。总体评价为中级水平偏低。

社会属性不同者关于中国职业安全健康达到理想状态尚需多少年的回答情况。（1）从不同工作岗位被调的回答看，认为职业安全或职业健康达到理想状态至少需要 10 年的，除了其他类被调的回答较低（35% 左右）外，其余不同岗位被调的回答率均在 45% 左右；认为至少需要 5 年的，除了其他类被调的回答较高（35% 左右）外，其余岗位回答率均低于 30%；回答至少需要其他年限的，均不超过 20%。总体上被调集中于认为职业安全健康理想化至少需要 10 年光景。（2）从不同单位属性被调的回答看，认为职业安全或职业健康达到理想状态至少需要 10 年的，除了党政机关被调的回答超出 50% 外，其余不同岗位被调的回答率均在 45% 左右；认

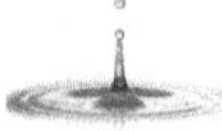

为职业安全或职业健康达到理想状态至少需要5年的，各类单位被调的回答率均在20%左右或30%左右（党政机关回答率稍低一些）；党政机关、事业单位被调还有25%左右认为职业安全或职业健康理想化至少需要20年；回答需要其他年限的，都不超过20%。（3）从不同行业被调的回答看，认为职业安全或职业健康理想化至少需要10年的，商贸行业被调回答率分别为80%、60%（很高），党政机关、消防/化工（含烟花爆竹）、制造业认为职业安全理想化至少需要10年的回答率在50%左右，矿山（针对职业健康）、建筑、社团组织回答率在35%左右，其余认为职业安全健康理想化至少需要10年的，均在45%左右；认为职业安全理想化至少需要5年的，交通、建筑、制造业、消防/化工（含烟花爆竹）、社团组织、其他（含钢铁等）的回答率均在20%~35%之间，认为职业健康理想化至少需要5年的，建筑、制造业、消防/化工（含烟花爆竹）、商贸行业、其他（含钢铁等）的回答率均在25%左右或35%左右；交通行业尚有20%左右、社团组织尚有25%左右的被调认为职业安全健康理想化至少需要15年；党政机关、矿山、交通、社团组织（36.4%）尚有20%以上的被调认为职业健康理想化至少需要20年。职业安全健康理想化的回答率整体集中于至少需要10年。（4）从不同地区被调的回答看，认为职业安全理想化至少需要10年的，可分为四大类：湖南被调的回答率为63%（最高），其次是上海、湖北、西藏、吉林，被调的回答率接近55%，再次是山西、广东、新疆、黑龙江，被调的回答率为45%左右，河北、浙江、重庆被调的回答率为35%左右；认为职业健康理想化至少需要10年的，回答率相对低一些，除了湖南被调的回答率低于30%，重庆、河北被调的回答率在35%左右，湖北、吉林略超50%，其余7个省份的被调回答率均在45%左右。认为职业安全或职业健康理想化至少需要5年的，除了浙江（针

对职业安全）、吉林（针对职业健康）被调的回答率高于 43%，以及上海、湖南、西藏的被调回答率低于 20%，其余被调的回答率均在 20%~33% 之间。此外，湖南被调的 40.7% 认为职业健康理想化至少需要 15 年，山西、西藏（针对职业健康）被调的 25% 左右认为至少需要 20 年。高比例回答率总体上集中于至少需要 10 年光景。

第三章　职业健康同职业安全相并法

鉴于职业健康（职业卫生）一直处于被忽视的地位，因而我们事先着重探讨新中国成立以来职业健康（卫生）现状及其监管体制机制的历史变迁；在此基础上，指出其存在的主要问题，并阐述其与职业安全（安全生产）合并立法的必要性与可行性；最后，对两大法律体系及其具体条款如何合并立法问题进行初步探讨与设想。

第一节　新中国职业卫生健康现状及其监管变迁

新中国从成立以来，职业健康状况如何，如何监管，存在哪些主要问题等，是我们需要首先弄清楚的问题。然后在基础上，我们需要探讨职业健康如何与职业安全进行合并立法、合并执法的问题。

一、全国职业病的现状不容乐观

根据第一章表 1–6 的内容，我们绘制成图 3–1；同时，根据官方相关解释和实地调研情况，我们对当前全国职业病病发现状特点进行描述分析。

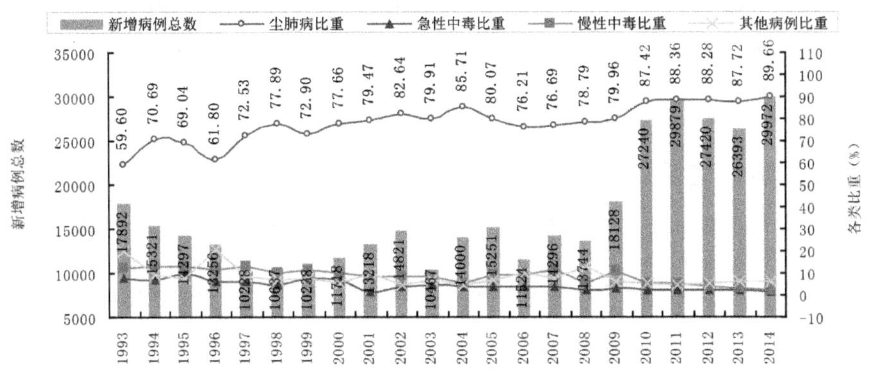

图 3-1　1993 年以来全国职业病新增病例变化状况

注：2004 年数据缺失，图中为估计值。

从时代背景来看，1992 年，党的十四大召开，提出加快建立社会主义市场经济体制的目标；1994 年，国家实行分税制度。这对工业化加速生产具有重大的影响，必然直接对职业病增升产生一定的后果。2008 年，源于美国华尔街而波及全球的金融危机对中国工业生产产生一定的影响；但危机过后，中国国内工业生产和在华工厂加速上马，推进危机后的新一轮扩大化再生产，这也必然一定程度地诱发职业病的新一轮暴发。

（一）职业病发病总体趋势与阶段性特征

（1）目前，全国职业病受害者累计达到 80 万人，总量非常大。因职业病致死人数也在逐年增加，占每年职业病例数的 10% 以上。

（2）20 多年来，全国职业病新增病例总趋势是上升的，如 2014 年新增病例 29972 例，是 1993 年 17892 例的 1.7 倍；2014 年新增尘肺病 26873 例，是 1993 年 10664 例的 2.5 倍。

（3）全国职业病发病具有一定的阶段性：1993—1999 年间，职业病新增病例逐步下降，如总病例从 1993 年的 17892 例下降到 1999 年的

10238例，年均下降1276例。进入21世纪以来，新增病例又开始持续攀升，从2000年的11718例上升到2014年的29972例，尽管中间出现反复，但年均上升1304例。此外，据有关资料显示，1978—1993年之间，全国职业病新增病例也是逐步上升的。也就是说，改革开放以来，全国职业病病发状况历经“升—降—升”的阶段性特征，这与经济社会发展有一定相关性。

（4）从年度新增病例总数量变化看，也具有一定的阶段性：2000—2003年，每年新增病例在1万人左右；2004—2008年，每年新增病例在1.1万~1.5万人之间；2009年新增1.8万多人；2010—2014年，新增病例在2.5万~3万人之间。也就是说，每隔一定年限，新增病例数越来越多，处于高发态势，且在持续增加。

（二）职业病种类、空间与行业分布特征

（1）从职业病种类看，据有关部门的资料显示：1957年，中国首次发布《关于试行“职业病范围和职业病患者处理办法”的规定》，将职业病确定为14种；1987年，调整增加到9类99种；2002年，发布的《职业病目录》增加到10类115种；随着经济发展，职业病种类也发生变化，2013年12月，卫计委、人社部、安监总局、全国总工会发布的《职业病分类和目录》新增为10类132种（含4项开放性条款），其中新增18种，对2项开放性条款进行了整合，另对16种职业病名称进行了调整。

新增尘肺病例一直占据各类职业病之首，1993年以来，基本上占据60%以上，2014年更是高达90%，也就是说尘肺病治理是职业病防治的重点病种；慢性中毒新增病例变化虽然有所起伏，但近10年基本处于1000~2000人之间，历年占比在10%左右；急性中毒病例也类似，近10年变化总量基本处于700~1500人之间，历年占比不会超出10%；其他新

增职业病近10年也在1000~2000人之间变化。

（2）从职业病危害分布行业来看（如图3–2），多年以来，煤炭开采和洗选业、有色金属矿采选业和开采辅助活动行业的职业病病例数较多，两者一直分别占据职业病新增病例总量的45%、15%左右；其后是建材、冶金行业职业危害，在5%左右。

（3）从空间区域、单位性质分布看，职业病危害正在由城市工业区向农村工业小镇转移，由东部经济发达地区向中西部欠发达地区转移，由大中型企业向中小型企业转移。慢性中毒病例一般发生在中小型企业，急性中毒病例一半以上发生在非公有制企业。

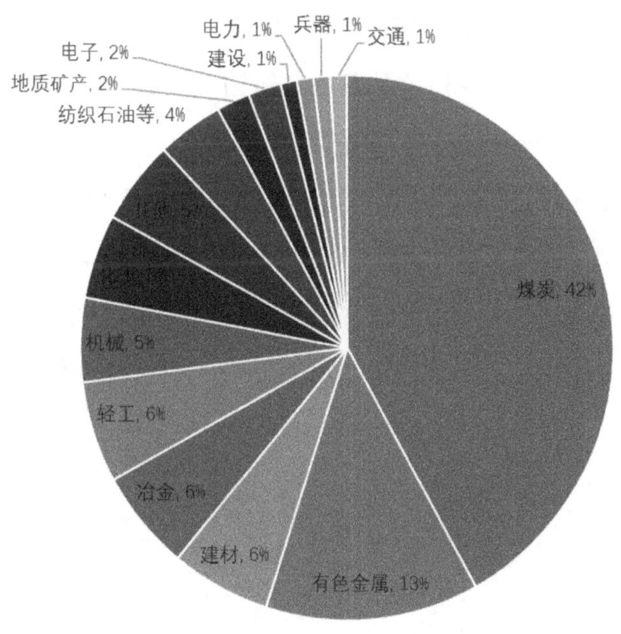

图3–2 2014年全国职业病发行业分布状况

资料来源：卫生部（卫计委）疾病预防控制局网。

（三）职业病受害人群及与安全事故对比

（1）从职业病主要危害人群看，近 10 年来，进城务工的农民工占据受害者之首，占比在 80% 以上，而且发病时间日益缩短。如 2009 年，国有煤矿农民工尘肺病发病状况调查表明，接受健康检查的农民工患病率高达 4.74%，最短患病工龄只有 1.5 年，平均 6.69 年；与正式职工发病最短工龄 25 年、发病率 0.89% 的数字相比，农民工职业病具有发病工龄短、患病率高的特点，其职业病以尘肺病为主。2004 年，还出现过安徽省凤阳县农民工患尘肺病重大事件、河南省农民工张海超尘肺病要求“开胸验肺”重大事件等。

（2）与安全生产突发性事故逐年下降相比，职业病发人数在一定时期后却在逐年上升。如图 3–3，全国各类安全生产事故死难人数总量在 2002 年达到高峰（死亡 139393 人），之前处于上升阶段，之后逐步下滑，到 2015 年死难人数降到 66182 人，13 年年均下降 5632 人；而 2002—2014 年，全国职业病例数据总体趋于上升状态（尽管中间有起伏），年均上升 1165 例。从直观图的总体看，1993 年以来，新增职业病例数与安全事故死难人数刚好呈现相反的变化趋势：前者表现为“高—低—高”，后者表现为“低—高—低”。

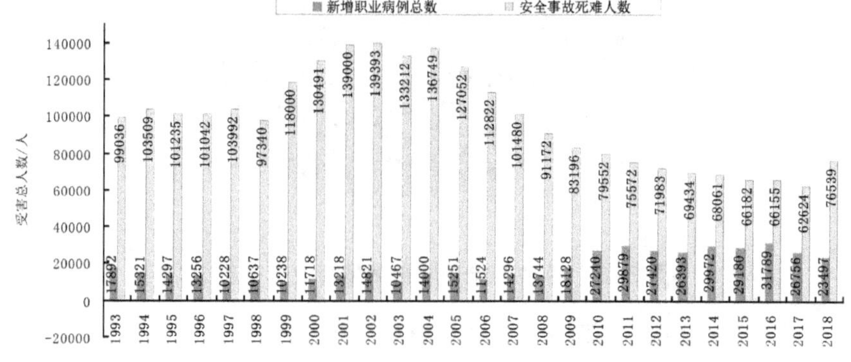

图 3–3　1993 年以来全国职业病例与安全事故死难人数对比

资料来源：职业病危害数据同于第一章表 1-6；安全生产事故死难人数源于各年度国民经济和社会发展统计公报（国家统计局网）。

注：2004 年职业病例数据缺失，图中为估计值；2016 年起，安全生产事故统计中剔除了非生产过程发生事故及其死难人数。

综上所述，中国目前职业病发病率高，总人数增多，发病时间缩短，呈现持续快速发病趋势；职业病危害性的行业范围、空间范围、单位范围逐步扩大；受害主体即农民工人数不但占据主要比重，而且受害人数越来越多。与安全生产（尤其煤矿安全）突发事故死难人数逐年下降相比，职业病上升趋势非常不容乐观。

二、职业健康监管机构渐进变迁

有学者认为，新中国职业健康监管体制机制变迁大体历经 1949—1998 年、1998—2003 年、2003 年以来三大阶段；[①] 也有学者将其分为四大阶段，即把 2003 年以来分为两个阶段（2003—2008 年、2008 年以来）。[②] 我们认为，四个阶段的划分比较符合实际（如表 3-1 的职能变迁）；且这一变迁过程是渐进式的，而不是激进式的。

（1）1949—1998 年：劳动部门负责职业健康监管。1949 年 9 月，《中国人民政治协商会议共同纲领》明确规定：实行工矿检查制度，以改进工矿安全和卫生设备；确立由劳动部门进行监督检查、综合管理；同年 11 月，中央人民政府成立了劳动部，下设劳动保护司，负责全国的职业安全和职业健康工作。1952 年，毛泽东主席在时任劳动部长李立三同志关于“安全

① 徐少斗、彭广胜：《我国职业健康监管工作的现状与发展》，《中国个体防护装备》2010 年第 1 期。

② 徐筱婕、王静宇：《论我国职业安全卫生监管体制的变革、现状、问题与完善》，《辽宁行政学院学报》2011 年第 4 期。

生产”的报告上批示：“在实施增产节约的同时，必须注意职工的安全、健康和必不可少的福利事业，如果只注意前一方面，忘记或稍加忽视后一个方面，都是错误的。”也就是说，安全生产作为劳动过程或劳动关系领域的事项，其内容包括劳动者的安全、健康和相应福利。1956 年，国务院正式颁布“三大规程”，即《工厂安全卫生规程》《建筑安装工程安全技术规程》《工人职员伤亡事故报告规程》。1963 年，国务院颁布“五项规定”，即《关于加强企业生产中安全工作的几项规定》（安全生产责任制度、安全技术措施计划制度、安全生产教育制度、安全生产检查制度、伤亡事故报告制度）。1988 年，根据全国七届人大一次会议批准的国务院机构改革方案，撤销劳动人事部，组建劳动部；新组建的劳动部是国务院领导下的综合管理全国劳动工作的职能部门，并将《劳动保护条例》更名为《劳动安全卫生条例》。1994 年，全国人大颁布《劳动法》，开辟“劳动安全卫生”专章，对用人单位、基础设施标准、劳动者安全卫生行为、统计报告制度等进行了规定和要求。1998 年，劳动部着手起草《职业安全卫生法（草案）》（后弃）。

（2）1999—2003 年：卫生部门负责职业健康监管。1998 年，国务院通过全国人大会议，进行新一轮政府机构改革，将劳动部承担的职业卫生监察职能，交由卫生部承担。卫生部当时在这方面承担的职责主要涉及：指导规范卫生行政执法工作，按照职责分工负责职业卫生、放射卫生、环境卫生和学校卫生的监督管理，负责公共场所和饮用水的卫生安全监督管理，负责传染病防治监督。2001 年 10 月，全国人大通过卫生部起草的《职业病防治法》（2002 年 5 月 1 日起施行，2011 年、2016 年两次修订），这是我国第一部职业病防治法；之后，很多地方出台或完善“职业病防治条例”。

（3）2003—2008 年：卫生部与安监部门双重监管。2003 年，中央机构编制委员会办公室下发《关于国家安全生产监督管理局（国家煤矿安全监察局）主要职责内设机构和人员编制调整意见的通知》，对职业卫生监督管理的职责进行了调整，将卫生部承担的作业场所职业卫生监督检查职责划到国家安全生产监督管理局；到了 2005 年，国务院又明确将此项职能划归国家安全监管总局。但卫生部还保留职业卫生的监管监察权。也就是说，这段时间，职业健康（卫生）由安监总局与卫生部双重监管。同时，首部“国家职业病防治规划”纲要（2005—2010 年）颁布。

（4）2008 年以来：安监部门为主监管职业健康。2008 年，国务院又批准同意在国家安全监管总局设立职业安全健康监督管理司。① 但是，新成立的卫生与人口计划生育委员会仍然在疾病预防控制局保留设立职业卫生与放射卫生管理处。② 在此之后，执政党和政府对职业健康监管工作不断强化，如 2009 年，国务院办公厅发布《国家职业病防治规划（2009—2015 年）》。2010 年，中央编办发布文件，进一步明确卫生部（卫计委）、安监总局、人社部、全国总工会在职业健康监管方面的职责，并要求“各有关部门要切实履行各自职责，在职业病防治工作部际联席会议框架下，协调配合，共同做好职业病防治工作”。（具体见表 4–1）嗣后，逐步开展职能分工划转，各省级政府机构于 2013 年底全部划转完成。至此，安

---

① 国家安全监管总局 http：//www.chinasafety.gov.cn/newpage/Contents/Channel_5325/2008/0807/12581/content_12581.htm. 该司主要职责是：依法监督检查工矿商贸作业场所（煤矿作业场所除外）职业卫生情况；按照职责分工，拟定作业场所职业卫生有关执法规章和标准；组织查处职业危害事故和违法违规行为；承担职业卫生安全许可证的颁发管理工作；组织指导并监督检查有关职业安全培训工作；组织指导职业危害申报工作；参与职业危害事故应急救援工作。

② 国家卫计委疾控局 http：//www.nhfpc.gov.cn/jkj/pjgsz/lists.shtml。

监部门拥有 6000 余名职业健康监管人员。[①]

2016 年 10 月，中共中央、国务院推出《健康中国 2030 规划纲要》。2016 年 11 月，中共中央、国务院出台的《关于推进安全生产领域改革发展的意见》进一步强调“管安全生产必须管职业健康”，明确提出“探索建立基于职业病危害风险管理的分级分类监管模式”“探索建立中小微企业帮扶机制”等创新发展新举措，强调“积极推动安全生产与职业健康法律法规衔接融合”“推进职业健康与安全生产一体化监管监察执法”。2016 年 12 月，国务院办公厅发布第二部《国家职业病防治规划（2016—2020 年）》，对基本现状、总体要求（指导思想、原则要求）、目标和任务做了具体部署。2016 年底，原国家安监总局一位司长在华北科技学院宣讲《关于推进安全生产领域改革发展的意见》，还提到起草这份文件时，打算为直接组建“国家安全生产与职业健康部”预留了意见空间。

2017 年 6 月，国家安全监管总局发出《关于推进安全生产与职业健康一体化监管执法工作的指导意见》，要求两个领域统一执法行动，包括执法检查一体化、风险管控一体化、标准化建设一体化、宣传教育培训一体化、技术服务一体化、巡查考核一体化等 6 大任务。2017 年 11 月底，国家安监总局会议确定 2018 年为“职业健康执法年”，要求把尘毒危害严重超标的企业作为重点检查对象；会议同时强调，到 2020 年基本实现尘毒等重点职业病危害的有效遏制，到 2035 年职业病高发势头得到有效遏制，切实维护广大劳动者的职业健康权益。[②]

---

① 《全国职业卫生监管职能职责划转全部完成》，《中国安全生产》2014 年第 4 期。

② 《李兆前在全国职业健康监管监察工作会上强调 强力推进监督执法 有效遏制尘毒危害》，国家安全生产监管总局网 http：//www.chinasafety.gov.cn/newpage/Contents/Channel_21356/2017/1130/299100/content_299100.htm。

应该说，中国职业健康（卫生）监管体制从新中国成立至今经历了几次重大变革，逐步从职能划分不清转到今天的安监部门全面负责及其强化，有了一定的法律基础，职业安全健康（卫生）监管体系有了雏形；防治工作力度、资金投入不断加大，职业病检测评价与控制，职业健康检查以及职业病诊断鉴定和救治水平不断提升；源头治理和专项整治力度持续加大，用人单位危害劳动者健康的违法行为有所减少，工作场所职业卫生条件得到改善；职业病防治机构、化学中毒和核辐射医疗救治基地建设得到加强，重大急性职业病危害事故明显减少；职业病防治宣传更加普及，全社会防治意识不断提高。总之，该领域初步实现了“职业安全与职业健康（卫生）监管相互独立”到“职业安全健康（卫生）监管统一”的转变；但是，目前全国职业安全健康问题尤其职业健康问题仍然有着很高的发生概率，这说明深层次矛盾和问题并未得到根本解决。

表 3–1 职业健康监管职能的部门分工（中央层面）

部门	职业健康（卫生）监管职责
国家卫生与人口计划生育委员会（卫生部）	（一）负责会同安全监管总局、人力资源社会保障部等有关部门拟定职业病防治法律法规、职业病防治规划，组织制定发布国家职业卫生标准。（二）负责监督管理职业病诊断与鉴定工作。（三）组织开展重点职业病监测和专项调查，开展职业健康风险评估，研究提出职业病防治对策。（四）负责化学品毒性鉴定、个人剂量监测、放射防护器材和含放射性产品检测等技术服务机构的资质认定和监督管理；审批承担职业健康检查、职业病诊断的医疗卫生机构并进行监督管理，规范职业病的检查和救治；会同相关部门加强职业病防治机构建设。（五）负责医疗机构放射性危害控制的监督管理。（六）负责职业病报告的管理和发布，组织开展职业病防治科学研究。（七）组织开展职业病防治法律法规和防治知识的宣传教育，开展职业人群健康促进工作

续表

部门	职业健康（卫生）监管职责
国家安全生产监管总局	（一）起草职业卫生监管有关法规，制定用人单位职业卫生监管相关规章。组织拟定国家职业卫生标准中的用人单位职业危害因素工程控制、职业防护设施、个体职业防护等相关标准。（二）负责用人单位职业卫生监督检查工作，依法监督用人单位贯彻执行国家有关职业病防治法律法规和标准情况。组织查处职业危害事故和违法违规行为。（三）负责新建、改建、扩建工程项目和技术改造、技术引进项目的职业卫生“三同时”审查及监督检查。负责监督管理用人单位职业危害项目申报工作。（四）负责依法管理职业卫生安全许可证的颁发工作。负责职业卫生检测、评价技术服务机构的资质认定和监督管理工作。组织指导并监督检查有关职业卫生培训工作。（五）负责监督检查和督促用人单位依法建立职业危害因素检测、评价、劳动者职业健康监护、相关职业卫生检查等管理制度；监督检查和督促用人单位提供劳动者健康损害与职业史、职业危害接触关系等相关证明材料。（六）负责汇总、分析职业危害因素检测、评价、劳动者职业健康监护等信息，向相关部门和机构提供职业卫生监督检查情况
国家人力资源与社会保障部	（一）负责劳动合同实施情况监管工作，督促用人单位依法签订劳动合同 （二）依据职业病诊断结果，做好职业病人的社会保障工作
全国总工会	依法参与职业危害事故调查处理，反映劳动者职业健康方面的诉求，提出意见和建议，维护劳动者合法权益

资料来源：中央编办《关于职业卫生监管部门职责分工的通知》（2010〔104号〕），2010年10月18日。

三、职业健康治理体系问题突出

中国职业健康问题不容乐观的根源在于其治理体制、机制存在诸多障碍。结合上述体制机制沿革看，大体可以归纳为如下几方面。

（一）重生产—轻健康：职业卫生保障长期滞后经济发展

从历史上看，新中国成立之初，百业待兴，经济生产、工业化建设是计划经济时期的重点，也因此包括职业卫生健康管理在内的安全生产监管体制，基本上处于可有可无的位置，没有独立建制的相关机构，附设于劳动保护部门而成为下属的司局级机构，是既当运动员又当裁判员的监管体制。

到了“文化大革命”时期，此起彼伏的阶级斗争，使得职业安全与卫生管理机构遭到严重破坏，虽然有时候也被提上政策议程，但基本上没有大的监管起色。

1978 年以来，改革开放进程中确立经济建设为中心，为了保障经济发展所需能源，推行“有水快流”的放任主义方针政策，一度使得职业安全与卫生健康保障长期处于“配角”的地位。到了 20 世纪末、21 世纪初，随着安全生产事故的大幅度爆发，国家相当关注职业安全监管体制机制的建设，如 1999 年底设立“准独立性”的国家安全监管局（2005 年升格为正部级），但职业健康保障并没有纳入安全生产监管体制之内。

这就是说，长期以来，政府对职业健康保障的重视程度非常不够，职业健康理念相当缺失，安全权、健康权淹没于经济生产或政治斗争洪流之中；与此相关的就是长期存在两个“配角”的现象：一方面，职业安全健康建设是经济或政治的“配角”，一方面，职业健康是安全生产的“配角”。

这种局面的结果就是职业健康保障能力相当不足：职业健康保障的规制能力建设滞后于经济增长，直到 1994 年才正式出台《劳动法》，2001 年才正式出台《职业病防治法》（之前有一些零星的职业病防治条例或具体规定），法律法规、标准修订滞后：（1）长期以来，一些职业卫生条例、规定、标准大都是计划经济时期针对国有企业制定的，对市场经济条件下大量的非公有制中小型企业、外商投资企业、个私企业已很难适用；同时随着科技进步、产业结构调整和产品换代升级，一些职业健康保障规定、标准修改，跟不上新材料、新技术、新工艺的更新步伐，也一度影响了法律法规实际操作和执法效果。（2）由于长期存在无法可依的局面，用人单位对于职业病危害的责任主体意识相当缺失，部分用人单位主要负责人法治意识不强，不愿意或不主动加大资金投入，以改善作业环境、提供防

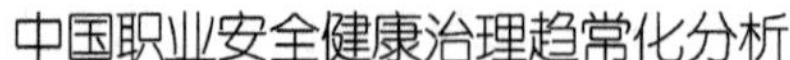

护用品、组织职业健康检查，使得底层的农民工、劳务派遣人员等的职业病防护得不到有效保障。（3）由于存在体制弱势的问题，职业健康监管、职业病防治的服务能力不足。若对比目前国际较低的水平，目前中国的各级政府职业健康监管人员远远不够，更谈不上职业健康信息化、宣传教培等工作；部分地区基层监管力量和防治工作基础薄弱，检查、监测必需的现代化装备和手段相当缺乏，对重点职业病及职业相关危害因素监测能力不足；对职业危害信息掌握不清，统计资料不全。据 2018 年 3 月全国两会期间针对机构改革的一份简要微信版问卷调查（您认为职业卫生形势会越来越好吗）结果显示，职业卫生（健康）职能完全重回卫生部门后（原国家卫计委基础上组建国家卫生健康委员会），51% 的被调查者认为，职业卫生治理前景并不会太好，有 48% 的被调查者认为会好起来。有的网友认为，新中国成立的几十年来，卫生部门也没有抓好职业健康治理这一薄弱环节；当然也有网友认为，目前几年不一定会好转，但新组建的卫生健康部门会使之逐渐好起来。①

（二）重安全一轻健康：行政监管分立体制诱致权威弱势

国外的职业安全与职业健康的行政监管，一般都由政府同一个部门进行统一部署，而中国的职业安全卫生监管工作在相当长的时期内由多个部门承担，政出多门、职能交叉等问题直到今天也没有彻底解决，结果是规制主体不明确、职能分散。如一段时间以来，安全生产由国家安全生产监督管理局（国家煤矿安全监察局）负责，职业健康（卫生）由卫生部牵头负责，工伤保险由劳动和社会保障部负责，锅炉压力容器监察职能由国家质量技

① 朱志良：《职业卫生前景展望》，工业安全与应急管理论坛微信群，2018 年 3 月 17 日。

术监督局分管。他们在各自的权限范围内对用人单位和劳动者执行法律法规实施监督，但是监管主体不明，相互职能交叉且缺乏相互配合，企业疲于应对，怨声不少，问题也得不到及时处理，监管效率非常低。

近20年来，国家高度重视具有刺激性的突发性安全事故的处置和预防，因而1999年开始构建安全生产独立监管机构；而相比之下，职业健康领域的高层监管职能长期以来放在卫生部疾病预防控制局下面，作为一个处级机构（目前称为职业卫生与放射卫生管理处）对待，且职业健康也只是这个处级机构中的一部分职能，可见其权威性非常弱势，对生产经营单位的约束力可想而知。

尽管近几年逐步统一由安监总局负责牵头，但职业健康、工伤保险等相关职能仍然在卫计委（卫生部门）、劳动部门（人社部门）设有处级机构负责，处于分散、不集中的状态。目前虽然三番五次要求“管安全生产必须管职业健康”的部门性职能，但在涉及具体部门利益时，仍然是“九龙治水”，劳保、卫生、安监多管齐下，这样既无权威性，也因扯皮而低效。

而且，相比较日益强劲的安全事故监管，今天的职业健康监管虽有《职业病防治法》进行统率，但涉及职业健康保障的下位法规制度多数还只是部门规章，立法层次较低，处罚条款力度过低，权威性不足，且可操作性不强，难以阻止企业尤其私营企业的违法侵权行为。

（三）强政府—弱社会：职业健康监管与服务体系有缺陷

与西方国家相比，中国社会长期以来运行着全能主义政府模式，政府包办社会、包办企业成为一种惯性力量。虽然随着市场化加速发展，政府逐步退出一些领域的直接干预，让企业与社会（组织）开始发挥作用，但强政府的影子一直潜在地发挥作用。目前，政府对于职业健康的监管与服务，虽然弱于职业安全（安全生产），但同社会监督与社会服务来说，政府的力量相当强劲。

政府单一性监管与服务的弊端在于：第一，容易造成公共资源与机会垄断及其嫌疑，而且难以避免因僵硬的科层制管理而导致公共资源的浪费；第二，政府系统内部因职业健康监管部门多，职能交叉，权威不足，无法有效治理；第三，最主要的是，政府人力、财力和精力非常有限，只能负起有限监管责任，因而难以有效组织、开展职业健康监管与服务，需要转移一部分职能由社会机构来承担。

从国外经验看，如德国社会保险机构作为社会组织，长期以来与政府监管机构平行共存，自行对企业实行职业安全健康监管与服务；1964年日本依据《工业事故预防组织法》，依法成立具有独立法人资格、受政府资助的权威民间中介组织——中央劳动灾害防治协会；澳大利亚在职业安全健康管理中充分发挥第三方专家队伍的作用。[①] 从国内目前的实践看，如一些地方推行政府购买服务、企业购买服务、多方共促服务、群组协作服务、中介机构服务等方式，但长期性、有效性、权威性等目前得不到显现。2013—2018 年 6 年间，全国职业安全健康社会组织数量基本没有多大增长。[②]

---

① 何正标：《国外职业安全健康社会化服务概览》，《中国安全生产》2016 年第 3 期。

② 资料来源：中国社会组织公共服务平台 http：//chinanpo.gov.cn/search/orgcx.html；《中国统计年鉴 2019》（电子版），国家统计局网；颜烨：《安全生产现代化研究》，世界图书出版公司，2016 年，第 75 页。

第二节　职业安全健康合并立法必要性与可行性

为什么要将职业健康（职业卫生）与职业安全（安全生产）两部法律及其体系进行合并，上述研究已经做了一些探讨。这里，我们进一步深入探索两者立法合并的必要性和可行性问题。

一、两者合并立法的必要性

这里，我们主要从革除两法分离及其带来的弊端、生产实践对合并立法的需求以及学界的呼吁等来进行分析。

（一）两法分治及后果矫正的需要

新中国成立以来，职业健康同职业安全的立法执法先后经历过“合一分一半合”的变迁过程（如表 3-2）：（1）1949—1998 年这 50 年间，两者的监管职能多数时候由劳动人事部门、卫生部门共同承担；到了一定时期，煤矿安全监察等分别由煤炭部、化工部等行业部委承担。（2）到了 1998 年国务院机构改革时，职业健康（卫生）职能交由卫生部主要承担，国家经贸委下设国家安全监管局（包括煤矿安全监察局、煤炭工业局）。（3）接下来，2001 年、2002 年两部法律分立，即国家分别出台《职业病防治法》《安全生产法》。（4）到了 2008 年，两者虽有合并执法的迹象，但仍然处于分离状态（半分半合），直至 2018 年 3 月，国家应急管理部成立，两法彻底分离。1949—2018 年间，两者分立时间将近 20 年，尽管基层执法出现过合并时期。

如从表 3-2 看，中央层面（全国人大、国务院为立法立规主体）职业健康与职业安全分离立法有如下特点：一方面，除了一些具有共同性的法律法规如工会法、劳动法、工伤保险条例等以外，很多法律法规基本上是分开立法的。另一方面，职业健康立法明显少于职业安全立法，可见国家对两者的重视程度明显不同。职业健康类法律法规多被部门规章制度所替代，可见其权威性之不足和过于零散性。如国家卫生部或劳动部承担制定了“矿山防止矽尘危害技术措施暂行办法”（1956 年）、“职业病诊断与鉴定管理办法”（2002 年 /2013 年）、“职业病危害事故调查处理办法”（2002 年）、“国家职业卫生标准管理办法”（2002 年）、“工业场所有害因素职业接触限值”（2007 年）等等；国家安监总局承担制定了“作业场所职业危害申报管理办法”（2009 年 / 原由卫生部承担）、“工作场所职业卫生监督管理规定”（2012 年）、“职业病危害项目申报办法”（2012 年）、“用人单位职业健康监护监督管理办法”（2012 年）、“用人单位职业病危害现状评价导则”（2012 年）等等。

表 3–2　中央层面职业安全与职业健康法律法规颁布沿革

发布年份	涉职业安全（安全生产）类	涉职业健康（职业卫生）类
1956	工厂安全卫生规程（国务院）；工人职员伤亡事故报告规程	工厂安全卫生规程；关于防止厂矿企业中矽尘危害的决定；工人职员伤亡事故报告规程
1982	矿山安全条例（2005 年废止）；矿山安全监察条例（2005 年废止）	
1983	海上交通安全法（2016 年修订）	
1987		尘肺病防治条例
1988	女职工劳动保护规定；大气污染防治法（1995 年、2000 年、2016 年修订）	女职工劳动保护规定；大气污染防治法（1995 年、2000 年、2016 年修订）
1989	环境保护法（2014 年修订）；标准化法	环境保护法（2014 年修订）；标准化法
1990	标准化法实施条例	标准化法实施条例
1991	企业职工伤亡事故报告和处理规定（2007 年废止）	企业职工伤亡事故报告和处理规定（2007 年废止）
1992	工会法；矿山安全法	工会法
1993	核电厂核事故应急管理条例；反不正当竞争法	核电厂核事故应急管理条例；反不正当竞争法
1994	消费者权益保护法	消费者权益保护法

续表

发布年份	涉职业安全（安全生产）类	涉职业健康（职业卫生）类
1995	劳动法；食品卫生法（2009 年废止）；固体废物污染环境防治法（2004 年、2013 年、2017 年修订）；监控化学品管理条例（2011 年修订）	劳动法；食品卫生法（2009 年废止）；固体废物污染环境防治法（2004 年、2013 年、2017 年修订）；监控化学品管理条例（2011 年修订）
1996	民用航空安全保卫条例；水污染防治法（2008 年、2017 年修订）；行政处罚法	水污染防治法（2008 年、2017 年修订）；行政处罚法
1997	刑法（2009 年修订）；建筑法；行政监察法	刑法（2009 年修订）；行政监察法
1998	消防法（2008 年修订）；电力设施保护条例	
2000	立法法；煤矿安全监察条例（2013 年修订）；海洋环境保护法；产品质量法	立法法
2001	关于特大安全事故行政责任追究的规定；石油天然气管道保护条例（2011 年废止）	职业病防治法（2011 年、2016 年、2017 年、2018 年修订）；农药管理条例（1997 年、2017 年修订）
2002	安全生产法（2014 年修订）；内河交通安全管理条例；危险化学品安全管理条例（2011 年修订）	使用有毒物品作业场所劳动保护条例；危险化学品安全管理条例（2011 年修订）
2003	工伤保险条例（2010 年修订）；特种设备安全监察条例（2009 年修订）；建设工程安全生产管理条例；认证认可条例（2016 年修订）	工伤保险条例（2010 年修订）；放射性污染防治法；突发公共卫生事件应急条例；认证认可条例（2016 年修订）
2004	行政许可法；安全生产许可证条例；铁路运输安全管理条例（2014 年废止）	行政许可法
2005	易制毒化学品管理条例	放射性同位素与射线装置安全和防护条例；易制毒化学品管理条例
2006	公司法；国家突发公共事件总体应急预案；国家安全生产事故灾难应急预案；烟花爆竹安全管理条例	公司法；国家突发公共事件总体应急预案；国家突发公共卫生事件应急预案；国家突发公共事件医疗卫生救援应急预案
2007	劳动合同法；突发事件应对法；未成年人保护法；生产安全事故报告和调查处理条例	劳动合同法；突发事件应对法；未成年人保护法
2008	劳动合同法实施条例；道路交通安全法	劳动合同法实施条例
2009	食品安全法（2015 年修订）；侵权责任法	食品安全法（2015 年修订）；侵权责任法
2013	特种设备安全法	
2014	铁路安全管理条例	

日常实践中，一些地方或单位的职业健康占安全标准化考核内容比例不足10%；一些政府部门召开安全生产会议，对职业健康监管工作多是点到为止；甚至有人割裂安全生产与职业健康工作的关联；等等。① 由于理念认识滞后，必然导致职业健康治理权威相对弱化，职业病防治执法必然存在软化状态。如前图 3–1 和图 3–3、表 3–3 所示，近年职业病发病每年以近 3 万病例的速率增加，较之 10 年前每年 2 万、20 年前每年 1 万病例的速率，明显加快。这一方面表明，随着工业化加速，职业病发病趋势在加快；另一方面也表明，职业健康立法执法之弱可见一斑。如表 3–3 所示，全国生产作业有害环境因素监测点实测率、合格率明显逐年下降。另据媒体报道说，一个职业病人要完成从工伤鉴定、劳动能力鉴定和工伤待遇索赔整个正常程序，需要 3 年左右的时间。② 可在这 3 年艰难的维权路上，又倒下了多少职业病人呢？“取证难”成为职业病诊断的“拦路虎”！以至于一些维权者挑战现行职业病防治法的弊端，出现了诸如 2009 年河南新密市民工张海超“开胸验肺”、湖南耒阳市 170 多名在深圳务工的民工被诊断集体患有尘肺病等极端事件。

表 3–3　全国 3 个年度生产作业有害环境因素监测点情况比较

年份	应监测点（个）	实测点 / 率（个 /%）	合格点 / 率（个 /%）
1993	1401382	715081（51.03%）	469725（65.69%）
1997	1384546	789532（57.02%）	545567（69.10%）
2003	240954	117526（48.78%）	69779（59.37%）

资料来源：陈曙旸：《1993 年全国劳动卫生职业病报告发病情况》，《疾病监测》1994 年第 7 期；陈曙旸、王鸿飞：《1997 年全国劳动卫生监督监测、职业病报告发病

---

① 戴健军：《浅谈安全生产与职业健康一体化监管》，（浙江）《安全论坛》2016 年第 6 期。

② 王君平：《尘肺病人维权难 从鉴定到赔偿走完程序需 1149 天》，《人民日报》2013 年 5 月 13 日。

状况》，《中国卫生监督杂志》1998 年第 3 期；尹萸、陈曙旸、王鸿飞：《2003 年全国劳动卫生监督监测和职业病报告发病状况》，《中国卫生监督杂志》2005 年第 4 期。

注：不含西藏、台湾、香港、澳门的数据。很多年份，全国未见公开信息。

（二）基层实践与执法整合的需要

一方面，是基层执法整合的需要。2012 年 7 月，课题组成员在上海市实地调查中了解到，基层认为，2010 年国家将职业病的预防环节交给了安监部门，但安监部门无法不介入职业病后期（诊断与鉴定、赔偿等事务）的调查，因为职业病人及其家属基本上是缠住安监部门不放。基层对于《职业病防治法》规定的“任何诊断机构都不可以拒绝劳动者提出的职业病诊断”的要求存在疑问，职业病的管理范畴没有明确划分，没有职业病因素的单位的员工可不可以提出诊断，因此需要设置职业病诊断的前置条件；而对于法律中规定的“接触职业病危害因素岗位”的员工健康监护，其界定没有明确标准；“经常固定接触”应该怎样纳入范围，也没有具体执行办法。这就是说，安监部门卷入了企业和员工的矛盾之中，没有明确的书面文字可以作为依据，职业病防治停留在靠信访出动人员的阶段。因此，应该将职业病防治法与安全生产法合并，细化职业病诊断程序，如“诊断—卫生部门出示资料—送达企业—安监部门督促”这样的规定。

另一方面，是监管资源整合的需要。《安全生产法》与《职业病防治法》分立，直接导致在基层监管实践中大量出现多部门执法、职能交叉、重复建设、重复检监，增加执法成本与企业负担，浪费资源，因而亟待两者合二为一，从立法源头上加以整合，以提高行政效能，降低行政成本。

（三）学界、政界、企业界的认同

1. 学界长期呼吁并法

中国几乎从2006年全国人大常委会批准加入联合国的重要公约第155号公约——《职业安全和卫生及工作环境公约》（*Occupational Safety and Health Convention*，1981，No.155）以来，国内学界就着力呼吁推进职业安全与职业健康（职业卫生）的合并立法（当然，在2006年之前也有零星探讨）。这从表3–4专家学者的文章和著作可见一斑。并在2009年12月，来自全国25家单位的50余名理论和实务界的专家（基本代表了当时全国职业安全卫生领域的前沿水平）齐聚北京，召开“中国职业安全卫生立法研讨会”，共商职业安全与职业卫生合并立法的问题。[①] 他们在指出两法分治弊端的同时，尚有如下两大共识。

一方面，要将安全生产法、职业病防治法放在国际人权法范围进行立法的考量，体现“劳权优位”的思想，制定统一的职业安全健康（卫生）法；现行的安全生产法、职业病防治法同职业安全卫生（健康）法是有区别的，前两者不能涵盖后者的全部内容，属于行政法、经济法的范畴（尽管2014年修订时体现社会法特点），且前两者着眼于企业、经济正常运行发展的目的而立法的；而后者则是从职业者的基本权利（安全权、健康权）角度出发进行立法的，属于劳权法、社会法。

另一方面，对职业健康（卫生）法提出了立法的初步设想，包括职业安全健康法的立法目的、适用范围及主要内容；主要内容大体应包括：职业安全健康保障的方针原则和制度、三方管理机制、政府监察职责与权力、

① 熊新发：《中国职业安全卫生立法研讨会综述》，《中国人力资源开发》2010年第2期。

用人单位权利与义务、劳动者权利与义务、其他相关责任者的权利与义务、法律责任、实施细则制定与相关配套标准等。当然，学者们的研究也还涉及其他方面的探讨，如国内外职业安全健康（卫生）立法执法比较、职业安全健康（卫生）立法历史、着眼于职业灾害防治角度立法等。也有学者着眼于质量、环境、职业安全健康管理体系一体化整合的角度要求加强合并立法。还有学者认为，卫生部门不可能承担职业健康（卫生）监管责任，它仅仅具有医疗卫生服务职能作用，不可能替代人事人力资源管理部门来监管职业安全健康，因为人事人力资源管理部门最了解员工的心理和行为特点，也能够从考勤、工薪管理等角度对劳动者进行安全健康行为的管控，因而建议将职业安全健康监管合并立法，并回归到人事人力资源管理部门（人力资源与社会保障部门）。

表 3–4　近 15 年国内专家学者呼吁职业安全健康合并立法的情况

作者	文章或著作题目	期刊或出版社	发布时间
曹书平	国外职业安全卫生立法的启示	劳动保护	1994.06
徐德蜀 金　磊	关于质量（Q）、环境（E）和职业安全健康（OSH）的管理体系整合及其一体化探讨	中国安全科学学报	2002.02
作者	文章或著作题目	期刊或出版社	发布时间
徐德蜀	试谈职业安全健康、环境、质量三个管理体系的整合与一体化	现代职业安全	2002.10
陈　莹	关于完善职业安全卫生立法的两项建议	现代职业安全	2005.10
杜振杰	建议：职业安全卫生一体化管理	中国安全生产报	2006.07
郭　捷	论劳动者职业安全权及其法律保护	法学家	2007.04
张剑虹 楚风华	国外职业安全卫生法的发展及对当代中国的启示	河北法学	2007.04
任国友 孟燕华	中国职业安全卫生一体化发展模式探索	中国安全科学学报	2007.05
阳　露	中国职业安全卫生法律整合探讨	四川大学硕士学位论文	2007.06
陈步雷	权利与功能的统一：安全卫生立法一体化的理论基础	现代职业安全	2007.07
徐川府	加强职安立法 推行国家监察——回顾“六五”期间职业安全卫生工作（中）	现代职业安全	2007.10

续表

作者	文章或著作题目	期刊或出版社	发布时间
陈　莹	对职业安全卫生立法的思考——写在《职业安全卫生公约》批准周年之际（系列文章）	现代职业安全	2007.11/12 2008.01
秦晓琼	国际职业安全卫生立法研究及对我国的启示	湖南大学硕士学位论文	2009.04
任国友	中美职业安全健康法对比	中国安全科学学报	2009.07
陈　诚	从《安全生产法》的角度看职业安全卫生立法的必要性	江苏省经济法学研究会年会论文	2009.11
刘　亮	论罗本斯报告对中国职业安全卫生立法的借鉴意义	江苏省经济法学研究会年会论文	2009.11
陈步雷	“劳权优位”应成为安全法的首要原则	工人日报	2010.01
常　凯	构建职业安全卫生“权利法”体系	工人日报	2010.01
常　凯	职业安全卫生权利与职业安全卫生法治	法学论坛	2010.05
张志芳等	我国职业安全卫生立法一体化之探讨	中国科技信息	2010.08
卢春光	实现职业安全卫生一体化监管的探讨	中国卫生工程学	2010.08
宗玲等	我国职业安全与卫生一体化立法研究	西安石油大学学报（社科版）	2011.02
刘　恺	美国《职业安全卫生法》立法简史——兼论对我国职业安全卫生立法的启示	华中师范大学学报（社科版）	2011.02
安监总局国际中心	发达国家职业安全健康主要经验与做法（1）——推进现代职业安全健康立法	劳动保护	2013.01
杨　彦	安全生产标准化与职业健康安全管理体系一体化管理模式探讨	铁路节能环保与安全卫生	2013.04
朱素蓉等	我国职业安全卫生保障一体化模式之探索	环境与职业医学	2014.03
颜　烨	中国职业安全卫生问题治理现代化探讨	信访与社会矛盾问题研究	2015.07
徐伟伟	国外安全生产与职业健康一体化监管启示	中国安全生产	2017.04
程根银等	安全生产与职业卫生一体化监管执法分析	华北科技学院学报	2017.11
卢芳华	职业安全权保护的国际法研究（安全人权法）	汕头大学出版社	2018.05
文　明	职业卫生与安全生产一体化探讨	化工管理	2018.06
崔俊杰	我国职业安全健康监管体制的演变、问题及完善	行政法学研究	2018.11
戎志强	职业卫生与安全生产一体化探讨	防护工程	2018.11
曹桂荣	职业卫生与安全生产一体化研究	化工设计通讯	2019.02

如前所述，2018 年 3 月，国家应急管理部如期组建后，有微信媒体对 735 位学者做了调查。调查结果显示：职业卫生（健康）职能完全转给卫生部门后（原国家卫计委基础上组建国家卫生健康委员会），52% 的被调查者认为，职业卫生治理前景并不会太好，有 48% 的认为会好起来。接着，有的网友就此认为，新中国成立的几十年来，卫生部门也没有抓好职业健康治理这一薄弱环节；当然也有网友认为，目前几年不一定会好转，但新组建的卫生健康部门会使之逐渐好起来。①

此外，一些专家还认为，《尘肺病防治条例》1987 年出台，已颁布实施 30 年，但其中第 23 条所谓违反本条例规定的处罚措施中，并没有具体处罚细则，且处罚还须经当地政府同意；可地方政府与企业又有着一定的利益关联，这就使得该条款难以操作执行。因此，他们建议将该条例予以修订扩充，上升为法律，即成为包括尘肺病防治、救助、鉴定、赔偿在内的专项法律，对尘肺病的诊断、鉴定、赔偿和治疗做出特别规定。

2. 政府认同并法监管

早在 2011 年，国家安监总局就在部分省市区组织召开修订《安全生产法》征求意见座谈会。比如，甘肃省安监局就提出九项修订意见，其中包括将职业健康纳入安全生产法范畴、工伤保险与责任保险相结合等民众关注度较高的修订建议，即对《安全生产法》第一条、第二条、第九条提出了具体修订意见。②

2012 年 12 月，江苏省安监局通过工作实践和调查研究发文称，实现

---

① 朱志良：《七嘴八舌议论未来职业卫生发展趋势》，职业病防治博士工作站（微信公众号），2018 年 3 月 21 日。

② 《甘肃省安监局：职业健康将纳入〈安全生产法〉》，《西部商报》2011 年 9 月 16 日。

职业健康与安全生产监管一体化是职业卫生与职业安全的内在要求，是提高监管效能、减轻企业负担的迫切要求。他们的实践经验是：归口监管与重点监管相结合，分别落实职业卫生监管职能；扎口管理与统一实施相结合，充分发挥监管效能。①

2013年6月，山东省临沂市安监局发表署名文章称，安全生产本身意义上已经涵盖了职业健康，但中国现行法规政策和体制在一定程度上造成了安全生产与职业健康工作分离，从而出现职业健康工作力量薄弱且与安全生产重复执法的现实问题，致使行政管理资源浪费，企业负担加重；因而整合资源、理顺体制机制、提高工作效能、加强管理和监督，应是安全监管部门改革发展的当务之急。②

2016年，浙江省杭州市安监局发表署名文章认为，推进安全生产与职业健康一体化监管执法是资源整合的需要，亟须端正认识，逐步推进两者的工作部署考核一体化、行政许可审批一体化、日常执法检查一体化、宣传培训教育一体化、企业日常管理一体化。③

2015年，国务院办公厅发布《关于加强安全生产监管执法的通知》，明确提出："地方各级人民政府要将安全生产和职业病防治纳入经济社会发展规划，实现同步协调发展。"通知要求政府应按要求牢固树立职业健康与安全生产一盘棋的思想，加快推进职业健康与安全生产监管的融合，落实职业健康问责追责制度和"一票否决"，实行"安全生产与职业健康

---

① 江苏省安全生产监管局：《推行职业卫生与安全生产监管一体化 督促企业全面落实主体责任》，《调查研究》2012年第20期（12月28日）。

② 杨斌（山东省临沂市安全生产监管局）：《职业健康与安全生产一体化探讨》，（国家安全监管总局编）《调查研究》2013年第9期（6月21日）。

③ 戴健军：《浅谈安全生产与职业健康一体化监管》，（浙江）《安全论坛》2016年第6期。

一体化监管”。

2016年底，中央国务院发布的《关于推进安全生产领域改革发展的意见》再次重申“坚持管安全生产必须管职业健康，建立安全生产和职业健康一体化监管执法体制”“加强安全生产和职业健康法律法规衔接融合”。

2017年6月，国家安监总局专门下文《关于加强安全生产和职业健康一体化监管执法的指导意见》，要求推进执法检查一体化、风险管控一体化、标准化建设一体化、宣传教育培训一体化、技术服务一体化、巡查考核一体化，即“六位一体”。

3. 企业责任认同并法

2016年3月，在十二届全国人大四次会议上，作为全国人大代表，浙江台州恩泽医疗中心（集团）主任陈海啸建议，加快推进职业安全卫生管理立法工作，制定国家“职业安全与卫生法”，建立职业安全卫生合一的管理机制，以最终实现职业安全卫生立法与执法主体有效衔接、生产单位的职业安全与卫生一体化全程式管理、职业安全卫生信息及资源充分利用的目标，确保职工的安全健康保障不会因行政管理体制而被人为割裂。[①]对此，全国人大进行了认真答复，总体上要求开展调查研究，先行推进两者的一体化综合监管执法，为两法合并立法奠定基础性依据。[②]

2018年，本次课题组回收1086份有效问卷（涵盖公务员、企业管理者和一线工人，主要是企业管理者和员工），调查统计结果显示（如表3-5）：82%的被调认为，职业安全与职业健康的关系“很密切”“较密切”；

---

① 朱小兵：《陈海啸代表：加快职业安全卫生法立法工作》，《台州日报》2016年3月12日。

② 《关于加快职业安全卫生法立法建议答复的摘要》，http：//www.chinasafety.gov.cn/newpage/Contents/Channel_21906/2017/0112/282232/content_282232.htm。

50.9% 的被调认为，两者“应同时合并立法与合并执法”，回答率最高；36.6% 的被调认为，两者“可合并执法但不合并立法”。

表 3–5　职业安全与职业健康关系问卷（人，%）

<table>
<tr><th colspan="2">问题 / 选项</th><th>回答者</th><th>回答率</th><th colspan="2">问题 / 选项</th><th>回答者</th><th>回答率</th></tr>
<tr><td rowspan="6">您认为安全生产与职业健康两者关系程度如何：</td><td>很密切</td><td>507</td><td>46.7</td><td rowspan="6">您认为《安全生产法》与《职业病防治法》两者关系是：</td><td>应同时合并立法与合并执法</td><td>553</td><td>50.9</td></tr>
<tr><td>较密切</td><td>383</td><td>35.3</td><td>可合并执法，但不合并立法</td><td>398</td><td>36.6</td></tr>
<tr><td>一般</td><td>163</td><td>15.0</td><td>既不合并立法，也不合并执法</td><td>82</td><td>7.6</td></tr>
<tr><td>不密切</td><td>24</td><td>2.2</td><td>其他</td><td>53</td><td>4.9</td></tr>
<tr><td>很不密切</td><td>9</td><td>0.8</td><td>总计</td><td>1086</td><td>100.0</td></tr>
<tr><td>总计</td><td>1086</td><td>100.0</td><td></td><td></td><td></td></tr>
</table>

此外，两法均规定了社会参与职业风险治理，如《安全生产法》（2014 年修订版）第三条明确规定，强化和落实生产经营单位的主体责任，建立生产经营单位负责、职工参与、政府监管、行业自律和社会监督的机制；第七条规定，工会依法对安全生产工作进行监督。《职业病防治法》（2018 年修订版）第三条规定，建立用人单位负责、行政机关监管、行业自律、职工参与和社会监督的机制；第四条规定，工会组织依法对职业病防治工作进行监督，维护劳动者的合法权益。但这些措施未必落到实处，社会参与和监督比较滞后。

（四）职业安全与健康具有同一性

在生产实践中，职业安全事故与职业病有时候很难分清楚，两者紧密相连，防治、监管、治理手段和方式基本一致。

1. 员工生命安全与生命健康具有同一性

员工生命安全主要是指从业者在职业劳动过程中，其生命得到有效保护和保障，不被职业劳动过程中的相关因素伤害或完结；身体健康是指其

生命正常体征得到有效保护和保障，不被职业劳动过程中的相关因素致病、致伤。从“大安全”实践角度看，两者有时候很难被分开处置，或很难辨别清楚为职业安全事故致病还是慢性职业危害致病。有的员工在一次职业安全事故中，或因轻伤重伤，或因事后处置不当，使得受伤部位或精神健康或整个人体机能逐步下降，而逐渐演变为慢性职业疾病。与此同时，有些突发性职业病如发生突发性大面积员工中毒、危化品灼伤等事件，就具有突发性职业安全事故的特征，但它按规定被计算在职业病范畴。

从人的身体及其权利保障看，安全涉及整个人体生命的保障，健康涉及肌体（以皮肤为界）正常运行问题，两者区别并不特别明显。正如中国安全科学创始人刘潜先生所言，两者仅有的差别在于以人的身体的皮肤（包括人的内表皮、外表皮，以及唾液、胃黏膜在内）为界限：（职业）安全科学研究和解决人的皮肤以外的身心健康问题，为人们提供的是人体安全健康的外在保障；（职业）医学科学研究和解决人的皮肤以内的身心健康问题，为人们提供的是人体安全健康的内在保障。[①] 因而，从两者内涵来看，监管执法主体（政府）基本相同，监管对象（企业）完全相同，保护的对象完全相同（员工生命），监管的变迁规律相同，是非常接近的事情，具有同源性、同理性、同一性。

2. 合并立法执法具有同一内在法律机理

第一，两者法益基本一致。所谓“法益”，就是法律所保护的公民或法人的合法权益，包括个人人身财产与集体财产的权益。广义上讲，法益是泛指一切受法律保护的利益，包括个人利益与公共利益，权利也包含于法益之内；而狭义的法益，仅指权利之外而为法律所保护的利益，是一个

① 虞和泳：《安全科学问题的若干理论思考》，《安全》2018 年第 12 期。

与权利相对应的概念。中国现行的《安全生产法》与《职业病防治法》权益功能（目标指向）基本一致。现行的《职业病防治法》总则第一条明确写道："为了预防、控制和消除职业病危害，防治职业病，保护劳动者健康及其相关权益，促进经济社会发展"；现行的《安全生产法》总则第一条明确为："为了加强安全生产工作，防止和减少生产安全事故，保障人民群众生命和财产安全，促进经济社会持续健康发展"。可见，两法在保护个人权益与公共权益上基本一致。但是，两法的人本色彩比较淡，经济社会发展的功利色彩浓厚，即强调保障员工生命健康的最终目的，是为了保障企业正常生产、经济社会正常发展。这与欧美国家的职业健康法的法益都大不相同。

第二，监管执法责任同一。在执法责任主体方面，目前《安全生产法》明确安监部门为主要监管部门，而在2018年机构改革前，《职业病防治法》也赋予安监部门为职业健康监管的主导职能。两部法律虽各有侧重（安全生产法侧重于国家利益、企业利益，而职业病防治法侧重保障劳动者个人权利），尤其是职业病防治法还赋予卫生行政部门、劳动保障行政部门的诸多职能，但监管主体在本质上具有同一性，均需同一个部门的主导。这有利于统筹和整合资源开展监管执法，使一体化监管具备优势和提升效率。如若分割执法，实践中难免产生任务重复、部门扯皮乃至重大责任推诿的弊端。

第三，执法对象主体同一。这是两者合并立法执法最主要的原因，因为政府对职业安全与职业健康的常规性、突发性监察检查，均是针对企业组织（生产经营单位）的，监管执法被回答对象均是从业劳动者（生命于一身）。劳动员工是生产经营管理单位（企业、事业单位和个体经济组织等用人单位）的基本主体，其安全健康与单位组织的责任息息相关。目前

国内的《安全生产法》《职业病防治法》均明确规定，安全生产和职业健康的主体责任都在生产经营管理单位（企业），这是非常确定的直接责任主体，不可撼动，具有一致性。

3. 企业内部员工安全健康管理服务同一

除了政府监管对象的同一性之外，还在于企业内部管理与服务具有同一性。企业内部对员工安全健康的技术服务、设备设计和运行维护、教育培训、用工管理、日常劳动保护等，在管理服务过程中始终具有一致性，两者分割开来，必然给日常工作造成不必要的麻烦。

而且，从现代社会以人为本的人力资源管理角度看，也只有将劳动者的职业安全健康与人力资源管理与劳动保障结合起来，才能更切合实际地了解员工的心理、行为、习性特点和身体状况，也才能更好地从招工、用工、工薪福利角度控制员工安全健康行为，真正实现从人事管理、劳动关系、人力资源或资本管理转向以人为本的管理，更加注重员工的工作满意度、生命安全健康、人格尊严和生活质量。本书即旨在将员工的职业安全健康管理和保障重新拉回到人力资源社会保障部门，真正使得生命个体在职业从业过程中得到合理制度、合理结构的维护与保障。

二、两者合并立法的可行性

这里，我们主要从合并监管执法先行、合并立法的国内历史基础与法理基础、国外经验几方面重点阐述。

（一）合并监管执法实践基础

早在 2000 年 11 月，中国国家标准化管理委员会就将源于英国先进的“职业健康与安全管理体系”（OHSAS18001：1999），转化为国家标准

《职业健康安全管理体系规范》（GB/T 28001—2001，2011 年底更新版本为 GB/T 28001—2011），加大执行的强制力度，要求企业务必申领中国质量认证中心颁发的“职业健康安全管理体系认证证书”。这实际上是中国效仿国际标准化的操作，是推进职业安全与职业健康合并执法的先导。

如前所述，2008 年，国家又在安监总局下面专设职业健康监管司，明确其对职业健康监管的主导责任；2010 年，中共中央编委办专门下文对安监总局、卫生部（卫计委）、人社部关于职业健康监管责任进一步明确，重申职业健康监管安全生产监管一体落实（如前表 3–1）；2015 年，国务院办公厅发布《关于加强安全生产监管执法的通知》，明确强调“安全生产与职业健康一体化监管”；2016 年底，中共中央国务院发布的《关于推进安全生产领域改革发展的意见》再次重申“坚持管安全生产必须管职业健康，建立安全生产和职业健康一体化监管执法体制”；2017 年 6 月，国家安监总局专门下发的《关于加强安全生产和职业健康一体化监管执法的指导意见》，则是对推进基层开展两者合并监管执法的具体化和综合指导。到了 2018 年 3 月，全国两会通过国务院机构改革方案，组建应急管理部，将职业卫生监管又转归新组建的国家卫生健康委员会（主体是卫生部前身）。

其实，在基层工作实践中，一些发达地区政府早已将安全生产与职业健康工作灵活进行了一体化监管执法。如江苏省安监局 2012 年就下发了《关于开展职业卫生与安全生产一体化监管试点工作的通知》，全省各试点地市县区按照通知要求，逐步推行合并执法模式，并且取得了较好的成效；其他省份及其下辖市县区，均在较早时候根据各自具体情况推进了合并监管执法，如山东滨州市。这些地方的做法与经验实际上为职业健康与职业安全合并立法奠定了实践基础。

（二）合并立法具备法律基础

所谓“职业安全健康（卫生）法律”，是指以宪法为基础的，调整劳动关系、规范劳动者劳动安全与健康的法律规范的总称；由全国人大或常务委员会制定颁布，是制定劳动保护行政法规、标准及地方法规的依据，其法律地位和法律效力仅次于宪法。截至 2017 年底，全国已制定 30 多类的近 30 部行政法规（国务院发布）、100 多个部门规章，颁布了有关职业安全健康（卫生）国家标准 1500 余项、行业标准 3000 余项，全面建立了职业安全健康（卫生）的法律法规监察体系，实行“国家监察”制度，包括劳动安全、劳动卫生、女工保护、工作时间与休假制度等。

1. 两者合并立法的部门法制历史

（1）从历史上看，中国职业安全健康立法始于 1981 年国务院的批示。当年 3 月，国家劳动总局牵头、12 个部委参与起草《劳动保护法》（《劳动安全卫生法》），同时起草的还有《劳动安全监察条例》；先期起草的有《矿山安全卫生法》《女职工劳动保护条例》。到后来，为避免一事多法，国务院决定一揽子打包，定名为《劳动安全卫生法》；起草组于 1987 年拿出了《劳动安全卫生法》草案，但后来不了了之。在这 6 年草案起草期间，其实很多具体的部门规章制度和地方法规陆续出台或修订。[①] 时隔 10 余年后，《职业病防治法》《安全生产法》相继出台，至今全国出台了职业安全与健康领域的法律 10 余部、法规 60 多部、部门规章制度 1600 多部，非常庞杂。应该说，安全生产与职业健康合并立法已经有了法制的历史基础。

---

① 徐川府：《加强职安立法 推行国家监察——回顾“六五”期间职业安全卫生工作（中）》，《现代职业安全》2007 年第 10 期。

（2）《职业病防治法》简况。中国《职业病防治法》是又一部重要的保护劳动者职业安全健康权益的人权法，与《安全生产法》一起构成职业安全健康权益保护的一般性部门法。该法于 2001 年 10 月 27 日第九届全国人民代表大会常务委员会第二十四次会议通过，自 2002 年 5 月 1 日起施行，后分别于 2011 年 12 月 31 日第十一届全国人民代表大会常务委员会第 24 次会议修订、2016 年 7 月 2 日第十二届全国人民代表大会常务委员会第 21 次会议修订、2017 年 11 月 4 日第十二届全国人民代表大会常务委员会第 30 次会议修订、2018 年 12 月 29 日第十三届全国人民代表大会常务委员会第 7 次会议修订（共 4 次）。现行《职业病防治法》共 7 章 87 条，包括总则（立法目的、适用范围、基本概念、防治方针与工作机制、防治主体、标准制定主体、奖惩规定等）、前期预防、劳动过程中的防护与管理、职业病诊断与职业病病人保障、监督检查、法律责任、附则。

（3）《安全生产法》简况。中国《安全生产法》是职业安全权保护领域的“大法”，在该领域具有根本法的性质。该法 2002 年 6 月 29 日第九届全国人民代表大会常务委员会第二十八次会议通过并公布，自 2002 年 11 月 1 日起施行；2014 年 8 月 31 日第十二届全国人民代表大会常务委员会关于修改《中华人民共和国安全生产法》的决定修正，自 2014 年 12 月 1 日起施行。新修订的《安全生产法》在立法理念上发生了一定的转变，如从 10 多年前的经济法属性转为社会法属性，从保障企业生产为主转向保障人的安全为主，更加明确生产经营单位负有安全生产的主体责任，而且加重了安全生产违规违法的处罚力度。现行《安全生产法》共 7 章 114 条，包括总则（立法目的、适用范围、安全生产主体、宗旨和方针、工作机制）、生产经营单位的安全生产保障、从业人员的安全生产权利义务、安全生产

的监督管理、生产安全事故的应急救援与调查处理、法律责任、附则。具体内容略。

（4）国家层面的具体部门法非常多。比如，《矿山安全法》《海上交通安全法》《道路交通安全法》《消防法》等专门法律，均对职业安全保护的职责和事项进行了具体规定，并不断进行阶段动态性的更新、修订和完善。又如，《国务院关于特大安全事故行政责任追究的规定》《安全生产许可证条例》《煤矿安全监察条例》《关于预防煤矿生产安全事故的特别规定》《危险化学品安全管理条例》《道路交通安全法实施条例》《建设工程安全生产管理条例》等数十部行政法规、上百个部门规章，以及各省（区、市）的地方性法规和规章，共同构成了全国安全监管法律法规体系。此外，国家监察部和安监总局联合颁布实施《安全生产领域违法违纪行为政纪处分暂行规定》，中纪委也相应实施了《安全生产领域违纪行为适用〈中国共产党纪律处分条例〉若干问题的解释》等。下面就一些主要的部门法尤其职业安全健康保护的行政法做简要概述。

①《矿山安全法》，于 1992 年 11 月 7 日第七届全国人民代表大会常务委员会第二十八次会议通过公布，自 1993 年 5 月 1 日起施行，2009 年 8 月 27 日第十一届全国人民代表大会常务委员会第十次会议通过修订颁行。现行《矿山安全法》共 8 章条，包括总则（立法目的、适用范围、安全责任主体、监察主体、科技研究及奖惩）、矿山建设的安全保障、矿山开采的安全保障、矿山企业的安全管理、矿山安全的监督和管理、矿山事故处理、法律责任、附则。这是一部对从事矿山开采职业的劳动者安全及健康权益保护的特定部门法，主要着眼于企业、政府、工会三方保护责任机制角度进行立法的。

②《安全生产违法行为行政处罚办法》，于2007年11月9日国家安全监管总局局长办公会议审议通过，自2008年1月1日起施行；同时废止原国家安全监管局（国家煤矿安全监察局）2003年5月19日公布的《安全生产违法行为行政处罚办法》、2001年4月27日公布的《煤矿安全监察程序暂行规定》；2015年4月2日再次修订。现行的《安全生产违法行为行政处罚办法》共6章69条，包括总则（立法目的、适用范围、立法原则）；安全生产行政处罚的种类、管辖（安全生产行政处罚种类共9类：警告，罚款，没收违法所得，责令改正、责令限期改正、责令停止违法行为，责令停产停业整顿、责令停产停业、责令停止建设，拘留，关闭，吊销有关证照和安全生产法律、行政法规规定的其他行政处罚）；安全生产行政处罚的程序；安全生产行政处罚的适用；安全生产行政处罚的执行和备案；附则。

③《安全生产行政复议规定》，于2007年9月25日国家安监总局局长办公会议审议通过，2007年11月1日起施行；同时废止原国家经贸委2003年2月18日公布的《安全生产行政复议暂行办法》和原国家安全生产监督管理局（国家煤矿安全监察局）2003年6月20日公布的《煤矿安全监察行政复议规定》。该法规共5章43条，内容涉及总则（立法目的、适用范围、行政复议主体、案件处理程序等）、安全生产行政复议范围与管辖、安全生产行政复议的申请与受理、安全生产行政复议的审理和决定、附则。

④《安全生产许可证条例》，2004年1月7日国务院第34次常务会议通过，自公布之日起施行；2013年5月31日国务院第10次常务会议《国务院关于废止和修改部分行政法规的决定》第一次修订；2014年7月9日国务院第54次常务会议《国务院关于修改部分行政法规的决定》第二次

修订。条例规定：“国家对矿山企业、建筑施工企业和危险化学品、烟花爆竹、民用爆炸物品生产企业（以下统称企业）实行安全生产许可制度。”“企业未取得安全生产许可证的，不得从事生产活动。”条例内容还包括安全生产许可证颁布的不同层级主体、企业取得安全生产许可证的条件（13条）、证件有效期限、企业法律责任等。

⑤《煤矿安全监察条例》，是一部具体领域的安全生产行政监察法规，于2000年11月1日经国务院常务会议审议通过，2000年12月1日起施行；2013年7月26日国务院令关于《国务院关于废止和修改部分行政法规的决定》对其部分内容进行了修改。条例包括总则、机构及职责、监察内容、罚则、附则共5章50条，涵盖煤矿安全生产监察适用范围、监察主体、事故预防、事故处置、法律责任等具体内容。

⑥《矿山安全监察条例》，也是一部具体领域的安全生产行政监察法规，于1982年2月13日国务院颁布，1982年7月1日起施行，共11条，包括立法目的、适用范围、监察主体及其职责、监察条件等内容。

（5）职业安全权保护的行业标准概述。行业标准是落实行业法律法规的一种具体抓手。2004年10月18日，国家安全生产监督管理局（国家煤矿安全监察局）局务会议审议通过公布《安全生产行业标准管理规定》，自2004年12月1日起施行。这是一部指导全国职业安全权保护的行业标准制定、修订和执行的纲领性法规。它指出，安全生产标准范围包括矿山安全、劳动防护用品、危险化学品安全管理、烟花爆竹安全管理和其他工矿商贸安全生产规程等；标准内容涉及需要强制执行的安全生产条件、安全管理等的，为强制性标准，其他为推荐性标准；标准实施后需要上升为国家标准的，应当及时上升为国家标准。截至目前，全国制定过上万个行业标准（包括安全生产、职业病防治、应急救援），有力地推进了从法规标准角度保护职业安全健康权益的人权法实践。

2. 两者合并立法的内在法理基础

（1）两者的责任主体同一。劳动从业者是生产经营管理单位（企业、事业单位和个体经济组织等用人单位）的基本主体，其安全健康与单位组织的责任息息相关。两部法律均明确规定，安全生产和职业健康的主体责任都在生产经营管理单位（企业），这是非常确定的直接责任主体，不可撼动，具有一致性。

（2）两者的执法主体同一。两部法律分别明确了安全生产与职业健康监管执法的（责任）主体。如《安全生产法》明确安监部门为主要监管部门，而《职业病防治法》也赋予安监部门为职业健康监管的主导职能。两部法律虽各有侧重，尤其是职业病防治法还赋予卫生行政部门、劳动保障行政部门的诸多职能，但监管主体在本质上具有同一性，均需要安监部门的主导。这也有利于统筹和整合资源开展监管执法，使一体化监管具备优势。

（3）两者的法益基本一致。所谓“法益”，广义上讲，是泛指一切受法律保护的利益，包括个人利益与公共利益，权利也包含于法益之内；而狭义的法益，仅指权利之外而为法律所保护的利益，是一个与权利相对应的概念。简单地说，法益即法律权益，就是法律所保护的公民或法人的合法权益，包括个人人身财产与集体财产的权益。中国现行的《安全生产法》与《职业病防治法》权益功能（目标指向）基本一致。如，现行的《职业病防治法》总则第一条明确写道：“为了预防、控制和消除职业病危害，防治职业病，保护劳动者健康及其相关权益，促进经济社会发展”；现行的《安全生产法》总则第一条明确为：“为了加强安全生产工作，防止和

减少生产安全事故，保障人民群众生命和财产安全，促进经济社会持续健康发展”。可见，两法在保护个人权益与公共权益上基本一致，在立法精神、执法理念乃至法律文本方面，均具有高度相似性。

3. 两者合并立法的现有基础法律

目前，中国职业安全健康权保护法律体系初步形成，从宪法到基本法、部门法、行业规划标准，都有一定的规模和轮廓，并逐步完善和奠定了职业安全健康权保护方面的法律基础；也可以从宏观、中观、微观层面对之进行界分（如图 3–4）。①

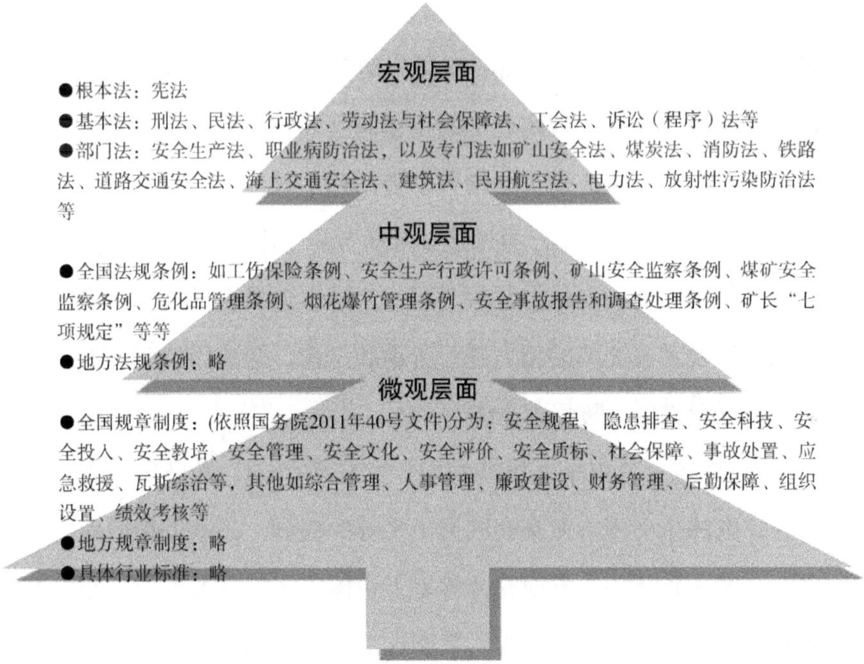

宏观层面

●根本法：宪法

●基本法：刑法、民法、行政法、劳动法与社会保障法、工会法、诉讼（程序）法等

●部门法：安全生产法、职业病防治法，以及专门法如矿山安全法、煤炭法、消防法、铁路法、道路交通安全法、海上交通安全法、建筑法、民用航空法、电力法、放射性污染防治法等

中观层面

●全国法规条例：如工伤保险条例、安全生产行政许可条例、矿山安全监察条例、煤矿安全监察条例、危化品管理条例、烟花爆竹管理条例、安全事故报告和调查处理条例、矿长“七项规定”等等

●地方法规条例：略

微观层面

●全国规章制度：(依照国务院2011年40号文件)分为：安全规程、隐患排查、安全科技、安全投入、安全教培、安全管理、安全文化、安全评价、安全质标、社会保障、事故处置、应急救援、瓦斯综治等，其他如综合管理、人事管理、廉政建设、财务管理、后勤保障、组织设置、绩效考核等

●地方规章制度：略

●具体行业标准：略

图 3–4　中国现行职业安全法与职业健康法的构成体系

（1）根本法层面的规定相当明确。宪法是国家的根本大法，是职业

① 颜烨：《安全生产现代化研究》，世界图书出版公司，2016 年，第 60 页。

安全与健康法律法规的首要形式。中国《宪法》的许多条文直接涉及职业安全权保护问题。这些规定既是安全法规制定的最高法律依据，又是职业安全健康保护法律法规的一种表现形式。

中国现行的《宪法》第 42 条规定："中华人民共和国公民有劳动的权利和义务。国家通过各种途径，创造劳动就业条件，加强劳动保护，改善劳动条件，并在发展生产的基础上，提高劳动报酬和福利待遇。国家对就业前的公民进行必要的劳动就业训练。"这一条规定是制定相关职业安全人权法的总的原则、总的指导思想和总的要求，体现"安全第一，预防为主，综合治理"的方针。

第 43 条规定："中华人民共和国劳动者有休息的权利。国家发展劳动者休息和休养的设施，规定职工的工作时间和休假制度。"这一条规定的作用和意义在于：一方面，是指劳动者的基本权利（安全权、休息权、健康权）不容侵犯；另一方面，通过建立劳动者的工作时间和休息休假制度，保证劳动者的工作时间与休息休假时间，注意劳逸结合，禁止随意加班加点，以保持劳动者有充沛的精力进行劳动和工作，防止因疲劳过度而发生伤亡事故或积劳成疾，防止职业病。

第 48 条规定："中华人民共和国妇女在政治的、经济的、文化的、社会的和家庭的生活等方面享有同男子平等的权利。国家保护妇女的权利和利益。"这一条从各个方面充分肯定了中国广大妇女的地位，她们的权利和利益受到国家法律保护；为了贯彻这个原则，国家还针对妇女的生理特点，专门制定了有关女职工的特殊劳动保护法规，体现了妇女职业安全健康权益的保护。

（2）基本法层面的规定较为详尽。这里的基本法主要是指涉及职业安全健康的基本法层面，主要包括刑法、民法、行政法、工会法、劳动法

与社会保障法、诉讼（程序）法等。

①刑法方面的相关规定。刑法是用刑罚同一切犯罪作斗争，以保卫国家安全，保卫人民民主专政的政权和社会主义制度，保护国有财产和劳动群众集体所有的财产，保护公民私人所有的财产，保护公民的人身权利、民主权利和其他权利，维护社会秩序、经济秩序，保障社会主义建设事业的顺利进行。从刑法角度保护职业安全健康，也是国际劳工组织相关公约的基本要求。

中国现行《刑法》（2006 年 2 月《刑法修正案（六）》）涉及安全生产犯罪的规定主要有：重大飞行事故罪（第 131 条）、铁路运营安全事故罪（第 132 条）、交通肇事罪（第 133 条）、重大责任事故罪（第 134 条）、强令违章冒险作业罪（第 134 条）、重大劳动安全事故罪（第 135 条）、大型群众性活动重大事故罪（第 135 条）、危险物品肇事罪（第 136 条）、重大工程安全事故罪（第 137 条）、消防事故责任罪（第 139 条）、不报或者谎报事故罪（第 139 条）、销售伪劣商品罪（第 143~150 条，包括生产、销售伪劣商品罪，生产、销售不符合安全标准的产品罪），以及涉及职业安全健康问题中的提供虚假证明文件罪（第 229、231、280 条）、强迫劳动罪（244 条）、国家工作人员职务犯罪（第 382~396 条、第 397 条）、污染环境罪（第 338~339 条）、非法或破坏性采矿罪（第 343 条）等。

②民法方面的相关规定。民法是调整一定范围的财产关系和人身关系的法律规范的总和。中国的民法通则是处理民事法律纠纷的主要法律依据。其现行民法通则规定：公民合法的财产权利和人身权利是受国家法律保护的，任何人不得侵犯；侵犯他人的财产权利或人身权利的，须依法承担相应的民事责任；第 98 条明确规定：“公民享有生命健康权”，并把它列为公民的首要人身权，任何单位和个人不得侵害，否则承担相应法律责任。

职业安全卫生事故的民事责任主要是侵权民事责任。

中国现行的民法通则规定了9种特殊侵权民事责任，其中属于安全事故民事责任的有（第123条、第125条）：一是国家机关和法人侵权的民事责任；二是高度危险的作业造成他人损害的民事责任；三是产品质量不合格造成损害的民事责任；四是环境污染造成损害的民事责任；五是公共场所、工程施工造成损害的民事责任；六是建筑物高处坠落、倒塌造成损害的民事责任。民法通则还规定，承担安全事故民事责任的方式主要有10种：停止侵害，排除妨碍，消除危险，返还财产，恢复原状，修理、重作、更换，赔偿损失，支付违约金，消除影响、恢复名誉，赔礼道歉。

③工会法方面的相关规定。从世界各国经验来看，工会是职工自愿结合的社会组织，对于保障工人基本权益具有重要的的作用。工会法一般是指调整规范组织工会程序和原则，规定工会权利义务的法律规范的总称。新中国的《工会法》于1950年由中央人民政府颁布过一次，1992年4月3日第七届全国人民代表大会第五次会议通过新的工会法，2001年10月27日第九届全国人民代表大会常务委员会第二十四次会议修订颁布。中国现行的《工会法》共7章57条，包括工会活动的宗旨及范围，成立工会的程序，工会的法律地位、组织原则和组织机构，工会的权利和职责，工会经费的征集与使用等。

现行《工会法》涉及职业安全权保护的有如下条款：第2条规定，“中华全国总工会及其各工会组织代表职工的利益，依法维护职工的合法权益。”第6条规定，“维护职工合法权益是工会的基本职责。”“工会通过平等协商和集体合同制度，协调劳动关系，维护企业职工劳动权益。”第21条规定，“企业、事业单位处分职工，工会认为不适当的，有权提出意见。”“职工认为企业侵犯其劳动权益而申请劳动争议仲裁或者向人

民法院提起诉讼的，工会应当给予支持和帮助。”第 22 条规定，企事业单位违反劳动法律法规规定，侵犯职工劳动权益，如克扣职工工资的、不提供劳动安全卫生条件的、随意延长劳动时间的、侵犯女职工和未成年工特殊权益的、其他严重侵犯职工劳动权益的，工会应当代表职工与企事业单位交涉，要求企事业单位采取措施予以改正；企事业单位拒不改正的，工会可以请求当地人民政府依法作出处理。第 23 条规定：“工会依照国家规定对新建、扩建企业和技术改造工程中的劳动条件和安全卫生设施与主体工程同时设计、同时施工、同时投产使用进行监督。对工会提出的意见，企业或者主管部门应当认真处理，并将处理结果书面通知工会。”第 24 条规定：“工会发现企业违章指挥、强令工人冒险作业，或者生产过程中发现明显重大事故隐患和职业危害，有权提出解决的建议，企业应当及时研究答复；发现危及职工生命安全的情况时，工会有权向企业建议组织职工撤离危险现场，企业必须及时作出处理决定。”第 26 条规定：“职工因工伤亡事故和其他严重危害职工健康问题的调查处理，必须有工会参加。工会应当向有关部门提出处理意见，并有权要求追究直接负责的主管人员和有关责任人员的责任。对工会提出的意见，应当及时研究，给予答复。”第 33 条规定：“县级以上各级人民政府及其有关部门研究制定劳动就业、工资、劳动安全卫生、社会保险等涉及职工切身利益的政策、措施时，应当吸收同级工会参加研究，听取工会意见。”第 38 条规定：“召开讨论有关工资、福利、劳动安全卫生、社会保险等涉及职工切身利益的会议，必须有工会代表参加。”第 53 条规定，对“妨碍工会参加职工因工伤亡事故以及其他侵犯职工合法权益问题的调查处理的”企事业单位，由县级以上人民政府责令改正，依法处理。

④ 行政法方面的相关规定。行政法是调整国家行政管理中各种社会关

系的法律规范的总和，涉及行政管理关系、行政法制监督关系、行政救济关系、内部行政关系四类行政关系的调整。行政法可分为一般行政法和特殊行政法。前者主要包括国家行政管理的基本原则、方针、政策的规定，国家机关及其负责人的地位、职权和职责规定，国家机关工作人员的任免、考核、奖惩规定，有关行政体制改革和提高行政机关的工作效率规定等，具体有行政处罚法、行政复议法、行政监察法、治安管理处罚法四类；后者主要涉及各专门行政职能部门如教育、民政、卫生、统计、邮政、财政、海关、人事、土地、交通等方面的管理活动的法律法规。

有学者认为，中国现行的《安全生产法》《职业病防治法》主要属于行政法范畴；有的学者则认为，《安全生产法》《职业病防治法》应该归属于劳动法、社会法范畴。我们认为，《安全生产法》《职业病防治法》均体现了行政法、劳动法的立法理念，是独立的部门法体系，也是人权法的具体体现。

中国现行的一般性行政法大体有：一是《行政处罚法》，于 1996 年 3 月 17 日第八届全国人民代表大会第四次会议通过，自 1996 年 10 月 1 日起施行，共 8 章 64 条。依据本法，相应地制定有《安全生产违法行为行政处罚办法》。二是《行政监察法》，于 1997 年 5 月 9 日第八届全国人民代表大会常务委员会第二十五次会议通过，自本公布之日起施行，共 7 章 48 条。依据本法，相应地制定有《矿山安全监察条例》《煤矿安全监察条例》《特种设备安全监察条例》。三是《行政复议法》，1999 年 4 月 29 日第九届全国人民代表大会常务委员会第九次会议通过，1999 年 10 月 1 日起施行，共 7 章 43 条；同时废止 1990 年 12 月 24 日国务院审议通过施行、1994 年 10 月 9 日国务院修订发布施行的《行政复议条例》。依据本法，相应地制定有《安全生产行政复议规定》。四是《行政许可法》已

由中华人民共和国第十届全国人民代表大会常务委员会第四次会议于2003年8月27日通过，自2004年7月1日起施行，共8章83条。依据本法，相应地制定有《安全生产行政许可证条例》。

⑤ 劳动法及其相关规定。劳动法是调整、规范用人单位和劳动者建立相对和谐稳定的劳动关系的法律依据和保障。中国现行的《劳动法》（1994年7月5日第八届全国人民代表大会常务委员会第八次会议通过并颁布，1995年1月1日起施行）共13章107条，其中保护劳动者安全健康的规范是劳动法的一个重要组成部分，大体有3章涉及这方面的规定：

一是第4章，即关于工作时间和休息休假的规定。第36条规定："国家实行劳动者每日工作时间不超过八小时、平均每周工作时间不超过四十四小时的工时制度。"1995年3月25日国务院第8次全体会议通过《关于修改〈国务院关于职工工作时间的规定〉的决定》。该决定第3条规定："职工每日工作8小时、每周工作40小时。"第5条规定："因工作性质或者生产特点的限制，不能实行每日工作8小时、每周工作40小时标准工时制度的，按照国家有关规定，可以实行其他工作和休息办法。"第6条规定："任何单位和个人不得擅自延长职工工作时间。因特殊情况和紧急任务确需延长工作时间的，按照国家有关规定执行。"第7条规定："国家机关、事业单位，实行统一的工作时间，星期六和星期日为周休息日。企业和不能实行前款规定的统一工作时间的事业单位，可以根据实际情况灵活安排周休息日。"

中国《劳动法》对于延长工作时间从三方面进行了限制：一是程序，"用人单位由于生产经营需要，经与工会和劳动者协商后可以延长工作时间"。二是长度，"一般每日不得超过1小时；因特殊原因需要延长工作时间的，在保障劳动者身体健康的条件下延长工作时间每日不得超过3小时，但是每月不得超过 36 小时”。三是报酬，《劳动法》第 44 条规定，有下列情形之一的，用人单位应当按照下列标准支付高于劳动者正常工作时间工资的工资报酬：（一）安排劳动者延长工作时间的，支付不低于工资的 150% 的工资报酬；（二）休息日安排劳动者工作又不能安排补休的，支付不低于工资的 200% 的工资报酬；（三）法定休假日安排劳动者工作的，支付不低于工资的 300% 的工资报酬。另外，《劳动法》允许下列情形作为延长工作时间的例外：（一）发生自然灾害、事故或者因其他原因，威胁劳动者生命健康和财产安全，需要紧急处理的；（二）生产设备、交通运输线路、公共设施发生故障，影响生产和公众利益，必须及时抢修的；（三）法律、行政法规规定的其他情形。在这些例外情况下，延长工作时间不受到程序和时间长短的限制，但是用人单位应当按照上述标准向劳动者支付加班工资。

与国际劳工组织第 1 号和第 30 号公约相比，中国每周 40 小时的法定工作时间的标准相当高，应与一些发达国家逐步统一。这也是对劳动者身体健康权益保护的重要方式。

《劳动法》和 2008 年 1 月 1 日起施行的《职工带薪年休假条例》均规定，职工累计工作满 1 年的享受带薪年休假。该《条例》第 3 条规定，职工累计工作已满 1 年不满 10 年的，年休假 5 天；已满 10 年不满 20 年的，年休假 10 天；已满 20 年的，年休假 15 天。国家法定休假日、休息日不计入年休假的假期；同时第 4 条规定，在某些情况下，职工享受寒暑假、事假、病假的，不得享受年休假。该《条例》第 5 条规定：“单位确因工作需要不能安排职工休年休假的，经职工本人同意，可以不安排职工休年休假。对职工应休未休的年休假天数，单位应当按照该职工日工资收入的 300% 支付年休假工资报酬。”

二是第 6 章，即关于劳动安全卫生的专门规定：《劳动法》第 52 条

规定，“用人单位必须建立健全劳动安全卫生管理制度，严格执行国家劳动安全卫生规定和标准，对劳动者进行劳动安全卫生教育，防止劳动过程中的事故，减少职业危害”；第 53 条规定，“劳动安全卫生设施必须符合国家规定的标准，新建、改建、扩建的劳动安全卫生设施必须与主体工程同时设计、同时施工、同时投入生产和使用”；第 54 条规定，“用人单位必须为劳动者提供符合国家规定的劳动安全卫生条件和必要的劳动防护用品，对从事职业危害的劳动者应定期进行健康检查”；第 55 条规定特种作业人员必须经过专门培训并取得特种作业证资格；第 56 条特别强调劳动者必须遵守安全操作规程，并有权拒绝执行违章指挥，强令冒险作业，有权检举控告危害职工生命安全和身体健康的行为；第 57 条就企业职工伤亡事故、职业病的处理做出了规定。

三是第 7 章，即关于女职工和未成年工特殊保护的详尽规定。《劳动法》第 62 条规定：“女职工生育享受不少于九十天的产假。”2012 年 4 月 18 日国务院第 200 次常务会议通过的《女职工劳动保护特别规定》第 7 条进一步规定：“女职工生育享受 98 天产假，其中产前可以休假 15 天；难产的，增加产假 15 天；生育多胞胎的，每多生育 1 个婴儿，增加产假 15 天。”“女职工怀孕未满 4 个月流产的，享受 15 天产假；怀孕满 4 个月流产的，享受 42 天产假。”根据有关人口与计划生育法规，女性符合晚育条件的，延长产假 30 天。该《特别规定》第 3 条规定：“用人单位应当加强女职工劳动保护，采取措施改善女职工劳动安全卫生条件，对女职工进行劳动安全卫生知识培训。”第 4 条规定：“用人单位应当遵守女职工禁忌从事的劳动范围的规定。用人单位应当将本单位属于女职工禁忌从事的劳动范围的岗位书面告知女职工。”“女职工禁忌从事的劳动范围由本规定附录列示。国务院安全生产监督管理部门会同国务院人力资源社会保障行政部门、国务院卫生行政部门根据经济社会发展情况，对女职工禁忌从事的劳动范围进行调整。”第5条规定：“用人单位不得因女职工怀孕、生育、哺乳降低其工资、予以辞退、与其解除劳动或者聘用合同。”据国际劳工组织的调查，世界上有64%的国家无法达到第183号公约（关于女工保护方面）的要求，或者是根本不支付产假津贴，或是低于原先收入的三分之二，或是支付期限少于14周。[①] 中国标准明显高于这一规定。

另外，中国2007年6月还颁布了《劳动合同法》（2012年12月28日修订）。现行《劳动合同法》共有8章98条，目的是为了完善劳动合同制度，明确劳动合同双方当事人的权利和义务，保护劳动者的合法权益，构建和发展和谐稳定的劳动关系而制定的法律，是中国劳动法、人权法领域的一部重要法律。该法涉及职业安全健康保护方面的条款有：第17条明确要求用人单位与劳动者之间所订立的劳动合同必须包含“工作时间和休息休假”“社会保险”“劳动保护、劳动条件和职业危害防护”等内容；第31条规定：“用人单位应当严格执行劳动定额标准，不得强迫或者变相强迫劳动者加班。”第32条规定：“劳动者拒绝用人单位管理人员违章指挥、强令冒险作业的，不视为违反劳动合同。劳动者对危害生命安全和身体健康的劳动条件，有权对用人单位提出批评、检举和控告。”第38条规定：“用人单位以暴力、威胁或者非法限制人身自由的手段强迫劳动者劳动的，或者用人单位违章指挥、强令冒险作业危及劳动者人身安全的，劳动者可以立即解除劳动合同，不需事先告知用人单位。”第42条规定：“（一）从事接触职业病危害作业的劳动者未进行离岗前职业健康检查，

① Ida Oun and Gloria Pardo Trujillo, Maternity at work: A review from national legislation, International Labour Office, Geneva, 2005, p 16.

或者疑似职业病病人在诊断或者医学观察期间的；（二）在本单位患职业病或者因工负伤并被确认丧失或者部分丧失劳动能力的”，不得被随意接触劳动合同；第 51 条规定：“企业职工一方与用人单位通过平等协商，可以就劳动报酬、工作时间、休息休假、劳动安全卫生、保险福利等事项订立集体合同。”第 52 条规定：“企业职工一方与用人单位可以订立劳动安全卫生、女职工权益保护、工资调整机制等专项集体合同。”第 76 条强调：“县级以上人民政府建设、卫生、安全生产监督管理等有关主管部门在各自职责范围内，对用人单位执行劳动合同制度的情况进行监督管理。”第 88 条规定：“用人单位有下列情形之一的，依法给予行政处罚；构成犯罪的，依法追究刑事责任；给劳动者造成损害的，应当承担赔偿责任：（一）以暴力、威胁或者非法限制人身自由的手段强迫劳动的；（二）违章指挥或者强令冒险作业危及劳动者人身安全的；（三）侮辱、体罚、殴打、非法搜查或者拘禁劳动者的；（四）劳动条件恶劣、环境污染严重，给劳动者身心健康造成严重损害的。”

⑥ 社会保障法及其相关规定。社会保障法与劳动法富有交集，也是人权法的重要组成部分，是指调整关于社会保险和社会福利关系的法律规范的总称，也是保障社会成员基本生活需要和经济发展享受权的各种法律规范的总称，社会保障法是调整以国家和社会为主体，为了保证有困难的劳动者和其他社会成员，以及特殊社会群体成员的基本生活，并逐步提高其生活质量而发生的社会关系的法律规范的总和；它与劳动法一样，是介于公法域与私法域之间的社会法域。社会保障通常包括社会保险、社会福利、社会救助、优抚安置四大类，其中社会保险又包括失业保险、养老保险、医疗保险、工伤保险、生育保险。而当中涉及职业安全权保护的主要是工伤保险。工伤保险立法一般要体现损害必补偿、雇主（用人单位）负全责、

补偿不追究过失、个人不缴费、严格区分认定、补偿与预防康复相结合等原则。[①]

1884 年德国颁布的《劳工伤害保险法》是世界上最早的工伤保险法。国际劳工组织建立后，连续颁布了 12 个关于工伤保险的公约和建议书；其中，1964 年通过的《职业伤害赔偿公约》（第 121 号），是当前国际层面最主要的工伤保险公约。

中国在 1951 年就出台过《劳动保护条例》；1957 年又出台《职业病范围和职业病患者处理办法的规定》，确定了 14 种职业病；国务院于 1958 年颁布《关于工人、职员退休处理暂行办法》、1978 年国务院颁布《关于工人退休退职的暂行办法》，先后两次就工伤保险待遇做了提高和调整；1996 年，国家根据《劳动法》颁布《企业职工工伤保险试行办法》，第一次将工伤保险作为独立法规进行制定；2003 年，国务院制定颁布《工伤保险条例》（2010 年 12 月修订），同时颁布配套的《工伤认定办法》（2010 年 12 月修订）；2010 年出台《社会保险法》。

中国现行的《工伤保险条例》的主要内容包括：总则、工伤保险基金、工伤认定、劳动能力鉴定、工伤保险待遇、监督管理、法律责任、附则 8 章 67 条。具体内容略。2010 年对 2004 年的《工伤保险条例》进行修订时，重点在扩大适用范围、简化工伤认定程序、大幅提高工伤待遇标准、增加基金支出项目、加大强制力度方面进行了修订。

此外，2010 年出台的《社会保险法》第 4 章，专门就工伤保险费用缴纳主体、缴纳费率、保险机构职责、工伤认定、工伤费用支付、因第三方所致工伤等问题进行了较为详尽的规定。

---

① 李炳安主编：《劳动和社会保障法》，厦门大学出版社，2011 年，第 337–339 页。

⑦ 诉讼法及其相关问题。诉讼法是指依据实体法而规定诉讼程序的法律的总称，是开展法律诉讼事务时所应遵循的行为规范。目前中国现行的诉讼法主要包括《刑事诉讼法》《民事诉讼法》《行政诉讼法》，另外，还包括《仲裁法》《监狱法》《律师法》等部门诉讼法。在开展职业安全健康执法诉讼时，依此类法执行，具体不赘述。

（三）域外经验具有示范作用

除了国际劳工组织（ILO）将职业安全与健康合并立法、执法（条约）外，很多国家均采取两者合一的做法。我们不妨将当前世界主要国家的职业安全与健康立法执法体制状况列为表 3–6。其中，1970–1979 年这 10 年，是世界垄断资本主义的黄金时期，也是世界上多数国家制定或完善职业安全与健康法的“全盛时期”。[①] 像美国、德国、澳大利亚等实行联邦制的国家，其内部各州还可以根据联邦职业安全与健康法，自行制定州职业安全健康法（地方法规）。

从表 3–6 可以看出几个特点：第一，多以劳工安全、劳动保护部门为行政隶属或依归部门（表中除澳大利亚外），体现以人为本的生命安全健康保障理念，而不是为经济发展、企业生产保驾护航的安全发展理念。第二，多将职业安全与职业健康合并立法执法进行治理。表 3–6 中显示，大多数国家是将两者合并为一部统一的法律和一个部门执行，其中加拿大、波兰等统一于劳动法。第三，首部全球性标准逐渐出台。1996 年，英国颁

① 表 3–6 中没有显示的，如拉丁美洲的墨西哥 1978 年、委内瑞拉和玻利维亚 1979 年出台“职业安全健康法”，北欧的瑞典和挪威 1977 年、芬兰 1979 年出台“工作环境法”，均在 1970 年代中后期颁布实施。——参见何正标：《欧美职业安全与健康法规发展概览》，《中国安全生产报》2015 年 11 月 19 日，第 3 版；范围：《论工作环境权》，《政法论丛》2012 年第 4 期。

布 BS8800《职业健康安全管理体系指南》；同年，美国工业卫生协会制定《职业健康安全管理体系》指导性文件。此后，其他国家或地区均制定了相应的规范和标准。2013 年，国际标准化组织 (ISO) 开始编制首部全球性新标准《职业健康安全管理体系 要求及使用指南》（ISO45001），力图取代 OHSAS18001 标准，2018 年 3 月正式发布。这些标准均是将职业安全与职业健康合并考量的。①

表 3–6　当前世界主要国家或地区职业安全与健康立法执法情况

国家 / 地区	立法名称	立法年份	现行中央层面主要执法部门
英国	职业健康与安全法（覆盖全行业）	1974	职业健康与安全局 @ 就业与养老金部
美国	联邦职业安全与健康法 联邦矿山安全与健康法（合并）	1970 1977	联邦职业安全与健康监察局 @ 劳工部 联邦矿山安全与健康监察局 @ 劳工部
德国	联邦职业安全与健康法（原称“职业安全法”） 联邦矿业法（适应两德统一后）	1974 1980	联邦劳动与社会事务部（原为经济与劳工部） 联邦经济技术部
日本	产业安全与健康法	1972	劳动基准局 @ 厚生劳动省
加拿大	劳动法典（Ⅱ）	1985	劳工局 @ 联邦人力资源开发部
俄罗斯	危险生产项目工业安全法 工伤事故和职业病强制社会保险法	1997 1998	联邦矿山和工业监察局 卫生部、劳动与社会发展部
韩国	工业安全公司法	1981	雇佣劳工部
澳大利亚	职业健康与安全示范法	2011	国家职业安全与健康委员会 @ 就业与劳动关系部
新西兰	职业安全健康法	2015	职业安全健康局
南非	职业健康与安全法 矿山健康与安全法	1993 1996	职业健康与安全局 @ 劳工部 矿山健康与安全监察局 @ 矿产能源部

① ISO 45001 – Occupational health and safety[EB/OL]，https://www.iso.org/iso-45001-occupational-health-and-safety.html；ISO 45001 国际标准最终草案 (FDIS) 已正式发布 [OL/EB]，http://www.sohu.com/a/208155422_678267.

续表

国家 / 地区	立法名称	立法年份	现行中央层面主要执法部门
新加坡	工地安全与健康法案	2006	职业安全与健康局 @ 人力资源部
波兰	劳动法	1974	国家劳动监察局 经济、劳动和社会政策部 国家最高矿业监察局
印度	工厂法 矿山法 港口码头工人安全健康和福利法 建筑物和其他建筑工人法	1948 1952 1986 1998	劳工部（下设工厂咨询服务与劳动研究总局、矿山安全管理总局）
丹麦	工作环境法	1975	国家工作环境管理局
中国	矿山安全法 职业病防治法 安全生产法	1992 2001 2002	应急管理部（原国家安监总局） 国家卫生部 / 卫健委 应急管理部（原国家安监总局）
联合国	职业安全和卫生及工作环境公约	1981	国际劳工组织（ILO）

资料来源：主要源于王显政主编《安全生产与经济社会发展报告》，煤炭工业出版社，2006 年，第三部分（世界主要国家职业安全与健康监管体系）及附录一，第 237–752 页；中国对外承包工程商会新加坡协会：《新加坡 < 工地安全与健康 > 法案生效》，《国际工程与劳务》2006 年第 4 期；范围：《论工作环境权》，《政法论丛》2012 年第 4 期；陈光、苏宏杰：《英国及丹麦立法与执法经验的启示》，《劳动保护》2012 年第 2 期；何正标：《欧美职业安全与健康法规发展概览》，《中国安全生产报》2015 年 11 月 19 日，第 3 版；朱喜洋：《澳大利亚最新职业安全健康立法及启示》，《现代职业安全》2012 年第 8 期；吴大明：《韩国职业安全健康发展现状》，《中国安全生产》2016 年第 6 期；吴大明：《国外职业安全健康监管机构改革之路》（一）（二），《中国安全生产》2016 年第 9、10 期；李明霞、刘超捷：《澳大利亚 < 工作健康安全示范法 > 介绍及启示》，《环境与职业医学》2016 年第 8 期。

此外，中国台湾地区 2013 年出台《职业安全卫生法》，重新组建劳动部职业安全卫生署，负责职业安全和卫生、职业灾害劳工保护和劳动检查等业务。[①] 中国香港行政特区的劳工处负责职业安全健康治理，职业安

① 田雨来、周志俊：《< 台湾职业安全卫生法 > 介绍》，《环境与职业医学》2014 年第 5 期。

全健康局（法团机构）起辅助治理作用；基本法律法规为1989年出台的《工厂暨工业经营修订法案》（1955年制定）、1997年出台的《职业安全及健康条例》。[①]澳门2004年改组由劳工事务局担负职业安全健康监管工作，制定有《工业场所内卫生与安全总章程》（1982）、《商业场所、事务所及服务性场所卫生与安全总章程》（1989）、《建筑安全与卫生章程》（1991）、《职业性噪音章程》（1993），没有一部统一的职业安全健康法律，法律法规建设相对滞后。[②]中国大陆外的这三地，均是将职业安全与职业健康进行合并立法、执法监管的。

下面介绍几个国家的具体做法与经验。

1. 英国的立法实践经验

英国是工业革命的发源地，也是较早关注劳工职业安全健康的国家之一。到19世纪，英国完成了工业革命，当时棉纺工厂的劳动条件尤为恶劣，工时长，工资低，雇用的多为女工和童工，因而在1802年，英国议会就通过了一项限制纺织厂童工工作时间的《学徒健康与道德法》。应该说，这是世界上第一部重要的职业安全健康法规。到了1833年，英国颁布了世界上第一部《工厂法》，对工人的劳动安全、卫生、福利做了开创性的规定。嗣后，1850年，国家出台《煤矿监察法》（现已废弃）；1854年，出台《矿山与采石场法》（现已废弃）。这两部法律均涉及矿山行业安全监管、安全主体及其责任的问题。

---

① 麦鸿骥：《香港职业安全健康立法动向》，《中国劳动科学》1992年第12期；本刊编辑部：《香港职业安全健康局及其职责》，《劳动保护》1995年第6期；刘阳：《香港 < 职业安全及建立条例 > 创新之处》，《劳动保护》2011年第11期。

② 谢连秀：《论澳门雇员职业安全健康意识与职业意外的关系》，《中国劳动关系学院学报》2011年第5期。

英国作为是世界上第一个工业化国家，也是世界上最早建立社会保障制度的国家之一。1601 年，《济贫法》的颁布标志着英国开始建立社会保障制度。1942 年“贝弗里奇报告”则是英国福利型社会保障制度建立的思想基础。在此基础上，英国于 1946 年配套出台了《工业伤害法》等具体法律法规，旨在保护劳工生命健康与安全。

20 世纪 70 年代，英国包括工会在内的不少社会组织和机构，对国内有关安全健康的法规是否足以保障所有劳动者的安全健康提出诸多疑问。为此，以罗本斯（Robsens）爵士为首的工业场所安全与卫生委员会，对所有有关安全健康的法规进行了研究，于 1972 年提出“罗本斯报告”，建议制定一个统一的、适用于所有雇员的安全卫生法，来替代已有的、为数众多却显得零星的有关安全卫生的法规，加强监察力量，明确雇员的权利和义务，此建议被采纳。接着，1974 年，英国出台《职业安全与健康法》，并于 1974 年 10 月、1975 年 1 月、1975 年 4 月分 3 批颁布了该法全部条款。虽然比美国、日本晚了几年，但是英国的这一法规是目前最全面、最严谨的“法中有法”，措施有力，规定详细，成为不少国家借鉴的“蓝本”。①

1974 年以来，英国颁布了 200 多部职业健康安全法案和条例、170 余项职业健康安全行政指导文件，内容涵盖消防、建筑施工、机械、高处作业和核安全等。②

2. 美国的立法实践经验

随着资本主义自由竞争的加剧，世界主要国家的工人运动日益高涨，

---

① 林立：《英国职业安全卫生法对我国的启示》，《现代职业安全》2008 年第 10 期；刘亮：《论罗本斯报告对中国职业安全卫生立法的借鉴意义》，江苏省经济法学会 2009 年年会交流论文，2009 年 11 月。

② 陈光、苏宏杰：《英国及丹麦立法与执法经验的启示》，《劳动保护》2012 年第 2 期。

要求改变工作场所的生产条件，随之职业安全健康立法也逐步发展起来。一些主要资本主义国家步英国的后尘，不得不加入劳动保护立法的行列。美国职业安全健康立法其实最先是在州级进行的。由于1861—1864年南北战争，使得工厂一片混乱，劳动条件恶劣，伤亡事故时有发生。1877年，马萨诸塞州颁布了美国的第一个《工厂检查法》，无疑大大推动了其他各州职业安全健康法规的制定工作。1935年，美国出台了《社会保障法》，是世界上第一部具有综合特点的社会保障法律，也是第一次使用“社会保障”（social security）一词。

1968年1月，约翰总统提出制定统一、综合、全面的职业安全和健康计划，包括立法工作，但由于当时国内反战运动以及工业界雇主的反对等原因，该法“胎死腹中”。可不容忽视的是，在1970年以前的4年中，因工伤事故死亡的人数比在越南战争期间伤亡的人数还要多：每年丧失劳动能力的职工近250万人，每年造成的职业病患者达30多万人，每年工伤事故造成的经济损失超过80亿美元，每年因工伤事故导致250万个工作日损失，比全国所有罢工造成的停产损失要高得多。这一状况引起了美国社会公众和政府的广泛重视，从而促进和加强了职业安全与健康方面的立法。正是在这样的背景下，1970年美国制定和颁布了《职业安全与健康法》。

美国现行的联邦矿山职业安全与健康法（1977年制定），是在1952年颁布的《联邦煤矿安全法》、1966颁布的《联邦金属和非金属矿安全法》及1969年修订颁布的《联邦煤矿健康与安全法》的基础上进行合并而成的。美国劳工部又相继在1971年和1978年专门成立了职业安全与健康监察局、矿山安全与健康监察局（部长兼任局长）。联邦矿山职业安全与健康法的出台及其执法机构的完善，极大地扩大了联邦政府对矿山安全的执法能力，建立了更为严格的健康标准及其特别程序，给予了劳动者更广泛的安全健

康保护。

3. 德国的立法实践经验

可以说，人类最早的职业安全健康立法可上溯到 13 世纪德国政府颁布的《矿工保护法》。到了俾斯麦统治时代，1883 年，德国又最早地出台了世界上第一部社会保险法即《疾病社会保险法》，同时出台《工人疾病保险法》；1884 年，颁布《工伤事故保险法》；1889 年，又颁布《老年和残疾社会保险法》。以此为标志，世界上开始有了社会保险制度。也就是说，与英国一样，德国是世界上较早推行社会保障制度的国家之一。这对于进一步推进职业安全与健康保护具有非同寻常的法律奠基意义。

到 1973 年，联邦德国出台《职业安全法》(《劳动安全法》)；1980 年，还单独出台《矿山安全法》。该类法律旨在保护劳工生命安全健康。1990 年，联邦德国与民主德国于重新合并统一，后于 1998 年修订为新的德国《职业安全健康法》，其中还专门规定了劳动安全专员和职业健康医生的任务；但《矿山安全法》在国家统一后继续适应。1996 年，德国同时出台《劳动保护法》《事故保险法》等。《劳动保护法》对雇主的安全责任进行了明确的规定，雇主有保证员工安全与健康的责任和义务；《事故保险法》对社会性机构即工伤事故保险合作组织的职权和责任做了详尽规定。

4. 日本的立法实践经验

1868—1912 年明治维新时代，日本就出台过《工厂法》(1911 年)。第二次世界大战结束后，于 1946 年，日本专门制定出台《劳动基准法》，其中第五章为“(职业)安全与健康”，共 14 条；1947 年出台仅仅适应于工厂等企业的《劳动安全健康法规》；1949 年又专门制定颁布《矿山安全法》。继美国 1970 年颁布职业安全健康法之后，1972 年，日本劳动省在中央劳动基准审议会的建议下，经国会通过后生效，颁布新的、统率所有行业的《产业安全健康法》。该法强调与《劳动基准法》保持一致，并于1975年以来先后修订了30余次。日本是第二个颁布该类法的国家。

5. 国际劳工组织的立法实践经验

国际劳工组织于1919年成立（隶属于当时的国际联盟）。从成立以来，他们颁布了多项公约和建议。其中，SA8000即是国际劳工组织为了改善世界的生活条件而颁布的重要标准之一。

早在1919年第一次国际劳工大会上，就通过了3项有关劳工安全卫生的建议书，分别是：第3号建议书《炭疽病预防》（*Anthrax Prevention Recommendation*）、第4号建议书《铅中毒预防》（*Lead Poisoning Recommendation*）和第6号建议书《禁止白磷使用》（*White Phosphorus Recommendation*）。此后，国际劳工组织陆续就劳工安全卫生议题制定了更多的国际劳工公约和建议书，如1953年的第97号建议书《在工作场所保护工人健康建议书》（*Protection of Workers' Health Recommendation*），1959年的第112号建议书《职业卫生服务建议书》（*Occupational Health Services Recommendation*），等等。[①]

自20世纪70年代起，国际劳工组织开始采取更具突破性的做法。比如，1976年国际劳工组织通过的“改善工作条件和工作环境国际计划”（PIACT）。这标志着国际劳工组织在职业安全与卫生观念方面的巨大进步。该计划的理念在当时乃至今日依然具有十分重大的意义，因其将职业安全卫生与环境问题相结合，并指出国际劳工组织是通过改善工作条件和工作

① 国际劳工局：《国际劳工公约和建议书（1919—1994）》，北京：国际劳工组织北京局，1994年。

环境的劳工策略、三方性机制和劳动法解决与工作相关的安全卫生问题。[①]

又如，1981 年，第 67 届国际劳工大会通过了联合国第 155 号公约——《职业安全和卫生及工作环境公约》（*Occupational Safety and Health Convention*）。这是第一个以综合立法的方式处理职业安全和卫生及工作环境问题的国际公约，是国际劳工组织于职业安全卫生领域立法的新起点，标志着国际劳工组织由制定单一的、适用于特定范围和领域的职业安全标准，过渡到制定综合性的、适用范围和领域广泛的国际职业安全标准。

再如，1985 年，第 71 届国际劳工大会通过第 161 号公约——《职业卫生设施公约》（*Occupational Health Services Convention*）和同名的第 171 号建议书（*Occupational Health Services Recommendation*）。这主要是关于职业卫生设施的规定，其认为所要建立和保持的工作环境应有利于就工作而言最理想的身体和精神健康状况，并根据工人的身体和精神健康状况，使工作适合其能力。[②]

中国是国际劳工组织的创始国之一。1944 年，中国成为国际劳工局理事会 10 个主要工业国即常任理事国之一。1971 年 11 月，国际劳工局理事会根据联合国大会第 396 号决议，通过了恢复新中国合法地位的决议，并邀请中国恢复在国际劳工组织的活动。自 1983 年 6 月新中国政府恢复在国际劳工组织的活动；1984 年新中国政府对 1949 年之前旧中国批准的 14 个公约全部予以承认，对 1949—1971 年间台湾当局批准的 23 个公约宣布为非法、无效，由国际劳工局予以撤销，并同时新批准了 11 个公约（1936年，

① 国际劳工局：《国际劳工组织在职业安全与卫生领域的标准相关活动：针对旨在为这种活动制订一个行动计划的讨论而进行的一项深入研究》，第 91 届国际劳工大会，日内瓦，2003 年。

② 国际劳工局：《国际劳工公约和建议书（1919—1994）》，北京：国际劳工组织北京局，1994 年。

中国政府批准签署第一个国际劳工公约——《确定准许儿童在海上工作的最低年龄公约》；该公约为1920年第二届国际劳工大会通过的联合国第7号公约）。

作为国际劳工组织的成员国之一，中国有义务遵守国际劳工标准关于职业安全健康的规定。中国签署加入遵守且涉及职业安全健康的有如下几个：

（1）《确定准许儿童在海上工作的最低年龄公约》（1920年第二届国际劳工大会通过第7号公约，1949年前中国批准加入），主要内容：凡儿童在14岁以下者不得受雇用或工作于船舶上。

（2）《工业企业中实行每周休息公约》（1921年第三届国际劳工大会通过第14号公约，1949年前中国批准加入），主要内容：工业工作中每周休息1日（每日8小时，每周48小时）。

（3）《确定准许使用未成年为扒炭工或司炉工的最低年龄公约》（1921年第三届国际劳工大会通过第15号公约，1949年前中国批准加入），主要内容：凡18岁以下的未成年人不得受雇用或工作在船舶上充任扒炭工或司炉工。

（4）《在海上工作的儿童及未成年人的强制体格检查公约》（1921年第三届国际劳工大会通过第16号公约，1949年前中国批准加入），主要内容：任何船舶对于18岁以下儿童或未成年人的使用，应以提出证明其适宜于此种工作并经主管机关认可的医生签字的体格检查证明书为条件。

（5）《本国工人与外国工人关于事故赔偿的同等待遇公约》（1925年第七届国际劳工大会通过第19号公约，1949年前中国批准加入），主要内容：本国工人与外国工人关于事故赔偿的同等待遇。

（6）《船舶装卸工人伤害防护公约》（即《防止码头工人事故公约》，1932年16届国际劳工大会通过第32号公约，1949年前中国批准加入），

主要内容：关于船舶装卸工人劳动防护（职业安全健康）的若干提议。

（7）《各种矿场井下劳动使用妇女公约》（1935 年第十九届国际劳工大会通过第 45 号公约，1949 年前中国批准加入），主要内容：任何矿场井下劳动不得使用女工。

（8）《确定准许使用儿童于工业工作的最低年龄公约》（1937 年第二十三届国际劳工大会通过第 59 号公约，1949 年前中国批准加入），主要内容：15 岁以下儿童不得受雇用或工作在任何公营或私营工业企业。

（9）《男女工人同工同酬公约》（1951 年第三十四届国际劳工大会通过第 100 号公约，1990 年中国批准加入），主要内容：要求通过国家法律、法规确定工资标准的办法等，在全体工人中实行男女同工同酬。

（10）《三方协商促进贯彻国际劳工标准公约》（1976 年第六十一届国际劳工大会通过第 144 号公约，1990 年中国批准加入），主要内容：会员国承允保证国际劳工组织活动有关事宜应在政府、雇主、工人代表之间进行有效协商。

（11）《建筑业安全和卫生公约》（1988 年第七十五届国际劳工大会通过第 167 号公约，1991 年中国批准加入），主要内容：要求会员国应以法律或条例规定雇主和独立劳动者有遵守建筑活动（指建造、土木工程、安装与拆卸工作，包括从工地准备工作直到项目完成的建筑工地上的一切工序、作业和运输）的安全和卫生方面的义务；应按照国家法律或条例规定的办法采取措施，保证雇主和工人之间的合作，以保障建筑劳动者的安全和卫生。

（12）《作业场所安全使用化学品公约》（1990 年第七十七届国际劳工大会通过第 170 号公约，1994 年中国批准加入），主要内容：要求会员国应依照国家条件和惯例，并经与最有代表性的雇主组织和工人组织协商，制定和实施一项有关作业场所安全使用化学品政策，并进行定期检查；注意到保护工人免受化学品的有害影响同样有助于保护公众和环境，并注意到工人需要并有权利获得他们在工作中使用的化学品的有关资料，并考虑到通过公约所列方法预防或减少工作中化学品导致的疾病和伤害事故的重要性。

（13）《准予最低就业年龄公约》（1973 年第五十八届国际劳工大会通过第 138 号公约，1998 年中国批准加入），主要内容：要求会员国承诺执行一项国家政策，以保证有效地废除童工并将准予就业或工作的最低年龄逐步提高到符合年轻人身心最充分发展的水平，以达到全部废除童工的目的。

（14）2006 年中国批准加入《职业安全和卫生及工作环境公约》（1981 年第六十七届国际劳工大会通过第 155 号公约），主要内容：要求会员国促进保护劳动者的人身安全和健康、促进职业安全和卫生方面的立法和执法工作。主要目标是促进各国对职业安全、维护工人健康和改善劳动环境，加强制定政策和建立基础设施，并要求政府、雇主、工人三方承担各自的职责；主张建立三方性的协商、监督、参与和管理机制，对于生产安全、劳工安全和健康等问题进行统一调整。其主要依据就是生产过程中的安全，不仅是资方财产权益的安全问题，更重要的是劳工的生命、健康权益问题；且三方性的参与机制能够更加有效地发现和解决问题。

第三节　职业安全与职业健康具体法条合并探讨

根据全国人大常委会 2014 年 8 月修订的《安全生产法》（7 章 114 条 1.6 万字）与 2018 年 12 月修订的《职业病防治法》（7 章 88 条 1.4 万字）

章条款内容，并参照国外有关职业安全健康法和第一章关于“职业安全健康”名称的回溯，我们拟合并立法为“中华人民共和国职业安全健康法”（这里简称为“新法”），就此尝试探讨。为了表述方便，本节将现行《职业安全健康法》简化为《安法》，将现行《职业病防治法》简化为《病法》。

第一，新法拟制原则。新法制定的原则是合并或整合现行《安法》《病法》中的相似条款，吸纳、保留各自较为特殊的条款；新法拟制涉及其上位法与下位法的衔接问题，原则上是下位法尽量与上位法保持一致，因而建议及时按照“新法”修改下位法。

第二，新法执行主体。参照国外做法，职业安全健康法的主要具体执法部门应该是劳动保障行政部门，而不是现行法律中的应急管理部门（安全监管部门）、卫生行政部门；《安法》称责任主体为“生产经营单位”，《病法》称为“用人单位”，这里参照国外做法，新法统一表述为“用人单位”（此处指最终用人单位，不包括劳务派遣组织）。

第三，新法基本框架。从两法目录看，大体可以组合分类为几大部分：前面的“总则”和最后的“附则”，新法按照例行表述，章名保持不变；“用人单位的安全保障”或“（职业病）前期预防”“劳动过程中的（职业病）防护与管理”，属于事前防范范畴，新法可以表述为“用人单位的职业安全健康预防与保障”；《安法》中单独设置有“从业人员的安全生产权利义务”，《病法》没有此类单独章节，因而新法可以表述为“从业劳动者的职业安全健康权利义务”；“安全生产的监督管理”或“（职业病）监督检查”，属于事前的安全监管范畴，新法可以表述为“职业安全健康监督管理和检查”；“生产安全事故的应急救援与调查处理”或“职业病诊断与职业病病人保障”，属于事中应急、事后善济范畴，新法可以表述为“应急处置与调查、伤病诊断、保障与善济”；两法均单独设置“法律责任”

一章，新法的章名保持不变。这样，新法同样为 7 章。

下面对之进行合并探讨，并附说明，为出台“新法”奠定依据。

一、新法第一章：总则（建议）

第一条 为了为从业劳动者提供安全、健康的工作条件，防止和减少职业危害，保障从业劳动者的生命安全健康，明确当事人的权利和义务，促进经济社会持续健康发展，制定本法。

【说明】合并《安法》第一条、《病法》第一条，并加以改进，如采取欧美国家人本安全立法的理念，着眼于安全健康工作条件，并要求明确当事人的权利和义务，而不仅仅是现行法所谓防止、减少事故或危害因素等。

第二条 在中华人民共和国领域内从事生产经营活动的单位（通称用人单位）的职业安全健康工作、职业卫生技术服务机构和医疗卫生机构（两者可称为卫生行业机构）的职业病防治工作，适用本法。

有关法律、行政法规对消防安全和道路交通安全、铁路交通安全、水上交通安全、民用航空安全以及核与辐射安全、特种设备安全另有规定的，适用其规定。

【说明】合并《安法》第二条、《病法》第二条并简化用人单位表述；现行《病法》所谓职业病的界定及其分类，移到附则。

第三条 职业安全健康工作应当以人为本，坚持安全发展、健康发展，坚持安全第一、健康为重、预防为主、综合治理的方针，强化和落实用人单位、卫生行业机构的主体责任，建立用人单位负责、政府监管、行业自律、职工参与和社会监督的机制，促进全社会安全文明、健康文明的提升。

【说明】合并《安法》第三条、《病法》第三条；加入“健康发展”“健康为重”“安全文明”“健康文明”的表述。

第四条 用人单位必须遵守本法和其他有关职业安全健康的法律、法规，加强职业安全健康管理，建立、健全职业安全健康工作责任制和规章制度，改善职业安全健康条件，推进职业安全健康标准化建设，提高职业安全健康保障和管理水平，确保从业劳动者安全健康。

用人单位应当为从业劳动者创造符合国家职业安全健康标准和要求的工作环境和条件，并采取措施保护从业劳动者的职业安全健康，对本单位产生的职业危害承担责任。

【说明】整合《安法》第四条、《病法》第五条和第四条的部分内容；将“创造……条件”改为“提供……条件”。

第五条 用人单位的主要负责人对本单位的职业安全健康工作全面负责。

【说明】合并《安法》第五条、《病法》第六条。

第六条 从业劳动者依法享有职业安全健康保障和卫生保护的权利，并应当依法履行职业安全健康方面的义务。

【说明】整合《安法》第六条、《病法》第四条的部分内容。

第七条 工会依法对职业安全健康工作进行监督。

用人单位的工会依法组织职工参加本单位职业安全健康工作的民主管理和民主监督，维护职工在职业安全健康方面的合法权益。用人单位制定或者修改有关职业安全健康的规章制度，应当听取工会的意见。

【说明】整合《安法》第七条、《病法》第四条的部分内容。整合《安法》《病法》中的说法，统一用“工会”表述。

第八条 用人单位必须依法参加工伤保险。

国务院和县级以上地方人民政府劳动保障行政部门应当加强对工伤保险的监督管理，确保从业劳动者依法享受工伤保险待遇。

【说明】吸纳《病法》第七条。

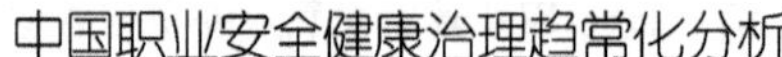

第九条 国家实行职业安全健康监督管理制度。

国务院和县级以上地方各级人民政府应当根据国民经济和社会发展规划制定职业安全健康规划，并组织实施。职业安全健康规划应当与城乡规划相衔接。

国务院和县级以上地方各级人民政府应当加强对职业安全健康工作的领导，完善、落实职业安全健康工作责任制；支持、督促、组织、协调各有关部门依法履行职业安全健康监督管理职责，建立健全职业安全健康工作体制、协调机制，加强职业安全健康保障能力建设和服务体系建设，及时协调、解决职业安全健康监督管理中存在的重大问题。

乡、镇人民政府以及街道办事处、开发区管理机构等地方人民政府的派出机关应当按照职责，加强对本行政区域内用人单位职业安全健康状况的监督检查，协助上级人民政府有关部门依法履行职业安全健康监督管理职责。

【说明】整合《安法》第八条、《病法》第九条和第十条的内容。

第十条 国务院劳动保障行政部门依照本法，对全国安全职业安全健康工作实施综合监督管理；县级以上地方各级人民政府劳动保障行政部门依照本法，对本行政区域内职业安全健康工作实施综合监督管理。

国务院有关部门依照本法和其他有关法律、行政法规的规定，在各自的职责范围内对有关行业、领域的职业安全健康工作实施监督管理；县级以上地方各级人民政府有关部门依照本法和其他有关法律、法规的规定，在各自的职责范围内对有关行业、领域的职业安全健康工作实施监督管理。

职业安全健康监督管理部门和对有关行业、领域的职业安全健康工作实施监督管理的部门，统称负有职业安全健康监督管理职责的部门，应当加强沟通，密切配合，按照各自职责分工，依法行使职权，承担责任。

【说明】整合《安法》第九条、《病法》第九条的内容。

第十一条 国务院有关部门应当按照保障从业劳动者职业安全健康的要求，依法及时制定有关的国家标准或者行业标准，并根据科技进步和经济发展适时修订。

各级人民政府相关行政部门应当组织开展重点职业安全健康监测和监察，对职业安全健康进行风险评估，定期对本行政区域的职业安全健康情况进行统计和调查分析，为制定职业安全健康标准和政策提供科学依据。

用人单位必须执行依法制定的保障从业劳动者职业安全健康的国家标准或者行业标准。

【说明】整合《安法》第十条、《病法》第十二条的内容。

第十二条 国家鼓励和支持职业安全卫生科学技术研究和职业安全卫生先进技术的推广应用，提高职业安全卫生科学技术水平；积极采用有效的职业安全卫生技术、工艺、设备、材料；限制使用或者淘汰职业危害严重的技术、工艺、设备、材料。

国家鼓励和支持职业安全卫生医疗康复机构的建设。

【说明】整合《安法》第十五条、《病法》第八条的内容；并采取“职业安全卫生”的表述，因为职业卫生与职业健康在医学方面毕竟有所不同，尽管密切相关，因为是用职业安全卫生技术来保障职业安全健康。后同。

第十三条 各级人民政府及其有关部门应当采取多种形式，加强对有关职业安全健康的法律、法规和职业安全健康知识的宣传教育，增强用人单位、从业劳动者和全社会的职业安全健康观念、自我保护意识和行使职业安全健康权利保障能力。

【说明】整合《安法》第十一条、《病法》第十一条的内容。

第十四条 有关协会组织依照法律、行政法规和章程，为用人单位提供

职业安全健康方面的信息、培训等服务，发挥行业自律作用，促进用人单位加强和改善职业安全健康管理。

【说明】整合《安法》第十一条、《病法》第十一条的内容。

第十五条 依法设立的为职业安全卫生提供技术、管理服务的机构，依照法律、行政法规和执业准则，接受用人单位的委托为其职业安全健康工作提供技术、管理服务。

用人单位委托前款规定的机构提供职业安全卫生技术、管理服务的，保证职业安全健康的责任仍由本单位负责。

【说明】吸纳《安法》第十三条。

第十六条 国家实行职业安全健康事故（事件）责任追究制度，依照本法和有关法律、法规的规定，追究职业安全健康事故（事件）责任人员的法律责任。

【说明】吸纳《安法》第十四条；加入“（事件）”的表述，因为有些事件未必带来伤亡事故；当然，事故必然是一个事件，后同。

第十七条 县级以上地方人民政府建立、健全职业安全健康应急指挥和救援体制、机制和队伍，应急管理行政部门牵头，统一领导、指挥职业安全健康突发事件应对工作。

用人单位应当建立、健全内部职业安全健康突发事件应急预案、应急机制和应急队伍。

【说明】吸纳《病法》第十条的内容；强调政府和用人单位在应对职业安全健康突发事件方面的应急责任和能力建设，同时根据机构改革状况，补充“应急管理行政部门牵头”，体现应急管理部门的应急职责。

第十八条 任何单位和个人有权对违反本法的行为进行检举和控告。有关部门收到相关的检举和控告后，应当及时处理。

【说明】吸纳《病法》第十三条。

第十九条 国家对在改善职业安全健康条件、防止职业安全健康事故（事件）、参加应急抢险救援救护和职业病防治等方面取得显著成绩的单位和个人，给予奖励。

【说明】合并《安法》第十六条、《病法》第十三条的部分内容。

二、新法第二章：用人单位的职业安全健康预防与保障（建议）

第二十条 国家建立职业（病）危害项目申报制度。

用人单位工作场所存在职业病目录所列职业（病）危害因素的，应当及时、如实向所在地职业安全健康监督管理部门申报危害项目，接受监督。

职业病危害因素分类目录由国务院相关行政部门制定、调整并公布。职业（病）危害项目申报的具体办法由国务院劳动保障行政部门制定。

【说明】吸纳《病法》第十六条；并将职业病危害表述改为“职业（病）危害”，意在包括职业安全事故隐患因素在内，后同。

第二十一条 用人单位应当具备本法和有关法律、行政法规和国家标准或者行业标准规定的职业安全健康条件；不具备职业安全健康条件的，不得从事生产经营活动；严格遵守国家职业安全健康标准，落实防范措施，从源头上控制和消除职业危害。

【说明】合并《安法》第十七条、《病法》第十四条。

第二十二条 用人单位的设立除应当符合法律、行政法规规定的设立条件外，其工作场所还应当符合下列职业安全卫生要求：

（一）职业危害因素的强度或者浓度符合国家职业安全卫生标准；

（二）有与职业危害防护相适应的设施；

（三）生产布局合理，符合有害与无害作业分开的原则；

（四）有配套的更衣间、洗浴间、孕妇休息间等安全卫生设施；

（五）设备、工具、用具等设施符合保护劳动者生理、心理健康的要求；

（六）法律、行政法规和国务院相关行政部门关于保护从业劳动者安全健康的其他要求。

【说明】吸纳《病法》第十五条。

第二十三条 用人单位及其主要负责人对本单位职业安全健康工作负有下列职责：

（一）建立、健全本单位职业安全健康责任制；

（二）保证本单位职业安全健康投入的有效实施；

（三）组织制定本单位职业安全健康规章制度和操作规程；

（四）组织制订并实施本单位职业安全健康教育和培训计划；

（五）建立、健全工作场所职业危害因素监测及评价制度；

（六）督促、检查本单位的职业安全健康工作，及时消除职业危害；

（七）建立、健全职业安全健康档案和产业劳动者安全健康监护档案；

（八）组织制定并实施本单位的职业安全健康事故（事件）应急救援预案；

（九）及时、如实报告职业安全健康事故（事件）。

【说明】整合《安法》第十八条、《病法》第二十条；上述九条改为用人单位与主要负责人双重同时负责；并将《安法》中的生产安全事故隐患、《病法》职业病危害（因素）合并表述为“职业危害”。

第二十四条 用人单位的职业安全健康责任制应当明确各岗位的责任人员、责任范围和考核标准等内容；应当建立相应的机制，加强对职业安全健康责任制落实情况的监督考核，保证职业安全健康责任制的落实。

【说明】吸纳《安法》第十九条。

第二十五条 用人单位应当具备职业安全健康条件所必需的资金投入，由用人单位的决策机构、主要负责人或者个人经营的投资人予以保证，不得挤占、挪用，并对由于职业安全健康所必需的资金投入不足导致的后果承担责任。

用人单位应当按照规定，安排和提取使用职业安全健康经费，专门用于改善职业安全健康条件。用于预防和治理职业（病）危害、工作场所安全卫生检测、安全健康监护、劳动防护用品配备和职业安全卫生培训等费用，按照国家有关规定，在生产成本中据实列支。

职业安全健康费用提取、使用和监督管理的具体办法，由国务院财政部门会同国务院劳动保障行政部门征求国务院有关部门意见后制定。

【说明】整合《安法》第二十条和第四十四条、《病法》第二十一条和第四十一条。

第二十六条 用人单位的职业安全健康管理机构以及职业安全健康管理人员履行下列职责：

（一）组织或者参与拟定本单位职业安全健康规章制度、操作规程和突发性职业危害应急救援预案；

（二）组织或者参与本单位职业安全健康教育和培训，如实记录职业安全健康教育和培训情况；

（三）督促落实本单位重大危险源的职业安全健康管理措施；

（四）组织或者参与本单位应急救援演练；

（五）检查本单位的职业安全健康状况，及时排查职业危害隐患，提出改进职业安全健康管理的建议；

（六）制止和纠正违章指挥、强令冒险作业、违反操作规程的行为；

（七）督促落实本单位职业安全健康整改措施。

【说明】吸纳《安法》第十八条；并对用人单位内设机构和人员合并表述为职业安全健康管理机构、职业安全健康管理人员，后同。

第二十七条 矿山、金属冶炼、建筑施工、道路运输单位和危险物品的生产、经营、储存单位，应当设置职业安全健康管理机构或者配备专职职业安全健康管理人员。

前款规定以外的其他用人单位，从业劳动者超过一百人的，应当设置职业安全健康管理机构或者配备专职职业安全健康管理人员；从业劳动者在一百人以下的，应当配备专职或者兼职的职业安全管理人员。

【说明】吸纳《安法》第二十一条。

第二十八条 用人单位的职业安全健康管理机构以及职业安全健康管理人员应当恪尽职守，依法履行职责。

用人单位的主要负责人和职业安全健康管理人员应当接受职业安全卫生培训，遵守职业安全健康法律、法规，依法组织本单位的职业安全健康工作。

用人单位作出涉及职业安全健康的经营决策，应当听取职业安全健康管理机构以及职业安全健康管理人员的意见。

用人单位不得因职业安全、职业卫生管理人员依法履行职责而降低其工资、福利等待遇或者解除与其订立的劳动合同。

危险物品的生产、储存单位以及矿山、金属冶炼单位的职业安全健康管理人员的任免，应当告知主管的负有职业安全健康监督管理职责的部门。

【说明】合并《安法》第二十三条、《病法》第三十四条第一款内容。

第二十九条 用人单位的主要负责人和职业安全健康管理人员必须具备与本单位所从事的生产经营活动相应的职业安全卫生知识和管理能力。

危险物品的生产、经营、储存单位以及矿山、金属冶炼、建筑施工、

道路运输单位的主要负责人和职业安全健康管理人员，应当由主管的负有职业安全健康监督管理职责的部门对其职业安全卫生知识和管理能力考核合格。考核不得收费。

危险物品的生产、储存单位以及矿山、金属冶炼单位应当有注册安全工程师、职业卫生技术人员从事职业安全健康管理工作。鼓励其他用人单位聘用注册安全工程师、职业卫生技术人员从事职业安全健康管理工作。注册安全工程师、职业卫生技术人员按专业分类管理，具体办法由国务院劳动保障行政部门会同国务院有关部门制定。

【说明】吸纳《安法》第二十四条。

第三十条 用人单位应当对从业劳动者进行职业安全健康教育和培训。

用人单位应当对从业劳动者进行上岗前的职业安全健康培训和在岗期间的定期职业安全健康培训，普及职业安全健康知识、职业安全健康法律和法规，保证从业劳动者具备必要的职业安全健康知识、法律和法规，熟悉有关的职业安全健康规章制度和安全卫生操作规程，掌握本岗位的安全卫生操作技能，了解事故（事件）应急处理措施，知悉自身在职业安全健康方面的权利和义务。

用人单位应当督促劳动者学习和遵守职业安全健康法律、法规、规章和操作规程，指导劳动者正确使用职业病防护设备和个人使用的职业病防护用品。

劳动者不履行前款规定义务的，用人单位应当对其进行教育。

未经职业安全健康教育和培训合格的从业劳动者，不得上岗作业。

用人单位使用被派遣劳动者的，应当将被派遣劳动者纳入本单位从业劳动者统一管理，对被派遣劳动者进行岗位安全卫生操作规程和安全卫生操作技能的教育和培训。

劳务派遣单位应当对被派遣劳动者进行必要的职业安全健康教育和培训。

用人单位接收中等职业学校、高等学校学生实习的，应当对实习学生进行相应的职业安全健康教育和培训，提供必要的劳动防护用品。学校应当协助用人单位对实习学生进行职业安全健康教育和培训。

用人单位应当建立职业安全健康教育和培训档案，如实记录职业安全健康教育和培训的时间、内容、参加人员以及考核结果等情况。

【说明】整合《安法》第二十五条、《病法》第三十四条第二款和第四款。

第三十一条 用人单位应当优先采用有利于防治职业危害和保护从业劳动者安全健康的新技术、新工艺、新设备、新材料，逐步替代职业危害严重的技术、工艺、设备、材料。

用人单位采用新工艺、新技术、新材料或者使用新设备，必须了解、掌握其安全卫生技术特性，采取有效的安全卫生防护措施，并对从业劳动者进行专门的职业安全健康教育和培训。

用人单位对采用的技术、工艺、设备、材料，应当知悉其产生的职业危害，对有职业危害的技术、工艺、设备、材料隐瞒其危害而采用的，对所造成的职业危害后果承担责任。

【说明】合并《安法》第二十六条、《病法》第二十三条和第三十二条。

第三十二条 用人单位的特种作业人员必须按照国家有关规定经专门的安全卫生作业培训，取得相应资格，方可上岗作业。

特种作业人员的范围由国务院劳动保障行政部门会同国务院有关部门确定。

【说明】吸纳《安法》第二十七条。

第三十三条 用人单位新建、改建、扩建工程项目（以下统称建设项目）的安全卫生设施，必须与主体工程同时设计、同时施工、同时投入生产和

使用。安全卫生设施投资应当纳入建设项目概算。

【说明】合并《安法》第二十八条、《病法》第十八条。

第三十四条 建设项目可能产生职业病危害的，建设单位在可行性论证阶段应当进行职业病危害预评价。

医疗机构建设项目可能产生放射性职业病危害的，建设单位应当向卫生健康行政部门提交放射性职业病危害预评价报告。卫生健康行政部门应当自收到预评价报告之日起三十日内，作出审核决定并书面通知建设单位。未提交预评价报告或者预评价报告未经卫生健康行政部门审核同意的，不得开工建设。

职业病危害预评价报告应当对建设项目可能产生的职业病危害因素及其对工作场所和劳动者健康的影响作出评价，确定危害类别和职业病防护措施。

建设项目职业病危害分类管理办法由国务院劳动保障行政部门制定。

国家对从事放射性、高毒、高危粉尘等作业实行特殊管理。具体管理办法由国务院制定。

【说明】吸纳合并《病法》第十七、第十九条。

第三十五条 矿山、金属冶炼建设项目和用于生产、储存、装卸危险物品的建设项目，应当按照国家有关规定进行安全评价；其他建设项目在竣工验收前，建设单位应当进行职业病危害控制效果评价。

建设项目的职业安全健康防护设施设计应当符合国家职业安全健康标准和卫生要求；其中，医疗机构放射性职业病危害严重的建设项目的防护设施设计，应当经卫生健康行政部门审查同意后，方可施工。

医疗机构可能产生放射性职业病危害的建设项目竣工验收时，其放射性职业病防护设施经卫生行政部门验收合格后，方可投入使用；其他建设

项目的职业病防护设施应当由建设单位负责依法组织验收，验收合格后，方可投入生产和使用。劳动保障行政部门应当加强对建设单位组织的验收活动和验收结果的监督核查。

【说明】整合《安法》第二十九条、《病法》第十八条。

第三十六条 建设项目安全卫生设施的设计人、设计单位应当对安全卫生设施设计负责。

矿山、金属冶炼建设项目和用于生产、储存、装卸危险物品的建设项目的安全设施设计，应当按照国家有关规定报经有关部门审查，审查部门及其负责审查的人员对审查结果负责。

【说明】吸纳《安法》第三十条。

第三十七条 矿山、金属冶炼建设项目和用于生产、储存、装卸危险物品的建设项目的施工单位必须按照批准的安全卫生设施设计施工，并对安全卫生设施的工程质量负责。

矿山、金属冶炼建设项目和用于生产、储存危险物品的建设项目竣工投入生产或者使用前，应当由建设单位负责组织对安全卫生设施进行验收；验收合格后，方可投入生产和使用。劳动保障行政部门应当加强对建设单位验收活动和验收结果的监督核查。

【说明】吸纳《安法》第三十一条。

第三十八条 用人单位应当在有较大危险因素的生产经营场所和有关设施、设备上，设置明显的职业安全卫生警示标志。

产生职业病危害的用人单位，应当在醒目位置设置公告栏，公布有关职业病防治的规章制度、操作规程、职业病危害事故应急救援措施和工作场所职业病危害因素检测结果。

对产生严重职业病危害的作业岗位，应当在其醒目位置，设置警示标

志和中文警示说明。警示说明应当载明产生职业病危害的种类、后果、预防以及应急救治措施等内容。

【说明】合并《安法》第三十二条、《病法》第二十四条。

第三十九条 职业安全卫生或应急救援设备设施的设计、制造、安装、使用、检测、维修、改造和报废，应当符合国家标准或者行业标准。

用人单位必须对职业安全卫生或应急救援设备设施进行经常性维护、保养，并定期检测，保证正常运转，不得擅自拆除或停用。维护、保养、检测应当做好记录，并由有关人员签字。

对可能发生急性职业损伤的有毒、有害工作场所，用人单位应当设置报警装置，配置现场急救用品、冲洗设备、应急撤离通道和必要的泄险区。

对放射工作场所和放射性同位素的运输、贮存，用人单位必须配置防护设备和报警装置，保证接触放射线的工作人员佩戴个人剂量计。

【说明】整合《安法》第三十三条、《病法》第二十五条。

第四十条 用人单位使用的危险物品的容器、运输工具，以及涉及人身安全、危险性较大的海洋石油开采特种设备和矿山井下特种设备，必须按照国家有关规定，由专业生产单位生产，并经具有专业资质的检测、检验机构检测、检验合格，取得安全使用证或者安全标志，方可投入使用。检测、检验机构对检测、检验结果负责。

【说明】吸纳《安法》第三十四条。

第四十一条 用人单位应当实施由专人负责的职业（病）危害因素日常监测，并确保监测系统处于正常运行状态。

用人单位应当按照国务院劳动保障行政部门的规定，定期对工作场所进行职业（病）危害因素检测、评价。检测、评价结果存入用人单位职业安全卫生档案，定期向所在地劳动保障行政部门报告并向从业劳动者公布。

职业（病）危害因素检测、评价由依法设立的取得劳动保障行政部门或者设区的市级以上地方人民政府劳动保障行政部门按照职责分工给予资质认可的职业安全卫生技术服务机构进行。职业安全卫生技术服务机构所作检测、评价应当客观、真实。

发现工作场所职业（病）危害因素不符合国家职业安全卫生标准和安全卫生要求时，用人单位应当立即采取相应治理措施，仍然达不到国家职业安全卫生标准和安全卫生要求的，必须停止存在职业（病）危害因素的作业；职业（病）危害因素经治理后，符合国家职业安全卫生标准和安全卫生要求的，方可重新作业。

【说明】吸纳《病法》第二十六条。

第四十二条 国家对严重危及职业安全健康的工艺、设备实行淘汰制度，具体目录由国务院劳动保障行政部门会同国务院有关部门制定并公布。法律、行政法规对目录的制定另有规定的，适用其规定。

省、自治区、直辖市人民政府可以根据本地区实际情况制定并公布具体目录，对前款规定以外的危及职业安全健康的工艺、设备予以淘汰。

用人单位不得使用应当淘汰的危及职业安全健康的工艺、设备。

【说明】吸纳《安法》第三十五条。

第四十三条 生产、经营、运输、储存、使用危险物品或者处置废弃危险物品的，由有关主管部门依照有关法律、法规的规定和国家标准或者行业标准审批并实施监督管理。

用人单位生产、经营、运输、储存、使用危险物品或者处置废弃危险物品，必须执行有关法律、法规和国家标准或者行业标准，建立专门的职业安全健康管理制度，采取可靠的安全卫生措施，接受有关主管部门依法实施的监督管理。

【说明】吸纳《安法》第三十六条。

第四十四条 用人单位对重大危险源应当登记建档，进行定期检测、评估、监控，并制定应急预案，告知从业劳动者和相关人员在紧急情况下应当采取的应急措施。

用人单位应当按照国家有关规定将本单位重大危险源及有关安全卫生措施、应急措施报有关地方人民政府劳动保障行政部门和有关部门备案。

【说明】吸纳《安法》第三十七条。

第四十五条 用人单位应当建立健全职业安全健康隐患排查治理制度，采取技术、管理措施，及时发现并消除隐患、危害。隐患排查治理情况应当如实记录，并向从业劳动者通报。

县级以上地方各级人民政府负有劳动保障行政职责的部门应当建立健全重大隐患危害治理督办制度，督促用人单位消除重大隐患危害。

【说明】吸纳《安法》第三十八条。

第四十六条 生产、经营、储存、使用危险物品的车间、商店、仓库不得与员工宿舍在同一座建筑物内，并应当与员工宿舍保持安全距离。

生产经营场所和员工宿舍应当设有符合紧急疏散要求、标志明显、保持畅通的出口。禁止锁闭、封堵生产经营场所或者员工宿舍的出口。

【说明】吸纳《安法》第三十九条。

第四十七条 用人单位进行爆破、吊装以及国务院劳动保障行政部门会同国务院有关部门规定的其他危险作业，应当安排专门人员进行现场安全卫生管理，确保操作规程的遵守和安全卫生措施的落实。

【说明】吸纳《安法》第四十条。

第四十八条 用人单位应当教育和督促从业劳动者严格执行本单位的职业安全健康规章制度和安全卫生操作规程，并向从业劳动者如实告知作业

场所和工作岗位存在的危险因素、防范措施以及事故应急措施。

【说明】吸纳《安法》第四十一条。

第四十九条 用人单位必须采用有效的职业（病）危害防护设施，为从业劳动者提供符合国家标准或者行业标准的个人使用的劳动防护用品，不符合要求的，不得使用；并监督、教育从业劳动者按照使用规则佩戴、使用。

【说明】整合《安法》第四十二条、《病法》第二十二条。

第五十条 用人单位的职业安全健康管理人员应当根据本单位的生产经营特点，对职业安全健康状况进行经常性检查；对检查中发现的职业安全卫生问题，应当立即处理；不能处理的，应当及时报告本单位有关负责人，有关负责人应当及时处理。检查及处理情况应当如实记录在案。

用人单位的职业安全健康管理人员在检查中发现重大事故隐患，依照前款规定向本单位有关负责人报告，有关负责人不及时处理的，职业安全健康管理人员可以向主管的负有劳动保障行政职责的部门报告，接到报告的部门应当依法及时处理。

【说明】吸纳《安法》第四十三条。

第五十一条 两个以上用人单位在同一作业区域内进行生产经营活动，可能危及对方区域人员职业安全健康的，应当签订职业安全健康管理协议，明确各自的职业安全健康管理职责和应当采取的安全卫生措施，并指定专职职业安全、职业卫生管理人员进行安全卫生检查与协调。

【说明】吸纳《安法》第四十五条。

第五十二条 用人单位不得将生产经营项目、场所、设备发包或者出租给不具备职业安全健康条件或者相应资质的单位或者个人。

生产经营项目、场所发包或者出租给其他单位的，用人单位应当与承包单位、承租单位签订专门的职业安全健康管理协议，或者在承包合同、

租赁合同中约定各自的职业安全健康管理职责；用人单位对承包单位、承租单位的职业安全健康工作统一协调、管理，定期进行安全卫生检查，发现安全卫生问题的，应当及时督促整改。

【说明】吸纳《安法》第四十六条。

第五十三条 职业安全卫生技术服务机构依法从事职业（病）危害因素检测、评价工作，接受劳动保障行政部门的监督检查。劳动保障行政部门应当依法履行监督职责。

【说明】吸纳《病法》第二十七条。

第五十四条 向用人单位提供可能产生职业（病）危害的设备的，应当提供中文说明书，并在设备的醒目位置设置警示标识和中文警示说明。警示说明应当载明设备性能、可能产生的职业（病）危害、安全操作和维护注意事项、职业（病）危害防治以及应急救治措施等内容。

【说明】吸纳《病法》第二十八条。

第五十五条 向用人单位提供可能产生职业（病）危害的化学品、放射性同位素和含有放射性物质的材料的，应当提供中文说明书。说明书应当载明产品特性、主要成分、存在的有害因素、可能产生的危害后果、安全使用注意事项、职业（病）危害防治以及应急救治措施等内容。产品包装应当有醒目的警示标志和中文警示说明。贮存上述材料的场所应当在规定的部位设置危险物品标志或者放射性警示标志。

国内首次使用或者首次进口与职业（病）危害有关的化学材料，使用单位或者进口单位按照国家规定经国务院有关部门批准后，应当向国务院劳动保障行政部门报送该化学材料的毒性鉴定以及经有关部门登记注册或者批准进口的文件等资料。

进口放射性同位素、射线装置和含有放射性物质的物品的，按照国家有关规定办理。

【说明】吸纳《病法》第二十九条。

第五十六条 任何单位和个人不得生产、经营、进口和使用国家明令禁止使用的可能产生职业（病）危害的设备或者材料。

任何单位和个人不得将产生职业（病）危害的作业转移给不具备职业病防护条件的单位和个人。不具备职业（病）危害防治条件的单位和个人不得接受产生职业（病）危害的作业。

【说明】吸纳合并《病法》第三十条、第三十一条。

第五十七条 用人单位与从业劳动者订立劳动合同（含聘用合同，下同）时，应当将工作过程中可能产生的职业（病）危害及其后果、职业（病）危害防治措施和待遇等如实告知从业劳动者，以及依法为从业劳动者办理工伤保险的事项，并在劳动合同中写明，不得隐瞒或者欺骗。

从业劳动者在已订立劳动合同期间因工作岗位或者工作内容变更，从事与所订立劳动合同中未告知的存在职业（病）危害的作业时，用人单位应当依照前款规定，向劳动者履行如实告知的义务，并协商变更原劳动合同相关条款。

【说明】整合《安法》第四十九条部分内容、《病法》第三十三条。

第五十八条 对从事接触职业（病）危害作业的从业劳动者，用人单位应当按照国务院劳动保障行政部门的规定，组织上岗前、在岗期间和离岗时的职业健康检查，并将检查结果书面告知劳动者。职业健康检查费用由用人单位承担。

用人单位不得安排未经上岗前职业健康检查的劳动者从事接触职业（病）危害的作业；不得安排有职业禁忌的劳动者从事其所禁忌的作业；对在职业健康检查中发现有与所从事的职业相关的健康损害的劳动者，应

当调离原工作岗位，并妥善安置；对未进行离岗前职业健康检查的劳动者不得解除或者终止与其订立的劳动合同。

职业健康检查应当由取得《医疗机构执业许可证》的医疗卫生机构承担。卫生健康行政部门应当加强对职业健康检查工作的规范管理，具体管理办法由国务院卫生行政部门制定。

【说明】吸纳《病法》第三十五条。

第五十九条 用人单位应当为劳动者建立职业安全健康监护档案，并按照规定的期限妥善保存。

职业安全健康监护档案应当包括劳动者的职业史、职业（病）危害接触史、职业健康检查结果和职业病诊疗等有关个人健康资料。

【说明】吸纳《病法》第三十六条。

第六十条 发生或者可能发生急性职业（病）危害事故时，用人单位应当立即采取应急救援和控制措施，并及时报告所在地劳动保障行政部门和有关部门。劳动保障行政部门接到报告后，应当及时会同有关部门组织调查处理；必要时，可以采取临时控制措施。卫生健康行政部门应当组织做好医疗救治工作。

对遭受或者可能遭受急性职业（病）危害的劳动者，用人单位应当及时组织救治、进行安全健康检查和医学观察，所需费用由用人单位承担。

【说明】吸纳《病法》第三十七条。

第六十一条 用人单位不得安排未成年工从事接触职业（病）危害的作业；不得安排孕期、哺乳期的女职工从事对本人和胎儿、婴儿有危害的作业。

【说明】吸纳《病法》第三十八条。

第六十二条 用人单位发生职业安全健康事故（事件）时，单位的主要负责人应当立即组织抢救，并不得在事故调查处理期间擅离职守。

【说明】吸纳《安法》第四十七条。

第六十三条 国家鼓励用人单位投保职业安全健康责任保险。

用人单位必须依法参加工伤保险，为从业劳动者员缴纳保险费。

【说明】整合《安法》第四十八条。

第二章归纳小结：第 20 条为制度；第 21~23 条、第 60~62 条为责任；第 21~29 条、第 63 条为保障、保险；第 30 条为培训；第 31~40 条为危害因素评估评价; 第 41 条为日常监测; 第 42~44 条为淘汰处置设备备案、建档; 第 44~50 条为安全设计、隐患排查、安全管理与防范措施、劳动保护及检查; 第 51~54 条为第三方义务；第 55~59 条为危害因素明示、健康档案。

三、新法第三章: 从业劳动者的职业安全健康权利义务(建议)

第六十四条 用人单位不得以任何形式与从业劳动者订立协议，免除或者减轻其对从业劳动者因生产安全事故（事件）伤亡依法应承担的责任。

用人单位违反本法第五十七条规定的，从业劳动者有权拒绝从事存在职业(病)危害的作业,用人单位不得因此解除与劳动者所订立的劳动合同。

【说明】整合《安法》第四十八条的部分内容、《病法》第三十三条的部分内容。

第六十五条 用人单位的从业劳动者有权了解其作业场所和工作岗位存在的危险因素及危害后果、防范措施及应急措施。

从业劳动者有权参与本单位的职业安全健康工作的民主管理，对职业安全健康提出意见和建议。

从业劳动者有权要求本单位提供符合职业安全健康要求的防护设和个人使用的防护用品，改善工作条件。

用人单位应当保障劳动者行使前款所列权利。因从业劳动者依法行使

正当权利而降低其工资、福利等待遇或者解除、终止与其订立的劳动合同的，其行为无效。

【说明】整合《安法》第五十条、第三十九条第（三）（四）（七）款和最后款的内容。

第六十六条 从业劳动者有权对本单位职业安全健康工作中存在的问题提出批评、检举、控告；有权拒绝违章指挥和强令冒险、没有防护措施的作业。

用人单位不得因从业劳动者对本单位职业安全健康工作提出批评、检举、控告或者拒绝违章指挥、强令冒险作业，而降低其工资、福利等待遇或者解除与其订立的劳动合同。

【说明】整合《安法》第五十一条、《病法》第三十九条第（五）（六）款的内容。

第六十七条 从业劳动者有权获得职业卫生教育、培训；有权获得职业健康检查、职业病诊疗、康复等职业病防治服务。

劳动者离开用人单位时，有权索取本人职业安全健康监护档案复印件，用人单位应当如实、无偿提供，并在所提供的复印件上签章。

【说明】吸纳合并《病法》第三十九条第（一）（二）款的内容和第三十六条的部分内容。

第六十八条 从业劳动者发现直接危及人身安全健康的紧急情况时，有权停止作业或者在采取可能的应急措施后撤离作业场所。

用人单位不得因从业劳动者在前款紧急情况下停止作业或者采取紧急撤离措施而降低其工资、福利等待遇或者解除与其订立的劳动合同。

【说明】吸纳《安法》第五十二条。

第六十九条 因职业安全卫生事故（事件）受到损害的从业劳动者，除依法享有工伤保险外，依照有关民事法律尚有获得赔偿的权利的，有权向本单位提出赔偿要求。

【说明】吸纳《安法》第五十三条。

第七十条 从业劳动者应当学习和遵守职业安全健康法律、法规，以及本单位的职业安全健康规章制度和操作规程，增强职业安全健康意识，服从管理，正确佩戴、使用和维护劳动防护设备和个人用品。

【说明】吸纳《安法》第五十四条、《病法》第三十四条的部分内容。

第七十一条 从业劳动者应当接受职业安全健康教育和培训，掌握本职工作所需的职业安全健康知识，提高职业安全卫生技能，增强事故（事件）预防和应急处理能力。

【说明】整合《安法》第五十五条、《病法》第三十四条的部分内容。

第七十二条 从业劳动者发现事故隐患或者其他不安全因素，应当立即向现场职业安全、职业卫生管理人员或者本单位负责人报告；接到报告的人员应当及时予以处理。

【说明】整合《安法》第五十六条、《病法》第三十四条的部分内容。

第七十三条 工会应当且有权对建设项目的安全卫生设施与主体工程同时设计、同时施工、同时投入生产和使用进行监督，提出意见。

工会有权且应当督促并协助用人单位开展职业安全健康宣传教育和培训；应当且有权依法代表劳动者与用人单位签订职业安全卫生专项集体合同，与用人单位就劳动者反映的有关职业安全健康问题进行协调并督促解决。

工会对用人单位违反职业安全健康法律、法规，侵犯从业劳动者合法权益的行为，应当且有权要求纠正；发现用人单位违章指挥、强令冒险作业或者发现事故隐患时，应当且有权提出解决的建议，用人单位应当及时研究答复；发现危及从业劳动者生命安全健康的情况时，应当且有权向用

人单位建议组织从业劳动者撤离危险场所，用人单位必须立即作出处理。

工会应当且有权依法参加事故调查，向有关部门提出处理意见，并要求追究有关人员的责任。

【说明】整合《安法》第五十七条、《病法》第四十条；并将《安法》中的“有权”（强调主动依法行使权利主体）、《病法》中的“应当”（强调代为行使权利的义务主体）两个措辞整合为“应当且有权”，从而体现工会作为从业劳动者的代表性组织所具有的权利和义务。

第七十四条 用人单位使用被派遣劳动者的，被派遣劳动者享有本法规定的从业劳动者的权利，并应当履行本法规定的从业劳动者的义务。

【说明】吸纳《安法》第五十八条。

四、第四章：职业安全健康监督管理与检查（建议）

第七十五条 县级以上地方各级人民政府应当根据本行政区域内的职业安全健康状况，组织有关部门按照职责分工，对本行政区域内容易发生重大职业安全健康事故（事件）的用人单位进行严格检查。

劳动保障行政部门应当按照分类分级监督管理的要求，制定职业安全健康年度监督检查计划，并按照年度监督检查计划，依法行使职权，对用人单位防范措施落实情况进行监督检查，发现事故（事件）隐患，应当及时处理。

【说明】整合《安法》第五十九条、《病法》第四十二条和第六十二条。

第七十六条 负有职业安全健康管理职责的部门依照有关法律、法规的规定，对涉及职业安全健康的重大事项需要审查批准（包括批准、核准、许可、注册、认证、颁发证照等，下同）或者验收的，必须严格依照有关法律、法规和国家标准或者行业标准规定的职业安全健康条件和程序进行审查；

不符合有关法律、法规和国家标准或者行业标准规定的职业安全健康条件的，不得批准或者验收通过。对未依法取得批准或者验收合格的单位擅自从事有关活动的，负责行政审批的部门发现或者接到举报后应当立即予以取缔，并依法予以处理。对已经依法取得批准的单位，负责行政审批的部门发现其不再具备职业安全健康条件的，应当撤销原批准。

【说明】吸纳《安法》第六十条；将需要审查批准的事项明确为“重大事项”（一般指含有高危因素的事项），至于一般事项，则可陆续依法取消审查批准。

第七十七条 负有职业安全健康管理职责的部门对涉及职业安全健康的事项进行审查、验收，不得收取费用；不得要求接受审查、验收的单位购买其指定品牌或者指定生产、销售单位的安全卫生设备、器材或者其他产品。

【说明】吸纳《安法》第六十一条。

第七十八条 负有职业安全健康监督管理职责的劳动保障行政部门和其他负有职业安全健康监督管理职责的相关部门（简称为其他相关部门）依法开展职业安全健康行政执法工作，对用人单位执行有关职业安全健康的法律、法规和国家标准或者行业标准的情况进行监督检查，行使以下职权：

（一）进入用人单位进行检查，调阅有关资料、采集样品或取证，向有关单位和人员了解情况；

（二）对检查中发现的职业安全健康违法行为，责令当场予以停止、纠正或者要求限期改正；对依法应当给予行政处罚的行为，依照本法和其他有关法律、行政法规的规定作出行政处罚的决定；

（三）对检查中发现的事故（事件）隐患，应当责令立即排除；重大事故隐患排除前或者排除过程中无法保证安全卫生的，应当责令从危险区域内撤出作业人员，责令暂时停产停业或者停止使用相关设施、设备；重

大事故（事件）隐患排除后，经审查同意，方可恢复生产经营和使用；

（四）对有根据认为不符合保障职业安全健康的国家标准或者行业标准的设施、设备、器材以及违法生产、储存、使用、经营、运输的危险物品予以查封或者扣押，对违法生产、储存、使用、经营危险物品的作业场所予以查封，并依法作出处理决定。

监督检查不得影响被检查单位的正常生产经营活动。

【说明】整合《安法》第六十二条、《病法》第六十三条。

第七十九条 用人单位对负有职业安全健康监督管理职责的劳动保障行政部门的监督检查人员（以下统称职业安全健康监督检查人员）依法履行监督检查职责，应当予以配合，不得拒绝、阻挠。

【说明】整合《安法》第六十三条、《病法》第六十六条。

第八十条 职业安全健康监督检查人员应当忠于职守，坚持原则，秉公执法。

职业安全健康监督检查人员执行监督检查任务时，必须出示有效的监督执法证件；对涉及被检查单位的技术秘密和业务秘密，应当为其保密。

【说明】整合《安法》第六十四条、《病法》第六十五条。

第八十一条 职业安全健康监督检查人员应当将检查的时间、地点、内容、发现的问题及其处理情况，作出书面记录，并由检查人员和被检查单位的负责人签字；被检查单位的负责人拒绝签字的，检查人员应当将情况记录在案，并向负有劳动保障行政职责的部门报告。

【说明】吸纳《安法》第六十五条。

第八十二条 负有职业安全健康监督管理职责的劳动保障行政部门和其他相关部门在监督检查中，应当互相配合，实行联合检查；确需分别进行检查的，应当互通情况，发现存在的职业安全卫生问题应当由其他有关部门进行处理的，应当及时移送其他有关部门并形成记录备查，接受移送的部门应当及时进行处理。

【说明】吸纳《安法》第六十六条。

第八十三条 负有职业安全健康监督管理职责的部门依法对存在重大事故隐患的用人单位作出停产停业、停止施工、停止使用相关设施或者设备的决定，用人单位应当依法执行，及时消除事故隐患。用人单位拒不执行，有发生职业安全健康事故（事件）的现实危险的，在保证安全卫生的前提下，经本部门主要负责人批准，负有职业安全健康监督管理职责的部门可以采取通知有关单位停止供电、停止供应民用爆炸物品等措施，强制用人单位履行决定，并封存可能导致职业危害事故（事件）发生的材料和设备设施，组织控制职业危害事故（事件）发生的现场。通知应当采用书面形式，有关单位应当予以配合。

负有职业安全健康监督管理职责的部门依照前款规定采取停止供电措施，除有危及职业安全健康的紧急情形外，应当提前二十四小时通知用人单位。用人单位依法履行行政决定、采取相应措施消除事故隐患的，负有职业安全健康监督管理职责的部门或相关部门应当及时解除前款规定的措施。

【说明】整合《安法》第六十七条、《病法》第六十四条。

第八十四条 劳动保障行政部门及其职业安全健康监督执法人员履行职责时，不得有下列行为：

（一）对不符合法定条件的，发给建设项目有关证明文件、资质证明文件或者予以批准；

（二）对已经取得有关证明文件的，不履行监督检查职责；

（三）发现用人单位存在职业（病）危害的，可能造成职业（病）危

害事故，不及时依法采取控制措施；

（四）其他违反本法的行为。

【说明】吸纳《病法》第六十七条。

第八十五条 承担安全卫生评价、认证、检测、检验的机构应当具备国家规定的资质条件，职业安全卫生监督执法人员应当依法经过资格认定，并对其作出的安全卫生评价、认证、检测、检验的结果负责。

【说明】吸纳《安法》第六十九条。

第八十六条 监察机关依照行政监察法的规定，对负有职业安全健康监督管理职责的部门及其工作人员履行职业安全健康监督管理职责实施监察。

职业安全健康监督管理部门应当加强队伍建设，提高职业安全卫生监督执法人员的政治、业务素质，依照本法和其他有关法律、法规的规定，建立、健全内部监督制度，对其工作人员执行法律、法规和遵守纪律的情况，进行监督检查。

【说明】整合《安法》第六十八条、《病法》第六十八条。

第八十七条 负有职业安全健康监督管理职责的部门应当建立举报制度，公开举报电话、信箱或者电子邮件地址，受理有关职业安全健康的举报；受理的举报事项经调查核实后，应当形成书面材料；需要落实整改措施的，报经有关负责人签字并督促落实。

【说明】吸纳《安法》第七十条。

第八十八条 任何单位或者个人对事故（事件）隐患或者职业安全健康违法行为，均有权向负有职业安全健康监督管理职责的部门报告或者举报。

【说明】吸纳《安法》第七十一条。

第八十九条 居民委员会、村民委员会发现其所在区域内的用人单位存在事故（事件）隐患或者职业安全健康违法行为时，应当向当地人民政府或者有关部门报告。

【说明】吸纳《安法》第七十二条。

第九十条 县级以上各级人民政府及其有关部门对报告重大事故（事件）隐患或者举报职业安全健康违法行为的有功人员，给予奖励。具体奖励办法由国务院劳动保障行政部门会同国务院财政部门制定。

【说明】吸纳《安法》第七十三条。

第九十一条 新闻、出版、广播、电影、电视等单位有进行职业安全健康公益宣传教育的义务，有对违反职业安全健康法律、法规的行为进行舆论监督的权利。

【说明】吸纳《安法》第七十四条。

第九十二条 负有职业安全健康监督管理职责的部门应当建立职业安全健康违法行为信息库，如实记录用人单位的职业安全健康违法行为信息；对违法行为情节严重的用人单位，应当向社会公告，并通报行业主管部门、投资主管部门、国土资源主管部门、证券监督管理机构以及有关金融机构。

【说明】吸纳《安法》第七十五条。

五、新法第五章：应急处置与调查、伤病诊断与善济（建议）

第九十三条 国家加强职业安全健康事故（事件）应急能力建设，在重点行业、领域建立应急救援基地和应急救援队伍，鼓励用人单位和其他社会力量建立应急救援队伍，配备相应的应急救援装备和物资，提高应急救援的专业化水平。

国务院劳动保障行政部门会同国务院应急管理部门建立全国统一的职业安全健康事故（事件）应急救援信息系统。

【说明】吸纳《安法》第七十六条；加入新的应急救援责任机构“应

急管理部门”（后同），删除“国务院有关部门建立健全相关行业、领域的职业安全健康事故（事件）应急救援信息系统”内容，避免重复建设，也同时统一权威。

第九十四条 县级以上地方各级人民政府应当组织有关部门制定本行政区域内职业安全健康事故（事件）应急救援预案，建立应急救援体系。

【说明】吸纳《安法》第七十七条。

第九十五条 用人单位应当制定本单位职业安全健康事故（事件）应急救援预案，与所在地县级以上地方人民政府组织制定的职业安全健康事故（事件）应急救援预案相衔接，并定期组织演练。

【说明】吸纳《安法》第七十八条。

第九十六条 危险物品的生产、经营、储存单位以及矿山、金属冶炼、城市轨道交通运营、建筑施工单位应当建立应急救援组织；生产经营规模较小的，可以不建立应急救援组织，但应当指定兼职的应急救援人员。

危险物品的生产、经营、储存、运输单位以及矿山、金属冶炼、城市轨道交通运营、建筑施工单位应当配备必要的应急救援器材、设备和物资，并进行经常性维护、保养，保证正常运转。

【说明】吸纳《安法》第七十九条。

第九十七条 用人单位发生职业安全健康事故（事件）后，事故现场有关人员应当立即报告本单位负责人。

单位负责人接到事故报告后，应当迅速采取有效措施，组织抢救，防止事故（事件）扩大，减少人员伤亡和财产损失，并按照国家有关规定立即如实报告当地负有职业安全健康监督管理职责的部门或应急管理部门，不得隐瞒不报、谎报或者迟报，不得故意破坏事故现场、毁灭有关证据。

【说明】吸纳《安法》第八十条。

第九十八条 负有职业安全健康监督管理职责的部门或应急管理部门接到事故报告后，应当立即按照国家有关规定上报事故情况。负有职业安全健康监督管理职责的部门、应急管理部门和有关地方人民政府对事故情况不得隐瞒不报、谎报或者迟报。

【说明】吸纳《安法》第八十一条。

第九十九条 有关地方人民政府和负有职业安全健康监督管理职责的部门、应急管理部门的负责人接到职业安全健康事故（事件）报告后，应当按照职业安全健康事故（事件）应急救援预案的要求立即赶到事故现场，组织事故抢救。

参与事故（事件）抢救的部门和单位应当服从统一指挥，加强协同联动，采取有效的应急救援措施，并根据事故（事件）救援的需要采取警戒、疏散等措施，防止事故扩大和次生灾害的发生，减少人员伤亡和财产损失。

事故（事件）抢救过程中应当采取必要措施，避免或者减少对环境造成的危害。

任何单位和个人都应当支持、配合事故（事件）抢救，并提供一切便利条件。

【说明】吸纳《安法》第八十二条。

第一百条 事故（事件）调查处理应当按照科学严谨、依法依规、实事求是、注重实效的原则，及时、准确地查清事故（事件）原因，查明事故（事件）性质和责任，总结事故（事件）教训，提出整改措施，并对事故（事件）责任者提出处理意见。事故（事件）调查报告应当依法及时向社会公布。事故（事件）调查和处理的具体办法由国务院制定。

事故（事件）发生单位应当及时全面落实整改措施，负有职业安全健康监督管理职责的部门应当加强监督检查。

【说明】吸纳《安法》第八十三条。

第一百〇一条 用人单位发生职业安全健康事故（事件），经调查确定为责任事故的，除了应当查明事故（事件）单位的责任并依法予以追究外，还应当查明对职业安全健康的有关事项负有审查批准和监督职责的行政部门的责任，对有失职、渎职行为的，依照本法第一百二十三条的规定追究法律责任。

【说明】吸纳《安法》第八十四条。

第一百〇二条 任何单位和个人不得阻挠和干涉对事故（事件）的依法调查处理。

【说明】吸纳《安法》第八十五条。

第一百〇三条 县级以上地方各级人民政府劳动保障行政部门应当定期统计分析本行政区域内发生职业安全健康事故（事件）的情况，并定期向社会公布。

【说明】吸纳《安法》第八十六条，并将职业病防治的行政主管部门改为劳动保障行政部门，卫生健康行政部门应在医疗卫生技术上进行配合，后同。

第一百〇四条 职业病诊断应当由取得《医疗机构执业许可证》的医疗卫生机构承担。劳动保障行政部门应当加强对职业病诊断工作的规范管理，具体管理办法由国务院劳动保障行政部门制定。

承担职业病诊断的医疗卫生机构还应当具备下列条件：

（一）具有与开展职业病诊断相适应的医疗卫生技术人员；

（二）具有与开展职业病诊断相适应的仪器、设备；

（三）具有健全的职业病诊断质量管理制度。

承担职业病诊断的医疗卫生机构不得拒绝从业劳动者进行职业病诊断

的要求。

【说明】吸纳《病法》第四十三条。

第一百〇五条 从业劳动者可以在用人单位所在地、本人户籍所在地或者经常居住地依法承担职业病诊断的医疗卫生机构进行职业病诊断。

【说明】吸纳《病法》第四十四条。

第一百〇六条 职业病诊断标准和职业病诊断、鉴定办法由国务院劳动保障行政部门制定。职业病伤残等级的鉴定办法由国务院劳动保障行政部门会同国务院卫生健康行政部门制定。

【说明】吸纳《病法》第四十五条。

第一百〇七条 职业病诊断，应当综合分析下列因素：

（一）病人的职业史；

（二）职业病危害接触史和工作场所职业病危害因素情况；

（三）临床表现以及辅助检查结果等。

没有证据否定职业病危害因素与病人临床表现之间的必然联系的，应当诊断为职业病。

职业病诊断证明书应当由参与诊断的取得职业病诊断资格的执业医师签署，并经承担职业病诊断的医疗卫生机构审核盖章。

【说明】吸纳《病法》第四十六条。

第一百〇八条 用人单位应当如实提供职业病诊断、鉴定所需的从业劳动者职业史和职业病危害接触史、工作场所职业病危害因素检测结果等资料；劳动保障行政部门应当监督检查和督促用人单位提供上述资料；从业劳动者和有关机构也应当提供与职业病诊断、鉴定有关的资料。

职业病诊断、鉴定机构需要了解工作场所职业病危害因素情况时，可以对工作场所进行现场调查，也可以向劳动保障行政部门提出，劳动保障

行政部门应当在十日内组织现场调查。用人单位不得拒绝、阻挠。

【说明】吸纳《病法》第四十七条。

第一百〇九条 职业病诊断、鉴定过程中，用人单位不提供工作场所职业病危害因素检测结果等资料的，诊断、鉴定机构应当结合从业劳动者的临床表现、辅助检查结果和从业劳动者的职业史、职业病危害接触史，并参考从业劳动者的自述、劳动保障行政部门提供的日常监督检查信息等，作出职业病诊断、鉴定结论。

从业劳动者对用人单位提供的工作场所职业病危害因素检测结果等资料有异议，或者因从业劳动者的用人单位解散、破产，无用人单位提供上述资料的，诊断、鉴定机构应当提请劳动保障行政部门进行调查，劳动保障行政部门应当自接到申请之日起三十日内对存在异议的资料或者工作场所职业病危害因素情况作出判定；有关部门应当配合。

【说明】吸纳《病法》第四十八条。

第一百一十条 职业病诊断、鉴定过程中，在确认从业劳动者职业史、职业病危害接触史时，当事人对劳动关系、工种、工作岗位或者在岗时间有争议的，可以向当地的劳动人事争议仲裁委员会申请仲裁；接到申请的劳动人事争议仲裁委员会应当受理，并在三十日内作出裁决。

当事人在仲裁过程中对自己提出的主张，有责任提供证据。从业劳动者无法提供由用人单位掌握管理的与仲裁主张有关的证据的，仲裁庭应当要求用人单位在指定期限内提供；用人单位在指定期限内不提供的，应当承担不利后果。

从业劳动者对仲裁裁决不服的，可以依法向人民法院提起诉讼。

用人单位对仲裁裁决不服的，可以在职业病诊断、鉴定程序结束之日起十五日内依法向人民法院提起诉讼；诉讼期间，从业劳动者的治疗费用按照职业病待遇规定的途径支付。

【说明】吸纳《病法》第四十九条。

第一百一十一条 用人单位和医疗卫生机构发现职业病病人或者疑似职业病病人时，应当及时向所在地劳动保障行政部门报告。确诊为职业病的，用人单位还应当向所在地劳动保障行政部门报告。接到报告的部门应当依法作出处理。

【说明】吸纳《病法》第五十条；删除“向所在地卫生健康行政部门报告”的事项，统一归口到劳动保障行政部门。

第一百一十二条 县级以上地方人民政府劳动保障行政部门负责本行政区域内的职业病统计报告的管理工作，并按照规定上报。

【说明】吸纳《病法》第五十一条。

第一百一十三条 当事人对职业病诊断有异议的，可以向作出诊断的医疗卫生机构所在地地方人民政府劳动保障行政部门申请鉴定。

职业病诊断争议由设区的市级以上地方人民政府劳动保障行政部门根据当事人的申请，组织职业病诊断鉴定委员会进行鉴定。

当事人对设区的市级职业病诊断鉴定委员会的鉴定结论不服的，可以向省、自治区、直辖市人民政府劳动保障行政部门申请再鉴定。

【说明】吸纳《病法》第五十二条。

第一百一十四条 职业病诊断鉴定委员会由相关专业的专家组成。

省、自治区、直辖市人民政府劳动保障行政部门应当设立相关的专家库，需要对职业病争议作出诊断鉴定时，由当事人或者当事人委托有关劳动保障行政部门从专家库中以随机抽取的方式确定参加诊断鉴定委员会的专家。

职业病诊断鉴定委员会应当按照国务院劳动保障行政部门颁布的职业病诊断标准和职业病诊断、鉴定办法进行职业病诊断鉴定，向当事人出具

职业病诊断鉴定书。职业病诊断、鉴定费用由用人单位承担。

【说明】吸纳《病法》第五十三条。

第一百一十五条 职业病诊断鉴定委员会组成人员应当遵守职业道德，客观、公正地进行诊断鉴定，并承担相应的责任。职业病诊断鉴定委员会组成人员不得私下接触当事人，不得收受当事人的财物或者其他好处，与当事人有利害关系的，应当回避。

人民法院受理有关案件需要进行职业病鉴定时，应当从省、自治区、直辖市人民政府劳动保障行政部门依法设立的相关的专家库中选取参加鉴定的专家。

【说明】吸纳《病法》第五十四条。

第一百一十六条 医疗卫生机构发现疑似职业病病人时，应当告知从业劳动者本人并及时通知用人单位。

用人单位应当及时安排对疑似职业病病人进行诊断；在疑似职业病病人诊断或者医学观察期间，不得解除或者终止与其订立的劳动合同。

疑似职业病病人在诊断、医学观察期间的费用，由用人单位承担。

【说明】吸纳《病法》第五十五条。

第一百一十七条 用人单位应当保障职业病病人依法享受国家规定的职业病待遇。

用人单位应当按照国家有关规定，安排职业病病人进行治疗、康复和定期检查。

用人单位对不适宜继续从事原工作的职业病病人，应当调离原岗位，并妥善安置。

用人单位对从事接触职业病危害的作业的从业劳动者，应当给予适当岗位津贴。

【说明】吸纳《病法》第五十六条。

第一百一十八条 职业病病人的诊疗、康复费用，伤残以及丧失劳动能力的职业病病人的社会保障，按照国家有关工伤保险的规定执行。

【说明】吸纳《病法》第五十七条。

第一百一十九条 职业病病人除依法享有工伤保险外，依照有关民事法律，尚有获得赔偿的权利的，有权向用人单位提出赔偿要求。

【说明】吸纳《病法》第五十八条。

第一百二十条 从业劳动者被诊断患有职业病，但用人单位没有依法参加工伤保险的，其医疗和生活保障由该用人单位承担。

【说明】吸纳《病法》第五十九条。

第一百二十一条 职业病病人变动工作单位，其依法享有的待遇不变。

用人单位在发生分立、合并、解散、破产等情形时，应当对从事接触职业病危害的作业的从业劳动者进行健康检查，并按照国家有关规定妥善安置职业病病人。

【说明】吸纳《病法》第六十条。

第一百二十二条 用人单位已经不存在或者无法确认劳动关系的职业病病人，可以向地方人民政府劳动保障行政部门申请医疗救助和生活等方面的救助。

地方各级人民政府应当根据本地区的实际情况，采取其他措施，使前款规定的职业病病人获得医疗救治。

【说明】吸纳《病法》第六十一条。

六、新法第六章：法律责任（建议）

第一百二十三条 负有职业安全健康监督管理职责的部门的工作人员，

有下列行为之一的，给予降级或者撤职的处分；构成犯罪的，依照刑法有关规定追究刑事责任：

（一）对不符合法定职业安全健康条件的涉及职业安全健康的事项予以批准或者验收通过的；

（二）发现未依法取得批准、验收的单位擅自从事有关活动或者接到举报后不予取缔或者不依法予以处理的；

（三）对已经依法取得批准的单位不履行监督管理职责，发现其不再具备职业安全健康条件而不撤销原批准或者发现职业安全健康违法行为不予查处的；

（四）在监督检查中发现重大事故隐患，不依法及时处理的。

负有职业安全健康监督管理职责的部门的工作人员有前款规定以外的滥用职权、玩忽职守、徇私舞弊行为的，依法给予处分；构成犯罪的，依照刑法有关规定追究刑事责任。

【说明】吸纳《安法》第八十七条。

第一百二十四条 负有职业安全健康监督管理职责的部门，要求被审查、验收的单位购买其指定的安全卫生设备、器材或者其他产品的，在对职业安全健康事项的审查、验收中收取费用的，由其上级机关或者监察机关责令改正，责令退还收取的费用；情节严重的，对直接负责的主管人员和其他直接责任人员依法给予处分。

【说明】吸纳《安法》第八十八条。

第一百二十五条 承担安全评价、认证、检测、检验工作的机构，出具虚假证明的，没收违法所得；违法所得在十万元以上的，并处违法所得二倍以上五倍以下的罚款；没有违法所得或者违法所得不足十万元的，单处或者并处十万元以上二十万元以下的罚款；对其直接负责的主管人

员和其他直接责任人员处二万元以上五万元以下的罚款；给他人造成损害的，与用人单位承担连带赔偿责任；构成犯罪的，依照刑法有关规定追究刑事责任。

对有前款违法行为的机构，吊销其相应资质。

【说明】吸纳《安法》第八十九条。

第一百二十六条 用人单位的决策机构、主要负责人或者个人经营的投资人不依照本法规定保证职业安全健康所必需的资金投入，致使用人单位不具备职业安全健康条件的，责令限期改正，提供必需的资金；逾期未改正的，责令用人单位停产停业整顿。

有前款违法行为，导致发生职业安全健康事故（事件）的，对用人单位的主要负责人给予撤职处分，对个人经营的投资人处二万元以上二十万元以下的罚款；构成犯罪的，依照刑法有关规定追究刑事责任。

【说明】吸纳《安法》第九十条。

第一百二十七条 用人单位的主要负责人未履行本法规定的职业安全健康管理职责的，责令限期改正；逾期未改正的，处二万元以上五万元以下的罚款，责令用人单位停产停业整顿。

用人单位的主要负责人有前款违法行为，导致发生职业安全健康事故（事件）的，给予撤职处分；构成犯罪的，依照刑法有关规定追究刑事责任。

用人单位的主要负责人依照前款规定受刑事处罚或者撤职处分的，自刑罚执行完毕或者受处分之日起，五年内不得担任任何用人单位的主要负责人；对重大、特别重大职业安全事故（事件）负有责任的，终身不得担任本行业用人单位的主要负责人。

【说明】吸纳《安法》第九十一条。

第一百二十八条 用人单位的主要负责人未履行本法规定的职业安全健

康管理职责，导致发生职业安全健康事故（事件）的，由劳动保障行政部门依照下列规定处以罚款：

（一）发生一般事故（事件）的，处上一年年收入百分之三十的罚款；

（二）发生较大事故（事件）的，处上一年年收入百分之四十的罚款；

（三）发生重大事故（事件）的，处上一年年收入百分之六十的罚款；

（四）发生特别重大事故（事件）的，处上一年年收入百分之八十的罚款。

【说明】吸纳《安法》第九十二条。

第一百二十九条 用人单位的职业安全健康管理人员未履行本法规定的职业安全健康管理职责的，责令限期改正；导致发生职业安全健康事故（事件）的，暂停或者撤销其与职业安全健康有关的资格；构成犯罪的，依照刑法有关规定追究刑事责任。

【说明】吸纳《安法》第九十三条。

第一百三十条 用人单位有下列行为之一的，责令限期改正，可以处五万元以下的罚款；逾期未改正的，责令停产停业整顿，并处五万元以上十万元以下的罚款，对其直接负责的主管人员和其他直接责任人员处一万元以上二万元以下的罚款：

（一）未按照规定设置职业安全健康管理机构或者配备职业安全健康管理人员的；

（二）危险物品的生产、经营、储存单位以及矿山、金属冶炼、建筑施工、道路运输单位的主要负责人和职业安全健康管理人员未按照规定经考核合格的；

（三）未按照规定对从业劳动者、被派遣劳动者、实习学生进行职业安全健康教育和培训，或者未按照规定如实告知有关的职业安全健康事项的；

（四）未如实记录职业安全健康教育和培训情况的；

（五）未将事故（事件）隐患排查治理情况如实记录或者未向从业劳动者通报的；

（六）未按照规定制定职业安全健康事故（事件）应急救援预案或者未定期组织演练的；

（七）特种作业人员未按照规定经专门的安全卫生作业培训并取得相应资格，上岗作业的。

【说明】吸纳《安法》第九十四条。

第一百三十一条 建设单位违反本法规定，有下列行为之一的，由劳动保障行政部门给予警告，责令限期改正；逾期不改正的，处十万元以上五十万元以下的罚款；情节严重的，责令停止产生职业病危害的作业，或者提请有关人民政府按照国务院规定的权限责令停建、关闭：

（一）未按照规定进行职业病危害预评价的；

（二）医疗机构可能产生放射性职业病危害的建设项目未按照规定提交放射性职业病危害预评价报告，或者放射性职业病危害预评价报告未经劳动保障行政部门审核同意，开工建设的；

（三）建设项目的职业病防护设施未按照规定与主体工程同时设计、同时施工、同时投入生产和使用的；

（四）建设项目的职业病防护设施设计不符合国家职业卫生标准和卫生要求，或者医疗机构放射性职业病危害严重的建设项目的防护设施设计未经劳动保障行政部门审查同意擅自施工的；

（五）未按照规定对职业病防护设施进行职业病危害控制效果评价的；

（六）建设项目竣工投入生产和使用前，职业病防护设施未按照规定

验收合格的。

【说明】吸纳《病法》第六十九条；并将原定两个行政部门统一为劳动保障行政部门监管。

第一百三十二条 用人单位有下列行为之一的，责令停止建设或者停产停业整顿，限期改正；逾期未改正的，处五十万元以上一百万元以下的罚款，对其直接负责的主管人员和其他直接责任人员处二万元以上五万元以下的罚款；构成犯罪的，依照刑法有关规定追究刑事责任：

（一）未按照规定对矿山、金属冶炼建设项目或者用于生产、储存、装卸危险物品的建设项目进行安全卫生评价的；

（二）矿山、金属冶炼建设项目或者用于生产、储存、装卸危险物品的建设项目没有安全卫生设施设计或者安全卫生设施设计未按照规定报经有关部门审查同意的；

（三）矿山、金属冶炼建设项目或者用于生产、储存、装卸危险物品的建设项目的施工单位未按照批准的安全卫生设施设计施工的；

（四）矿山、金属冶炼建设项目或者用于生产、储存危险物品的建设项目竣工投入生产或者使用前，安全卫生设施未经验收合格的。

【说明】吸纳《安法》第九十五条。

第一百三十三条 用人单位有下列行为之一的，责令限期改正，可以处五万元以下的罚款；逾期未改正的，处五万元以上二十万元以下的罚款，其直接负责的主管人员和其他直接责任人员处一万元以上二万元以下的罚款；情节严重的，责令停产停业整顿；构成犯罪的，依照刑法有关规定追究刑事责任：

（一）未在有较大危险因素的生产经营场所和有关设施、设备上设置明显的安全卫生警示标志的；

（二）安全卫生设备的安装、使用、检测、改造和报废不符合国家标准或者行业标准的；

（三）未对安全卫生设备进行经常性维护、保养和定期检测的；

（四）未为从业劳动者提供符合国家标准或者行业标准的劳动防护用品的；

（五）危险物品的容器、运输工具，以及涉及人身安全、危险性较大的海洋石油开采特种设备和矿山井下特种设备未经具有专业资质的机构检测、检验合格，取得安全卫生使用证或者安全卫生标志，投入使用的；

（六）使用应当淘汰的危及职业安全健康的工艺、设备的。

【说明】吸纳《安法》第九十六条。

第一百三十四条 未经依法批准，擅自生产、经营、运输、储存、使用危险物品或者处置废弃危险物品的，依照有关危险物品安全卫生管理的法律、行政法规的规定予以处罚；构成犯罪的，依照刑法有关规定追究刑事责任。

【说明】吸纳《安法》第九十七条。

第一百三十五条 用人单位有下列行为之一的，责令限期改正，可以处十万元以下的罚款；逾期未改正的，责令停产停业整顿，并处十万元以上二十万元以下的罚款，对其直接负责的主管人员和其他直接责任人员处二万元以上五万元以下的罚款；构成犯罪的，依照刑法有关规定追究刑事责任：

（一）生产、经营、运输、储存、使用危险物品或者处置废弃危险物品，未建立专门安全健康管理制度、未采取可靠的安全卫生措施的；

（二）对重大危险源未登记建档，或者未进行评估、监控，或者未制定应急预案的；

（三）进行爆破、吊装以及国务院劳动保障行政部门会同国务院有关部门规定的其他危险作业，未安排专门人员进行现场安全卫生管理的；

（四）未建立事故（事件）隐患排查治理制度的。

【说明】吸纳《安法》第九十八条。

第一百三十六条　违反本法规定，有下列行为之一的，由安全生产监督管理部门给予警告，责令限期改正；逾期不改正的，处十万元以下的罚款：

（一）工作场所职业病危害因素检测、评价结果没有存档、上报、公布的；

（二）未采取本法第二十五条规定的职业病防治管理措施的；

（三）未按照规定公布有关职业病防治的规章制度、操作规程、职业病危害事故应急救援措施的；

（四）未按照规定组织从业劳动者进行职业卫生培训，或者未对从业劳动者个人职业病防护采取指导、督促措施的；

（五）国内首次使用或者首次进口与职业病危害有关的化学材料，未按照规定报送毒性鉴定资料以及经有关部门登记注册或者批准进口的文件的。

【说明】吸纳《病法》第七十条。

第一百三十七条 用人单位未采取措施消除事故（事件）隐患的，责令立即消除或者限期消除；用人单位拒不执行的，责令停产停业整顿，并处十万元以上五十万元以下的罚款，对其直接负责的主管人员和其他直接责任人员处二万元以上五万元以下的罚款。

【说明】吸纳《安法》第九十九条。

第一百三十八条 用人单位将生产经营项目、场所、设备发包或者出租给不具备职业安全健康条件或者相应资质的单位或者个人的，责令限期改正，没收违法所得；违法所得十万元以上的，并处违法所得二倍以上五

倍以下的罚款；没有违法所得或者违法所得不足十万元的，单处或者并处十万元以上二十万元以下的罚款；对其直接负责的主管人员和其他直接责任人员处一万元以上二万元以下的罚款；导致发生职业安全健康事故（事件）给他人造成损害的，与承包方、承租方承担连带赔偿责任。

用人单位未与承包单位、承租单位签订专门的职业安全健康管理协议或者未在承包合同、租赁合同中明确各自的职业安全健康管理职责，或者未对承包单位、承租单位的职业安全健康统一协调、管理的，责令限期改正，可以处五万元以下的罚款，对其直接负责的主管人员和其他直接责任人员可以处一万元以下的罚款；逾期未改正的，责令停产停业整顿。

【说明】吸纳《安法》第一百条。

第一百三十九条 两个以上用人单位在同一作业区域内进行可能危及对方职业安全健康的生产经营活动，未签订职业安全健康管理协议或者未指定专职职业安全健康管理人员进行安全卫生检查与协调的，责令限期改正，可以处五万元以下的罚款，对其直接负责的主管人员和其他直接责任人员可以处一万元以下的罚款；逾期未改正的，责令停产停业。

【说明】吸纳《安法》第一百〇一条。

第一百四十条 用人单位有下列行为之一的，责令限期改正，可以处五万元以下的罚款，对其直接负责的主管人员和其他直接责任人员可以处一万元以下的罚款；逾期未改正的，责令停产停业整顿；构成犯罪的，依照刑法有关规定追究刑事责任：

（一）生产、经营、储存、使用危险物品的车间、商店、仓库与员工宿舍在同一座建筑内，或者与员工宿舍的距离不符合安全要求的；

（二）生产经营场所和员工宿舍未设有符合紧急疏散需要、标志明显、保持畅通的出口，或者锁闭、封堵生产经营场所或者员工宿舍出口的。

【说明】吸纳《安法》第一百〇二条。

第一百四十一条 用人单位与从业劳动者订立协议，免除或者减轻其对从业劳动者因职业安全健康事故（事件）伤亡依法应承担的责任的，该协议无效；对用人单位的主要负责人、个人经营的投资人处二万元以上十万元以下的罚款。

【说明】吸纳《安法》第一百〇三条。

第一百四十二条 用人单位的从业劳动者不服从管理，违反职业安全健康规章制度或者操作规程的，由用人单位给予批评教育，依照有关规章制度给予处分；构成犯罪的，依照刑法有关规定追究刑事责任。

【说明】吸纳《安法》第一百〇四条。

第一百四十三条 用人单位违反本法规定，有下列行为之一的，由劳动保障行政部门责令限期改正，给予警告，可以并处五万元以上十万元以下的罚款：

（一）未按照规定及时、如实向劳动保障行政部门申报产生职业病危害的项目的；

（二）未实施由专人负责的职业病危害因素日常监测，或者监测系统不能正常监测的；

（三）订立或者变更劳动合同时，未告知从业劳动者职业病危害真实情况的；

（四）未按照规定组织职业健康检查、建立职业健康监护档案或者未将检查结果书面告知从业劳动者的；

（五）未依照本法规定在从业劳动者离开用人单位时提供职业健康监护档案复印件的。

【说明】吸纳《病法》第七十一条。

第一百四十四条 用人单位违反本法规定，有下列行为之一的，由劳动保障行政部门给予警告，责令限期改正，逾期不改正的，处五万元以上二十万元以下的罚款；情节严重的，责令停止产生职业病危害的作业，或者提请有关人民政府按照国务院规定的权限责令关闭：

（一）工作场所职业病危害因素的强度或者浓度超过国家职业卫生标准的；

（二）未提供职业病防护设施和个人使用的职业病防护用品，或者提供的职业病防护设施和个人使用的职业病防护用品不符合国家职业卫生标准和卫生要求的；

（三）对职业病防护设备、应急救援设施和个人使用的职业病防护用品未按照规定进行维护、检修、检测，或者不能保持正常运行、使用状态的；

（四）未按照规定对工作场所职业病危害因素进行检测、评价的；

（五）工作场所职业病危害因素经治理仍然达不到国家职业卫生标准和卫生要求时，未停止存在职业病危害因素的作业的；

（六）未按照规定安排职业病病人、疑似职业病病人进行诊治的；

（七）发生或者可能发生急性职业病危害事故时，未立即采取应急救援和控制措施或者未按照规定及时报告的；

（八）未按照规定在产生严重职业病危害的作业岗位醒目位置设置警示标志和中文警示说明的；

（九）拒绝职业卫生监督管理部门监督检查的；

（十）隐瞒、伪造、篡改、毁损职业健康监护档案、工作场所职业病危害因素检测评价结果等相关资料，或者拒不提供职业病诊断、鉴定所需资料的；

（十一）未按照规定承担职业病诊断、鉴定费用和职业病病人的医疗、

生活保障费用的。

【说明】吸纳《病法》第七十二条。

第一百四十五条 向用人单位提供可能产生职业病危害的设备、材料，未按照规定提供中文说明书或者设置警示标识和中文警示说明的，由劳动保障行政部门责令限期改正，给予警告，并处五万元以上二十万元以下的罚款。

【说明】吸纳《病法》第七十三条。

第一百四十六条 用人单位和医疗卫生机构未按照规定报告职业病、疑似职业病的，由有关主管部门依据职责分工责令限期改正，给予警告，可以并处一万元以下的罚款；弄虚作假的，并处二万元以上五万元以下的罚款；对直接负责的主管人员和其他直接责任人员，可以依法给予降级或者撤职的处分。

【说明】吸纳《病法》第七十四条。

第一百四十七条 违反本法规定，有下列情形之一的，由劳动保障行政部门责令限期治理，并处五万元以上三十万元以下的罚款；情节严重的，责令停止产生职业病危害的作业，或者提请有关人民政府按照国务院规定的权限责令关闭：

（一）隐瞒技术、工艺、设备、材料所产生的职业病危害而采用的；

（二）隐瞒本单位职业卫生真实情况的；

（三）可能发生急性职业损伤的有毒、有害工作场所、放射工作场所或者放射性同位素的运输、贮存不符合本法第二十五条规定的；

（四）使用国家明令禁止使用的可能产生职业病危害的设备或者材料的；

（五）将产生职业病危害的作业转移给没有职业病防护条件的单位和个人，或者没有职业病防护条件的单位和个人接受产生职业病危害的作业的；

（六）擅自拆除、停止使用职业病防护设备或者应急救援设施的；

（七）安排未经职业健康检查的从业劳动者、有职业禁忌的从业劳动者、未成年工或者孕期、哺乳期女职工从事接触职业病危害的作业或者禁忌作业的；

（八）违章指挥和强令从业劳动者进行没有职业病防护措施的作业的。

【说明】吸纳《病法》第七十五条。

第一百四十七条 生产、经营或者进口国家明令禁止使用的可能产生职业病危害的设备或者材料的，依照有关法律、行政法规的规定给予处罚。

【说明】吸纳《病法》第七十六条。

第一百四十八条 用人单位违反本法规定，已经对从业劳动者生命健康造成严重损害的，由安全生产监督管理部门责令停止产生职业病危害的作业，或者提请有关人民政府按照国务院规定的权限责令关闭，并处十万元以上五十万元以下的罚款。

【说明】吸纳《病法》第七十七条。

第一百四十九条 违反本法规定，用人单位拒绝、阻碍负有职业安全健康监督管理职责的部门依法实施监督检查的，责令改正；拒不改正的，处二万元以上二十万元以下的罚款；对其直接负责的主管人员其他直接责任人员处一万元以上二万元以下的罚款；构成犯罪的，依照刑法有关规定追究刑事责任。

【说明】吸纳《安法》第一百〇五条。

第一百五十条 用人单位的主要负责人在本单位发生职业安全健康事故（事件）时，不立即组织抢救或者在事故调查处理期间擅离职守或者逃匿的，给予降级、撤职的处分，并由劳动保障行政部门处上一年年收入百分

之六十至百分之一百的罚款；对逃匿的处十五日以下拘留；构成犯罪的，依照刑法有关规定追究刑事责任。

用人单位的主要负责人对职业安全健康事故（事件）隐瞒不报、谎报或者迟报的，依照前款规定处罚。

【说明】吸纳《安法》第一百〇六条。

第一百五十一条 有关地方人民政府、负有职业安全健康监督管理职责的部门，对职业安全健康事故（事件）隐瞒不报、谎报或者迟报的，对直接负责的主管人员和其他直接责任人员依法给予处分；构成犯罪的，依照刑法有关规定追究刑事责任。

【说明】吸纳《安法》第一百〇七条。

第一百五十二条 用人单位不具备本法和其他有关法律、行政法规和国家标准或者行业标准规定的职业安全健康条件，经停产停业整顿仍不具备职业安全健康条件的，予以关闭；有关部门应当依法吊销其有关证照。

【说明】吸纳《安法》第一百〇八条。

第一百五十三条 发生职业安全健康事故（事件），对负有责任的用人单位除要求其依法承担相应的赔偿等责任外，由劳动保障行政部门依照下列规定处以罚款：

（一）发生一般事故（事件）的，处二十万元以上五十万元以下的罚款；

（二）发生较大事故（事件）的，处五十万元以上一百万元以下的罚款；

（三）发生重大事故（事件）的，处一百万元以上五百万元以下的罚款；

（四）发生特别重大事故（事件）的，处五百万元以上一千万元以下的罚款；情节特别严重的，处一千万元以上二千万元以下的罚款。

【说明】吸纳《安法》第一百〇九条。

第一百五十四条 本法规定的行政处罚，由劳动保障行政部门和其他负有职业安全健康监督管理职责的部门按照职责分工决定。予以关闭的行政处罚由负有职业安全健康监督管理职责的部门报请县级以上人民政府按照国务院规定的权限决定；给予拘留的行政处罚由公安机关依照治安管理处罚法的规定决定。

【说明】吸纳《安法》第一百一十条。

第一百五十六条 用人单位发生职业安全健康事故（事件）造成人员伤亡、他人财产损失的，应当依法承担赔偿责任；拒不承担或者其负责人逃匿的，由人民法院依法强制执行。

职业安全健康事故（事件）的责任人未依法承担赔偿责任，经人民法院依法采取执行措施后，仍不能对受害人给予足额赔偿的，应当继续履行赔偿义务；受害人发现责任人有其他财产的，可以随时请求人民法院执行。

【说明】吸纳《安法》第一百一十一条。

第一百五十七条 用人单位违反本法规定，造成重大职业病危害事故或者其他严重后果，构成犯罪的，对直接负责的主管人员和其他直接责任人员，依法追究刑事责任。

【说明】吸纳《病法》第七十八条。

第一百五十八条 未取得职业卫生技术服务资质认可擅自从事职业卫生技术服务的，由卫生行政部门责令立即停止违法行为，没收违法所得；违法所得五千元以上的，并处违法所得二倍以上十倍以下的罚款；没有违法所得或者违法所得不足五千元的，并处五千元以上五万元以下的罚款；情节严重的，对直接负责的主管人员和其他直接责任人员，依法给予降级、撤职或者开除的处分。

【说明】吸纳《病法》第七十九条。

第一百五十九条 从事职业卫生技术服务的机构和承担职业病诊断的医

疗卫生机构违反本法规定，有下列行为之一的，由卫生行政部门责令立即停止违法行为，给予警告，没收违法所得；违法所得五千元以上的，并处违法所得二倍以上五倍以下的罚款；没有违法所得或者违法所得不足五千元的，并处五千元以上二万元以下的罚款；情节严重的，由原认可或者登记机关取消其相应的资格；对直接负责的主管人员和其他直接责任人员，依法给予降级、撤职或者开除的处分；构成犯罪的，依法追究刑事责任：

（一）超出资质认可或者诊疗项目登记范围从事职业卫生技术服务或者职业病诊断的；

（二）不按照本法规定履行法定职责的；

（三）出具虚假证明文件的。

【说明】吸纳《病法》第八十条。

第一百六十条 职业病诊断鉴定委员会组成人员收受职业病诊断争议当事人的财物或者其他好处的，给予警告，没收收受的财物，可以并处三千元以上五万元以下的罚款，取消其担任职业病诊断鉴定委员会组成人员的资格，并从省、自治区、直辖市人民政府劳动保障行政部门设立的专家库中予以除名。

【说明】吸纳《病法》第八十一条。

第一百六十一条 劳动保障行政部门不按照规定报告职业病和职业病危害事故的，由上一级行政部门责令改正，通报批评，给予警告；虚报、瞒报的，对单位负责人、直接负责的主管人员和其他直接责任人员依法给予降级、撤职或者开除的处分。

【说明】吸纳《病法》第八十二条。

第一百六十二条　县级以上地方人民政府在职业病防治工作中未依照本法履行职责，本行政区域出现重大职业病危害事故、造成严重社会影响的，依法对直接负责的主管人员和其他直接责任人员给予记大过直至开除的处分。

县级以上人民政府职业卫生监督管理部门不履行本法规定的职责，滥用职权、玩忽职守、徇私舞弊，依法对直接负责的主管人员和其他直接责任人员给予记大过或者降级的处分；造成职业病危害事故或者其他严重后果的，依法给予撤职或者开除的处分。

【说明】吸纳《病法》第八十三条。

第八十四条　违反本法规定，构成犯罪的，依法追究刑事责任。

【说明】吸纳《病法》第八十四条。

七、新法第七章：附则（建议）

第一百六十三条 本法下列用语的含义：

危险物品，是指易燃易爆物品、危险化学品、放射性物品等能够危及人身安全和财产安全的物品。

重大危险源，是指长期地或者临时地生产、搬运、使用或者储存危险物品，且危险物品的数量等于或者超过临界量的单元（包括场所和设施）。

职业病，是指用人单位的劳动者在职业活动中，因接触粉尘、放射性物质和其他有毒、有害因素而引起的疾病。

职业病的分类和目录由国务院劳动保障行政部门会同国务院卫生行政部门制定、调整并公布。

职业病危害，是指对从事职业活动的从业劳动者可能导致的各种职业安全健康危害。职业病危害因素包括：职业活动中存在的各种有害的化学、物理、生物因素以及在作业过程中产生的其他职业有害因素。

职业禁忌，是指从业劳动者从事特定职业或者接触特定职业病危害因

素时，比一般职业人群更易于遭受职业病危害和罹患职业病或者可能导致原有自身疾病病情加重，或者在从事作业过程中诱发可能导致对他人生命健康构成危险的疾病的个人特殊生理或者病理状态。

【说明】整合《安法》第一百一十二条、《病法》第八十五条；并增加“职业（病）危害”词语的解释。

第一百六十四条 本法规定的职业安全健康一般事故（事件）、较大事故（事件）、重大事故（事件）、特别重大事故（事件）的划分标准由国务院规定。

【说明】吸纳《安法》第一百一十三条。

第一百六十五条 劳动保障行政部门和其他负有职业安全健康监督管理职责的部门应当根据各自的职责分工，制定相关行业、领域重大事故（事件）隐患的判定标准。

【说明】吸纳《安法》第一百一十四条。

第一百六十六条 本法规定的用人单位以外的单位，产生职业（病）危害的，其职业（病）危害防治活动可以参照本法执行。

劳务派遣用工单位应当履行本法规定的用人单位的义务。

中国人民解放军参照执行本法的办法，由国务院、中央军事委员会制定。

【说明】吸纳《病法》第八十六条。

第一百六十七条 对医疗机构放射性职业病危害控制的监督管理，由劳动保障行政部门依照本法的规定实施。

【说明】吸纳《病法》第八十七条。

第一百六十八条 本法自20××年×月×日起施行。

【说明】合并《安法》第一百一十四条、《病法》第八十八条。

第四章　结构变迁的影响及实证分析

这里的结构主要是指社会学意义上的社会结构分析，不包括经济与社会之间的结构性分析，也不包括宏观意义的国家（政府）与社会之间的结构性分析（这一内容后述）。同时在这里，我们着重对职业安全健康问题的变迁进行社会结构性原因分析，而不在于对职业安全健康问题本身进行内在结构性分析。①

① 笔者曾就本议题相关内容分别在如下研讨会或培训班进行过初步交流：2017 年 5 月 13 日，在由陆学艺社会学发展基金会、中国社会科学院社会学研究所等单位共同主办的“当代中国社会变迁研究学术研讨会”（北京工业大学）上做了题为“转型期职业安全事故及其行为变异的社会结构因素分析”的发言；2017 年 7 月 6 日，在河北省煤矿安全培训中心主办的矿长培训班上做了“煤矿安全的社会形势与安全发展”的讲座；2017 年 12 月 5 日，为南华大学管理学院部分师生做了题为“公共安全管理的社会学反思”的讲座。

第一节　社会结构分析的意义与设计

一、开展社会结构分析的意义

关于社会结构的界定，各大学科的说法不一，即便同一学科内部，界定也不一样。大体而言，在社会学上，社会结构是指一个国家或地区的占有不同资源、机会的社会成员的组成方式和关系格局。[①]它主要包括：反映资源机会基础性载体的人口结构，反映整合方式的家庭结构、社会组织结构，反映民生活动的就业结构、收入分配结构、消费结构，反映空间分布的城乡结构、区域结构，以及反映社会地位的阶层结构和反映社会文明状况的文化结构。[②]这十大分支社会结构构成一个国家或地区社会结构的整体，且相互交叉和影响，其中的阶层结构成为社会结构的核心。从这些社会结构角度分析职业安全健康问题，具有不同寻常的意义：

第一，社会结构是社会学研究的核心议题，是解释纷纭芜杂的社会问题和社会现象的"钥匙"，因而从社会学角度开展社会结构的原因分析，有利于找到职业安全健康问题发生的根源性原因，从而有利于达到"安全治本"的效果，有利于取得事半功倍的效果，有利于解决"头痛医头，脚痛医脚"的弊端。

第二，从风险社会理论、[③]安全社会学角度看，社会结构变迁本身蕴含着不确定性的社会风险，在劳动过程之外对职业安全健康水平具有

① 陆学艺主编《当代中国社会结构》，社会科学文献出版社，2010 年，第 10–11 页。

② 陆学艺主编《当代中国社会结构》，社会科学文献出版社，2010 年，第 10–12 页。

③ Ulrich Beck.1992.Risk Society： Towards a New Modernity. Translated by Mark Ritter. London： SAGE Publications Ltd.

直接或间接的潜在影响。因为运用社会结构分析方法就像中医那样，在治理“社会病”过程中需要打通社会的“经络血脉”，确保“社会肌体”安全健康，而不是安全工程技术或管理那样，直接以西医方式进行“手术”“下药”施治。当然，整体来看，职业安全健康治理需要“中西结合”。[①]

第三，社会结构因素的分析告诉人们，职业安全事故频发或职业病持续增升，不仅仅是因为安全投入、安全法治与监管、安全工程技术等问题，更在于社会层面、社会民生等问题没有从根本上加以解决。这有助于分清哪些是治标，哪些是治本，从而有助于正确施策。

二、相关研究文献回顾及述评

从社会学的社会结构角度观察分析职业安全问题，最早几乎可以溯及恩格斯 1845 年出版的《英国工人阶级状况》一书。书中大量描述和分析了在资本主义生产方式下，资本家阶级对无产阶级（底层工人）的剥削和压榨，即是从社会阶级阶层结构（劳资关系）角度进行的分析。很多学者将此称之为“政治经济分析范式”。接下来，学者基于这种范式的劳动（劳资）关系角度，对职业安全问题进行了大量的结构性原因分析（但也只是零星地在文献中插叙分析）；[②]其中有学者还提到，中国煤矿生产领域职

---

① 颜烨：《社会学与工矿领域的职业安全问题》，《工业安全卫生月刊》2012 年第 273 期。

② Tim Wright, “The Political Economy of Coal Mine Disasters in China: Your Rice Bowl or Your Life”, The China Quarterly, Vol.179: 629–646, Cambridge University Press, 2004; Jeffery A. Hartle, Dianna H. Bryant, “The Sociology of Safety”（PPT）, AIHce, Chicago, IL.ce/handouts/crhartle.pdf; 赵炜：《建筑业农民工职业安全问题研究——基于对职业安全问题的社会学文献分析和实证研究》，《江苏社会科学》2012 年第 3 期。

业安全问题突出，在于城乡二元结构的严重分割。[①]国内多数社会学家从整体社会结构角度来分析和看待中国公共安全或职业安全问题，如陆学艺、[②]李培林[③]等均有相关论述；也有社会学家认为，官商秩序的形成与强化，是如矿难等诸多职业安全问题频现的根本原因。[④]笔者从职业安全治理结构合理化角度进行过分析，诸如煤矿等高危行业应该构建起资源所有者、工人、公司（企业主）、监督者（工会）四者之间相互制约的关系即两两制约，认为这是重要的结构性保障。[⑤]有人也主张和尝试从社会结构角度对职业安全问题进行整体分析，从而提出走“结构性安全治理”之路，兼顾“器物本质安全”与“社会本质安全”治理。[⑥]还有学者分析了职业类型及结构（主要指从业者内在社会结构特性）对职业安全健康的不平等影响。[⑦]

---

① Tim Wright，“The Political Economy of Coal Mine Disasters in China：Your Rice Bowl or Your Life”，The China Quarterly，Vol.179：629-646，Cambridge University Press，2004.

② 陆学艺主编：《当代中国社会结构》，社会科学文献出版社，2013 年，第 1-50 页。

③ 李培林：《改革开放近 40 年来我国阶级阶层结构的变动、问题和对策》，《中共中央党校学报》2017 年第 6 期。

④ 孙立平：《官煤政治之一：矿难中的治理方式》，《官煤政治之二：“扭曲的改革”与利益最大化》，《官煤政治之三：另一种秩序》，《官煤政治之四：“真假矿主”与治理基础》，见孙立平个人博客（http：//blog.sociology.org.cn/thslping/archive/2006/01/06）。

⑤ 杨宜勇、李宏梅：《矿难拷问制度安排》，《中国劳动保障》2005 年第 4 期；杨宜勇、李宏梅：《对中国矿难的制度分析》，《发展》2005 年第 6 期。

⑥ 颜烨：《当代中国公共安全问题的社会结构分析》，《华北科技学院学报》2008 年第 1 期；颜烨：《煤殇：煤矿安全的社会学研究》，社会科学文献出版社，2012 年；颜烨：《论结构性安全治理》，《中国社会科学》（内部文稿）2016 年第 2 期；颜烨：《新时代安全治理重在化解风险迈向安全文明》，《中国社会科学报》2017 年 12 月 15 日第 4 版；颜烨：《公共安全的社会学研究范式》，《中国社会科学》（内部文稿）2018 年第 5 期。

⑦ 梁童心、齐亚强、叶华：《职业是如何影响健康的？——基于 2012 年中国劳动力动态调查的实证研究》，《社会学研究》2019 年第 4 期。

上述文献要么集中某一类社会结构对职业安全健康进行分析，要么笼统性地对所有公共安全问题进行分析，很难说是系统性地对职业安全健康的社会结构性影响进行分析。

三、社会结构性因素分析框架

根据前述的十大分支社会结构，并参考政府或学界的可得数据情况，我们具体设计其分析框架、指标选项如表 4–1。这类分析框架相当于一种假设，即假设这些因素对于职业安全健康具有相关性影响。

表 4–1　中国职业安全健康问题的社会结构分析分解

十大社会结构	具体解析指标项（22/24 项可量化）	可能的影响
人口结构	6 岁以上居民平均受教育年限变化	影响从业者职业安全健康素养
	流动人口数量变化	影响职业安全健康发生率
	贫困人口比重变化（发生率）	影响从业者就业的行业流向
	人口出生率变化	影响校车类交通事故死难人数
就业结构	三大产业就业人口数量变化	影响受害人数量
	脏累苦险差行业就业者比重变化	影响受害人数量
家庭结构	家庭纠纷调解量变化	影响从业者安全卫生心理情绪
	人户分离人数变化	反映职业安全健康水平
社会组织结构	基层工会组织数量变化	影响从业者安全健康维权保障
	各类社会组织数量变化	影响从业者安全健康维权保障
分配结构	居民收入分配基尼系数变化	影响职业安全健康问题发生率
	采矿等行业收入与城乡居民收入比	对从业者具有吸引牵拉作用
	央地财税收入分配结构变化	影响地方政府经济行为等
消费结构	恩格尔系数变化	影响从业者安全卫生心理情绪
	居民房价收入比变化	影响从业者安全卫生心理情绪
	教科卫民生福利服务投入量变化	影响职业安全健康的经济保障
城乡结构	城乡人口变化（城市化率）	反映职业安全健康水平
	城乡居民收入比变化	影响职业安全健康问题发生率
区域结构	区域间城乡居民人均收入标准差变化	影响职业安全健康问题发生率
社会阶层结构	中产阶层比重变化	反映职业安全健康水平
	官商关系不清状况（难以准确量化）	影响职业安全健康问题发生率
	劳动争议案件受理数量变化	反映职业安全健康水平
文化结构	大专以上文化人口比重	影响职业安全健康自我保障水平
	国家治理文化传统（不可量化）	直接或间接接影响职业安全健康

第二节　社会结构影响的相关性分析

这里，我们按照上述将社会结构作为职业安全健康问题的影响因素进行的切入点设计，并结合中国统计年鉴、国民经济和社会发展年度统计公报或其他相关研究数据进行描述性统计分析，以找出其中的相关性特征及其规律。

在此，我们主要使用1990—2018年的职业安全（安全生产）事故死难人数、职业病新增病例数作为因变量，相关年度的社会结构变迁数据作为自变量，以SPSS工具分析两类变量之间的因果关系强弱（皮尔逊系数 r 值），从而考察近30年间宏观社会结构变迁对职业安全健康的影响程度。具体统计结果见表4–2至表4–7。

一、人口结构、就业结构变迁的影响分析

人口结构是一个国家或地区最基本的社会结构，涉及人口的性别、年龄、身体素质等自然生理属性，更涉及人口的文化素养构成、空间分布、产业分布等社会属性（包括社会抚养系数）。就业结构主要是指劳动人口在不同产业、行业的就业人数分布或不同社会属性的构成。这里，我们着重选取与职业安全健康问题有一定相关性的具体人口结构、就业结构因素进行分析。

一般而言，人口文化素质的全面提升，就业者的安全健康保障意识、素养和能力会得到普遍增强，因而职业安全事故或职业病发生率应该下降。但从表4–2、图4–1看：全国人口平均受教育水平不断提升，职业安全事故罹难总人数先后历经“低—高—低”的社会变迁，两者呈现弱负相关性，有一定的解释力；而职业病的总趋势却在不断攀升，与全国人口平均受教

育水平呈现高度正相关，这其中可能涉及其他主要因素（如职业操作的教育培训问题）。

人口巨大流动是改革开放以来最重要的社会特征，它带动了社会资源、机会的流动，同时也带来了人们的社会地位和身份的变化，直接反映和影响职业安全健康发生率及其水平状况。从图 4–1 看，全国人口流动绝对量（人口流动率是指流动人口占总人口比重）逐年攀升，但近年增速有所放缓（2014 年 2.53 亿人，之后略降）；人口流动较多较快的时候，往往也是职业安全事故或职业病高发时期，但从表 4–2 看，流动人口数量却与职业安全事故呈现高度负相关，而与职业病例增加呈现高度正相关。

表 4–2　人口、就业结构因素变迁影响的相关性统计结果

<table>
<tr><th colspan="5">描述统计</th><th colspan="3">相关性 r/t</th></tr>
<tr><th colspan="2"></th><th>平均值</th><th>标准差</th><th>年度数</th><th></th><th>死亡人数</th><th>新增病例</th></tr>
<tr><td rowspan="13">自变量</td><td rowspan="2">流动人口数
平均受教育年限</td><td rowspan="2">10.8937
70.6538</td><td rowspan="2">0.51240
10.49364</td><td rowspan="2">19
29</td><td>流动人口数</td><td>–0.817**
0.000</td><td>0.953**
0.000</td></tr>
<tr><td>平均受教育年限</td><td>–0.228
0.234</td><td>0.757**
0.000</td></tr>
<tr><td rowspan="4">一产就业率
二产就业率
三产就业率
脏累苦险差就业率</td><td rowspan="4">430.7483
250.1759
310.0759
550.9655</td><td rowspan="4">100.56969
30.20409
70.70624
40.04239</td><td rowspan="4">29
29
29
29</td><td>一产就业率</td><td>0.392*
0.036</td><td>–0.838**
0.000</td></tr>
<tr><td>二产就业率</td><td>–0.656**
0.000</td><td>0.853**
0.000</td></tr>
<tr><td>三产就业率</td><td>–0.265
0.165</td><td>0.784**
0.000</td></tr>
<tr><td>脏累苦险差就业率</td><td>–0.331
00.079</td><td>0.005
0.981</td></tr>
<tr><td rowspan="3">标准贫困率（1978）
标准贫困率（2008）
标准贫困率（2011）</td><td rowspan="3">50.1722
30.7500
70.8667</td><td rowspan="3">20.75655
0.66081
40.91859</td><td rowspan="3">安 18/
病 15
4
9</td><td>标准贫困率（1978）</td><td>–0.768**
0.000</td><td>0.354
0.195</td></tr>
<tr><td>标准贫困率（2008）</td><td>0.809
0.191</td><td>–0.844
0.156</td></tr>
<tr><td>标准贫困率（2011）</td><td>–0.505
0.165</td><td>0.172
0.658</td></tr>
<tr><td rowspan="2">人口出生率
小学在校生</td><td rowspan="2">140.1428
110.5853</td><td rowspan="2">20.79126
10.43058</td><td rowspan="2">29
28</td><td>人口出生率</td><td>–0.324（道路）
0.087（道路）</td><td></td></tr>
<tr><td>小学在校生</td><td>0.305（道路）
0.115（道路）</td><td></td></tr>
</table>

续表

描述统计					相关性 r/t		
		平均值	标准差	年度数		死亡人数	新增病例
因变量	安全生产死亡人数	1004920.862	220960.103	29			
	职业病新增病例	185060.231	74540.254	26			
	道路交通死亡人数	743490.586	175950.943	29			

资料来源：事故死难人数、职业病新增病例数据分别与第一章表 1-6、表 1-7 相同，后同；国家统计局网“数据查询”栏的国家数据库 http：//data.stats.gov.cn。

注：$^{*}p < 0.05$，$^{**}p < 0.01$，r 为皮尔逊 Pearson 系数，t 为双尾检验值；缺失脏累苦险差行业就业人数数据；2016 年起，安全监管总局对生产安全事故统计制度进行改革，由于排除了非生产经营领域的事故，事故统计口径发生变化，但交通安全事故略有上升；道路交通安全事故死难人数包括生产领域与非生产领域交通安全事故数据。图 4-1 至图 4-15 与此同。后表同。

一般而言，相关系数 r 在 –1~–0.8 之间，为高度负相关；r 在 –0.8~–0.5 之间，为中度（显著）负相关；r 在 –0.5~–0.3 之间，为低度负相关；r 在 –0.3~0 之间，认为是弱负相关。r 在 0~0.3 之间，认为是弱正相关；r 在 0.3~0.5 之间，为低度正相关；r 在 0.5~0.8 之间，为中度（显著）正相关；在 0.8~1 之间，为高度正相关。后同。

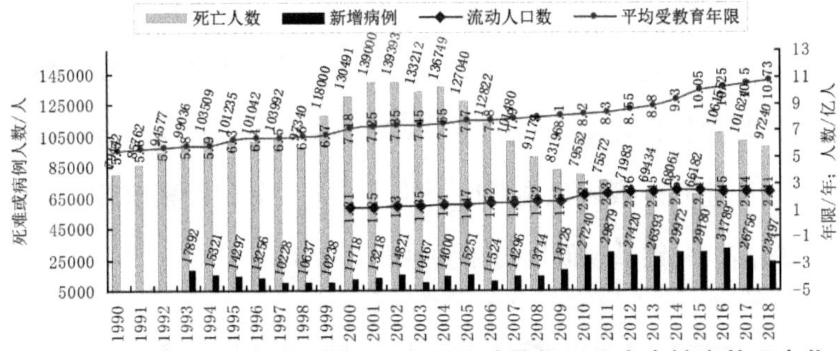

图 4-1　居民平均受教育年限、人口流动量与职业安全健康状况变化

三大产业劳动力人数的变化与职业安全健康水平应该有着直接的关系。一般地，第二、第三产业劳动力上升，会在一定时段内拉升职业病新增病例和安全事死难率；但随着进城务工劳动力职业技能水平的培育和提升，职业安全事故和职业病危害受害者又会逐步下降。从表4–2、图4–2看：第二、第三产业就业人口逐年增加，第一产业就业人数逐年下降；尤其第三年产业就业人数增长更快，1994年超出第一产业人数，2011年超出第二产业人数；第二产业也缓慢地在2014年超出第一产业人数（但之后比重略降）。第二产业尤其第三产业就业人数（主要是农民工人数）在2005年后增长速度加快，两者总就业人数超出50%，但职业安全事故罹难人数下降，反而分别具有较强、较弱的负相关性。而第一产业人口减少与职业病例增加呈现高度负相关，第二、三产业人口相应增加时，职业病有增不减，这方面具有较强的解释力。

从改革开放以来的实践看，城镇“脏累苦险差”行业的就业者80%以上为来自农村的农民工；在这些行业中，职业安全事故与职业病受害者的80%以上同样为农民工。图4–2中的城镇“脏累苦险差”行业就业人数主要包括《中国统计年鉴》中的如下部分：农、林、牧、渔业，采掘业，制造业（包含烟花爆竹和危化品制造），电力、热力、燃气及水生产和供应业，建筑业，交通运输、仓储和邮政业共6个部分，交叉于第一与第二产业，主要沉落在第二产业的工作一线。与全国整个就业人数下降相一致，这类行业就业人数总体也在减少。然而，从表4–2看，当这类行业就业人数比重较低时，职业安全事故死难者反而较多（需要其他因素解释），但职业病发病率较高，分别呈现低度负相关、弱正相关。

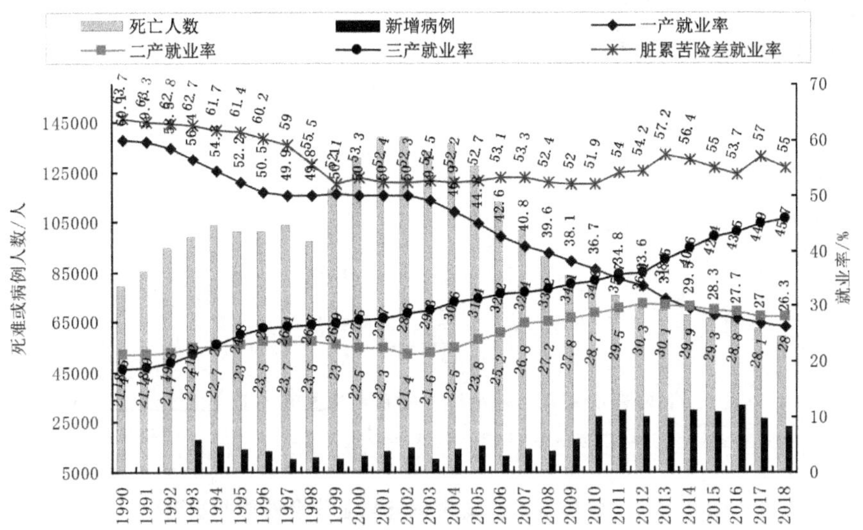

图 4-2　三大产业、脏累苦险差行业就业人数与职业安全健康状况变化

贫困人口占总人口的比重（亦称贫困发生率）对于职业安全健康水平有重要影响。因为农村贫困人口在资源机会占有稀缺的条件下，一般会走向"脏累苦险差"行业干活，以赚取家庭或自身的生活资源。从表 4-1、图 4-4 看，在三类贫困人口划分标准下（1978 年、2008 年、2011 年贫困线），中国贫困人口总体趋势是在减少。若按 2011 年划定的贫困线（人均收入低于 2300 元 / 年）计算：①2000 年贫困人口占比为 49.8%，2005 年占比 30.2%，到了 2010 年，贫困人口则下降到 17.2% 的比重，总量不少但在不断下降，而职业安全事故也处于中国新一轮小高峰期（事故死难人数减少），两者分别呈现中度、低度负相关；但从 2008 年贫困标准看，贫困率与职业安全事故死难人数呈现强正相关。全国职业病新增病例上升与

① 《中国统计年鉴 2016》（电子版），国家统计局网 http：//www.stats.gov.cn/tjsj/ndsj/2016/indexch.htm。

贫困发生率下降的相关性没有得到特别显现（只是从 2008 年贫困标准看，贫困率与职业病增升呈现强负相关）。

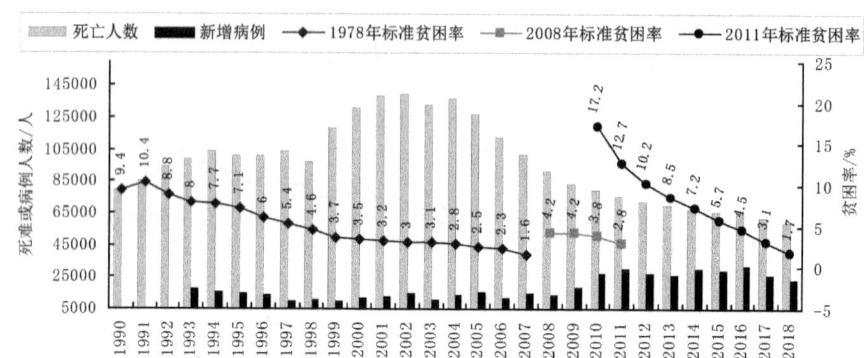

图 4–3 全国贫困人口发生率与职业安全健康状况变化

二、家庭结构、组织结构变迁的影响分析

家庭是社会成员的“安全港湾”，而有些社会组织，如工会也常常被喻为职工的“温暖之家”。家庭结构、组织机构是社会结构的基础性组合单元，其变迁则对职业安全健康风险有一定的影响。

表 4–3 家庭、组织结构因素变迁影响的相关性统计结果

描述统计					相关性 r/t		
		平均值	标准差	年度数		死亡人数	新增病例
自变量	家庭纠纷调解案件	1.62623	0.335898	22	家庭纠纷调解案件	−0.089 0.694	0.068 0.764
	人户分离	2.3500	0.54653	19	人户分离	−0.866** 0.000	0.897** 0.000
	社会组织	39.2150	20.35758	24	社会组织	−0.557** 0.005	0.843** 0.000
	工会组织	148.6483	89.21146	29	工会组织	−0.422* 0.023	0.876** 0.000
因变量	安全生产死亡人数	100492.862	22096.103	29			
	职业病新增病例	18506.231	7454.254	26			
	道路交通死亡人数	74349.586	17595.943	29			

资料来源：国家统计局网“数据查询”栏的国家数据库 http：//data.stats.gov.cn。

人户分离反映流动人口的家庭分离（目前主要是农民工家庭），形成了改革开放以来的诸多“漂泊家庭”，使得家庭内在亲情主义发生一定变化，必然对在业职工诱致一定的焦虑感，进而对职业安全健康同样有一定影响。从图 4–4 看，2000—2010 年人户分离人口达年均 0.12 亿人（较多），职业安全事故率较高；2011—2015 年，人户分离年均达 0.04 亿人，职业安全事故率下降。从表 4–3 看，人户分离与职业安全事故死难人数总体呈现高度负相关性（尚需其他因素解释），而与职业病发病率总体呈现高度正相关性（解释力强）。

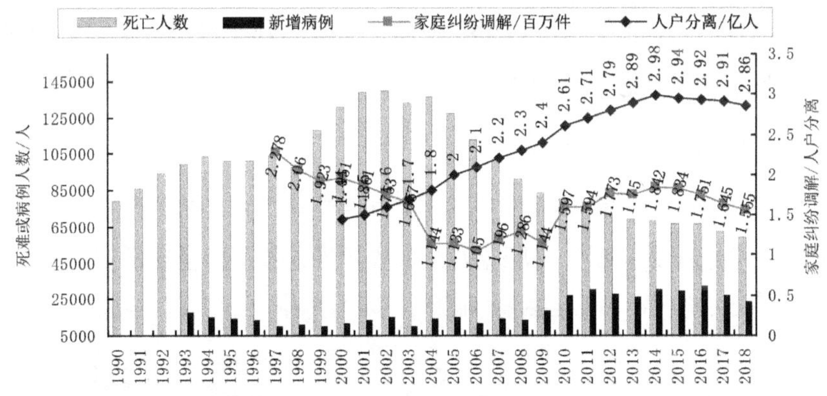

图 4–4　人户分离人数、家庭纠纷调解量与职业安全健康状况变化

家庭纠纷一定程度地反映家庭内部结构关系，家庭纠纷是否达成顺畅调解，也直接影响从业者的工作情绪（安全心理），间接地影响其安全操作，从而影响职业安全事故或职业病的发生概率。从图 4–4 看，家庭纠纷调解呈现 U 形变迁，与职业安全事故具有一定相关性：纠纷解决较多的时候，安全事故相对较少或下降；调解率偏低时，事故死难者相对较多。如 1997 年调解家庭纠纷 227.8 万件，事故死难人数 10228 人；2006 年调解家庭纠纷 105 万件，事故死难人数 112822 人；2016 年调解家庭纠纷升高到

183.4 万件时，事故死难人数下降到 66182 人。2002 年事故死难人数最高达 139393 人，调解家庭纠纷 175.3 万件（一般状态）。但从表 4-3 统计分析看，家庭纠纷调解率变化与职业安全事故、职业病发生分别呈现很弱的负相关性、很弱的正相关性，两类相关性均不明显。

与中国工会不同，工会组织在国外是社会性组织，对于职工安全维权有重要保障作用，在于它与政府、企业之间起着“三权”相互制约的平衡作用。从图 4-5 看，中国基层工会组织数量分三个阶段：（1）在 1990—1999 年间，工会组织数量处于下滑阶段（年均下滑近 1 万个），职业安全事故死难率上升，职业病发病率较低；（2）2000—2002 年间，工会组织数量突然蹿升（3 年年均增长 28.5 万个），之后几年略降，这时的职业安全事故处于高峰状态；（3）2003 年以来，工会组织数量继续飞速增长（年均增长 13.7 万个），职业安全事故下降（2005—2016 年年均下降 5600 人以上），说明基层工会组织不但在数量且在维权质量方面得到跃升。如表 4-3 显示，工会组织数量增长与职业安全事故死难人数下降呈现低度负相关。

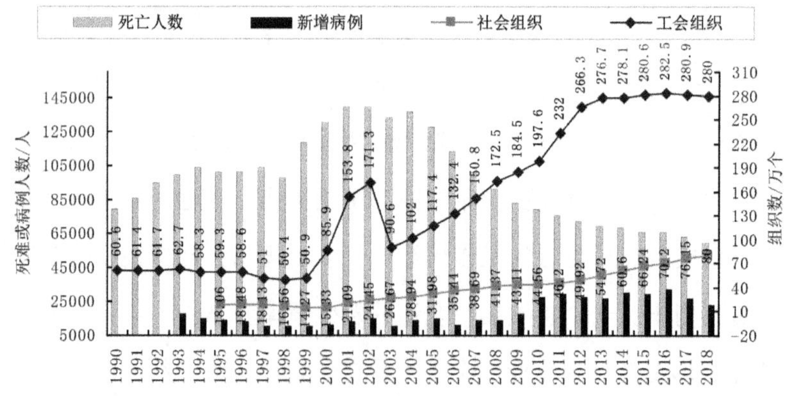

图 4-5　全国基层工会组织、各类社会组织与职业安全健康状况变化

中国的各类社会组织（不含基层工会组织）一直稳步增长，1995—2016 年年均增长 2.48 个。2016 年达到 70.2 万个，每万人达 5.1 个，是

1995 年的每万人 1.5 个的 3.4 倍；但与发达国家每万人 50 个以上、发展中国家每万人 10 个以上的水平相比，相对量比重还很低。从图 4–5、表 4–3 看，中国社会组织数量增长与职业安全事故死难人数下降具有中度负相关性，这表明宏观上社会组织增长对职业安全事故具有较强的阻抑性。

但是，基层工会组织、社会组织增长并不能解释职业病持续攀升的问题，分别与职业病发病率呈现高度正相关（如表 4–3）。这可能与政府、社会对“白伤”问题的重视程度较弱十分相关。

三、分配结构、消费结构变迁的影响分析

分配结构（包括居民收入分配结构、社会财富分配结构等）是一个非常重要的社会结构，直接反映社会成员的资源占有状况和占取资源的可能性机会。消费结构则从另一个维度间接地反映社会成员占有经济资源、社会资源和组织资源的状况。

贫富差距最能反映一个国家或地区的收入不平等状况，是职业安全事故发生的一个重要社会影响因素。但从表 4–4、图 4–6 看，全国居民收入分配的基尼系数升降与职业安全事故升降具有较弱的负相关性（基尼系数略微攀升时，事故死难人数下降），与职业病发生率具有低度正相关（基尼系数攀升时，职业病发病率也在上升）。这类解释力非常一般。

表 4–4　收入分配、消费结构因素变迁影响的相关性统计结果

描述统计					相关性 r/t		
		平均值	标准差	年度数		死亡人数	新增病例
自变量	全国基尼系数	00.445055	00.0406907	29	全国基尼系数	–00.018 00.928	00.445* 00.023
	城镇房价收入比	00.7286	00.04881	21	城镇房价收入比	–00.370 00.098	00.341 00.130

续表

	描述统计				相关性 r/t		
		平均值	标准差	年度数		死亡人数	新增病例
自变量	矿工与市民收入比	0.598664	0.1226131	29	矿工与市民收入比	00.530** 00.003	−00.566** 00.003
自变量	矿工与村民收入比	0.212282	0.0593879	29	矿工与村民收入比	0.319 0.092	−0.462* 0.017
自变量	地方财政收入占比	520.293	80.5687	29	地方财政收入占比	−0.374* 0.046	0.356 0.075
自变量	平均恩格尔系数	420.969	80.6011	29	平均恩格尔系数	0.148 0.443	−0.700** 0.000
自变量	城镇恩格尔系数	390.841	70.9527	29	城镇恩格尔系数	0.034 0.862	−0.629** 0.001
自变量	农村恩格尔系数	460.117	90.2583	29	农村恩格尔系数	0.245 0.200	−0.748** 0.000
自变量	卫生总费用	140260.431	151320.0297	28	卫生总费用	−0.443* 0.018	0.874** 0.000
自变量	政府教育经费	101730.748	108960.7163	27	政府教育经费	−0.551** 0.003	0.902** 0.000
自变量	政府研发经费	16700.425	10520.1989	16	政府研发经费	−0.669** 0.005	0.892** 0.000
自变量	家庭最终消费	182260.441	212780.3604	29	家庭最终消费	−0.348 0.065	0.794** 0.000
因变量	安全生产死亡人数	1004920.862	220960.103	29			
因变量	职业病新增病例	185060.231	74540.254	26			
因变量	道路交通死亡人数	743490.586	175950.943	29			

资料来源：国家统计局网“数据查询”栏的国家数据库 http：//data.stats.gov.cn；基尼系数的资料来源：国家统计局年度数据；毕先萍、简新华：《论中国经济结构变动与收入分配差距的关系》（《经济评论》2002 年第 2 期）；张东生主编：《中国居民收入分配年度报告（2007）》（中国财政经济出版社，2008 年，第 245 页）；《马建堂就 2012 年国民经济运行情况答记者问》，http：//www.stats.gov.cn/tjgz/tjdt/201301/t20130118_17719.html；《国家统计局局长就 2016 年全年国民经济运行情况答记者问》，http：//www.stats.gov.cn/tjsj/sjjd/201701/t20170120_1456268.html；艾小青：《城乡混合基尼系数分解方法研究》，《统计研究》2015 年第 9 期；《2018 年基尼系数约为 0.474》，武小龙博客 http：//blog.sina.com.cn/s/blog_950af5280102zmzo.html；家庭最终消费数据的资料来源：全球宏观经济数据网 http：//finance.sina.com.cn/worldmac/indicator_NE.CON.PETC.CD.shtml。

房价收入比反映住房消费占居民收入或支出的比重，会一定程度地影响居民生活质量和心理承受力，进而会影响从业者的安全心理。按照国际惯例，房价收入比维持在 3~6 倍之间为合理区间，如考虑住房贷款因素，住房消费占居民收入的比重应低于 30%，但目前中国城镇居民的房价收入比普遍偏高。从图 4–6 看，中国城镇居民近 20 年的商品房房价与收入比均在 6 倍以上，2009 年甚至高达 8.1 倍；一、二线城市房价收入比更高，有时高达 30 倍。这种情况无疑促使劳动者加倍劳作，导致身心俱惫，难免推高职业安全事故和职业病尤其交通安全事故的发生概率，然后，从表 4–4 看，城镇房价收入比与职业安全事故死难人数具有低度负相关性，与职业病发病率具有低度正相关性。这都需要其他社会因素进行进一步解释。

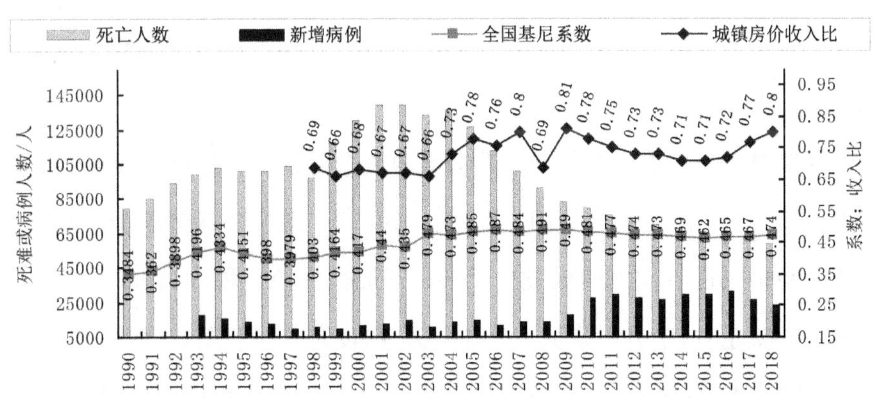

图 4–6 基尼系数、房价收入比与职业安全健康状况变化

注：为作图方便，对图中（城镇）房价收入比的表示做了技术处理：数据本身 ÷10。房价收入比 = 住房总价 / 家庭可支配收入 =（新建商品住宅成交均价 ×100 平方米）/（城镇居民人均可支配收入 × 城镇家庭户均人口）。

改革开放前，煤矿等采掘业职工工资收入非常低。从图 4–7 看，改革

开放以来，采矿业、制造业等职工平均工资一路飙升，尤其在2000年以后，城镇居民年人均可支配收入逐步低于这些行业职工年均收入的50%左右，农村居民人均纯收入仅为其20%左右。也就是说，这类高危行业或工种的收入具有明显的牵引拉升作用。即便农民工因低学历、年龄大而无法进入城市白领职业，但在高危行业同样可以获得非常可观的收入，以解决家庭的贫困问题。实地调查显示，因“生活压力所迫”“自己读书不多，没什么专业技术知识，只好来煤矿从事采煤工作”的，占被调者54.2%。如果一旦发生事故，他们就是最大的受害者，笔者称之为“因贫致灾”。[①] 但从图4–7看，2011年以来，城乡居民人均收入开始逐步回升，农民工外出的可能性会减弱，同时新时代农民工进入城市白领行业的人数逐步增加，采矿等高危行业农民工可能减少，职业安全事故持续走低，但职业病新发趋势不减反增。如表4–4显示，矿工与市民收入比、与村民收入比同职业安全事故死难人数之间，分别具有中度、低度正相关性，而与职业病发病率分别呈现中度、低度负相关。

央地财政收入占比结构是一项公共收入分配结构，应该对职业安全健康水平具有较大的影响。从图4–8看，1994年，国家实行分税制，使得地方税收与中央税收比重构成发生反转，即原来的地方税收占60%~80%倒转为占40%左右，中央税收从占20%~40%倒转为占60%左右。1994年以来，地方财政低于或徘徊于50%左右，这时职业安全事故或职业病一般高发。因为，地方政府无法用低于50%的财力来应对80%的基层事务，因而只

① 颜烨：《煤殇——煤矿安全的社会学研究》，社会科学文献出版社，2012年，第209–211页；颜烨：《安全治本：农民工职业风险治理的精准扶贫视角分析》，《国际社会科学杂志》（中文版）2017年第4期。

好通过开矿、破坏环境等变异行为求发展，结果职业安全事故或职业病攀升。随着 2008 年地方财政总收入的增加，职业安全事故也在逐渐减弱，表明地方乱采滥挖、乱砍滥伐的变异行为有一定收敛。但表 4–4 在总体上显示，地方财政总收入占比与职业安全事故之间呈现低度负相关，而与职业病发病率呈现低度正相关。

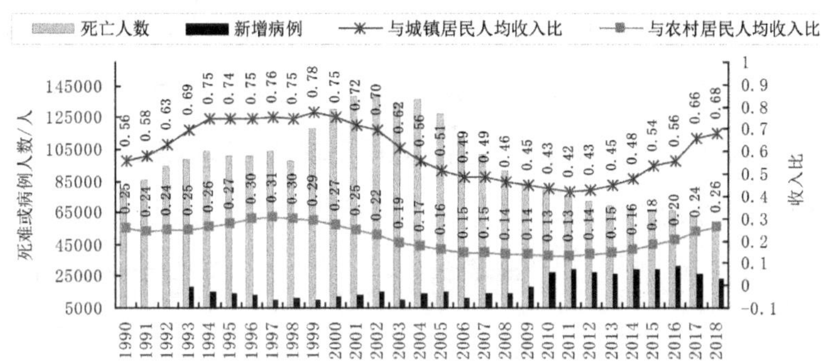

图 4–7 采矿业人均工资同城乡人均收入比与职业安全健康状况变化

恩格尔系数（食品消费占总消费的比重）反映居民生活消费的质量。联合国规定的标准：恩格尔系数在 59% 以上为绝对贫困，50%~59% 为温饱水平，40%~49% 为小康水平，20%~40% 为富裕水平，20% 以下为极度富裕。这对职业安全健康水平会有一定的影响。从图 4–8 看，1999—2006 年，居民恩格尔系数尤其农村恩格尔系数下降最快时，职业安全事故反而高发。这或许表明，居民在住房、教育、医疗等领域的消费攀高，会增加在业者的心理压力。1998 年前，农村与城镇居民恩格尔系数分别高于 55%、45%，2005 年后农村与城镇分别逐步低于 45%、35% 时，职业安全事故率较低。如表 4–4 显示，恩格尔系数与职业安全事故之间呈现弱正相关，与职业病发病率之间呈现中度负相关（需要其他因素的解释）。

居民最终消费额度变化对职业安全健康水平可能有一些影响。从图 4–9

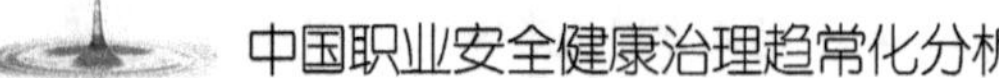

看，家庭最终消费额度总体不断上升，但与职业安全事故的关系具有时段变化的特征：1990—1996 年，居民最终消费年均增长额度为 342.8 万亿美元，事故略有起伏；1997—2006 年，居民最终消费年均增长额度却升为 602.6 万亿美元，而这时也是中国新一轮职业安全事故高峰期；2007—2013 年，居民最终消费年均增长额度又回落到 315 万亿美元，职业安全事故下降。可见，居民最终消费额度在随着物价上涨而拉升时，在业者的心理压力加大，进而很有可能拉高了事故概率和职业病发生率。然而，表 4–4 显示，居民最终消费与职业安全事故发生率之间呈现低度负相关，而与职业病发生率之间呈现中度正相关。

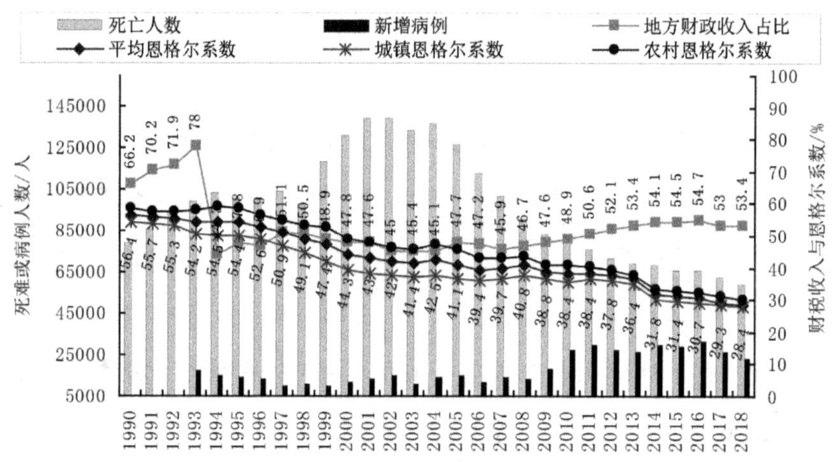

图 4–8　央地税收结构、恩格尔系数与职业安全健康状况变化

注：此图的平均恩格尔系数是对中国城、乡居民消费恩格尔系数的平均。

民生事业服务投入对职业安全健康水平有一定影响。从图 4–10 看，政府公共财政对教育的投入、对科技研发（R&D）的投入，以及卫生总费用（包括政府、企业或社会、个人的投入）均在不同程度地增升，这对于保障从业者的职业安全具有一定的正面作用。

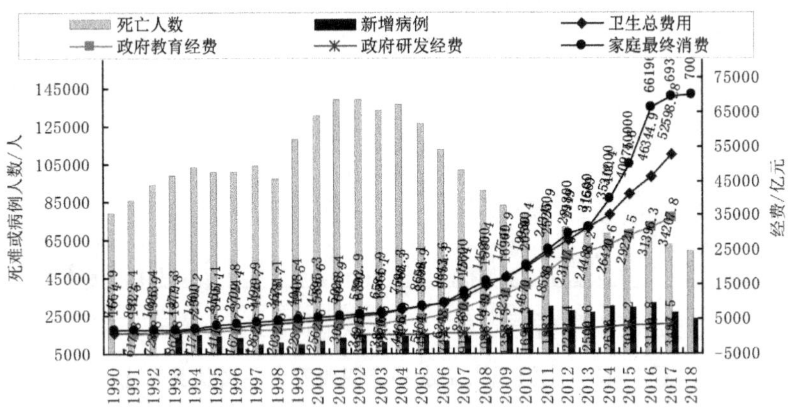

图 4-9　民生服务（教科卫）、居民最终消费与职业安全健康状况变化

图 4-9 显示，除了政府对科技研发投入的年增长额度幅度较小以外，教育投入和卫生总投入均在 2005 年以后大幅度增长，增速远远快于 2005 年之前的投入。政府公共财政对教育的投入方面，1991—2004 年年均增长为 311.4 亿元，而 2005—2015 年年均增长高达 2406 亿元；在卫生总费用方面，1990—2004 年年均增长 488.8 亿元，而 2005—2016 年年均增长高达 3425.9 亿元。也因此，如表 4-4 显示，卫生总费用、政府对教育和研发经费的投入分别同职业安全事故之间呈现低度、中度负相关，而与职业病发生率之间呈现高度正相关（表明政府对职业病的重视程度不如对安全事故的重视）。

四、城乡结构、区域结构变迁的影响分析

城乡二元结构是现代中国特有的社会结构，对中国经济社会发展水平和质量具有较强的解释力。中国区域结构与其他很多国家一样，具有很大的差异性。这两类社会结构密切关联着社会资源、机会的配置，也与其他社会结构密切相关，能够较为准确地反映党的十九大提出的社会主要矛盾转化问题

（人民日益增长的美好生活需要和不均衡不充分的发展之间的矛盾）。

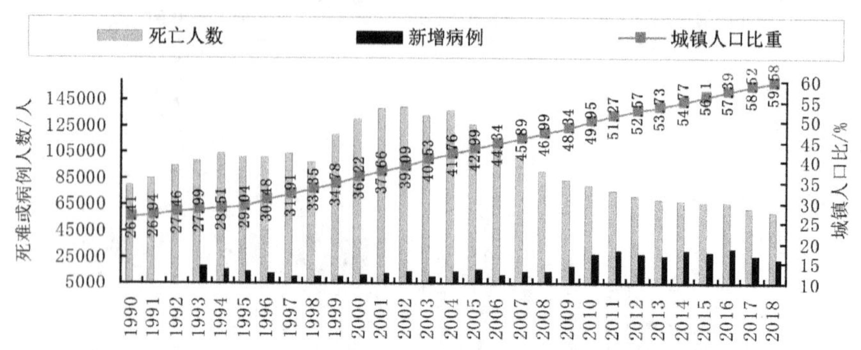

图 4-10　全国城镇化水平与职业安全健康状况变化

城乡人口对比显示一个国家或地区城市化水平及城市文明的发育程度，也带动城乡就业人口的变化（尤其农民工的流动），进而揭示职业安全健康水平的进步程度。目前中国正处于 30%~70% 的快速增长阶段（世界城市化发展“S”形规律揭示：[①]30% 以下为低速增长，30%~70% 为快速增长，70% 以上增速回落）。从图 4-10 看，中国城市化水平持续不断地提升，平均每年以 1% 强的水平在增长，分阶段来看：（1）1990—1997 年城市化年均增长率为 0.786%（比起 1978—1990 年的速率要快），主要是农民工进城务工流动，职业安全事故处于小高峰阶段；（2）1998—2004 年城市化年均增长率为 1.402%，农民工进城务工或经商速度加快，职业安

① Ray M. Northam，“Urban Geography”，John Wiley & Sons，New York，1979，P.66。诺瑟姆的“S”形城市化增长曲线首次介绍到中国的内容参见焦秀琦：《世界城市化的 S 形曲线》，《城市规划》1987 年第 2 期。后来国内学者大多沿用这种说法。实际上国际上并没有找到这种说法，最早的就是“联合国方法”。该方法显示，两个拐点之间尽管表现出相对较快的城市化速度，但城市化水平并没有表现出加速增长趋势，相反，其增长加速度呈现不断下降趋势（参见 United Nations，Methods for Projections of Urban and Rural Population，Manual III，1974. http：//www.un.org/esa/population/techcoop/PopProj/manual8/manual8.html）。

全事故处于中国新一轮高峰时期；（3）2005—2016 年城市化年均增长率为 1.31%（比起前期速率略微下降），农民工进城务工或经商速度稍微放缓，职业安全事故持续下降。这就大体说明，城市化速率相当快的时候，职业安全事故也攀升，职业病发病率同时趋高，说明农民工进城、进矿山矿区务工的较多，亟待职业安全健康文明的熏陶培育和维权建设。总体上看，表 4–5 显示，城市化发展与职业安全事故发生率之间呈现弱负相关，与职业病发生率之间呈现中度正相关。

表 4–5 城乡、区域结构变迁影响的相关性统计结果

描述统计					相关性 *r/t*		
		平均值	标准差	年度数		死亡人数	新增病例
自变量	城镇人口比重	410.8814	100.88465	29	城镇人口比重	–0.305 0.108	0.788** 0.000
	城乡收入比	20.89934	0.322596	29	城乡收入比	0.135 0.487	0.077 0.708
	区域市民收入极比	20.3281	0.09245	21	区域市民收入极比	–0.026 0.912	–0.190 0.410
	区域农民收入极比	40.1707	0.42434	29	区域农民收入极比	0.268 0.160	–0.744** 0.000
因变量	安全生产死亡人数	100492.862	22096.103	29			
	职业病新增病例	18506.231	7454.254	26			
	道路交通死亡人数	74349.586	17595.943	29			

资料来源：国家统计局网“数据查询”栏的国家数据库 http：//data.stats.gov.cn；其中 31 个省份间（区域间）城乡居民人均收入为最高省份与最低省份之比（极比）；农村居民使用的是人均纯收入（2016 年后统一为可支配收入），城镇居民使用的是人均可支配收入（各地城乡居民收入极比的大部分年份是上海与甘肃之比）。

城乡居民收入分配差距最能显示出现城乡资源机会的配置及其效率。从图 4–11 看，城乡居民收入差距（收入比）明显地与职业安全事故发生率呈现相当强的相关性：收入比拉大的时候，职业安全事故攀升；收入比缩小的时候，职业安全事故也相应下降。比如在 2002 年，城乡

居民收入比最高达 3.255 ：1，事故死难人数也是最多的一年（超出 13 万人），因而这两者之间的关系具有很好的解释力。但是，总体来看，如表 4–5 显示，城乡收入差距与职业安全事故、职业病发生率之间均呈现弱正相关。

区域结构差距对职业安全健康问题是否具有影响？从经济结构看，经济总量差距、高危行业企业数量在理论上对职业安全事故、职业病发病率应具有一定的影响；但这里我们主要选取具有社会结构性的综合意义的居民收入差距进行衡量，即 31 个省份间的城乡居民收入的极比（最高与最低省份居民收入之比）进行观察（如表 4–5，区域间市民收入极比与职业安全事故、职业病发生率均呈现弱负相关，没有多大统计意义）。如图 4–13，区域间的农村居民人均收入极比明显大于城市居民收入极比，而且起伏变化较大；鉴于职业安全事故、职业病受难者 80% 以上来自农村，因而如前所述，区域间农村居民收入差距的变化对职业安全健康问题的影响是比较强烈的。但图中显示，1990—2016 年间，区域间农村居民收入差距变化与职业安全健康状况具有三个小阶段的变化：（1）1990—1996 年间，农村居民人均收入极比在上升，事故率也在上升，具有正相关性；（2）1996—2006 年，区域间农村居民人均收入差距是下降的，而这 10 年职业安全事故率却是大幅度上升的，两者具有负相关性；（3）2006 年以来，农村居民人均收入极比总体是下降的，职业安全事故死难人数也在下降，具有弱正相关性（如表 4–5）。

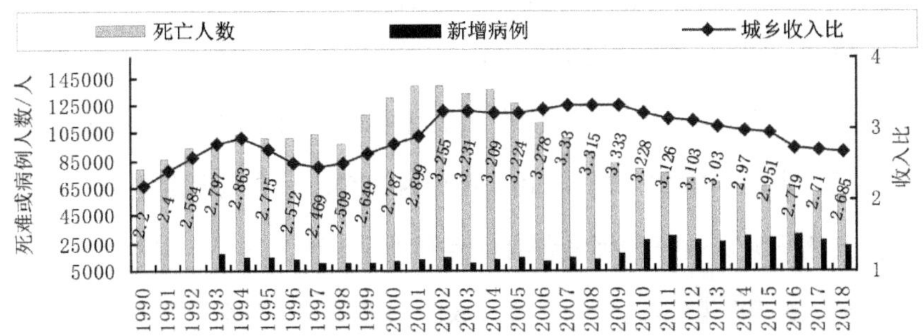

图 4-11 全国城乡居民收入差距与职业安全健康状况变化

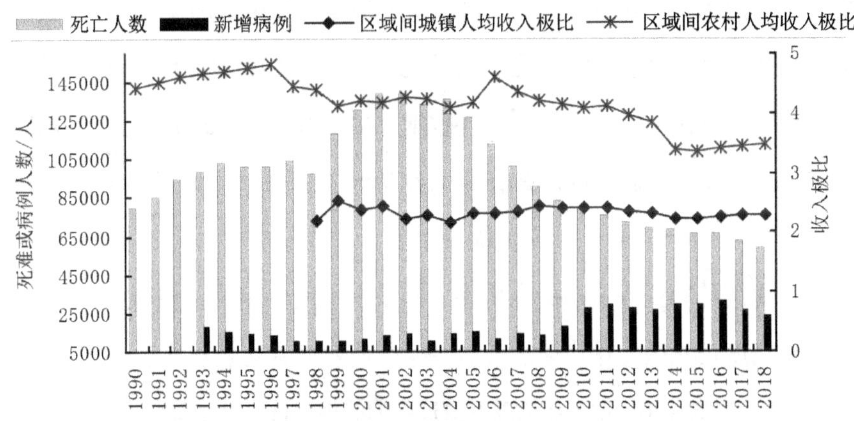

图 4-12 全国各省份间城乡居民人均收入极比变化

五、阶层结构、文化结构变迁的影响分析

社会阶层结构是社会结构的核心，集聚性地反映社会资源、机会在不同层级社会成员中的配置。

社会学家李培林则分析认为，有三种标准对中国目前中等收入群体或中产阶层的规模进行了测算和估计：一是世界银行等国际组织最常用的标准，即按购买力平价计算每人每天收入或消费 10~100 美元（PPP$）。按此标准，中国中等收入群体占全部收入群体 2015 年约达 44%（即 5 亿人左右）。

二是中国国家统计局的探索性标准，以家庭年可支配收入 9 万 ~45 万元人民币来界定。按此标准，2015 年中国中等收入家庭占全部家庭的 24.3%（即 3 亿多人）。三是按照收入中位数的 75%~200% 的区间来定义中等收入群体。按此标准，中国中等收入群体 2015 年约为 38%，但在此相对标准下，多年来比例变化不大。这三种标准各有优点和不足。[①]

若从社会学家陆学艺先生主持完成的“当地中国社会阶层结构变迁”课题所划分的十大阶层结构看，目前中国中产阶层（依职业为基础，视其经济资源、组织资源和文化资源占有状况）差不多是以每年 1% 的增长率在发展。陆学艺先生认为，中国中产阶层人数占总人口比例由 1999 年的 15% 开始，平均每年上升 1%，具体每年中产人数增加约 800 万 ~900 万人，但 2005 年后发展速度加快，[②] 按此标准，2018 年大约达到 34%。其中，如表 4–6、图 4–13，1999—2006 年中产阶层成员比重缓慢上升，职业安全事故处于高峰状态，中产阶层比例与职业安全事故发生率之间呈现中度负相关，与职业病发生率之间呈现高度正相关（中产阶层接触一定的职业危害行业较多）。

表 4–6　阶层结构关系变迁影响的相关性统计结果

描述统计					相关性 r/t		
		平均值	标准差	年度数		死亡人数	新增病例
自变量	中产阶层比例	22.765	6.2802	20	中产阶层比例	−0.665** 0.001	0.861** 0.00
	劳动争议仲裁受理案	37.131	28.288	29	劳动争议仲裁受理案	−0.493** 0.007	0.828** 0.000
	安全生产死亡人数	100492.862	22096.103	29			
	职业病新增病例	18506.231	7454.254	26			
	道路交通死亡人数	74349.586	17595.943	29			

① 李培林：《改革开放近 40 年来我国阶级阶层结构的变动、问题和对策》，《中共中央党校学报》2017 年第 6 期。

② 陆学艺主编：《当代中国社会建设》，社会科学文献出版社，2013 年，第 279–280 页。

资料来源：陆学艺主编《当代中国社会建设》，社会科学文献出版社，2013 年，第 279-280 页。

劳动争议案件总体上反映劳动（劳资）关系状况，反映劳动者与（生产经营）单位组织、与资方之间的阶层关系，也在一定程度上反映职业安全健康状况。从表 4-6、图 4-13 劳动（人事）争议仲裁受理案件数量看，1998 年达 12 万件以来，中国劳动纠纷案件持续上升，2007 年后计入人事纠纷案件，受理数量骤然猛增，2016 年超出 80 万件。总体看，它与职业安全事故死难人数呈现中度负相关，与职业病发生率呈现高度正相关（职业病鉴定与治疗也引发很多劳动争议案件）。当然，劳动争议案件只是职业安全事故发生率、新增职业病的一个表征，前者并不引发后者。

再从政商关系角度分析，1999—2000 年，是职业安全事故的高发期：2012 年党的十八大召开至 2017 年十九大召开的这 5 年间，共查处省部级腐败高官近 150 名；我们对其从政经历梳理发现，他们当中 70% 以上官员是在 1998—2012 年期间犯有贪腐事实，这期间也差不多是职业安全事故高发时期。

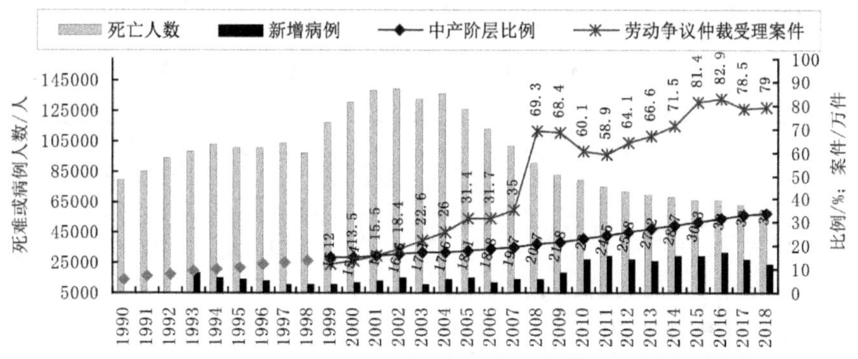

图 4-13　中产阶层成员比重、劳动争议案件与职业安全健康状况变化

文化结构的核心是规范—价值，反映人们在与文化资源相关方面的价值理念、行为规范等问题，同样是一种颇具综合性的社会结构。中国传统

文化有三个特征对职业安全健康发展有直接或间接的影响：

（1）生产经营单位安全事故或职业病的发生，直接受制于政府管控和处置，尤其在计划经济时期表现得非常明显，所谓“牵一发而动全身”，政府直接管理企业生产计划、材料供给、产品销售、利润核算、人事安排等，因而事故与职业病同样由政府引发、控制和处置（后面详述）。

（2）改革开放以来，市场化加速发展，尤其在1992年邓小平视察南方谈话后，市场化体制逐步确立。但与西方明显不同，中国这种市场化体制的衍变、确立，与政府及其官员权力明显相关，因而中国的市场化是一种政府主导的市场化，是一种权力化的资本运营。改革开放以来，职业安全事故、职业病的发生与市场化加速发展有一定关系，但与政府长期以来的全能治理也不无关系。

（3）一些企业很有可能绕过明规则（法律规章制度），而违规、违法开工生产，从而推高安全事故和职业病发生率。然而，对于底层来讲，传统性社会资本（地缘乡土、血缘姻亲、业缘趣缘等）却具有其他正式组织不可替代的、强大的安全保障与维权功能，这在实证分析中可见一斑。[①]

表4–7　文化素质结构变迁影响的相关性统计结果

描述统计					相关性 r/t		
		平均值	标准差	年度数		死亡人数	新增病例
自变量	大专以上人口比重	6.3655	4.37126	29	大专以上人口比重	–0.374* 0.045	0.840** 0.000
因变量	安全生产死亡人数	100492.862	22096.103	29			
	职业病新增病例	18506.231	7454.254	26			
	道路交通死亡人数	74349.586	17595.943	29			

① 颜烨：《煤殇——煤矿安全的社会学分析》，社会科学文献出版社，2012年，第219–220页。

资料来源：国家统计局网“数据查询”栏的国家数据库 http：//data.stats.gov.cn。

当然，我们也可以观察一下全国人口文化素质结构的影响。人口素养提升有助于劳动者更好地识别、判断和处置工场环境中的安全风险，同时也提高劳动者的安全维权意识。从图 4–14、表 4–7 看，大专以上文化水平人口占全国 6 岁及以上人口的比重不到 15%，但是逐步上升的，尤其 1999 年全国开始实行高校扩招（大学生）以来，比重提升更快（1990—1998 年年均增长 15.6%，1998—2016 年年均增长 53.2%）。其中，1990—2004 年年均增长 29.3%，2005—2018 年年均增长达 60.8%，这两个阶段刚好是职业安全事故“一升一降”的两大阶段。同时也表明：人口文化水平在大幅度提升时，职业安全事故发生率是下降的（低度负相关）；但与职业病发病率之间呈现高度正相关（需要其他因素解释）。

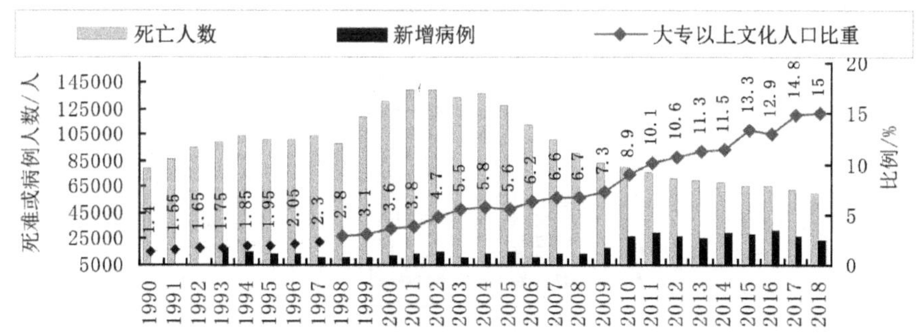

图 4–14 全国大专以上文化人口比重与职业安全健康状况变化

第三节 社会结构影响的进一步思考

社会结构是分析纷纭社会现象的“钥匙”，但它在分析职业安全健康问题时，有人会认为有“隔靴搔痒”之嫌，从上面相关性分析中也略窥一斑。这可能还涉及与社会结构密切相关的其他社会因素，需要对社会结构变迁

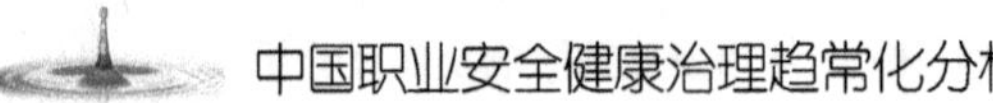

的影响做进一步思考。

一、社会结构影响因素相关性分析的归整

从上述分析看，我们可以按照相关性程度从高到低的状态（综合$p<5\%$和$p<1\%$），分别对职业安全（图 4–15）、职业健康（图 4–17）的结构性影响因素（自变量）进行排序如下。

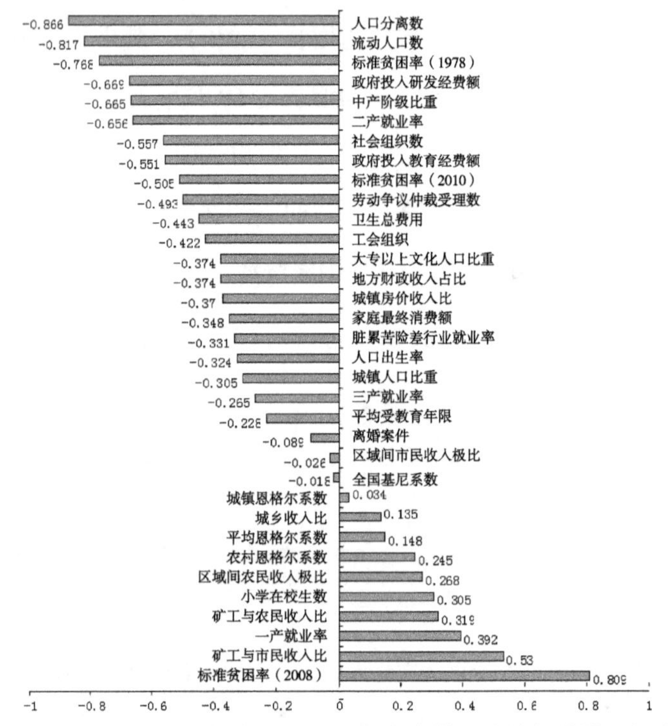

图 4–15 不同社会结构变迁对职业安全事故影响的相关性分析排序

结合$p<1\%$（极显著）和$p<5\%$（显著）看，图 4–15 显示，在正相关中，标准贫困率（2008）与职业安全事故死难人数之间极为显著相关，对职业安全影响很大；其次，是矿工与农民收入比同职业安全事故之间显著相关；再次，依次是一产就业率（农业劳动力去三产比去二产就业的多）、矿工与农民收入比、小学在校生数（对道路交通事故的影响），分别与职业安

全事故之间呈现高度相关和低度相关，但不太显著；最后，依次是区域间农民收入极比、农村恩格尔系数、平均恩格尔系数、城乡收入比、城镇恩格尔系数（5项），对职业安全事故发生的弱相关影响，总体不太显著。

在负相关中，同样结合$p<1\%$和$p<5\%$看，人户分离数、流动人口数（2项）与职业安全事故之间具有很强的相关性（争议多、流动性高，反而事故少，这需要别的原因加以解释）；其次，标准贫困率（1978）、政府投入研发经费额、中产阶层比例、二产就业率、社会组织数、政府投入教育经费额、标准贫困率（2010）等（7项）与职业安全健康之间具有较强的相关性；再次，劳动争议受理案件数、卫生总费用额、工会组织个数、大专以上文化人口比重、地方财政收入占比、城镇房价收入比、家庭最终消费额、脏累苦险差行业就业率、人口出生率（对道路交通事故的影响）、城镇人口比重（城市化率）等（10项），依次与职业安全之间具有低度相关性；最后，依次是三产就业率、平均受教育年限、离婚案件数（家庭纠纷调解数）、区域间市民收入极比、全国基尼系数等（5项），与职业安全事故不具相关性。

结合$p<1\%$（极显著）和$p<5\%$（显著）看，图4–16显示，在正相关中，全国流动人口数、政府教育经费额、人户分离数、政府投入研发经费额、工会组织数、卫生总费用额、中产阶层比例、二产就业率、社会组织数、大专以上人口比重、劳动争议受理案件数（11项），分别与职业病发病率之间具有极为显著的相关性；其次，依次是家庭最终消费额、城镇人口比重（城市化率）、三产就业率、平均受教育年限（4项），分别与职业病发病率之间具有较强的正相关；再次，依次是全国基尼系数、地方财政收入占比、标准贫困率（1978）、城镇房价收入比（4项），与职业病发病率具有较弱的正相关；最后，标准贫困率（2011）、城乡人均收入比、离婚案件数（家庭纠纷调解数）、脏累苦险差行业就业率（4项），与职业病发病率之间不具

相关性。

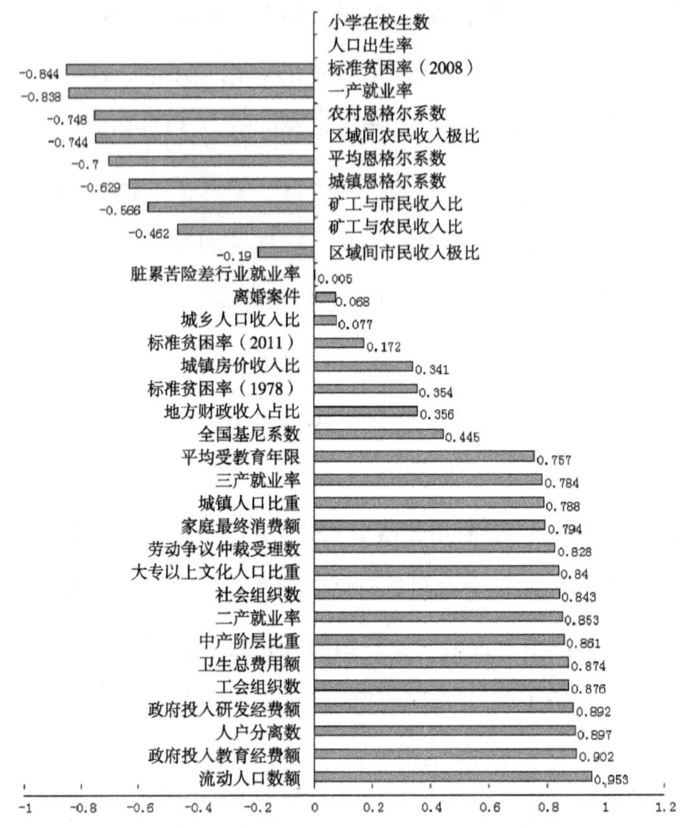

图 4–16　不同社会结构变迁对职业病发病率影响的相关性分析排序

在负相关中，同样结合 p < 1% 和 p < 5% 看，标准贫困率（2008）、一产就业率（2 项）与职业病发病率具有很强的相关性（如一产就业率越低，职业病发病率越高，有解释意义）；其次，是农村恩格尔系数、区域间农民收入极比、平均恩格尔系数、城镇恩格尔系数、矿工与市民收入比（5 项），与职业病发病率具有较强的负相关；再次，是矿工与农民收入比、区域间市民收入极比（2 项），与职业病发病率不具相关性。

二、职业安全健康的三种社会学范式梳理

社会学认为，社会结构性因素分析，比起具体行为规范分析来，是比较宏观的；但与整个人类社会系统的分析比起来，它又是一种较为微观的分析，大体上我们视之为中观层面的分析。也因此，我们根据安全社会学关于“安全行动—安全理性—安全结构—安全系统”（包括职业健康在内的大安全）的分析链条，[①]可以归纳为三种不同的研究范式（安全科学界有人基于个人行为和组织行为层面，从事故根源、根本原因、间接原因、直接原因建构事故致因的 2–4 模型来解释[②]）。

（一）行为理性范式（行为规范化视角）

无论职业安全健康还是公共安全健康保障，均需要行动者发挥主观能动性，通过理性行为和自主行动，去进行有效维护、控制和应急处置；既需要微观个人层面的安全行为规范，也需要中观组织或宏观社会层面（国家、社会或企业）的安全行动。有研究认为，80% 以上的职业安全事故与人的不安全行为密切相关。[③]行为因素论必然导出行为要素控制论，即要对行为进行安全规范控制。

工程学研究认为，工程、教育、规制是确保职业安全的 3E 方案，其

---

① 颜烨:《沃特斯社会学视角与安全社会学》,《华北科技学院学报》2005 年第 1 期；颜烨:《安全社会学》（第二版），中国政法大学出版社，2013 年，第 21–22 页。

② 傅贵、殷文涛、董继业:《行为安全 2–4 模型及其在煤矿安全管理中的应用》,《煤炭学报》2013 年第 7 期。

③ Flemming M，Larder R. Safety culture – The way forward. The Chemical Engineering，1999（11）：pp.16–18。

中教育连接其他两者而成为核心方案，[①]即安全知识技能、安全行为规范、安全政策等的宣教化育作用必不可少，是人的安全社会化（安全化）过程。这是强调外部要素“植入”对个人安全行为的制约性“疗效”，即如何使个人从被动的“要我安全”转化为主动的“我要安全”的问题，[②]强调安全行为的控制受到组织、规则、体制、制度和结构的制约。

早期事故学的常态事故理论（normal accident）认为，事故往往源于复杂的技术系统故障，人员培训并不能有效预防事故的发生，应加强器物系统的“冗余设计”，从而提升系统的高可靠性。[③]其基本思想就是，当技术系统出现故障或操作失误时，备用的冗余设备或部件（两套及以上）介入工作，为系统提供安全服务，减少事故发生概率，也就是说，即便人为操作失误，也不会引发伤亡事故，从而揭示了行为与技术系统安全间的关系。这就是“器物本质安全”的最初含义。但早期安全社会学（sociology of safety）借此认为，任何一项技术工程系统都嵌入于社会系统之中，是一种复杂的社会技术系统，需要一定的“组织冗余”设计，包括良好的组织沟通、清晰的管理责任、高水平的监控、隐患排查和安全预防机制，以及开放性的纠错学习机制、非常规问题处置的快速反应机制，尤其是安全信息的自由流动、员工持续性训练等安全文化建设。这对强化组织高可靠性

---

① National Safety Council. Accident Prevention Manual for Industrial Operations，seventh ed. Chicago，USA. 1974.

② 王宏亮：《从“日常接触”到安全规范的内化和与工作行为的整合——对一个国有煤矿经常性安全教育方法的社会学调查》，中国社会科学院研究生院硕士毕业论文，2003 年；颜烨：《安全社会学》（第二版），中国政法大学出版社，2013 年，第 128 页。

③ Charles Perrow.1985/1999，Normal accidents： living with high-risk technologies. New Jersey：Princeton University Press，pp.1-386.

至关重要，目的在于营造组织的共同安全感。[①]

后来的一些安全社会学（sociology of safety）研究者基于韦伯的官僚制权力理论、默顿的非预期后果理论，着眼于组织内部结构及等级、外部性、权力、决策和文化等因素，将安全人（safe person）与安全场所（safe place）作为事故分析的基点，分析安全人的动因、态度和行为，以及安全场所的理性设计、工程物理控制等因素；认为道德而非利润，才是指导职业安全健康决策的准则。[②] 尤其政治组织要使公众确信政府能够控制系统安全；管理者可以用自己的风险判断，来替代专家的专业判断。[③]

国内日益流行的社会预测预警预控、[④] 应急管理等，[⑤] 已成为安全行为理性范式的"重头戏"，成为实现安全目标的重要手段。

（二）社会结构范式（结构性因素视角）

安全本身具有层级性（高中低程度），但更具有社会结构特性；诸类安全问题的产生不仅仅是因为行为、技术、管理等因素造成的，更具有深刻的社会结构性原因。在社会学上，社会结构可以"指占有不同资源、机

---

① BA Turner, The sociology of safety, DI Blockley (Ed.), Engineering safety, London: McGraw - Hill, 1992: pp.186–201; Reason, James. Managing the Risks of Organizational Accidents, London: Ashgate Publishing Limited, 1997.

② Jeffery A. Hartle & Dianna H. Bryant, "The Sociology of Safety", 2006, AIHce, Chicago, IL. http: //www.aiha.org/aihce06/handouts/cr318hartle.pdf.

③ Clarke, L., Mission Improbable: Using Fantasy Documents to Tame Disaster. Chicago: University of Chicago, 2006.

④ 阎耀军：《社会预测学基本原理》，社会科学文献出版社，2005 年，第 1–357 页。

⑤ 童星、张海波：《中国应急管理：理论、实践、政策》，社会科学文献出版社，2012 年；龚维斌：《公共安全与应急管理的新理念、新思想、新要求——学习党的十九大精神体会》，《中国特色社会主义研究》2017 年第 6 期。

会的社会成员的组成方式及其关系格局”。[①]社会结构是社会学研究的核心，社会阶层结构则是社会结构的核心。而社会建设与经济发展不协调、社会系统内部的结构关系不均衡，则从宏观层面诱发很多社会问题。

关于安全的社会结构特性，典型的分析如波普诺对泰坦尼克号沉没事件中死难者分层的分析：该轮船头等舱乘客多是富翁贵族，事后生还率比较高；二等舱多为经商或专业技术人士（即所谓中产阶层），事后生还率一般；三等舱即为社会底层，事后生还率非常低。此外，妇女儿童比成年男子的生还率高。[②]

当然，对于社会结构范式来说，重点是对诸类安全事故或事件的社会结构性原因分析和挖掘，而不仅仅研究安全的社会结构特性。马克思主义经典社会学家关于社会结构性不平等的思想认为，社会不安是由于社会贫富分化、居民收入分配差距（基尼系数）持续攀升诱致而成的。[③]如国内社会学界有研究认为，20 世纪 90 年代中期以来，中国的社会建设与经济发展严重不协调，社会结构滞后于经济结构变迁大约 15 年，是诸多矛盾

---

① 陆学艺主编：《当代中国社会结构》，社会科学文献出版社，2010 年，第 9–10 页。

② 戴维·波普诺：《社会学（第十版）》（李强等译），中国人民大学出版社，2003 年，第 238 页。这就是所谓所谓“同命却不同价”，或称“泰坦尼克定律”。景军：《泰坦尼克定律：中国艾滋病风险分析》，《社会学研究》2006 年第 6 期。

③ 如亚当·斯密：《国民财富的性质和原因的研究（下卷）》（郭大力、王亚南译），商务印书馆，1974 年版，第 272–273 页；《马克思恩格斯全集》（第一卷），人民出版社，1972 年，第 368 页；《马克思恩格斯全集》（第二卷），人民出版社，1975 年，第 400 页；严景耀：《中国的犯罪问题与社会变迁的关系》，北京大学出版社，1986 年版，第 59 页；阿玛蒂亚·森：《论经济不平等：不平等之再考察》（王利文、于占杰译），社会科学文献出版社，2006 年，第 3 页；胡鞍钢、胡联合等：《转型与稳定：中国如何长治久安》，人民出版社，2005 年；胡联合：《转型与犯罪：中国转型期犯罪问题的实证研究》，中共中央党校出版社，2006 年。

和风险滋生的主要原因。[①]近年，学界认为中国“中等收入陷阱”问题也是引发社会不安全、个人境遇维艰的风险根源所在。

国外学者在研究信息安保（security）问题时，也经常提到信息安全与人性、与人际信任关系结构的相容性问题。[②]在研究职业安全社会学（sociology of safety）时，一些学者也认为，社会结构变迁对之具有较大的影响。如国外有学者就认为，城乡二元结构的存在，是中国农民工大量进入煤矿等高危行业找饭吃的主要原因。[③]笔者也曾分析指出，由于城镇、农民人均收入低于煤矿等高危行业职工收入，且加上“40、50”（岁）的农民工文化程度较低等，因而他们在农村难以安身立命，又无法进入城市白领行业，为了自身与后代的生存发展，那些高危行业的高收入则吸引了他们，使之难免成为工业伤害的主体。[④]

因此，国内一些学者呼吁，要重视社会结构转型变迁对诸类安全的影响，力图通过解决结构性不平等问题，来解决人们的不安全问题。[⑤]

---

① 陆学艺主编：《当代中国社会结构》，社会科学文献出版社，2010 年，第 30–34 页；陆学艺主编：《当代中国社会建设》，社会科学文献出版社，2013 年，第 5–8 页。

② Andrew Odlyzko, “Economics, Psychology, and Sociology of Security”, 2003, http://citeseer.ist.psu.edu/640816.html。

③ Tim Wright, “The Political Economy of Coal Mine Disasters in China: Your Rice Bowl or Your Life”, The China Quarterly, Cambridge University Press, 2004（179）, pp.629–646.

④ 颜烨：《煤殇：煤矿安全的社会学研究》，社会科学文献出版社，2012 年，第 175–178 页；颜烨：《安全治本：农民工职业风险治理的精准扶贫视角分析》，《国际社会科学杂志》（中文版）2017 年第 3 期。

⑤ 龚维斌：《中国社会结构变迁及其风险》，《国家行政学院学报》2010 年第 5 期；龚维斌：《“安全社会学”刍议》，《北京日报》2016 年 8 月 22 日，第 19 版；何绍辉：社会结构转型与女大学生受害及其防治，《中国青年社会科学》2015 年第 1 期；颜烨：《论结构性安全治理》，《中国社会科学（内部文稿）》2016 年第 2 期。

（三）风险社会范式（现代性反思视角）

准确地说，“风险社会”是指整个宏观社会系统已处于风险化状态；作为社会系统范式，它区别于社会系统内部的社会结构因素要素范式。在社会学领域，除了早期马克斯·韦伯、帕森斯等对风险有所论及外，当代学界研究风险社会最突出的是贝克、吉登斯和卢曼等。

韦伯认为，系统逻辑显示行动与决策先于风险，风险是可以归咎和追责的，是可以计算的（如保险业），而“危险”则是超越理性控制的不安全；[①] 帕森斯则认为，人类个体越来越有自我意识，越来越注意自觉运用系统化的知识，应对不确定性突发事件的能力也大大增强了。[②] 这就是一种社会系统论的安全取向，但局限于工业社会的内在风险。

贝克、吉登斯立足于现代性反思的视角来观察风险社会的形成与治理，从而形成一种更为宏观的风险社会理论范式。与拉什强调文化意义的风险不同，与现实主义的政治学、管理学强调风险管控不同，贝克偏重于风险社会形成的技术因素，吉登斯则偏重于政治经济制度因素。但总体而言，他们强调制度化风险社会的形成及其治理。

贝克认为，风险社会是现代化进程中的“第二次现代化”，其风险内生于工业社会，源于工业化过程中人的决策和行为，是其潜在副作用的后果，是制度性风险；其不确定性已经超越人类理性的算计和控制；风险的

---

① Weber，M.，“Vom Inneren Beruf Zur Wissenschaft”，In Max Weber Soziologie，Welt-geschichtliche Analysen，Politik，edited by Johannes Winckelmann，Stuttgart，1968：Kröner，1919，pp.311–340；Weber，M.，Wirtschaft und Gesellschaft：Grundriβ der verstehenden Soziologie，Tübingen：Mohr. 1980（1922）.

② Parsons，T.，“Health，uncertainty and the action structure”，In Uncertainty. Behavioural and Social Dimensions，edited by Seymour Fiddle，New York：Praeger，1980，pp.145–163.

分担已经超越阶级界限，且是全球化的；风险治理存在一种“有组织的不负责任”状态，一方面风险制造者已经无能化解风险，一方面几个世纪以来产生的环境风险等已经找不到制造的主角；要解决风险社会的问题，已经无法依靠工业社会现有的科技或经济等制度，而必须在现有的结构之外进行“政治发明”或“构建世界主义政党”。[①] 直到临终，贝克都还在找寻解决风险社会难题的安全政策，甚至提出建立风险社会政治学。[②]

吉登斯将现代风险分为外部风险（来自自然系统）与内生风险（人类社会内部系统），认为现代风险主要是内生风险；他强调现代性的多维制度特征在风险社会形成中的作用，并从资本主义、工业主义、军事力量和监督四个维度分析风险社会的制度特征和发展模式；且为未来社会设计出“乌托邦现实主义”的发展模式，包括解放政治、生活政治、地方政治化和全球政治化四个制度维度；与贝克类似，吉登斯特别强调新社会运动在全球风险社会治理中的作用。[③]

与吉登斯强调个体的反思性不同，与贝克强调社会力量（有组织不负责任）不同，卢曼的风险社会学更强调系统辩证意义的风险，认为社会中根本就不存在一个在不伤害他人的前提下，做出对自己有益的安全

---

① Ulrich Beck. Risk Society： Towards a New Modernity. Translated by Mark Ritter. London：SAGE Publications Ltd. 1992，pp.1–272；乌尔里希·贝克：《世界风险社会》（吴英姿译），南京大学出版社，2004 年，第 1–243 页。

② Ulrich Beck，Politics of Risk Society，from Jane Franklin（ed.），The Politics of Risk Society，Cambridge：Polity，1998，pp.9–22.

③ Anthony Giddens，Modernity and Self–Identity. Self & Society in the Late Modern Age，Cambridge： Polity Press，1990；Anthony Giddens，The Consequences of Modernity，Cambridge：Polity Press，1991；Anthony Giddens，Runaway world： How Globalization is Shaping our Lives. London： Profile Books，1999.

行动的情形，任何决策者的风险都是被影响人的危险，因而强调反思的力量在于系统本身。这样，他在传承帕森斯的结构功能论的同时，不断植入现象学的因素，创建一种非规范性的理论体系，从而构建起他的风险社会学理论。其风险系统论认为，观察、建构和管理风险，应该将社会学与其他科学分为两个层次：其他学科研究风险主要关注的是如何管理和降低真实的危险或危害，即“一阶观察”，这只是把风险的问题建构为客观知识的一种方式而已，即认为只要决策正确，风险就可以通过适当的措施转为安全；而社会学在研究风险时，应采取独特的观察层次，即是在“观察”上述其他学科系统基础上的“二阶观察”，即如果安全是指一种将来可能出现的损失的话，“安全”是不存在的，任何人在当前都无法确定地知道将来的事情。因此，“安全”只是人们追求的一个目的，而不是现实本身，需要建构“风险—危险”的分析范式。① 这样，与吉登斯、贝克等关于风险社会的制度范式的可知论相比，卢曼的风险社会学则是不可知论的。

国内很多社会学者沿着贝克、吉登斯等的研究路径，对人类安全、个体化问题及其安全机制、现代性问题等具体问题进行了更多思考。这表明中国在进入 21 世纪以来尤其历经 2003 年非典事件以来，安全社会学研究恰恰要在不确定性的风险社会里，去再度寻找安全事故或事件发生的根本性原因，从而找寻出新的、确定性的理性化力量来化解诸类社会风险。

---

① Luhmann Niklas. Risk：A Sociological Theory.New York：A.de Gruyter，1993；张戌凡：《观察“风险”何以可能：关于卢曼〈风险：一种社会学理论〉的评述》，《社会》2006 年第 4 期；黄钲堤：《卢曼的风险社会学与政策制定》，《政治科学论丛》2006 年第 28 期。

三、三种理论范式特点的比较及逻辑关联

（一）三种研究范式的异同比较

从上述三种范式的各自叙述和分析来看，既有内在的联系，但各有侧重和异质性，大体可以列成表 4–8。

表 4–8 职业安全健康研究的社会学范式及其实践比较

	行为理性范式	社会结构范式	风险社会范式
因素要素	安康技术 安康监察 安康管理 安康法治 安康文化 安康投入	基本民生 阶层结构 空间结构 组织结构 人口结构 信任规范	多元主体 多子系统 世界主义 复合机制 协同修复 制度重构
实践指向	器物本质 安康治理 常态社会偏好	社会本质 安康治理 转型社会偏好	现代发展 理性反思 后现代社会偏好
实践优点	紧扣问题 安康治标 西医手法	结构优化 安康治本 中医手法	全面看问题 安康再生产 中西医结合
实践缺点	就事论事 维稳倾向	隔靴搔痒 效果欠佳	仅为理论 无法操作
学界态度	社会科学界 多持保留意见	工程技术界 多持保留意见	脱离发展中国家 的现代化现实

从实践指向、实践优缺点和学界旨趣来看，行为理性范式指向器物本质安全，尤其比较适应于常态社会的安全治理，能够紧扣问题，直接采取西医手法开出“药方”、果毅“阻断切割”隐患和事故（事件），[①] 起着手到病除、立竿见影的效果。但缺陷就在于给人就事论事、为安全而安全、为维稳而维稳、头痛医头脚痛医脚的怪圈或泥淖，乃至使得个人或社会产生安全健康麻木症、安全健康强迫症，很容易造成“一人生病，全家吃药”

① 颜烨：《社会学与工矿领域的职业安全问题》，（台）《工业安全月刊》2012 年（3 月号）第 273 期。

（safety）、封堵追截和过度安检（security）体检等局面，实质是治标。若将此视之为治本，则容易导致本末倒置、事倍功半、因噎废食，反而搅乱民生基础、基本建设，难免侵犯人权，进而引发新的社会不安。这也是安全健康管控（尤其 security）多遭人们诟病的最主要原因。

社会结构范式则着眼于社会本质安全治理，从保障人们的基本需求出发，解决安全劳作、安全发展的基础性问题，解决风险之源，类似于中医治疗，疏通社会"经络"，优化调理为主，达到预防在先、强基固本、"不治已病治未病，不治已乱治未乱"的安全治本效果。但缺陷就在于难以直接切入"问题部位"施治，似有隔靴搔痒之嫌，直接效果不佳。这也是工程技术界觉得不可较多撷取的缘由之一。

而对于风险社会范式来说，公共安全治理更需要一种理性反思。风险之所以形成，在于整个人类系统中经济理性、科技理性、制度理性、管理理性等的自我内卷化；安全治理在理论上具有"中西结合"、全面"诊治"和进行安全再生产的优点。但目前仅仅理论分析较多，缺乏实际可操作性，构建贝克意义的世界主义政党更无可能，且对于中国乃至更多发展中国家来说，有些偏离本土国情历史的现实。中国人多地广，不同区域、不同行业、不同阶层的发展不平衡，所生产和遭遇的风险类型、程度、后果也不完全相同。

（二）三种研究范式的逻辑关联

职业安全事故和职业病的发生，直接地看，是生产过程中的行为变异或不规范问题，有操作者的心理和精神因素，也有操作者（个体行动者）或组织（集体行动者）在应对机器设备技术或环境隐患方面的安全理性不足；但间接地看，其背后则是根本的社会结构性、社会系统性风险原因，即要揭示劳动生产过程之外安全风险生成的社会逻辑（如图 4–17）。

风险社会范式涉及宏观社会系统的四大子系统（经济、政治、社群、文化）与三大社会主体力量（政府、市场、社群）。四大子系统之间关系结构不合理、三大主体之间的结构关系不合理，均会引发社会风险，从而事实上造成一个巨大的“风险社会”。

宏观的风险社会对社会结构变迁有一定影响，但也受到社会结构变迁的影响。社会结构的十大子结构（如第一节所述）在发育、变迁过程中必然引发社会风险，而且通过组织、制度以及政府—企业—社会的关系结构等中间变量因素，同时对人的行为、组织行为施加外在影响，造成职业安全事故和职业病发生。因而，社会结构范式具有核心意义，对上对下都具有很大的影响作用：对上影响社会系统的风险滋生和蔓延，对下影响具体行为（心理情绪等）的变异。

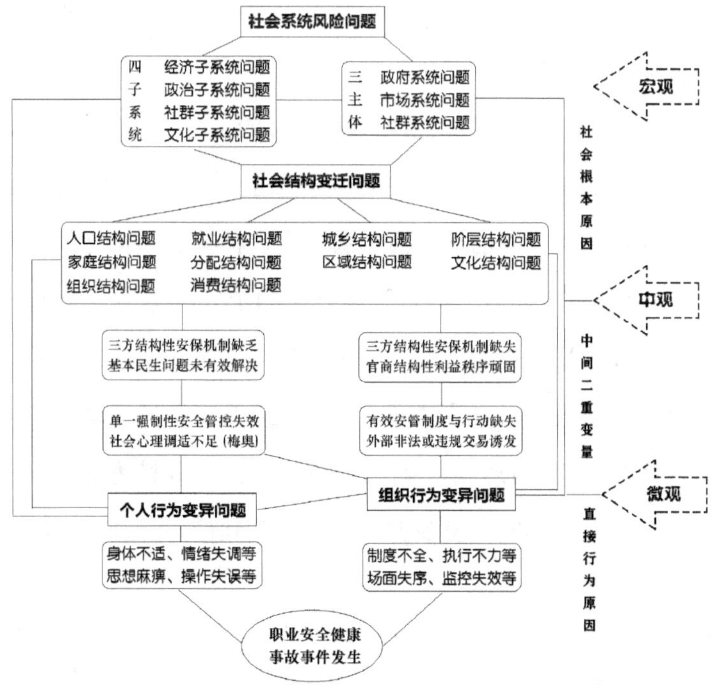

图 4-17　职业安全健康问题三种分析范式的逻辑关联

行为规范范式虽然成为职业安全事故和职业病发生的直接原因，而且具有很好的解释力，但它背后总是有着挥之不去的社会结构和社会系统原因。

四、标本兼治重在治本：范式的实践整合

综合上述三大范式的实践旨趣、优缺点和逻辑关联，我们认为，标本兼治无疑成为职业安全健康治理的实践信条，但重在治本；尤其对于中国这类转型社会来说，重点在于社会本质安全建设和治理。

何谓社会本质安全？马克思说，“全部社会生活在本质上是实践的”，①社会实践的本质是全部社会关系的总和；社会实践正是因为社会关系的多变性更具有不确定性，因而具有复杂性、非线性、不确定性的基本特征；不确定性即是客观存在的风险样态。安全就是要通过人类理性，去“化解风险”“查排隐患”“避免灾变”。对应于器物本质安全的概念，社会本质安全即社会从风险性存在转化为本质安全存在，可以从三个层面理解：（1）从宏观系统论角度看，即是指帕森斯意义的系统内部各子系统之间（经济、社群、政治、文化子系统）的协调发展。（2）从中观层面看，就是指社会结构优化调整，即前述社群子系统内多种社会结构之间的均衡协调发展。（3）从微观层面看，即吉登斯意义的个人本体性安全（ontological security）。本体性安全作为人的一种主观感受、自我认同，与社会信任紧密相连，是指大多数人对自我认同的连续性以及对他们行动的社会物质环境之恒常性所具有的恒心，是一种人与物之间的可靠性感受，即人们在心理上对自我安全存在和安全发展有足够的信念和信心，这当然源于个人对

① 《马克思恩格斯选集》（第一卷），人民出版社，1995年版，第56页。

外在经济社会变迁及其环境的风险把控和安全感知。[①]这三大层面又是相互联袂影响而相辅相成的。从根本上说，社会本质安全治理就是通过社会建设，使得人们在心理上有安全感，在行动上有较强的客观安全性。而社会本质安全（建设）的基质就在于民生改善、社会信任重建、社会公正理念鼎举。

首先，政府带动全社会改善民生，造化民众的经济资本基础，增强行动者个人的可行能力（capability approach）和社会适应能力（social adaptation ability）。这对于转型期进行社会（本质）安全建设至关重要，具有基础性意义。[②]改善行动者面临的衣食住行、教科文卫、社会保障等生存性和发展性的基础民生问题，目的是帮助单个行动者具有较强的自我可行能力即自身能足以自由支配自我行动的能力，[③]能够更快更好地调整自我心理行为，适应社会环境变迁的需要，[④]从而提升自我安全保障水平。因此标本兼治是指既要保障器物（场所）安全，更要重视社会民生安全建设，最主要的目的是要增强民众的安全可行能力和社会适应能力。所谓“仓廪实而知礼节”“民有恒产方有恒心”，以及所谓业有所就、劳有所得、

---

① 安东尼·吉登斯：《现代性与自我认同》（赵旭东、方文、王铭铭译），北京三联书店，1998年，第17-23、39-76页；安东尼·吉登斯：《社会的构成——结构化理论大纲》（李康等译），北京三联书店，1998年；安东尼·吉登斯：《现代性的后果》（田禾译），南京译林出版社，2000年，第6-31、80-97、115-118页。

② 吴忠民：《以社会公正奠定社会安全的基础》，《社会学研究》（中文版）2012年第4期；吴忠民：《社会矛盾、社会建设与社会安全（专题讨论）》，《学习与探索》2016年第12期。

③ Amartya Sen. Development as Freedom，New York： Anchor Books，2002，pp.87-110.

④ 王康主编：《社会学词典》，山东人民出版社，1988年版，第352页；Bristol Lucius Moody，Social Adaptation： A Study in the Development of the Doctrine of Adaptation as a Theory of Social Progress，New York： HardPress Publishing，2013，p.1-382.

学有所教、老有所养、病有所医、住有所居、弱有所扶、心有所安等，正是社会本质安全的物质基础。

其次，重建社会信任，催化社会有机团结，密织社会本质安全的社会资本基础。这对安全建设具有规范性功能。社会诚信是社会规范重建的核心，存在于家庭、社区、社会组织、人际关系之中，是密织正向社会资本的基础要素之一；而社会资本能够催生社会有机团结；社会有机团结的安全性不但源于安全行为的强制，更在于社会成员对安全规范的心理认同、真诚接受和承诺履行，以及安全信息的畅通、安全文化的孕育。熟人社会的低度信任对个体安全、公共安全的保障和维护具有一定的功能，比如家庭教育若能重视培养孩子的诚信意识，促使他们从小践行对自我、对他人、对社会的信誉，不断健全和完善人格，就能培育社会安全的“诚信基因”。当然，在目前市场化转型时期，一方面，旧有规范或传统信任逐渐失效，而适应于市场发展的民主平等、自由竞争的新规范没有成形，社会一度存在社会规范“真空”，或者旧规范与新规范相互冲突（尤其发生在新老代际之间），人们无所适从，仅有熟人社会的低度信任，明显不够，因而亟须重建社会信任尤其是法理信任，以确保公共安全。美国学者福山特别指出，有机市民社会的溃散是社会不安的重要原因；只有当社会的信任半径突破家族或熟人圈子而扩展到普遍信任时，社会才会有更好的发展绩效；也就是说，从熟人间的伦理信任（低信任社会）扩展到社会整体层面的契约法理信任（高信任社会）时，社会信任水平才能得到普遍提高，[①] 也才会确保民众最大、最佳安全。而在现代社会，政府、企业乃至专家常常在

① 弗兰西斯·福山：《信任：社会美德与创造经济繁荣》（彭志华译），海南出版社，2001 年，第 12、61–257 页。

公共产品或服务方面都难免存在诱发风险的可能，以至于“人类生活在文明的火山口”。[①]如果按照吉登斯等人的说法，现代社会处于时空抽离化状态，货币、专家等理性系统打破了传统日常例行化的本土关系信任（即亲缘、地缘、宗教和传统风俗这四类信任）和稳定的生活预期，人们心理上的安定和信心逐渐衰退，人的“本体性安全”缺失或下降，安全感持续走低。本体性安全的构建，使得人们能够产生对自我认同的连续性的恒心，使得人们在人际交往中获得自信，对社会生活产生一种可靠性安全的体验，以此来克服现代社会变迁带给人们的各种焦虑与不安、郁闷与恐惧、冷漠与疏离，从而获取积极生活的信心和力量。[②]

再次，始终高扬社会公正旗帜，优化社会结构，盘活社会本质安全的资源机会，以社会公正奠定社会安全的基础。这对社会建设具有指向标意义。[③]社会结构是社会公正的首要议题；[④]社会公正是社会结构优化调整的核心指向，是对诸如人口结构、民生结构、空间结构、组织结构、阶层结构等结构性差异和不平等的回应和修复，因而需要本着平等、自由、合作的理念依据，进行制度安排和资源机会配置。社会结构性失衡的最主要后

---

① Ulrich Beck. Risk Society： Towards a New Modernity. Translated by Mark Ritter. London：SAGE Publications Ltd，1992，p.19.

② 安东尼·吉登斯：《现代性与自我认同》（赵旭东、方文、王铭铭译），北京三联书店，1998年，第17–23、39–76页；安东尼·吉登斯：《社会的构成——结构化理论大纲》（李康等译），北京三联书店，1998年；安东尼·吉登斯：《现代性的后果》（田禾译），南京译林出版社，2000年，第6–31、80–97、115–118页。

③ 吴忠民：《以社会公正奠定社会安全的基础》，《社会学研究》（中文版）2012年第4期；吴忠民：《社会矛盾、社会建设与社会安全（专题讨论）》，《学习与探索》2016年第12期。

④ John Rawls，Political Liberalism，Columbia University Press，New York，1996，pp.257–258，270–271.

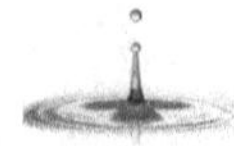

果是：资源机会过于集中在中上层，而广大中下层资源机会匮乏，加上社会保障等民生资源不足，消费水平却同时被上层社会拉高，基本生存与消费攀高的压力同时增大，人的本体性安全受到严重威胁，其结果是社会各层翻越“道德底线”：获有既得利益的权贵阶层对各种资源包括异性身体资源进行独吞或炫耀性消费；而社会中下层一些成员为了获得自身生存的资源机会，欺蒙拐骗、欺生杀熟、出卖人格乃至身体资源。富士康“连跳”自杀事件折射的不仅仅是个体心理问题，更是社会结构压力、劳资关系不顺的社会（心理）问题。当前，解决民众民生安全保障、生命安全健康问题，解决农民工面临的职业安全健康风险问题，首要的是解决社会结构不平等问题，解决底层民生资源机会稀缺的问题，培育和壮大新工人队伍，逐步推进形成中产化的社会。毕竟，“断裂”的社会结构本身孕育着诸多风险，[①]而中产阶层正是社会发展的“稳定器”、社会冲突的“缓冲带”、政治上的“平衡轮”。[②]只有这样，民无饥色、夜不闭户、劳作安全、吃得放心、上下同欲、相安无欺、心安理得的现代社会才能形成。

此外，有研究从社会系统论考察中国社会肌体“超稳定结构”传统，[③]认为它有一种自我调节、自我平衡、自我修复、自我发展的神奇机能，一

① 孙立平：《断裂：20世纪90年代以来的中国社会》，社会科学文献出版社，2003年，第4、11、20–21、27页。

② C. 怀特·米尔斯：《白领——美国的中产阶级》（杨小东等译），浙江人民出版社，1986年，第393–395页；张宛丽：《专题研究报告之四：中国中间阶层研究报告》，载陆学艺主编：《当代中国社会阶层研究报告》，2002年，第252–254页；张翼：《当前中国中产阶层的政治态度》，《中国社会科学》2008年第2期。

③ 金观涛、刘青峰：《兴盛与危机——论中国封建社会超稳定结构》，湖南人民出版社，1984年；陈鸿彝：《古代社会的安全机制与治安管理》，《河南公安高等专科学校学报》1999年第1期。

种类似的“社会安全阀机制”（safety-valve），[①] 实质就是内含着社会系统均衡（社会子系统与经济子系统均衡尤为重要）的结构性制约机制，可以表达为宏观性社会公正，一种能够确保整个社会处于平衡—不平衡—平衡的动态性社会本质安全机制。

第四节　职业安全责任结构实证分析

职业安全（健康）责任是实践问题，更是理论问题；它是一种内在的社会结构。这里，我们基于山西煤业的一项个案问卷调查，对煤矿安全生产的全面安全责任、主次安全责任、层级类型结构等进行排序的实证分析。我们着眼于管理职能要素论与宏观社会系统论视角，对安全责任的具体类型和层级结构进行了学理性划分，从而创新性地提炼出“安全责任结构论”观点，使之具有系统性、全括性、创新性和科学性；从而细化和确定安全责任的承担、奖惩关系，为煤矿安全生产责任法律法规进一步修订奠定政策咨询基础，期望使得责任承担更加合理，使得担责者或社会公众更为满意。

一、问题提出与文献回顾

（一）问题缘起：谁有责任、该担当哪种责任

2018 年应急管理部成立，煤矿百万吨死亡率首次降到 0.1；2019 年全国煤矿发生死亡事故 170 起、死亡 316 人，分别下降 24.1% 和 5.1%；百万

---

① Lewis Coser, The Functions of Social Conflict: An Examination of the Concept of Social Conflict and Its Use in Empirical Sociological Research, New York: Free Press, 1964, pp.39–48, 155–157.

吨死亡率下降到0.083，即所谓“三个持续下降”。应该说，新中国煤矿安全生产成效明显，从最高时死亡7000多人（1989年）到2019年死亡人数在320人以下，基本实现了持续稳定好转。但是，也应该看到，2019年全国煤矿较大以上事故（死亡3人及以上）反弹，较大事故起数和死亡人数同比分别增加6起、54人。2020年初，国家煤矿安全监察局负责人在讲话中指出：部分地方将煤矿安全监管责任层层“甩锅”；有的央企、国企管理层级过多，责任落实层层递减，“最后一公里”问题突出。[①]

与社会治安及其社会反响不同，劳动生产领域尤其高危行业的安全问题，则牵动社会神经。在现代自媒体社会，即便一场并无实际伤害的厂矿事故，都会一度成为社会关注的焦点；因它毕竟与员工生命安全息息相关，因此该领域的安全责任重于泰山。但是，人们一直对事故主体担责和追责存在疑问：安全责任究竟是谁的责任？谁究竟应该承担何种安全责任？安全责任还可不可以细化为具体责任？主要责任和次要责任又是什么？事故发生后的追责涉及责任主体、何种责任的问题，也是定罪量刑的重要依据。按照2019年7月国家煤矿安全监察局发布的《关于煤矿企业安全生产主体责任监管监察的指导意见》的要求，我们在山西开展了“煤矿安全生产主体责任落实研究”课题的实地调查。调查中发现，一些管理者抱怨“安全责任”这个概念过于模糊，究竟承担哪种责任，法律法规上没有明确，影响安全管理者的积极性。因此，正确细化安全责任并责任到人，就成为一个重要的社会问题。我们试以产煤大省山西在煤业改革重组后为例，对

① 黄玉治：《奋力推进煤矿安全治理体系和治理能力现代化 为全面建成小康社会创造良好安全环境——在全国煤矿安全生产工作会议上的讲话》，2020年1月7日，国家煤矿安全监察局网 http：//www.chinacoal-safety.gov.cn/xw/mkaqjcxw/202001/t20200108_343288.shtml。

其一系列与安全责任密切相关的问题进行调研，从实践中来具体回答和解释安全责任的结构性问题。

（二）官方文本回顾：安全责任制历史沿革

中国官方最早提出“安全生产责任制”的文件，是1963年6月30日国务院颁布的《关于加强企业生产中安全工作的几项规定》（即《五项规定》）。它要求企业各级领导、职能部门、有关工程技术人员和生产工人，各自在生产过程中应负的层层安全责任，必须加以明确规定。它同时要求，企业单位各级领导要认真贯彻执行国家劳动保护的法令和制度，在计划、布置、检查、总结、评比生产的同时，计划、布置、检查、总结、评比安全工作（即“五同时”制度）；企业内的生产、技术、设计、供销、运输、财务等各有关专职机构，都应在各自的业务范围内，负责实现安全生产；企业单位均应根据实际情况，加强劳保机构或专职人员的工作；企业各生产小组都应设置不脱产的安全生产管理员；企业职工应自觉遵守安全生产规章制度。

实际上，从一开始，中国政府就初步明确了生产劳动过程中的“安全责任”。安全生产责任制是与“安全第一，预防为主，综合治理”的方针和安全生产法律法规逐步发展紧密关联的，是企业岗位责任制的一部分、最基本的一项安全制度，是企业安全生产、劳动保护管理制度的核心。这项制度此后不断延续下来。

1999年底，国务院首次批准设立副部级的国家煤矿安全监察局（原国家经贸委主管），2001年加挂国家安全生产监管局。2000年颁布《煤矿安全监察条例》（2013年修订），对煤矿安全监察机构及其职责、煤矿安全监察的内容做出了明确规定。2001年国务院颁布《关于特大安全事故行

政责任追究的规定》，对地方政府主要领导人和政府有关部门正职负责人在安全生产中应负的行政责任，做出了明确规定。2002 年首次颁布的《安全生产法》第 4 条提出，生产经营单位必须“建立、健全安全生产责任制”，用法律形式固定下来。2004 年国务院颁布《关于进一步加强安全生产工作的决定》，明确提出“强化管理，落实生产经营单位安全生产主体责任”“强化生产经营单位安全生产主体地位，进一步明确安全生产责任，全面落实安全保障的各项法律法规”。这应该是第一次提出生产经营单位“主体地位”、承担“安全生产主体责任”的概念。2005 年国务院颁布《关于预防煤矿生产安全事故的特别规定》（2013 年修订），分别对煤矿安全监管部门、煤矿安全监察机构尤其煤矿企业的安全生产责任做了具体规定；在此基础上，2012 年国家煤矿安全监察局颁布《煤矿企业安全生产主体责任二十条》。2014 年修订《安全生产法》，第 3 条增加表述“强化和落实生产经营单位的主体责任，建立生产经营单位负责、职工参与、政府监管、行业自律和社会监督的机制”；第 4 条进一步明确生产经营单位必须“建立、健全安全生产责任制和安全生产规章制度”。2016 年 12 月，中共中央、国务院首次联名发布《关于推进安全生产领域改革发展的意见》，强调“健全落实安全生产责任制”，明确提出“明确地方党委和政府领导责任”，坚持“党政同责、一岗双责、齐抓共管、失职追责”，完善安全生产责任体系。2018 年 4 月，中办、国办印发《地方党政领导干部安全生产责任制规定》，落实“党政同责、一岗双责、齐抓共管、失职追责”，首次明确“地方各级党委和政府主要负责人是本地区安全生产第一责任人，班子其他成员对分管范围内的安全生产工作负领导责任”，改变以往由主管安全生产的副职承担主要责任的状况。2019 年 7 月，国家煤矿安全监察局发布《关于煤矿企业安全生产主体责任监管监察的指导意见》，主体内容涉及对煤矿企

业安全人事调配、安全管理制度、安全责任制、安全投入、安全培训、风险辨识管控与隐患排查治理、承包或托管、应急管理等工作情况进行监管检查，并要求各地出台相关办法措施。

值得一提的是，《安全生产法》（2014 年版）第 5~16 条分别规定相关安全责任内容，可简化表述为：生产经营单位主要负责人负有全面安全工作责任；员工（一线从业人员）享有安全权利和负有安全义务；工会负有安全监督和安全维权责任；县以上政府负有安全规划和安全领导的责任；政府部门负有安全监管和安全协调的责任；政府部门负有安全标准制度制定与安全宣传教育的责任；社会组织承担安全服务与安全技术保障的责任；全社会负有事故防范与应急救援的责任。一些煤矿企业单位根据这一规定，具体制定了矿内的安全责任制度、安全责任承诺书。

总体上看，从 1999 年设立副部级的国家煤矿安全监察局，煤矿安全（行政）监察体制逐步完善，从而形成具有中国特色的“国家监察、地方监管、企业负责”的煤矿安全生产工作格局，形成国家、省、区域三级的垂直型煤矿（行政）安监体制，注重系统治理，健全煤矿安全生产责任体系，明确政府是安全生产的监管主体、煤矿企业是安全生产的责任主体。这应该是中国煤矿安全持续稳定好转的主要特色性因素。

（三）相关研究文献回顾与简析

责任，由哲学、伦理学争论延伸到社会学、法学、管理学等学科领域，大体上有个人责任与社会责任（共同责任）之分；[①] 说到底，责任是一种

① ［意］芭芭拉·塞纳：《风险与责任之间的社会学联系：一种批评性评述和理论建议》，《国际社会科学杂志》（中文版），2017 年第 3 期。

社会性的有机关联理性，一种伦理性关联、道德意识，[①]既要对自己也要对他人负责，是一种义务。安全责任，即个人责任与社会责任的双重关联。马克斯·韦伯区分了信念伦理与责任伦理，认为前者是指行动者只对行动本身是否符合绝对价值和普遍律令进行审视而不论行动的手段是否正当或有害无害；后者则是指行动者的责任是寻求达成既定目的最为有效的手段或工具，并对其行为后果负责的准则。[②]关于“安全责任”的研究，国内外都有一定的开展。如国外有学者认为，风险或安全是一种社会性关联责任；这种关联责任超出事前责任与事后责任，既适用于风险转化为灾难事实的归责，也适用于避险的安全决策过程中所有行动者的责任。[③]

国内学界的研究多集中于2003年SARS疫情肆掠之后。一般认为，对于政府的安全行政问责，始于2003年SARS型肺炎疾病肆虐时期。但上述资料显示，在这之前，2001年国务院总理签发了《国务院关于特大安全事故行政责任追究的规定》，明确对地方政府主要领导的行政问责。2005年初，原国家安监总局局长李毅中提出安全生产五要素（安全文化、安全法制、安全责任、安全科技、安全投入），“安全责任”是其中的一项重要因素，安全责任心与责任管理的理念进一步凸显出来。[④]2006年，他提出安全生

---

① Durkheim E., 1893, De la division du travail social. Paris: Alcan.

② ［德］马克斯·韦伯：《学术与政治》（冯克利译），北京三联书店，1998年，代译序、第107-108页。

③ ［意］芭芭拉·塞纳：《风险与责任之间的社会学联系：一种批评性评述和理论建议》，《国际社会科学杂志》（中文版）2017年第3期。

④ 李毅中：《在国家安全生产监督管理总局干部大会上的讲话》，2005年2月28日；徐德蜀、汪国华、张爱军：《浅谈“安全生产五要素”与安全科学技术》，《第十四届海峡两岸及香港、澳门地区职业安全健康学术研讨会暨中国职业安全健康协会2006年学术年会论文集》，2006年5月1日，西安。

产领域要更加明确“两个主体”责任，[①] 即政府是安全生产的监管主体，承担安全监管责任；企业（生产经营单位）是安全生产的责任主体，承担生产安全责任。后来笔者专门从安全伦理角度对安全责任进行了研究，认为安全责任是一种行动者基于安全权利和义务的基础，应当且必须承担保障人的完全的道德伦理。[②] 但这些研究主要是关于 ×× 安全责任，而不是关于安全 ×× 责任的研究。一些法学者在涉及安全法律责任时，提到过安全行政责任、执法责任，伤害补救责任、惩罚责任，事故内部责任、外部责任，等等。[③] 至于 2003 年以来，国内一度研究的安全行政问责问题，[④] 均没有涉及具体细化的安全 ×× 责任类型，充其量涉及安全行政（监管）责任、主要安全责任、次要安全责任等。

从政府文件文本和学术文献看，国务院 1963 年颁布的《五项规定》，

---

① 李毅中：《安全生产：提高认识，把握规律，理清思路，推动工作》，《求是》2006 年第 14 期。

② 颜烨：《安全社会学》（第二版），中国政法大学出版社，2013 年，第 245-250 页。

③ 张钰芙蓉：《论行政责任类型的体系建构》，《山东社会科学》2015 年第 4 期。

④ 岳晓光：《安全责任展开理论及其在煤矿安全生产中的应用》，《华北科技学院学报》2006 年第 3 期；张兴凯、王浩：《企业安全生产责任矩阵研究》，《中国安全生产科学技术》，2007 年第 6 期；段伟利、陈国华：《企业安全生产主体责任绩效评估建模与应用》，《中国安全科学学报》2010 年第 5 期；常纪文：《安全生产党政同责一岗双责齐抓共管体制的顶层设计与建设运行》，《安全》2014 年第 1 期（最初载于国家安监总局《调查研究》2013 年 12 月 9 日第 21 期 / 总第 292 期）；高恩新：《特大生产安全事故的归因与行政问责——基于 65 份调查报告的分析》，《公共管理学报》2015 年第 4 期；姜雅婷、柴国荣：《安全生产问责制度的发展脉络与演进逻辑——基于 169 份政策文本的内容分析（2001—2015）》，《中国行政管理》2017 年第 5 期；邢振江：《价值理性视角下我国特大安全事故行政问责探究》，《中国行政管理》2018 年第 1 期；刘竞一：《生产经营单位安全生产主体责任研究》，天津工业大学硕士学位论文，2019 年 6 月；杨炳霖：《后设监管的中国探索：以落实生产经营单位安全生产主体责任为例》，《华中师范大学学报》（人文社科版）2019 年第 5 期。

实际上已经初步勾勒出了劳动生产过程中的“安全责任”构成，但没有明确提出相关概念；《安全生产法》《煤矿安全监察条例》以及政府部门负责人的讲话文献，也都对不同法律主体的安全责任做了初步规定；一些煤矿企业根据法律法规等文件对内部安全责任进行了具体分解，但总体尚显不足。从学者们的学术研究来看，主要偏重于某一方面或某个单一视角的实证研究，就事论事，缺乏综合性的体系化分析，且多数基于实务工作进行归纳总结，科学指导价值、推广应用价值不强，因而也存在诸多不足。

二、研究设计与调查样本

（一）研究视角与安全责任内涵设计

鉴于上述分析，我们基于帕森斯的社会系统论和法约尔的管理要素论视角，对煤矿安全责任进行框架设计，并通过问卷调查来验证和回答安全责任的分解构成。

1916 年，法国管理学家法约尔在其著作《工业管理与一般管理》中系统阐述了管理过程的 5 项职能要素和 14 项原则；其中，5 项要素理论最具核心概括力，即管理就是实行计划、组织、指挥、协调、控制的过程。[①]这是法约尔在管理学理论上最突出的贡献，奠定了管理学的基础，建立了管理学的主要框架，沿用至今；到了 20 世纪 50 年代，美国学者孔茨、奥唐内尔修改为计划、组织、人员配置、指导和控制；[②]后来又演变为计划、

① ［法］H. 法约尔：《工业管理与一般管理》（周安华等译），中国社会科学出版社，1982 年，第 46–122 页。

② Koontz H，O'Donnell C.，1955，Management： a systems and contingency analysis of managerial functions，New York： McGraw–Hill Inc.

组织、领导、控制 4 个方面。[①] 现代管理之父、经验主义者德鲁克则非常注重有效管理的时间、成效、专注、秩序、决策等因素。[②] 国内有人将管理职能要素发展为决策与计划、组织、领导、控制、创新；[③] 还有学者认为公共管理要素包括管理主体（组织或个人）、管理对象（公共事务）、管理资源和手段、管理环境（自然与社会环境）4 个方面。[④] 除此之外，还有马克斯·韦伯的科层制理性管理思想、梅奥的行为与人际关系管理思想、麦格雷戈的 XY 理论、马斯洛的需要层次说等，以及新兴的系统管理（如巴纳德和约翰逊）、权变管理（如伯恩斯和菲德勒）、质量管理、新公共管理等理论。[⑤]

管理学的要素论不论多么强调系统论，如巴纳德强调协作意愿、共同目标、信息沟通三大要素，[⑥] 或者强调管理与外部环境之间的系统性协调，如德鲁克，[⑦] 但终究是为了强调管理的内在职能、过程及最终效率。安全责任及其管理如果仅仅停留在微观或中观，而不俯瞰外部环境的变化，也很难增强功能、提升效率，甚至迷失方向。因此，我们可以从美国社会学

---

① Robbins S.P. and Coultar M.，1996，Management，Pearson Education，Inc.，Delhi.

② ［美］彼得·德鲁克：《德鲁克管理思想精要》，李维安等译，机械工业出版社，2011 年，第 9-11、257-295 页。

③ 周三多、陈传明：《管理学》（第五版），高等教育出版社，2018 年，第 5-6 页。

④ 黎民：《公共管理学》（第二版），高等教育出版社，2011 年，第 17-18 页。

⑤ 郭咸纲：《西方管理思想史》，北京联合出版公司，2014 年，第 1-429 页。

⑥ Chester Barnard，1938，The Functions of Executive，Cambridge，Mass.：Harvard University Press.

⑦ ［美］彼得·德鲁克：《德鲁克管理思想精要》，李维安等译，机械工业出版社，2011 年，第 9-11、257-295 页。

家帕森斯那里借用社会系统的结构－功能思想来思考安全责任的类型。[①] 帕森斯从20世纪30年代就开始思考行动与系统的结构性问题，其著作《社会体系》（1951年）、《经济与社会》（1956年与斯梅尔瑟合著）明确认为，总体社会系统包括经济系统、政治系统、社会共同体系统、文化模式托管系统4个子系统。这与2006年中共十六届六中全会关于中国特色社会主义现代化建设"四位一体"总体布局的精神是契合的。当然，在宏观社会系统中，还存在政府、市场（企业）、社会（公民）三大主体力量，与前述的四大子系统构成一个完整的社会系统。

相对而言，管理要素论注重系统内部的连续性统一过程，社会系统论注重宏观大系统内在子系统及其要素的结构性关联，两者相得益彰。为此，我们结合实务研究与理论视角，将安全责任分解、细化为11个不同类型的子责任（如图4-18），从而构成从政府到企业、从顶层到班组、从组织到个人的结构性体系，力促"安全生产，人人有责""事事有人管、层层有人抓"的安全责任体系，从而形成"安全责任结构"模式（安全责任结构论）。按照社会学的说法，结构决定功能，功能反作用于结构。作为职业责任（职责）范畴的安全责任体系，内在结构与外在功能应该均衡一致，否则结构不合理，功能则紊乱；功能失良，则反过来激发结构调整。

从管理要素角度看，安全责任主要分为四大类：（1）安全发展规划责任，主要是从计划要素角度，来观测政府、煤业集团、煤矿等组织顶层开展安全发展的规划状况，体现煤矿安全治理与安全发展的统一性与连续性、预

① Talcott Parsons. 1951，The Social System，First Published in England by Routledge & Kegan Paul Ltd；［美］塔尔科特·帕森斯、尼尔·斯梅尔瑟：《经济与社会》，刘进等译，华夏出版社，1989年，译者前言、265-279页。

见性与灵活性、全括性与精确性；（2）现场组织指挥责任，这里一般是指煤矿采煤现场的安全组织与指挥，涉及煤矿现场安全工作的统一领导、目标把控、班组管控、清晰决策、明确职责、召集会议、劳动维序、奖优罚劣、工作创新、行动配合、榜样激励、精神感召、组织、应急指挥、事故救援等具体安全事务；（3）安全工作协调责任，这一方面包括政府与煤炭企业之间、集团企业与子公司之间、煤矿内部各层级之间的日常安全工作协调，旨在打破和调整条块分割、信息不畅、沟通失序、扯皮推诿、工作盲区等状况，开展上下左右协调工作；（4）风险评估控制责任，这主要是指煤矿企业借助内部和外部力量，对影响安全采煤的各类风险（所谓危险源或隐患）进行事前评估，并采取科技手段、合法合规的管理手段进行控制或化解的责任。

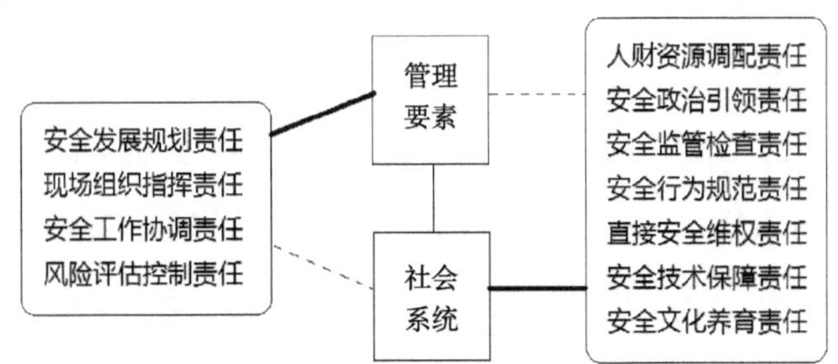

图 4–18　基于管理要素与社会系统的安全责任分解（安全责任结构模式）

从社会系统角度看，涉及安全经济、安全社会、安全政治（法规与管理）、安全文化（含安全科技）四大子系统（上述管理要素的四大类安全责任本质上属于安全政治子系统），可进一步分解为七大类：（1）人财资源调配责任，这里主要是指煤业集团、子公司、煤矿层层的人事安排和物质资源的合理配置与临时调度，属于安全经济、安全政治子系统；（2）安全政治引领责任，这主要是指地方党政、政府监管监察部门、煤业集团、子公司、煤矿党政对煤矿安全人命关天大事的政治方向把控、安全发展大局把控、安全思想政治教育和引导等责任，属于安全政治子系统；（3）安全监管检查责任，这主要是指政府监管监察部门、煤业集团、子公司、煤矿内部安检部门等，依法依规、定期或不定期对煤矿安全状况开展行政监察或监督检查，属于安全政治子系统；（4）安全行为规范责任，这主要是指基础区队班组及其实际操作人员，按照煤矿安全规程等进行行为规范指导和控制，包括所谓反违章作业、违规操作、违反劳动纪律等，属于安全社会子系统；（5）直接安全维权责任，这主要是指煤矿内部具有中国特色的党、政、工、团、妇等组织和外部的社会组织以及矿工本人，对维护和保障矿工安全权利进行直接维权，包括安全举报、安全申诉、遇到隐患要求停工整顿、示威游行等方式维权，属于安全社会、安全文化子系统；（6）安全技术保障责任，主要是指通过各种先进科学技术手段和工艺装备等来促进安全保障，也是现代煤矿较为主要的安全保障措施，一般由煤矿党政、总工程师、技术副职来推进工作，属于安全文化子系统；（7）安全文化养育责任，一般是煤业集团、子公司尤其煤矿内部开展全员工、全方位、全过程的安全意识培养、安全行为规范、安全制度建设、安全物质环境净化等工作，属于安全文化子系统。

对上述11个安全责任具体类型，我们拟通过主观问卷调查，按照回答者的重要性顺序进行排序，从而了解不同层级、不同人员对安全责任的具体认知，从而提出针对不同主体认知而对责任主体采取不同的追责对策。

（二）山西煤矿安全的调查样本概说

为什么选择山西煤炭生产行业作为分析对象呢？原因在于：一方面，山西有史以来是中国产煤大省，煤炭产量最高时占全国总量的30%（一般

在25%左右）；是矿井最多的省份，最多时达10000家（占2000年前全国8.3万家的12%左右）；煤矿事故较多，死亡人数最高时占全国33%（1951年），1978—2016年死亡人数占全国比在5.5%~16%之间，2017年与2019年事故反弹，分别占全国比重反超为17.1%、16.5%。另一方面，因煤矿较多，煤炭资源开采混乱，事故较多，因而自中央政府1997年推行“关井压产”以来，山西先后历经2次重大煤能资源整合，尤其是2008年以来的省内整合，力度最大。这次全省通过以大兼小、以强并弱、以优吞劣乃至以公并私的做法，优化重组，从而产生一个重要现象就是办矿层级化、管理层级化，形成一个非常复杂的企业层级模式，这也是其他行业企业比较罕见的模式，从而对这类高危行业的安全（管理）责任产生重大影响。几乎可以说，不了解山西煤矿，就无法了解中国现代工业。

目前山西大集团参与投资控股煤矿的形式有多种，大体可以归纳为：（1）省内国有控股的煤业集团即“5+2”模式：5个主要国有办矿大集团（大同煤矿集团、阳泉煤业集团、潞安矿业集团、焦煤集团、晋煤矿业集团——晋城无烟煤矿业集团），2个兼业集团（山西煤炭进出口集团、晋能集团——山西煤炭运销集团与山西国际电力集团合并）；（2）各大民营煤矿集团及其子公司和生产煤矿；（3）县办、乡（镇）办的集体性质煤矿；（4）省外煤业集团（如中煤能源、皖北煤电等）来山西控股并购的煤矿；（5）省内外其他非煤集团企业（如山西能源交通投资有限公司）控股的煤矿等。它们在整体上形成“大集团（同时也经营非煤产业）—区域（子）公司—直接投资办矿主体企业—煤矿”这样最多可达4级的煤炭生产经营格局。

应该说，山西煤炭资源、生产矿井整合后，原来各类型的小煤矿无能或不愿意大量投入安全保障的局面有很大改观；事故也一度下降，如2000—2018年，全省煤矿死亡人数占全国比重没有超出10%。但是，这

种整合也存在一些“后遗症”，如至今一些煤矿之间的资源产权和分配也没有割清，从而导致生产过程中的一些矛盾；与此同时，事故或许一度反弹（2019 年事故反弹，或许与应急管理部门成立而淡化煤矿安全监管有关，另外分析）。因为这样的煤企管理层级，也使得煤矿安全生产建设和安全管理产生过多的层级控制，很容易造成“强弩之末，势不能穿鲁缟”的效应。按照安全生产法等的规定，生产经营单位负责尤其煤矿矿长是安全生产的第一责任人，但是目前山西煤矿的很多矿长是由办矿主体层层任免控制的，其权力职能还不如过去工厂的车间主任，没有话语权，没有资源调配使用权，甚至没有人事安排权。因此，与过去相比，煤矿的安全管理难免一度软化；但按法律，他们实际是第一责任人，事故来袭，他们要承担责任，立马成为办矿主体企业的“替罪羊”。这就是说，矿长的责权利不相统一。面对这样的局面，煤矿安全责任如何落实，成为一个重要话题。

目前，山西全省绝大多数煤矿的安全生产管理体系是配齐“六矿”负责人（矿长、总工、安全副矿长、生产副矿长、机电副矿长、通风副矿长），抓住“两个关键人”（矿长与总工），建立“三个团队”（以矿长为首的安全管理团队、以总工为首的安全技术管理团队、以区队班组行政负责人为首的现场安全管理团队）。这条经验也差不多是全国首创。

本次问卷调查主要选取山西地区各级煤监局、应急管理部门，以及太原、大同、阳泉、长治、临汾、运城 6 个重点产煤地区的煤业集团公司（三级办矿主体）和具体煤矿，得到有效样本 292 份（如表 4–9）。问卷对象按单位属性，分为政府（煤矿安监局、应急管理厅 / 局）、煤业总集团、区域子公司、直接投资子公司、煤矿 5 级；人员按岗位层级分为 10 级（类）。从单位属性看，政府部门样本占 7.2%，控股投资的三级办矿主体（非直接

产煤的煤业企业）样本共占 27.4%，煤矿占 65.4%。从岗位属性看，公务员占 7.2%，三级办矿主体管理人员（含负责人）各占近 10% 左右，煤矿内部各级管理人员（和专业技术人员）分别从 2.1%（总工）到 21.6% 不等，矿内一线员工 19.9%（若把班组长样本计入，应该比重更高一些）。总体看，各类样本比例构成与公务员、煤业集团公司管理人员、煤矿人员的实际基数结构大体吻合。

表 4–9　山西地区煤矿安全责任问题的调查样本构成

单位属性	回答者	回答率	岗位属性	回答者	回答率
A. 政府部门	21	7.2%	A. 政府公务人员	21	7.2%
B. 煤业集团总公司（一级办矿主体）	26	8.9%	B. 煤业集团总公司管理人员（含负责人）	26	8.9%
C. 煤业区域子公司(二级办矿主体)	26	8.9%	C. 煤业区域子公司管理人员（含负责人）	26	8.9%
D. 煤业直资子公司（三级办矿主体）	28	9.6%	D. 煤业直资子公司管理人员（含负责人）	28	9.6%
E. 煤矿（产煤企业）	191	65.4%	E. 矿内行政负责人	12	4.1%
总计	292	100.0%	F. 矿内总工程师	6	2.1%
			G. 矿内两级党群负责人	15	5.1%
			H. 矿内区队班组行政负责人	37	12.7%
			I. 矿内专业技术与管理人员	63	21.6%
			J. 矿内一线员工	58	19.9%
			总计	292	100.0%

三、安全责任的结构分析

问卷通过 SPSS 软件进行录入统计，分别按单位属性、岗位属性对 11 个安全责任子项进行排序（排序要求：如认为同等重要的子项，可以排列为一个序号，但不得全部排列为 1）；并分别按不同单位属性、不同岗位属性回答者对 11 个安全责任子项排序进行交叉分析（列联表分析），得出统计结果。

（一）总体样本对安全责任的排序

每个层级单位的每个成员对 11 个安全责任子项的重要性不一样，且同一个子项会被多选，因而我们抽取排在第 *N* 位（*N*=1，2，…11）的最高回答率（回答数占排列第 N 位总回答数的最高比），作为某个安全责任子项的位序参数，从而得到如下表 4–10 的排序情况。

从表 4–10 看，排在前 3 位的安全责任如操作行为规范责任（社会文化层面）、现场组织指挥责任（政法管理层面）、安全技术保障责任（文化层面）、安全发展规划责任（政法管理层面）、安全工作协调责任（政法管理层面）这 5 个子项，毫不含糊，因为后面第 4 到第 11 位中没有重复这 5 项。这表明，回答者对直接的员工安全行为控制、内部各类安全管理是非常重视的，也即表明这些责任非常重大。接下来，其余 6 个子项出现重复性最高回答率排序：风险评估控制责任分别排在第 3、第 7 位，回答者对其重要性看法的分歧较大；人财资源调配责任分别排在第 4、第 8、第 9 位，重要性突出，但分歧也比较大；直接安全维权责任则连续排在第 5、第 6 位，意见相对比较集中；安全文化责任分别排在第 7、第 10、第 11 位，有一定的重要性认知，但分歧较大，作为软性控制责任，位居靠后。

表 4–10　总体样本对安全责任具体子项的排序

位序	安全责任具体子项	占第 *N* 位回答总数的最高比
第 1 位	操作行为规范责任	113/292；38.7%
第 2 位	现场组织指挥责任；安全技术保障责任	83/292；28.6%
第 3 位	安全发展规划责任；安全工作协调责任；风险评估控制责任	51/278；18.3%
第 4 位	人财资源调配责任	45/247；18.2%
第 5 位	直接安全维权责任	42/207；20.3%
第 6 位	直接安全维权责任	24/146；16.4%
第 7 位	风险评估控制责任；安全文化养育责任	18/118；15.3%
第 8 位	人财资源调配责任	18/104；17.3%
第 9 位	人财资源调配责任	21/98；21.4%
第 10 位	安全文化养育责任	18/79；22.8%
第 11 位	安全文化养育责任	23/58；39.7%

借此，综合上述总体样本的排序，11 个安全责任子项可进一步排列为（舍去后面重复的子项）：第 1 位——操作行为规范责任（社会文化层面）；第 2 位——现场组织指挥责任（政法管理层面）；第 3 位（3 项并列）——安全技术保障责任（文化层面）、安全发展规划责任（政法管理层面）、安全工作协调责任（政法管理层面）；第 4 位——风险评估控制责任（政法管理层面）；第 5 位——人财资源调配责任（经济、政法管理层面）；第 6 位——直接安全维权责任（社会层面）；第 7 位——安全文化养育责任（文化层面）。这种排序，符合煤矿安全生产实际，体现了从直接到间接、从微观到中观到宏观、从硬性到软性管控的理性化路径。

（二）不同层级对安全责任的排序

除了上述安全责任子项的总体排序，我们还应该看看不同层级单位属性的回答者如何对之进行排序的，可能与上述结果会有所不同，从而可以进一步窥见不同层级单位应该承担什么样的主要责任和次要责任等。这里，我们同样抽取排在第 N 位（N=1，2，…11）的最高回答率（回答数占某单位属性对排列第 N 位的全部回答数的最高比），作为某个安全责任子项的位序参数，如表 4–11。

从政府部门层面认知情况看，安全监管检查责任排在第 1 位责任，当职之责，毫不含糊；安全技术保障责任排 2 位，同样觉知责任重大；安全发展规划责任排第 3 位（且排在第 8 位），有所分歧。表 4–11 显示第 3 位之后的综合排序依次为（删除后面重复排序认知）：安全工作协调责任、人财资源调配责任并列排第 4 位；直接安全维权责任排第 5 位；风险评估控制责任、安全文化养育责任同时并排第 6 位；安全政治引领责任、操作行为规范责任排最后第 7 位，由于回答者均属于行政管理部门，政治引领、操作行为不是题目的重点。前5位参与回答人数较多。此外，从表4–11看，现场组织指挥责任在政府部门人员的认知中，没有出现在第N位的最高回答率中，基本符合人员属性事实；其最好的回答率是在回答哪种子项排在第1位时，共有28.6%（6/21人）回答者认为列排在第1位，仅次于安全监管检查责任回答率。

从煤业集团总公司的认知情况看，安全发展规划责任排在第1位，基本符合单位属性特征；安全技术保障责任排第2位，同样觉知重要；安全工作协调责任排第3位，与单位属性基本吻合；安全政治引领责任排4位，也与单位属性大体吻合；人财资源调配责任、安全文化养育责任、风险评估控制责任、直接安全维权责任分列第5、第6、第7、第8位（后面重复的不计）。其中，直接安全维权分列第8、第10、第11位，其重要性不容忽视。总体看，前5位参与回答人数较多。此外，从表4–11看，安全监管检查责任、现场组织指挥责任、操作行为规范责任3项没有出现在第N位回答率的最高比例上。另从统计结果（未在表4–11中列出）看，安全监管检查责任最高回答率是在回答第2位责任的第二比例（12/26人，46.2%），仅次于安全技术保障责任的最高回答率；操作行为规范责任、现场组织指挥责任分别列在回答第1位责任的第二回答率（9/26人，34.6%）、第三回答率（8/26人，30.8%）。也就是说，次3项安全责任在煤业集团总公司中仍然受到重要的关注。

从区域子公司的认知情况看，安全工作协调责任放在第1位，与其单位属性相当吻合；现场组织指挥责任排在第2位，有点出离于假想；但排在第3位的有7项：安全监管检查责任、风险评估控制责任、安全技术保障责任、人财资源调配责任、操作行为规范责任、安全文化养育责任、直接安全维权责任；后面从第4位到第11位，是上述7项内容的重复排序，

只是先后有所不同。这种情况表明，区域子公司作为过渡层级系统，意见既集中又有很大分歧，处于矛盾尴尬的层级状态。但从表 4-11 看，最为一致地没有显示安全政治引领责任排第 *N* 位的最高回答率，统计结果显示（未在表 4-11 中列出），其最高回答率是在回答排第 1 位责任时，居于安全工作协调责任之后的第二回答率（5/26 人，19.2%），当然这也表明安全政治引领责任在这一子公司中处于不容忽视的状态。还有一点，与政府部门、煤业集团总公司非常不同，这一单位属性的回答人数从第 1 位到第 11 位都不少，这进一步表明，对不同安全责任的意见分歧很大。需要提及的是，其中表 4-11 显示，人财资源调配责任分列第 3、第 8、第 10 位，其重要性可想而知；直接安全维权责任分列第 3、第 7、第 11 位，也是不容忽视的责任；风险评估控制责任也分列第 3、第 4、第 6 位，其重要性不可小看。

表 4-11　不同单位属性成员对安全责任子项的排序情况

		政府部门	煤业总集团	区域子公司	直资子公司	煤矿内部
第 1	子项	安全监管检查责任	安全发展规划责任	安全工作协调责任	安全发展规划责任	操作行为规范责任
	最高回答率	10/21；47.6%	12/26；46.2%	15/26；57.7%	15/28；53.6%	91/191；47.6%
第 2	子项	安全技术保障责任	安全技术保障责任	现场组织指挥责任	安全工作协调责任	安全工作协调责任
	最高回答率	7/21；33.3%	15/26；57.7%	12/26；46.2%	12/28；42.9%	58/191；30.4%
第 3	子项	安全发展规划责任	安全工作协调责任	安全监管检查责任 风险评估控制责任 安全技术保障责任 人财资源调配责任 操作行为规范责任 安全文化养育责任 直接安全维权责任	现场组织指挥责任 安全技术保障责任 操作行为规范责任	安全发展规划责任
	最高回答率	7/21；33.3%	10/26；38.5%	4/25；16.0%	6/27；22.2%	40/179；22.3%

续表

		政府部门	煤业总集团	区域子公司	直资子公司	煤矿内部
第 4	子项	安全工作协调责任 人财资源调配责任	安全政治引领责任	安全监管检查责任 风险评估控制责任	现场组织指挥责任	安全技术保障责任
	最高回答率	6/20；30.0%	10/23；43.5%	5/23；21.7%	7/26；26.9%	30/155；19.4%
第 5	子项	直接安全维权责任	人财资源调配责任	操作行为规范责任	人财资源调配责任	人财资源调配责任 直接安全维权责任
	最高回答率	7/17；41.2%	7/19；36.8%	9/23；39.1%	4/20；20.0%	27/128；21.1%
第 6	子项	人财资源调配责任	安全文化养育责任	风险评估控制责任	人财资源调配责任 直接安全维权责任	安全工作协调责任
	最高回答率	3/7；42.9%	4/14；28.6%	5/21；23.8%	4/19；21.1%	14/85；16.5%
第 7	子项	安全监管检查责任 安全工作协调责任	风险评估控制责任	直接安全维权责任	风险评估控制责任 安全文化养育责任	风险评估控制责任
	最高回答率	2/7；28.6%	3/9；33.3%	4/19；21.1%	3/12；25.0%	12/71；16.9%
第 8	子项	安全发展规划责任 安全工作协调责任 风险评估控制责任 安全文化养育责任 安全技术保障责任	直接安全维权责任	人财资源调配责任	安全工作协调责任	人财资源调配责任
	最高回答率	1/5；20.0%	2/7；28.6%	5/16；31.3%	3/11；27.3%	12/65；18.5%
第 9	子项	安全政治引领责任 操作行为规范责任	安全文化养育责任	安全文化养育责任	安全监管检查责任 人财资源调配责任	人财资源调配责任
	最高回答率	2/5；40.0%	4/7；57.1%	3/14；21.4%	3/10；30.0%	17/62；27.4%

续表

		政府部门	煤业总集团	区域子公司	直资子公司	煤矿内部
第 10	子项	安全文化养育责任	安全文化养育责任 直接安全维权责任	人财资源调配责任	安全文化养育责任	安全文化养育责任
	最高回答率	3/5；60.0%	2/6；33.3%	3/13；23.1%	3/8；37.5%	11/47；23.4%
第 11	子项	直接安全维权责任	直接安全维权责任	直接安全维权责任	人财资源调配责任	人财资源调配责任
	最高回答率	4/4；100%	3/4；75.0%	6/11；54.5%	2/5；40.0%	10/34；29.4%

从直接投资办矿的子公司认知情况看，安全发展规划责任、安全工作协调责任分别置于第1、第2位，与其公司职责相当吻合；排在第3位分别有：现场组织指挥责任、安全技术保障、操作行为规范责任，大体与其公司职责契合；此后从第 4 位到第 11 位，删除重复排序的子项，分别缩减为第 4 至第 7 位：人财资源调配责任排第 4 位，直接安全维权责任排第 5 位，风险评估控制责任、安全文化养育责任排第6位，安全监管检查责任排第7位；其中表4–11 显示，人财资源调配责任分列第5、第6、第9、第11位共4次，其重要性不言而喻。前 6 位参与回答人数比较多。与区域分公司认知情况一样，表 4–11 中没有显示安全政治引领责任排在第 *N* 位，但统计结果显示其最好的回答率是回答排哪项责任在第 1 位时，占该位序全部回答者的 39.3%（11/28 人），对该项安全责任应该还是比较重视的。

从煤矿内部的认知情况看，操作行为规范责任、安全工作协调责任、安全发展规划责任、安全技术保障责任分别依次排在第 1 至第 4 位，与煤矿安全生产实际十分吻合（其中，安全工作协调责任位居第 2 位，表明内部安全工作的部门或群体之间扯皮现象比较严重）；接下来，删除重复排序的情况，减缩依次为：人财资源调配责任、直接安全维权责任（同列第 5 位）、风险评估控制责任（第 6 位）、安全文化养育责任（第 7 位）。

前6位参与回答人数较多。从表4–11看，人财资源调配责任先后位居第5、第8、第9、第11位共5次，其重要性在煤矿安全生产中非同一般。很诧异的是，现场组织指挥责任居然没有在煤矿群体认知中得到第*N*位的最高回答率体现，看来对这一问题分歧比较大，统计结果显示（未在表4–11中列出），其最好的回答率分别在第2位责任中属于第三回答率（49/191人，25.7%）、第1位责任中属于第五回答率（53/191人，27.7%）；安全监管检查责任也同样在第*N*位回答中没有得到最高回答率的体现，其最好的回答率分别在第1位责任中属于第二回答率（73/191人，38.2%），可见其重要性是明显的；安全政治引领责任也同样在第*N*位回答中没有得到最高回答率的体现，其最好的回答率分别在第4位责任中属于第二回答率（26/155人，16.8%）、第1位责任中属于第四回答率（60/191人，31.4%），其重要性非常一般。

总体比较起来看，如果将前4位排序分别作为5个层级的“主要安全责任”，那么其他均为“次要安全责任”。各层级的前4位排序既有共性，但更有个性。安全发展规划责任、安全工作协调责任、安全技术保障责任这3项多选择被排在前4位，是各层级的共性。从表4–11中显示各层级的个性来看，政府部门强调安全监管检查责任，煤业集团总公司、直资子公司强调安全发展规划责任，区域子公司更强调安全工作协调责任，煤矿根据实际而强调员工操作行为规范责任；区域子公司、直资子公司还强调现场组织指挥责任、操作行为规范责任，政府部门还强调人财资源调配责任，煤业集团总公司还强调安全政治引领责任。从某子项排序次数看，在次要责任中，人财资源调配责任次数最多，直接安全维权责任其次，再次是安全文化养育责任，这3项的重要性不言而喻。此外，区域子公司的次要安全责任中，风险评估控制责任先后出现3次。

（三）不同人员对安全责任的排序

这里事先需要说明的是，由于上述政府部门、煤业集团总公司、区域子公司、直资子公司这 4 个层级均为管理人员，没有细分为负责人、一般管理人员等，因而他们在岗位属性上对不同安全责任的回答率与上述 4 个层级完全相同，无须重新列表。由于生产煤矿本身是安全生产的责任主体，因此表 4–12 中仅对煤矿内部人员进行分级（6 类层级人员）考察，从而考察他们对不同安全责任的认知情况；然后与上述 4 个不同层级人员的回答率进行对比分析。这 6 类层级人员涵盖目前山西省绝大多数煤矿安全生产管理责任体系所谓“六矿”负责人、“两个关键人”、“三个团队”成员的样本。

从煤矿行政负责人（矿长、副矿长等）的认知情况看，安全监管检查责任居第 1 位，矿长们深感此项责任重大；安全工作协调责任列第 2 位，说明煤矿内部关系复杂、上下左右协调难度大；现场组织指挥责任、直接安全维权责任同列第 3 位，比较符合煤矿实际；安全文化养育责任在矿长们看来不可小觑，位居第 4 位。此后，删除重复的排序子项，依次为：安全发展规划责任（第 5 位）、安全政治引领责任（第 6 位）、风险评估控制责任（第 7 位）、人财资源调配责任（第 8 位）。表 4–12 显示，第 6 位及之后，参与回答人数减少。安全技术保障责任没有在煤矿行政负责人认知中得到第 *N* 位的最高回答率体现，这一部分责任主要不在矿长们，其最好的回答率分别在第 1、第 2 位责任中均属于第二回答率（4/12 人，33.3%）；操作行为规范责任也同样在第 N 位回答中没有得到最高回答率的体现，其最好的回答率分别在第 1 位责任中属于第二回答率（4/12 人，33.3%），可见矿长们或许认为这主要是区队班组行政负责人和一线矿工们自己的责任。

从煤矿总工程师的认知情况看，安全监管检查责任仍然置于第 1 位，与矿长们相同；现场组织指挥责任、操作行为规范责任并列第 2 位，他们可能

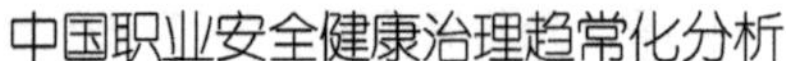

觉得自己也经常要下到一线现场操作。从第3位开始，删除重复排序后，可以看到依次排序的：安全政治引领责任、安全发展规划责任并列第3位，总工程师们也十分关注并参与承担这类责任；风险评估控制责任、人财资源调配责任并列第4位，尤其风险评估控制责任，总工程师们责无旁贷；直接安全维权责任列第5位，总工程师们觉得他们用技术可以维权；安全工作协调责任、安全技术保障责任并列第6位，有点让人诧异，安全技术保障责任应该是总工程师们的第1位责任，若从第1位责任回答看，安全技术保障责任是第二回答率（4/6人，67.7%），总工程师们还是比较看重这一责任的；安全文化养育责任列第7位。表4–12显示，从第6位来看，参与回答人数明显减少。

从煤矿两级党群负责人（矿党委或总支书记、区队班组党支部书记、矿工会主席、区队分工会主席、矿纪委书记等）的认知情况看，安全政治引领责任，毫不含糊是其（尤其党组织负责人）第1位责任，体现把方向、把大局、把大事职能；安全文化养育责任列第2位，这也主要是党群负责人来抓管；风险评估控制责任列第3位，可能党群负责人觉得风险管控相当重要；安全发展规划责任、人财资源调配责任分列第4、第5位，党群负责人一般重点参与该类工作。第6位及之后出现重复排序，删除重复项后依次为：直接安全维权责任（第6位）、安全工作协调责任（第7位）、操作行为规范责任（第8位）、安全监管检查责任（第9位）。表4–12显示，第7位及之后参与回答人数逐步减少。统计结果显示（未在表4–12中列出），其最好的回答率分别在第1、第2位责任中均属于第二回答率（4/12人，33.3%）；操作行为规范责任也同样在第 N 位回答中没有得到最高回答率的体现，其最好的回答率分别在第1位责任中属于第二回答率（4/12人，33.3%）。总体看，煤矿两级党群负责人对安全责任的比较清晰，定位较为准确，体现“党政同责，一岗双责”的要求。

从区队班组行政负责人（行政正副职）的认知情况看，操作行为规范责任列第 1 位，与实际工作相当符合；风险评估控制责任列第 2 位，看来区队班组行政负责人对此项责任非常重视，所谓现场风险与隐患“双预双控”责任；安全发展规范责任、安全文化发展责任并列第 3 位，认识区队班组很担心的事情；安全技术保障责任列第4位，也是现场推广应用的重点。第 5 位及之后开始出现重复，删除重复排序，依次为：安全工作协调责任、直接安全维权责任并列第 5 位；现场组织指挥责任列 6 位，按理说应该是区队班组行政负责人关注的前 3 位的责任，从排序第 1 位的结果看，该责任与安全监管检查责任同时屈居第二回答率（18/37 人，48.6%），该两类责任仍然是区队班组行政负责人相当重视的责任；安全政治引领责任、人财资源调配责任并列第 7 位。表 4–12 显示，第 7 位及之后参与回答人数减少。

表 4–12 煤矿内部不同岗位属性成员对安全责任子项的排序情况

		矿行政负责人	矿总工程师	两级党群负责人	区队班组行政负责人	专技与管理人员	一线矿工
第1	子项	安全监管检查责任	安全监管检查责任	安全政治引领责任	操作行为规范责任	操作行为规范责任	操作行为规范责任
	最高回答率	6/12；50.0%	5/6；83.3%	13/15；86.7%	20/37；54.1%	25/63；39.7%	38/58；65.5%
第2	子项	安全工作协调责任	现场组织指挥责任 操作行为规范责任	安全文化养育责任	风险评估控制责任	安全工作协调责任	安全发展规划责任 安全文化养育责任
	最高回答率	6/12；50.0%	3/6；50.0%	10/15；66.7%	14/37；37.8%	23/63；36.5%	17/58；29.3%
第3	子项	现场组织指挥责任 直接安全维权责任	安全政治引领责任 安全发展规划责任 现场组织指挥责任	风险评估控制责任	安全发展规划责任 安全文化养育责任	安全发展规划责任	安全工作协调责任
	最高回答率	5/12；41.7%	3/6；50.0%	6/14；42.9%	9/34；26.5%	19/62；30.6%	15/51；29.4%

续表

		矿行政负责人	矿总工程师	两级党群负责人	区队班组行政负责人	专技与管理人员	一线矿工
第4	子项	安全文化养育责任	安全政治引领责任 安全发展规划责任 风险评估控制责任 人财资源调配责任	安全发展规划责任	安全技术保障责任	直接安全维权责任	现场组织指挥责任 安全工作协调责任 安全技术保障责任
	最高回答率	6/11；54.5%	2/6；33.3%	4/12；33.3%	7/27；25.9%	11/51；21.6%	11/48；22.9%
第5	子项	安全发展规划责任 现场组织指挥责任	直接安全维权责任	人财资源调配责任	安全文化养育责任	直接安全维权责任	人财资源调配责任
	最高回答率	3/8；37.5%	3/5；60.0%	3/11；27.3%	5/24；20.8%	9/39；23.1%	12/41；29.3%
第6	子项	安全政治引领责任	安全工作协调责任 安全技术保障责任	安全发展规划责任 风险评估控制责任 直接安全维权责任	安全工作协调责任 操作行为规范责任 直接安全维权责任	安全工作协调责任 操作行为规范责任	安全工作协调责任
	最高回答率	2/4；50.0%	1/2；50.0%	2/8；25.0%	3/18；16.7%	5/25；20.0%	5/28；17.9%
第7	子项	风险评估控制责任	风险评估控制责任 安全文化养育责任	安全工作协调责任	现场组织指挥责任	安全文化养育责任	风险评估控制责任
	最高回答率	2/3；66.7%	1/2；50.0%	3/6；50.0%	4/15；26.7%	6/22；27.3%	7/23；30.4%
第8	子项	安全文化养育责任 现场班组指挥责任 人财资源调配责任	人财资源调配责任	操作行为规范责任	安全政治引领责任 人财资源调配责任 直接安全维权责任	安全工作协调责任	安全发展规划责任
	最高回答率	1/3；33.3%	1/1；100%	2/6；33.3%	3/15；20.0%	4/20；20.0%	5/20；25.0%

续表

		矿行政负责人	矿总工程师	两级党群负责人	区队班组行政负责人	专技与管理人员	一线矿工
第9	子项	安全政治引领责任 安全工作协调责任 直接安全维权责任	安全文化养育责任	安全监管检查责任 人财资源调配责任	人财资源调配责任	安全政治引领责任 人财资源调配责任	人财资源调配责任
	最高回答率	1/3；33.3%	1/1；100%	2/6；33.3%	5/14；35.7%	4/18；22.2%	6/20；30.0%
第10	子项	安全政治引领责任 人财资源调配责任	操作行为规范责任	人财资源调配责任 直接安全维权责任	安全文化养育责任	人财资源调配责任 安全文化养育责任	安全政治引领责任 安全文化养育责任 直接安全维权责任
	最高回答率	1/2；50.0%	1/1；100%	2/6；33.3%	4/8；50.0%	3/16；18.8%	3/14；21.4%
第11	子项	安全文化养育责任 直接安全维权责任	直接安全维权责任	直接安全维权责任	人财资源调配责任	人财资源调配责任 安全文化养育责任	人财资源调配责任
	最高回答率	1/2；50.0%	1/1；100%	2/2；100%	2/6；33.3%	3/12；25.0%	5/11；45.5%

从专业技术人员与一般管理人员（含煤矿中层干部）的认知情况看，操作行为规范责任、安全工作协调责任、安全发展规划责任分列第1、第2、第3位，大体符合他们的实际岗位；他们与一线矿工的生命安全息息相通，因而将直接安全维权同时列于第4、第5位。之后，由于继续出现重复排序，因而删除重复排序后，依次为：安全文化养育责任可以提前列第5位，安全政治引领责任、人财资源调配责任并列第6位。表4–11显示，第6位及之后参与回答人数减少。其他4个子项没有显示出第N位的最高回答率，但是，从统计结果看（未在表4–12中列出），在回答哪种安全责任列第1位时，安全技术保障责任的回答率居第二（20/63人，31.7%），显然同该

类回答者的身份和岗位较为贴切；在回答哪种安全责任列第 2 位时，现场组织指挥责任、风险评估控制责任的回答率居第二（20/63 人，31.7%），安全监管检查责任的回答率居第三（18/63 人，28.6%），显然也同该类回答者的身份和岗位较为贴切。

从一线矿工的认知情况看，操作行为规范责任，责无旁贷地排在第 1 位；安全发展规划责任、安全文化养育责任并列第 2 位，表明他们尤其对安全文化认知的重要性；安全工作协调责任列第 3 位，也同样表明矿工与管理者、与技术人员、与矿工兄弟本身之间的关系十分复杂，需要协调。表 4–12 显示，第 4 位及之后有重复排序，舍去重复现象，依次为：现场组织指挥责任、安全技术保障则并列第 4 位；人财资源调配责任列第 5 位；安全工作协调责任列第 6 位；风险评估控制责任列第 7 位。统计结果显示（未在表 4–12 中列出），直接安全维权责任在某种责任列第 1 位的回答中，回答率居第三（19/58 人，32.8%），矿工们还是比较重视这一责任。安全监管检查责任没有显示出第 *N* 位的最高回答率，但是，从统计结果看（未在表 4–12 中列出），在回答哪种安全责任列第 1 位时，其回答率居第二（24/58 人，41.4%），矿工们也非常关注这一责任。表 4–12 显示，第 7 位及之后参与回答人数逐步减少。

总体看，如果将前 4 位排序作为煤矿各级人员的“主要安全责任”，我们可以发现（如表 4–12），煤矿高级管理层（煤矿行政负责人、总工程师、两级党群负责人）的认知共性在于：安全监管检查责任、安全政治引领责任、现场组织指挥责任、安全文化养育责任、安全发展规划责任、风险评估控制责任乃至安全技术保障责任（在总工程师那里位居第 1 位第二回答率），是他们相当高度关注的责任；在煤矿中下层（区队班组行政负责人、专业技术与管理人员、一线矿工）的认知中，共性在于：操作行为规范责任、

安全发展规划责任、安全工作协调责任、安全文化养育责任、安全技术保障责任（专技和管理人员认知为居于第1位的第二回答率）、现场组织指挥责任（专技与管理人员认知为居于第2位的第二回答率），是他们高度关注的责任项。其中，安全发展规划责任、现场组织指挥责任、安全文化养育责任乃至安全技术保障责任，是高层与中下层共同关注的主要安全责任；也就是说，高层还偏重于关注安全监管检查责任、安全政治引领责任、风险评估控制责任，中下层还偏重于关注操作行为规范、安全工作协调的责任。无论煤矿高层管理者还是中下层成员，在第5位至第11位的“次要安全责任”认知中（如表4-12），排第N位最高回答率出现频次最多或较多的是：人财资源调配责任14次、直接安全维权责任11次、安全文化养育责任10次，这是他们共同高度关注的次要安全责任，也与前面的政府部门公务人员以及煤业集团总公司、区域子公司、直资子公司及其管理人员的回答相当一致。但是，从次要安全责任分开观察看，煤矿行政管理高层还偏重于关注安全政治引领责任，与其工作性质密切关联；两级党群负责人偏重于关注人财资源调配责任、直接安全维权责任，与其工作性质密切关联；总工程师还偏重于关注直接安全维权责任、安全文化养育责任；区队班组行政负责人比较关注人财资源调配责任、安全文化养育责任、直接安全维权责任，专业技术与一般管理人员比较关注安全工作协调责任、安全文化养育责任、人财资源调配责任，员工也比较关注人财资源调配责任。

四、结论及进一步的思考

（一）归纳性结论

首先，基于实践需求及实地调研的反映，对煤矿安全生产领域的安全

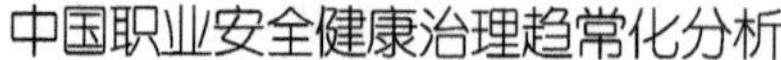

责任（监管主体与安全主体）进行了学理化的框架设计，即基于管理过程要素理论和宏观社会系统论，创新性地提炼为“安全责任结构论”模式，将安全责任细分为 11 类子项，并对之进行了明确解析，从而揭示安全责任是社会分层的，也是分类的，且统一于安全责任管理系统。这种分析视角和框架是学术界之前所没有的，具有系统性、全括性和创新性，比较科学合理，从而弥补、丰富了安全责任研究的不足和内涵，并提供了立法执法依据。

其次，对 11 类安全责任子项进行了实地问卷调查，根据认知的重要性程度，给出了符合煤矿安全生产实际的排序：第 1 位操作行为规范责任，第 2 位现场组织指挥责任，第 3 位（3 项并列）安全技术保障责任、安全发展规划责任、安全工作协调责任，第 4 位风险评估控制责任，第 5 位人财资源调配责任，第 6 位直接安全维权责任，第 7 位安全文化养育责任。这种排序体现了从直接触及安全生产的微观层面、硬性管控，到中观层面再到间接的、软性管控的宏观层面的理性化逻辑路径。

再次，最主要的是，通过问卷调查，明确了不同单位及其各层成员对具体安全责任的不同认知，从而确定了不同层级单位、不同层级人员的“主要安全责任”与“次要安全责任”，主要是承担主要责任（见表 4–13），但也不忽略次要责任。从统计结果分析看，基本符合实际情况，如政府部门及其公务人员将安全监管检查责任置于首位，煤业集团总公司、直资子公司及其管理人员强调安全发展规划责任，区域子公司及其管理人员更强调安全工作协调责任，煤矿根据实际而强调员工操作行为规范责任；除煤矿层级外，前面 4 个层级的管理人员共同关注安全发展规划责任、安全工作协调责任、安全技术保障责任。这些是他们理应承担的主要安全责任。在次要安全责任认知中，无论煤矿内部还是政府部门人员或者三级办矿主

体管理人员，对人财资源调配责任出现的最高回答率次数最多，直接安全维权责任其次，再次是安全文化养育责任。在煤矿内部的主要安全责任认知中，安全发展规划责任、现场组织指挥责任、安全文化养育责任乃至安全技术保障责任，是煤矿高层管理者与中下层员工共同关注的主要安全责任；高层还偏重于关注安全监管检查责任、安全政治引领责任、风险评估控制责任，中下层还偏重于关注操作行为规范、安全工作协调的责任；煤矿内部不同成员在次要安全责任认知中除了共同关注，各有偏重。

表 4–13　不同层级主体的主要安全责任汇总（后缀数字为排序）

不同层级及成员	主要安全责任	不同层级及成员	主要安全责任
政府部门及其公务人员	安全监管检查责任 1 安全技术保障责任 2 安全发展规划责任 3 安全工作协调责任 4 人财资源调配责任 4	煤矿行政负责人	安全监管检查责任 1 安全工作协调责任 2 现场组织指挥责任 3 直接安全维权责任 3 安全文化养育责任 4
煤业集团总公司及其管理人员	安全发展规划责任 1 安全技术保障责任 2 安全工作协调责任 3 安全政治引领责任 4	煤矿总工程师	安全监管检查责任 1 安全技术保障责任 2 安全发展规划责任 3 风险评估控制责任 4
煤业区域子公司及其管理人员	安全工作协调责任 1 安全监管检查责任 2 风险评估控制责任 3 人财资源调配责任 3	煤矿两级党群负责人	安全政治引领责任 1 安全文化养育责任 2 风险评估控制责任 3 安全发展规划责任 4
煤业直资子公司及其管理人员	安全发展规划责任 1 安全工作协调责任 2 现场组织指挥责任 3 安全技术保障责任 3 操作行为规范责任 3	煤矿区队班组行政负责人	操作行为规范责任 1 现场组织指挥责任 1 安全监管检查责任 2 风险评估控制责任 2 安全文化养育责任 3
煤矿内部（总体）	操作行为规范责任 1 安全工作协调责任 2 安全发展规划责任 3 安全技术保障责任 4	煤矿专业技术与管理人员	操作行为规范责任 1 安全技术保障责任 1 安全工作协调责任 2 安全发展规划责任 3 直接安全维权责任 4
		煤矿一线员工	操作行为规范责任 1 安全文化养育责任 2 安全工作协调责任 3 现场组织指挥责任 4

最后，在上述通过调研明确不同主体安全责任的基础上，我们要进一步思考如何落实在具体制度制定或修订中，如何落实在执法监管和具体安全行动层面，从而进一步促进煤矿安全根本性好转。

（二）进一步思考

第一，是否应该在即将进一步修改《安全生产法》《煤矿安全监察条例》等法律法规时，可以考虑按照上述 11 项安全责任的具体权利和义务，矫正或充实相关条款内容？或者能否为山西本地单独出台“落实煤矿安全生产主体责任的办法”？从而回答现实中存在的问题，确定主要与次要安全责任，使之有法可依、有依可据、有据可查。在煤矿安全层级责任控制问题上，能否进一步改革缩减层级，如区域子公司与直资子公司合并？使得责任承担扁平化，也是值得深思的问题。

第二，安全责任类型、结构的细分与主次责任承担，即“安全责任结构论”理念应该能够推广应用到煤矿安全生产领域之外。中国学界、政界将公共安全通常划分为自然灾害、事故灾难、公共卫生、社会安全四大块。实际上，安全责任已经覆盖全域，尤其交通安全、危化品生产安全、建筑施工安全、食品药品安全、流行病应急防控、互联网信息安全等，更涉及安全的理性责任控制问题，也对本次新冠肺炎疫情防控等公共卫生领域的责任担当同样非常适用。

第三，这类安全责任细分，毕竟是基于制度性及其衍生的职责性责任（职业责任），更多体现为职位分内责任；而对生命安全的责任担当，不仅仅是分内责任，有时还涉及分外的大义担当，如见义勇为、抢险救灾、救死扶伤等，都是出于人性的道义责任。因此，除此安全责任之外，还应该考虑道义安全责任，即韦伯意义的责任伦理，尤其要体现在大义政治的担当之中。

第五章 职业安全健康治理体系变革

就 2013 年的基本情况，我们首次测评中国安全生产现代化水平认为，当时（“十二五”期间）正处于中级水平的前期阶段（实现率为 40.9%）。[①]2018 年这次测评加入“职业健康”这一领域的内容。两次测评比较，后一次较前一次水平提升，2018 年中国职业安全健康现代化总体水平为 53.1%，正值中级水平的中期阶段，年均增长 2.5%（统计口径、指标项和目标值有所变化）。从 2020 年开始，今后 15 年（到 2035 年）中国职业安全健康水平要实现高级现代化水平，还有很长的路要走、很多工作要做，而其中转变监管或治理思路，就是重要的一环。

所谓“监管”，这里主要是指政府监管，即对职业安全健康问题的行政监管和监察。很显然，这与多元化的“治理”内涵（政府、市场、社会多种社会力量合作共治）相去甚远。因而，对于中国职业安全健康问题治理，需要进行新的思考乃至体系重构重建。

① 颜烨：《安全生产现代化研究》，世界图书出版公司，2016 年，总报告部分。此数值有所修正。

第一节　当前职业安全健康治理总体评价

前面四章主要对中国职业安全健康总体状况或者职业健康状况做了描述性分析。接下来，我们需要事先对2000年以来中国职业安全健康问题如何监管（治理）的体制机制及其工作得失成败进行评价、反思，主要包括对政府监管（重点）、企业自治、社会参治等几方面的评价、反思。

一、宏观层面上国家全能主义治理模式的是非成败

按照政治学者邹谠从国家—社会关系角度的界定，全能主义（totalism）国家是指政治机构的权力可以随时地、无限制地侵入和控制社会每一个阶层和每一个领域的指导思想。[①] 它与集权主义（totalitarianism，可分为中央集权主义与个人集权主义）不是一回事；集权主义是从集权—分权角度进行界定的一种政治体制。国家全能主义与中国式的中央集权主义在某些方面有一定的耦合，如国家吞没、吸纳社会，呈现出一种强政府—弱社会的宏观格局。

（一）强政府—弱社会格局形成的历史渊源

我们首先要拷问的是，中央集权制的政治格局与一盘散沙的社会局面是否矛盾？民国初年以降，包括孙中山与后来毛泽东等人在内的革命仁人志士，均为改变中国“一盘散沙”的社会局面进行了长达半个世纪的不懈努力。这似乎与传统中国的中央集权制封建秩序相互矛盾，因为集权制必

---

① 邹谠:《二十世纪中国政治：从宏观历史与微观行动的角度看》，（香港）牛津大学出版社，1994年，第3-6页、第69-70页。

然包含强大的内聚力。但仔细翻看中国历史，这两者又是不谋而合的，恰恰能够较好地诠释“强政府—弱社会”格局形成的历史根源。

一些历史学的解释认为，秦始皇统一中国开启中国长达2000多年的封建社会。当时，秦朝采取“车同轨，书同文，行同伦”来结束周王朝长期诸侯割据称霸、四分五裂的一盘散沙局面，达到皇权一统天下的目的；但秦朝面对的是散沙余音未绝的局面，而一味采取一统天下的手段又过于残暴，必然招致反抗而成为短政王朝。到了刘邦汉武的汉朝，皇权来不及进行内部强权统治，不得不应对外来匈奴势力的威胁，这反而强化了社会内部的团聚力。三国两晋南北朝时期，中国再度分崩离析，陷入一盘散沙。隋朝尽管统一中国，但横征暴敛同样招致短命王朝。接下来，唐朝各代帝王励精图治，繁荣昌盛，外国朝拜，社会清明发达，人民团结，国家强大的凝聚力。但到了五代十国，国家再度分散。宋朝一直面临内忧外患，疑心重重，担心岳飞等抗金力量的崛起会威胁王朝生存，对社会力量不断采取瓦解分化策略，使得社会开始散沙一盘。元朝基本是过渡时期。明朝从一开始，就惧怕民间力量的壮大对王朝安危的威胁，因而皇帝身边的东厂、西厂、锦衣卫之类组织的设立，完全瓦解了社会的基本信任，使得社会团聚力大大减弱。清朝前期繁荣富强，但中期面对外来列强坚船利炮，开始走向衰落，内忧外患加上作为统治者的少数民族本身固有的心理缺陷（敏感多疑而不自信），必然通过滥杀无辜和血腥镇压来维持帝王的威信和坚固，其结果当然适得其反而使得全国一盘散沙，最终封建王朝制度就此告终。

从一些学者的研究来看，中国封建制度之所以绵延2000余年，历朝历代所建立的是一种超稳定的社会结构；认为这种超稳定是政治结构、经济结构与文化心理（意识形态）结构三者耦合的结果；认为国家的兴盛、危机和衰亡，就是历朝皇权统治在初中期一体化力量强盛和中晚期社会无

组织力量崛起相互较量的结果。[①]

这种具有自我修复机制的封建制度实质是一种金字塔型的刚性稳定结构，其集权制造就了一个强大的政府，而涣散的社会层面则非常软弱无力，只是在王朝后期无能统治时，社会组织才会显现强大的生命力。而且，在面临外来坚船利炮打开国门的现代主义冲击下，这种自我封闭的超稳定结构必然不堪一击，必然需要重构为一种现代民主的橄榄形（中间大、两头小）社会结构。

（二）宏观格局对职业安全健康治理的影响

为了结束中国长期以来形成的所谓“一盘散沙的局面”，新中国成立不久即高度强化中央集权制，这对职业安全健康治理同样有着潜在的强烈影响，既有正面的作用，也有负面的影响。

比如，1960 年 5 月 9 日，山西大同地区老白洞煤矿的特大型矿难，就是发生在计划经济时期的“大跃进”年代。1960 年，全国农业、轻工业生产大幅度下降，国家财政赤字 80 多亿元，人民生活处于饥饿状态；但是，“左”倾冒进狂热主义的生产指标自上而下对煤矿层层加码、逐级下压，老白洞产量猛增到 152 万吨，超出设计能力 90 万吨的近 60%，离正常的安全生产水平已经跃进得猛烈；加上阶级斗争的影响，一时间突击生产，以图高产快产，生产指挥中严重忽视安全条件，最终导致特大矿难的发生。[②]

再如，改革开放初期，全国经济生产快马加鞭，能源跟不上成为经济

---

① 金观涛、刘青峰：《兴盛与危机：论中国社会超稳定结构》，湖南出版社，1984 年版，第 1-336 页。

② 参考《大同老白洞煤矿瓦斯爆炸事故》，360 百科网 https：//baike.so.com/doc/7884475-8158570.html。

发展的“瓶颈”。据统计，1981—2005年，煤矿个数从几千处飙升到近2万处，全国乡镇煤矿产量仅占1/3，但矿难死亡人数却占一半以上。媒体报道也基本被婉拒。这就是集权主义政府引导下的市场发展，是强政府—强市场—弱社会的结果。

但是，集权主义政府在遏制矿难高发势头方面同样发挥了强大的作用。1997年，鉴于矿难高发频仍，国内媒体的连续曝光和国外人权组织的质疑，政府果断采取“关井压产”政策；2005年安全生产监管局升格为总局（正部级），新任局长果断掐掉官员入股煤矿的腐败之路，从而再次使得矿难事故下降。到2012年，全国煤矿数量逐步下降到1万处以下（最高时为1997年达8.4万处），①2018年底降至5800处；②死难人数也从1997年6753人下降到2009年2631人（首次低于3000人），③2011年低于2000人，2014年低于1000人，2017年低于500人，2018年为333人。④死难人数在10年间骤然下降90%，年均下降288人。应该说，煤矿安全工作取得了巨大成绩。成绩的取得，除了煤矿安全科技进步、企业安全管理等因素外，更主要的是强政府垂直监管及其配套的法律法规政策，包括关井压产在内的产业结构调整政策和措施，起了重大作用。

强政府—弱社会格局在煤矿领域表现得非常明显，其他高危行业也是如此或者意欲效仿。这种格局使得企业内部工会组织在安全维权方面处于软弱无力状态。2018年的问卷调查显示（1086个样本），企业工会为员

① 转引自颜烨：《煤殇：煤矿安全的社会学研究》，社会科学文献出版社，2012年，第98页。

② 《2018年全国煤矿数量减至5800处左右》，《人民日报》2019年3月4日。

③ 转引自颜烨：《煤殇：煤矿安全的社会学研究》，社会科学文献出版社，2012年，第8页。

④ 2011年、2014年、2017年、2018年的数据，根据互联网显示的相关报道资料整理。

工进行安全维权满意度仅为31.6%（非常强、较强，比2013年高6.2%[①]），多数认为一般（42.6%），还有25.7%认为非常弱、较弱。其他社会组织的维权也同样处于弱化状态。

到2020年，中国煤矿安全或许实现2004年所预期的根本好转，[②]但仍然存在事故反弹的可能(当然，反弹到年死亡2000人以上的可能性较小)。为什么这么说呢？因为，目前中国煤矿安全监管还是一种强政府的垂直性强监管（也成为市场监管行业的示范模式），是一种行政监察高压态势下的"刚性监管"，而不是"弹性控制"，即笔者曾经所指称的进入"后监管时代"。[③]所谓"弹性监管"，就是经济、社会、政法、文化四大子系统要素匹配合理、协调发展，政府、企业、社会三大主体相互配合相互制约的监管。具体说，从社会系统要素看，未来二三十年，经济平稳增长（新能源逐步进入市场，用煤需求量平稳）；社会建设加速（民生问题逐步解决，新时代农民工挖煤积极性减弱）；政治和法律制度及管理逐步走向成熟；安全文化、安全文明进一步浓郁。这是煤矿安全"弹性监管"的基础要素。再从三大主体看，未来时期，光靠政府高压监管，成本太高，必须动用社会力量助推安全发展；同时，企业本身在安全维护和保障方面逐步走向自觉、自励、自警。这是整个职业安全健康行业安全治理"弹性监管"的本质所在，也是各行业进入"后监管时代"的重要特征。

时至今日，正是由于煤矿开采行业安全监管的"强力有效"，一些专

---

① 颜烨：《安全生产现代化研究》，世界图书出版公司，2016年，第77页。

② 国务院：《关于进一步加强安全生产工作的决定》(国发〔2004〕2号)，2004年3月10日。

③ 颜烨：《煤殇：煤矿安全的社会学研究》，社会科学文献出版社，2012年，第145-146页。

业人士纷纷发问：目前全国危险化学品生产加工行业、食品药品行业等安全问题突出，其安全监管能否仿效煤矿安全的垂直行政监管及其政府的强势组织行为呢？这是值得深思的问题。比如，2019年，江苏响水县陈家港镇化工园区内天嘉宜化工有限公司化学储罐发生爆炸事故，并波及周边16家企业，导致78人死亡、465人受伤；[①]2018年、2019年有些领域的（重大）事故起数和死难人数略有反弹，从而使得一些政府专业人士或学界专家反思应急管理部门成立后，安全生产监管是否存在一度弱化的状态。

二、政府监管体制机制追逐自我完善，但问题突出

新中国设置独立性的职业安全健康领域政府监管部门的历史并不长，算起来不到20年，即2001年2月国家经济贸易委员会组建国家安全生产监管局（副部级），到2018年3月国家应急管理部组建成立，其中职业健康监管长期不与职业安全监管捆绑在一起。与欧美发达国家四五十年的独立监管历史相比，其政府部门独立监管历史非常短，几乎没有形成职业安全健康监管的一体行政文化。

（一）中央层面职业安全健康监管机构自在变迁

为了说清政府监管的效果问题，我们需要简要回顾新中国职业安全健康行政监管机构变迁大体状况。[②]中国中央层面关于职业安全与职业健

① 《应急管理部：深入反思江苏响水特别重大爆炸事故教训》，新京报网 http：//www.bjnews.com.cn/news/2019/04/15/568091.html。

② 参考丁大鹏：《安全生产监管监察，昨天，今天和明天（上）》，微信公众号“安全科学岛”（ID：aqkxd），2017年8月7日；郑雪峰：《我国职业安全与健康监管体制创新研究——基于制度变迁理论的视角》，武汉大学出版社，2013年，第68–95页。

康行政监管，历经 5 个阶段的变迁（具体见表 5–1）。第一阶段（1949—1998 年）近 50 年，职业安全与职业健康就由劳动部门为主进行监管，职业健康同时与卫生部门共同负责，先后均下设独立的处级、司局级监管机构。第二阶段（1998—2003 年）短短 5 年里，因职业安全问题凸显，安全生产监管局（隶属国家经贸委）单独成立；职业健康由劳动部门转给卫生部门主管；并分别出台了《职业病防治法》《安全生产法》。第三阶段（2003—2008 年）又一个 5 年里，国家安监局升格为正部级的安监总局（2005 年）；同时将卫生部原来承担的工作场所职业病监管转给安监总局（下设司局），职业健康由两个部门共同负责，但主要还是由卫生部主管（下设司局）。第四阶段（2008—2018 年）近 10 年，2008 年将卫生部主管的职业健康监管职能基本交由安监总局（下设司局），2010 年中央编委办为此还专门下文进一步明确，且规定卫生部仅具体负责职业病诊治及其监督。[①] 第五阶段（2018 年至今），职业安全由新组建的应急管理部监管，职业健康又转给新组建的国家卫生健康委员会（下设司局）。

表 5–1　新中国职业安全与健康监管体制机制历史变迁

阶段与事项		归属中央部门（起始年度）	国家法律法规（颁布年度）
第一阶段（1949—1998）	职业安全 安全生产	劳动部（1949） 计经委—劳动局（1970） 劳动总局（1975） 劳动人事部（1982） 劳动部（1988）	共同纲领（1949） 三大规程（1956） 五项规定（1963） 劳动法（1994）
	职业健康 职业卫生	劳动部（1949） 计经委—劳动局（1970） 劳动总局（1975） 劳动人事部（1982） 劳动部（1988） 卫生部（1949）为辅诊治	劳动法（1994） 工厂卫生暂行条例（1950） 三大规程（1956） 女职工劳动保护条例（1987） 工伤保险暂行条例（1996）

① 中共中央编委办：《关于职业卫生监管部门职责分工的通知》，2010 年 10 月 18 日。

续表

阶段与事项		归属中央部门（起始年度）	国家法律法规（颁布年度）
第二阶段（1998—2003）	职业安全 安全生产	经贸委员会—安监局（1998） 劳动和社保部（1998）为辅赔偿	安全生产法（2002） 劳动法（1994） 工伤保险条例（2001）
	职业健康 职业卫生	卫生部（1998）为主 劳动和社保部（1998）为辅赔偿	职业病防治法（2001） 劳动法（1994） 工伤保险条例（2001）
第三阶段（2003—2008）	职业安全 安全生产	安监局（2003） 安监总局（2005） 劳动和社保部（2003）为辅赔偿	同上
	职业健康 职业卫生	卫生部（2003） 安监总局（2005）为辅预防监管 劳动和社保部（2003）为辅赔偿	同上
第四阶段（2008—2018）	职业安全 安全生产	安监总局（2008） 人力与社保部（2008）为辅赔偿	同上
	职业健康 职业卫生	安监总局（2008）为主全面监管 卫生计生委（2013）为辅诊治 人力与社保部（2008）为辅赔偿	同上
第五阶段（2018至今）	职业安全 安全生产	应急管理部（2018） 人力与社保部（2008）为辅赔偿	同上
	职业健康 职业卫生	卫生健康委员会（2018） 人力与社保部（2008）为辅赔偿	同上

资料来源：徐少斗、彭广胜：《我国职业健康监管工作的现状与发展》，《中国个体防护装备》2010 年第 1 期；徐筱婕、王静宇：《论我国职业安全卫生监管体制的变革、现状、问题与完善》，《辽宁行政学院学报》2011 年第 4 期；东牛：《“安全生产”的前世今生》，“安全科学岛”微信公众号，2018-03-29；新华社：《国务院机构改革方案》，2018-03-17，中国中央人民政府门户网 http：//www.gov.cn/xinwen/2018-03/17/content_5275116.htm。

注：“三大规程”是指国务院颁布的《工厂安全卫生规程》《建筑安装工程安全技术规程》《工人、职员伤亡事故报告规程》；“五项规定”是指：国务院颁布的《关于加强企业生产中安全工作的几项规定》（安全生产责任制度、安全技术措施计划制度、安全生产教育制度、安全生产检查制度、伤亡事故报告制度）。

综合来看，“职业安全”监管先后历经劳动部门—安监部门—应急部门的过程；而“职业健康”监管先后历经劳动部门—卫生部门—安监部门—

卫生部门的反复过程，比起职业安全监管多一个环节。但上述进程显示，新中国成立近70年，其中两者合并监管长达60年，历史经验丰富；且集中在劳动（人事）部门监管共有50年（虽然具体监管部门的职级不过司局级），体现以人为本的职业安全保障。2010年，因应中央编委办的调整，安监总局为改变“分割监管”的局面，提出了“安全生产和职业健康一体化监管”“管安全生产必须管职业健康”的口号；2016年底颁布的《中共中央国务院关于推进安全生产领域改革发展的意见》、2017年6月安监总局专门下发的《关于加强安全生产和职业健康一体化监管执法的指导意见》，均强调“坚持管安全生产必须管职业健康，建立安全生产和职业健康一体化监管执法体制”。此外，1999年10月，原国家经贸委颁布了《职业健康安全管理体系试行标准》；2001年11月，国家质量监督检验检疫总局正式颁布了《职业健康安全管理体系 规范》（GB/T28001—2001），属推荐性国家标准，该标准与OHSAS18001内容基本一致；最新版代码为GB/T28001—2011。这些标准均以职业安全健康冠名立规。因此，今天两者监管工作重新分割，利大于弊还是弊大于利，尚须进一步实践观察，但弊端是可想而知的。

（二）当前基层职业安全健康监管存在诸多问题

结合2013年课题组实地调查、[①]2018年以来的社会调查，基层日常职业安全健康监管问题可以归纳为几个突出的方面。

1. 监管之悖：综合监管与专项监管、属地监管与行业监管冲突仍存

实地调查显示，无论应急管理部门成立之前还是之后，一些地区在安

① 颜烨：《安全生产现代化研究》，世界图书出版公司，2016年，第64-69页。

全生产综合监管与煤矿等专项（行业）安全监察之间，仍然存在多头管理、职能交叉、职责不明、政出多门、力量分散的现状。比如，有的地方，煤矿安全监察是由国家煤矿安全监察局垂直监管的，履行“国家监察”职能，属于“中央军”，不受地方政府干涉；而横向的安监机构及其执法队伍履行“地方监管”职能，属于“地方军”。一些地方的横向安监部门，为了保护地方经济发展，而对垂直的煤矿安监检查采取阻扰方式进行干扰；有的地方横向监管与垂直的煤矿安监在安全监检职责、方式上存在严重雷同，执法主体混乱，使得生产经营单位疲于应对各类检查。

还有一些领域，由于行业监管与地方监管职能不明确，导致重大安全责任监管“盲区”。如 2015 年“8・12”天津滨海新区危化品爆炸事故，暴露出危化品工业的地方监管与行业垂直监管的脱节：交通运输部是港口危险货物（当事方瑞海公司）监管主管部门（垂直部门），理应负有主要的安全监管责任，但认为地方负有横向安全监管责任；也因此，滨海新区原安监局作为地方横向监管部门，基本放弃对港口危化品的安全监管职能，而与交通运输部门未能进行常态性安全监管沟通和联系，导致双方履职盲区。

2. 部门尴尬：常态性监管与非常态应对职能交织导致用力失衡

2018 年 3 月，应急管理部在原国家安全生产监管总局基础上组建后，地方各级政府相应成立应急管理部门，职能大体涵盖应急管理、安全生产、防灾减灾救灾三大方面 18 项职责。在实地调研当中，一些基层部门反映，目前应急管理部门在忙完机构职能调整后，大部分时间和精力集中在防灾减灾救灾和消防应急救援事务方面；应急部门的安监事务与原来独立的安监部门比起来，已经被置于弱势地位，问题研讨或工作重视的程度不如以前，因而也导致出现了新一轮安全生产事故小高潮。

还有，职业健康剥离出应急管理部门后，各级新组建的卫健委部门在监管职业病防治、职业健康保障方面，力度大大减退，很多人担心职业病爆发将会出现新高潮。一些生产经营单位也抱怨，原来迎接上级一拨人马的检查，变成了要迎接政府两三拨人马的检查（安全生产、应急管理、职业健康等），浪费人力财力和时间，精力难以集中于生产经营。也有一些基层干部和企业管理者明确反映，常态性的安全生产监管与职业健康保障，与突发性事故事件的应急事务，完全是两码事，应该分开监管。

有研究显示，2018 年机构改革以来，地方职业安全监管力量明显弱化、力度明显下降。如原来相对独立承担煤矿安监职责的省级政府部门由以往的 12 个减少到 2 个，全国由应急管理、能源管理、工业管理等综合部门承担煤矿安全监管职责的省份则由原来的个增加到 19 个，煤矿安监业务处室和人员明显减少，编制紧缩，职能弱化，责任悬空，素质降低，脱节断线，同城不同酬，一定程度上影响了干事创业的积极性，导致职业安全健康的风险加剧。①

3. 责任疲软：基层安康责任机制软化，各层安康责任担当不力

对于地方党委和政府来说，2016 年 12 月颁发的《中共中央国务院关于推进安全生产领域改革发展的意见》明确规定："坚持党政同责、一岗双责、齐抓共管、失职追责，完善安全生产责任体系"；为此，2018 年 4 月，中办国办颁发《地方党政领导干部安全生产责任制规定》，明确"地方各级党委和政府主要负责人是本地区安全生产第一责任人，班子其他成员对分管范围内的安全生产工作负领导责任"，即实行"一把手"负责制，而不是过去主管安全生产或职业健康的副职担当主要责任。

---

① 冯宇峰、李惠云、杜龙龙、李艳强：《我国煤矿安全生产 70 年经验成效、形势分析及展望》，《中国煤炭》2020 年第 5 期。

对于生产经营单位来说，它必须承担职业安全健康主体责任。《安全生产法》（2014年修订法）第五条规定：生产经营单位的主要负责人对本单位的安全生产工作全面负责。但是，一些地方在企业改制重组过程当中，出现了安全责任层级化现象。比如，产煤大省山西2009年以来，实行了煤炭企业全面改制重组，抓大并小，全省至今形成了“6+2”煤业总集团；总集团下面在全省乃至全国各地形成地方子公司；地方子公司管辖驻地办矿主体企业子公司（除了管理煤矿生产经营，王威还有其他主副业）；然后才是煤矿企业。这等于形成了至少四级企业的安全责任模式；有的如果加上央企进驻山西生产经营煤矿，会达到五级安全责任管理。而按照安全生产法的规定，矿长应该是实际的安全主体责任者；但由于层级过多，矿长由于是被上级办矿主体聘任，他的安全管理责任实际上还不如过去的车间主任。我们在调研中，明显可以感觉到现在的这些矿长在说话权利、管理权威方面大不如以前的矿长，其知识结构、能力眼界也大为逊色。这就导致最直接接触安全生产的企业主体的安全责任软化、弱化；而且，上面各级办矿主体也基本不具体承担安全技术责任、安全操作责任、安全现场指挥责任、安全文化责任等，仅仅承担安全协调责任、安全监管责任、安全规划责任等。

4. 队伍不稳：责权利不对称，存在组织乱象，人心涣散不安定

长期以来，职业安全健康队伍就存在人心涣散的状况。基层安监人员普遍反映，安全监管监察机构普遍存在责大于权、利的现象，国务院、国家安全监管总局及各省出台的相关规定对于监管监察人员的责任界定都过于原则，尽职免责标准十分缺乏可操作性，造成“有限权力，无限责任”。

一是问责追究不规范，这是导致当前安监队伍思想不稳的最大压力。一旦发生事故，有关部门就盯住监管监察人员不放，加之媒体负面报道多，

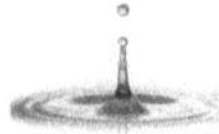

造成监管监察人员思想顾虑多，心理压力重。如媒体报道，2009 年湖南娄底涟源市 48 名安监员因工作压力大、害怕问责而集体辞职，这些事件均与责任追究不当有关；又如，2010 年全国因履职不当，致使事故衍生被问责的监管监察执法人员高达 2000 人。曾有研究显示，国家安监总局发布的 2004—2016 年间 47 起重特大安全生产事故责任追究中，全国被追责的 453 名党政干部职级主要分布在四个层级（占 73.7%）：被追责的正处级干部占 21.2%（96 人）、副处级占 19.6%（81 人）、正科级占 17.9%（89 人）、副科级占 15.0%（68 人）、科员和办事员占 10.8%（49 人）；而其中的省部级副职干部仅占 0.9%（4 人）、司局级正副职占 14.6%（66 人）。[①] 若粗略地从追责人数分别占全国相应职级干部总数的比重来看，被追责的司局级正副职占该职级干部总数比重最大（约 0.26%），其次是省部级干部（约 0.16%），再其次为处级正副职干部（约 0.03%），最后是科级正副职（约 0.008%）。[②]

二是对职工的福利待遇方面的诉求关心不够，职业安全健康监管监察人员的成长进步空间受限。各级政府对安监系统内干部职工的劳保福利、休假疗养、教育培训、生活困难关心较少，职工的归属感比较弱；尤其是煤监分局的监察人员，许多都是因考录、交流而在异地工作，造成夫妻两地分居，严重影响职工队伍的稳定。因提拔重用离开的少，因事故受处分

---

① 高恩新：《特大生产安全事故行政问责“分水岭”效应：基于问责立方的分析》，《南京社会科学》2016 年第 3 期。

② 参见《全国公务员人数连续 4 年上涨 已达 708.9 万人》，http://news.qq.com/a/20130627/015322.htm。该资料显示，2012 年底全国公务员人数达 708.9 万人，每年增加大约 15 万人；其中，全国省部级正副职约 2500 人，司局级正副职约 2.5 万人，处级正副职约 60 万人，科级正副职约 200 万人。

影响进步的多，广大干部职工积极性主动性受到挫伤。访谈中，普遍反映安监、煤监工作“风险太大”“职位无提升空间”。因此，有很多地方的安监人员，乘着2018—2019年机构改革的机会，纷纷逃离应急管理部门的安监岗位，跑到别的单位或部门去了。

三是个别地方的职业安全健康执法队伍和组织存在乱象。多年的实地调查显示，各级职业安全健康监管机构有超过1/3的人员其实不懂安全生产和职业健康业务。一些发达地区还反映，职业病防治专业人才相当欠缺。更有意思的是，山西煤矿安监领域还存在一个“五人小组”的现象。这是当时省政府推行的一项加强煤矿安全监管力度的重要举措。“五人小组”包括安全技术人员、安全文化能手、安全管理能手等；是由各企业单位抽调而来的具有一技之长的专业技术人员，年龄大小不一（稍偏年轻）；不是公务员编制，也不是事业编制，没有执法监察权利；原来依托于山西各级煤炭管理局（行业局），2018年机构改革后随之并入应急管理部门；5人组成一个组，分煤矿个数负责各地煤矿安全监察；他们的职责既超越政府横向安监职能，也超越于中央垂直的煤矿安监职能，直接向当地政府一把手汇报煤矿安全状况。目前，这支队伍稳定性不强，工作效能褒贬不一，多数公务员和企业管理者反映效能较差、影响不良，而且出现过冤假错案，基本属于监管组织乱象。

5. 民主缺失：员工民主权利常被搁置，底层安全健康维权艰难

首先，立法缺少民主，职业安全健康治理的民主气氛淡薄。部分法规立法调查研究不够，征求意见点少面窄，社会透明度低，公众参与少，导致部分立法质量不高，缺乏可操作性和实效性，基层安全监管监察部门难于执行。其次，一些政策法规缺乏连续性、战略性和指导性，往往“头疼医头脚疼医脚”；而且文牍主义严重，文山会海、文件打架，以文件落实文件，以会议落实会议。比如，有媒体报道2014年某地少发一份文件、安监干

部被定罪的现象。[①]更有甚者，一些法规制度精细化不够，可操作性不强，事故控制考核指标不科学不合理，以至于使得政府监管过于重视分内责任而缺乏社会道义责任。安全事故或重大突发事件一般以追责安监人员及其相关主管领导则万事大吉。2017 年 11 月 18 日，北京市大兴区西红门镇新建二村发生重大火灾事故，造成 19 人死亡，8 人受伤。火灾发生后，北京市以市安委会的名义发文，要求在全市范围内开展为期 40 天的安全隐患大排查大清理大整治专项行动。时隔一周，市安委会回应媒体和网友关于北京市驱赶“低端人口”的报道和帖子，称已经查出安全生产隐患 25395 处，成绩不错；这次专项行动的目的就是为了人民生命的安全。[②]但众多网友和知识界对此次行动还是持有怀疑态度，现实中也确实发现一些镇村的工作简单粗暴，没有充分考虑治理工作的复杂性，导致一些长年在京务工经商的外籍人员，在寒冬被迫搬迁或离京回乡，以至于有网友认为，火灾大难之后，人道主义灾难更严重，[③]底层成员在家庭收入增加与职业安全健康保障方面存在维权两难的困境。这在前述所谓“开胸验肺”等极端职业健康事件中也可见一斑。

从微观层面看，2018 年的文件调查显示，55.5% 的被调回答，近 2 年没有参与单位内部重大决策。实地调查时得知一个案例，一线员工职业安全健康民主建议多被搁置，最后酿成事故：2014 年 8 月 14 日，黑龙江省鸡西市城子河区安之顺煤矿在井下设备回撤期间违法组织生产，打通老空

---

① 陈杰人：《少发一份文件被定罪 云南这项判决让全国安监干部背负不可承受之重》，百家号网 https：//baijiahao.baidu.com/s?id=1575124511584097，2017-08-08。

② 《北京安委会回应：不存在驱赶“低端人口”说法》，新浪网 http：//news.sina.com.cn/o/2017-11-26/doc-ifypacti8328692.shtml。

③ 《北京大火与伦敦大火：残酷的对比，无言的结局》，http：//guangxingliu.com/?id=133。

区积水，发生透水事故，造成 16 人死亡。该矿为私营煤矿，当时已经有矿工反映，事故地点一周之前曾经发生过透水，要求停工整顿，但矿主没有采取有针对性的安全措施、分析查找透水原因，而是退后 10 米继续掘进，违法组织生产造成透水，冒险蛮干，漠视矿工民主权利，漠视矿工生命安全，最后酿造悲剧事故。

（三）政府单向管制强化，三方激励导向较缺失

从宏观上看，政府、企业、社会三方责任不明确，政府过于强大，钳制了社会民主和企业自主，激励导向不明，职业安全健康保障责任也很难落实到位。比如，2018 年的问卷调查中，37% 的被调认为，政府、企业、社会三方责任明确性非常一般，12.4% 认为不明确、很不明确；还有近 30% 的被调认为，政府对于职业安全健康信息未能及时公开；且有 31.3% 的被调认为，媒体关注当地职业安全健康问题一般，9.2% 认为媒体关注不够、很不够。一方面，反映民主监督、民主维权不够；另一方面，更主要的是，企业、社会缺乏主人翁的责任意识，难免“事不关已，高高挂起”。

与此同时，党政部门对安全制度建设比较重视（制度文本制定与执行监检），这是难免的，但存在过多过滥、检查过繁的问题。比如，山西阳泉煤业集团就在汇报时提到：同一个应急部门下属的安全、通风、地质、纠察等不同科室的检查轮番上阵，加上“五人小组”日常检查、省区煤监系统、卫健委、能源部门和办矿集团等各类专项检查，有的煤矿企业每月要接受 20 多次的检查和汇报，基本上是疲于应付，反而一度耽误企业内部职业安全健康实质性事务。

笔者 2019 年在参与山西煤矿安全生产主体责任研究的课题调研过程

中，还发现一个特别的现象：山西煤炭生产行业自从2008年大幅度整顿以来，政府通过以大兼小、以强并弱、以优吞弱的做法，优化重组，从而产生一个重要现象就是办矿层级化、管理层级化。山西目前大集团参与投资控股煤矿的形式有多种：一是省内国有控股的煤业集团即“5+2”模式：5个主要国有办矿大集团（大同煤矿集团、阳泉煤业集团、潞安矿业集团、焦煤集团、晋城无烟煤矿业集团），2个兼业集团（山西煤炭进出口集团、晋能集团—原山西煤炭运销集团与山西国际电力集团合并重组）；二是各大民营大煤矿集团；三是县办、乡（镇）办煤矿；四是省外煤业集团（如中煤能源、皖北煤电等）来山西控股并购的煤矿；五是省内外其他非煤炭集团企业（如山西能源交通投资有限公司）控股的煤矿等。他们在整体上形成“大集团—区域分公司—直接投资办矿主体企业—煤矿”这样三到四级的煤炭生产管理格局，这样就使得煤矿安全管理、安全文化建设产生过多的层级控制，从而产生“强弩之末，势不能穿鲁缟”的效应。按照安全生产法的规定，矿长是安全生产的第一责任人，但是目前山西煤矿的很多矿长是由办矿主体层层任免控制的，其权力职能还不如过去工厂的车间主任，没有话语权，没有资源调配使用权，甚至没有人事安排权，因而与过去相比，煤矿的安全管理、安全文化建设基本处于软瘫状态；但按法律，他们是第一责任人，事故来袭，他们立马成为办矿主体的“替罪羊”。这实际上剥夺了矿长的合法管理和自诉权利。虽然推行层级控制，但职业安全健康保障和建设的实际权力过于集中在上层，过于集中在政府，反而不利于企业自我管理、自我约束、自我发展。总体而言，在职业安全健康治理问题上，政府应该是指导和引导（而不是越俎代庖），社会参与监督和约束（而不是噤若寒蝉），主要在于企业内部尤其企业基层单元的自我控制（而不是无所作为）。

三、职业安全健康治理的效果滞后于经济社会发展

党的十九大报告综合分析国际国内形势和我国发展条件，明确提出国家治理和发展的两个战略阶段：第一个阶段，从2020年到2035年，在全面建成小康社会的基础上，再奋斗15年，基本实现社会主义现代化；第二个阶段，从2035年到本世纪中叶，在基本实现现代化的基础上，再奋斗15年，把我国建成富强民主文明和谐美丽的社会主义现代化强国。从这个战略部署看，目前我们可谓仍然处于社会转型时期，处于非常态治理时期；2020—2035年则是治理体系趋常化时期；2035年之后，才是常态化治理时期。这是促进中国职业风险治理趋常化的宏观（政治）背景。非常态治理—治理趋常化—常态化治理，这是一个不可回避的历史变迁过程。从国内经济社会发展、职业风险基本状况看，可做如下分析。

第一，国家经济发展总量已经稳居世界第二位，仍将赶超美国；国内共识是经济增速已经呈现中高速增长（年增长率已低于8%）状态，这是趋于常态性中速发展的过渡状态，这个时期应该持续15年左右，因而经济发展与治理处于趋常化时期。职业安全健康治理应该紧随其后。

第二，社会发展虽然滞后于经济发展，有研究认为大约滞后15年，[①] 但民生水平、城市化水平、中产阶层发育等进入或逼近中等发达国家水平。目前全国人均国内生产总值正迈入1万美元时代（2018年人均64644元，

---

① 陆学艺主编：《当代中国社会结构》，社会科学文献出版社，2010年，第30–34页；陆学艺主编：《当代中国社会建设》，社会科学文献出版社，2013年，第5–8页。

约为9787美元[①]），民生投入不断增加，人民生活水平大步提升。城市化水平2018年已达59.58%，[②]已经进入城市社会；若按1%年增率计算，迈入70%的高级水平阶段仅需10年左右。若按中国社科院课题组1%年增率估算，[③]全国中产阶层成员比重2018年已达36%，再过15年即到2035年，应该超出50%，进入中产社会。这就是说，社会发展与治理也同样正在迈入趋常化时期；而职业安全健康治理本身即是社会建设、社会治理的重要内容之一。

第三，如前所述，中国职业安全健康现代化水平实现率为53.1%，与2013年的40.9%实现率对比，差不多年均增长3%；若按这个速度发展，中国职业安全健康现代化要实现100%的水平，估计尚需15年。与2020年中国人均国内生产总值进入中高等收入国家行列相比，60%左右的职业安全健康现代化水平，尚处于中级水平的后期阶段，还不对称；与当前中国中级城市化水平（60%左右）相比，[④]职业安全健康现代化的初级水平也不相称；与当前中产化实现率（现实值/目标值 ×100%）为72%（见表2-29）的现代社会发展趋势相比，中国职业安全健康现代化水平也不高。

因此，总体看，中国职业安全健康现代化水平始终滞后于经济社会发

---

① 《2018年国民经济和社会发展统计公报》，国家统计局网 http://www.stats.gov.cn/tjsj/zxfb/201902/t20190228_1651265.html。文中数据是根据统计公报提供的2018年国内生产总值、年末人口数、人民币与美元平均汇率（1美元=6.6174元）计算而得。

② 《2018年国民经济和社会发展统计公报》，国家统计局网 http://www.stats.gov.cn/tjsj/zxfb/201902/t20190228_1651265.html。

③ 陆学艺主编：《当代中国社会建设》，社会科学文献出版社，2013年，第279-280页。

④ 颜烨：《安全生产现代化研究》，世界图书出版公司，2016年，总报告部分。此数值有所修正。

展速度，尤其其中的职业健康现代化水平更为落后。

第二节 改革职业安全健康行政监管体制

职业安全健康的政府监管体制模式，主要是指政府对职业安全健康问题进行监管的行政架构，实质是政府对生产经营单位（企业、事业单位和个体经济组织等用人单位）从业者的职业安全健康保障进行监督管理的模式，附带性地对该领域的行政人员及其行政活动进行监督管理的模式，包括宏观指导与微观干预、直接监管与间接监管、纵向监管与横向监管（条与块）等形式问题。下面，我们根据有关资料，并对照第一章关于政府监管的标准，对一些典型国家的经验案例进行分析，挖掘其监管模式精髓，以资中国借鉴。

一、国外政府监管体制的主要模式

因为国情与历史的不同，世界各国职业安全健康的政府监管体制结构或模式有所不同。对此，单一制国家的政府既有可能采取横向交叉监管，也有可能针对特殊行业（如煤矿）采取纵向垂直监管；联邦制国家的政府一般采取松散的横向综合监管形式，但对于特殊、重点的高危行业（如矿山业）也有可能采取纵向垂直监管；还有可能是一种混合监管模式。欧盟国家还受到欧盟职业安全健康法律框架的影响。为此，我们结合相关资料重新加以归纳分类。① 从如表 5–2 看，对职业安全健康实施垂直监管的国家多于横向监管的国家，混合

① 以下内容主要参考王显政主编：《安全生产与经济社会发展报告》，煤炭工业出版社，2006 年，第 237–740 页。个别资料参考新近几年出现的新研究文献。

监管的相对更少（即便是英国，低风险行业也是以横向监管为主，高风险行业以垂直监管为主）。再次，我们同时对典型国家的经验进行简要介绍。

表 5–2　世界主要国家职业安全健康政府监管模式情况

	纵向垂直监管	横向综合监管	纵横混合监管
美国	矿山领域	全行业领域	
英国		低风险行业	重点高危行业
德国		全行业领域（立法渐趋统一）	
日本	全行业领域		
澳大利亚		全行业领域	
俄罗斯	全行业领域		
加拿大		全行业领域	
南非	全行业领域		
波兰	全行业领域		
芬兰	全行业领域		
韩国	全行业领域		
印度	全行业领域		

注：芬兰资料源于国际劳工组织芬兰专家安德鲁·瓦哈帕斯的讲座：《欧盟安全生产法及其实施经验——职业安全健康条例及检查》，华北科技学院安全工程学院举办，2017 年 10 月 9 日。

（一）横向综合式政府监管典型模式

职业安全健康领域的横向综合式监管带有属地管辖色彩。对于联邦制国家，非职业安全健康监管的中央部门或地方政府（州政府）的自主权和自由度远远大于单一制国家的省级地方权力；后者即便采取横向交叉监管，但仍然受制于中央集权层面监管总部（总局）的指令控制。如美国、澳大利亚、德国（统一后）、南非等。

1. 美国职业安全健康的政府监管模式

美国作为联邦制国家，其职业安全健康的政府监管相对比较复杂，既有联邦制特色，也有垂直监管模式（后述）。从中央层面来讲，监管部门

分设有联邦劳工部下属的职业安全与健康监察局、矿山安全与健康监察局（后述），以及总统直接授权的职业安全与健康复审委员会、矿山安全与健康复审委员会（后述）。

在职业安全健康立法方面，美国是州立法先于联邦立法，如1877年马萨诸塞州第一个出台了工厂监察法；到1890年，全国已有21个州制定了工人安全保护条款。各州立法推动了联邦的最终立法。

在职业安全健康执法方面，目前的联邦职业安全与健康监察局依照《职业安全与健康法》（1970年）成立，是美国中央层面的监管执法机构，统一对全国职业安全与健康事务进行规划和指导监管执法等；隶属劳工部，劳工部长兼任局长。除了局长办公室外，下设10个司局单位（政策司、标准执行与达标司、联邦/州计划运行司、安全标准司、健康标准司、建筑司、项目管理司、地区管理司、信息技术司、技术支持司），4个办公室（平等就业办公室、公众事务办公室、特别项目管理办公室、创新办公室），10个地区职业安全与健康监察办事处，85个小区职业安全与健康监察办事处。

美国《职业安全与健康法》（1970年）赋予各州自主权，在获得联邦职业安全与健康局的支持下，各州可以自行制定各自的职业安全与健康监察条例，实施自主执法监管；但条例应与联邦法律相一致，不得抵触，其不标准要求可高于联邦标准。

与此同时，职业安全与健康复审委员会是美国政府独立的一个行政部门，依照《职业安全与健康法》（1970年）成立；成员共有3人，由总统直接任命并经参议院确认；主要工作职责是对联邦监察局进行检查、监督，对企业雇主提出职业安全健康方面的民事罚款（复审）。这一点类似于中国纪检监察机构的职能。

很明显，目前美国职业安全健康的政府监管具有松散的联邦特色。其各州自主监管不同于中国各省级的横向监管，因为中国各省份必须依照国家安监总局统一指令开展工作，而美国各州可以自行基于本州特点开展监管执法。

2. 澳大利亚职业安全健康的政府监管模式

长期以来，澳大利亚并没有全国统一的职业安全健康法（1991 年出台的职业安全健康法仅仅针对联邦中央政府雇员），更没有统而划一的政府监管体制，基本上是按照宪法赋权各州和地区政府，来负责职业安全健康监管工作，是一种典型的松散联邦制监管模式。

1984 年成立的国家职业安全与健康委员会，是澳大利亚职业安全健康领域的中央机构，由就业与劳动关系部部长负责委员会的工作。该委员会是一个法定的协议机构，由联邦政府官员、雇主、雇员（工会组织成员）三方代表组成，为他们提供一个协调关系的机制和平台。委员会成员 18 名：主席、执行主席各 1 名，联邦就业与劳动关系部、联邦健康与老龄部委员各 1 名，全澳工会委员代表、全澳工商联合会委员代表各 3 名，6 个州与 2 个地区的委员代表各 1 名。该委员会工作目标就是（职业安全健康）预防与改善、监察、保险。《1985 年国家职业安全与健康委员会法》是一部组织法，赋予该委员会 6 项职能：制定和完善该领域政策与发展战略、颁布法规标准、协调与评审研究工作、开发并保证数据库正常运转、协助技能培训与资格认证、促进工作协调发展。由此任务职能看，该委员会仅仅是起着立法、协调、协议的功能，没有实质性的监管职责。

澳大利亚职业安全健康监管主要依靠地方政府执行，各州和地区的职业安全健康委员会仅仅起着建议、协调的作用。其地方政府机构分别是：新南威尔士州职业安全健康局（1989 年成立全国第一个）、维多利亚州职业安全健康局（1985 年成立）、西澳大利亚州职业安全局、南澳大利亚职

业安全健康局、昆士兰州职业培训与工作事务部、塔斯马尼亚州工作场所安全局、北部地区职业健康局、首都直辖区职业安全健康管理机构。这些地方政府的监管工作，均依照各州和地区议会制定的地方职业安全健康法进行执法。

根据新资料显示，近年来澳大利亚职业安全健康监管负面发生了一些变化。①2011 年 11 月 29 日，澳大利亚借鉴英国 1974 年《职业健康与安全法》，出台了全国统一的《职业健康与安全示范法》（2012 年 1 月 1 日施行，有的翻译为“工作健康与安全示范法”），共 14 章 276 条，体现了英国 1972 年“罗本斯模式”的立法理念，即建立统一而完整的体系（一部统一的法律）、更为有效的自我监管（自律）体系。

然而，澳大利亚至今依然没有统一的、强而有力的中央监管机构，仍然维持松散的、以横向为主的联邦制监管模式。这种监管体制有其优点，即能够充分考虑到地方行业的特殊性与监管自主权，问题针对性强，效率比较高；但也有其缺陷，即全国职业安全健康执法标准不统一，劳工流动就业时，一旦遇到职业安全健康问题，也就无法享受公平的执法待遇。

此外，澳大利亚矿山安全健康的政府监管模式同样是松散的联邦制，各州和区政府因地制宜设置各自的监管执法机构，各地监管机构称呼当然不求一致，如新南威尔士州由矿物能源部执行监管（下设矿山安全与环境部），昆士兰州由自然资源与矿山部执行监管（下设矿山监察局、安全预警局、安全与健康信息局等相关机构）。

---

① 刘晓兵:《澳大利亚职业安全与健康立法变革》,《现代职业安全》2010 年第 4 期; 朱喜洋:《澳大利亚最新职业安全健康立法及启示》,《现代职业安全》2012 年第 8 期; 李明霞、刘超捷:《澳大利亚〈工作健康安全示范法〉介绍及启示》,《环境与职业医学》2016 年第 8 期。

（二）纵向垂直式政府监管典型模式

职业安全健康直接推行纵向垂直监管的国家比较少，一般是一国内部某个特殊行业推行这种政府监管模式，典型的如美国矿山安全健康监管、中国煤矿安全监察、日本职业安全健康监管与矿山安全监管等。

1. 美国矿山安全健康的政府监管模式

联邦矿山安全与健康监察局是劳工部下面的另一个职能部门，与联邦职业安全与健康监察局平行；局长由劳工部副部长兼任。该局下设 2 个核心业务部门（煤矿安全与健康监察司、金属与非金属安全与健康监察司），3 个公共事务办公室（副部长助理办公室、国会和立法事务办公室、信息和公共关系办公室、局安全健康办公室），6 个综合部门（行政处罚管理司、局办公室、标准法规司、教育政策与发展司、技术保障司、项目评估与信息资源司）。

美国《矿山安全与健康法》（1977 年）直接赋予联邦监察局对全国矿山进行安全健康监察的权力，通过垂直监管模式，对所有矿山（不论煤矿还是金属非金属矿山）进行强制性执法执标。目前中国煤矿安全监察与美国的这种垂直监管模式十分类似。

此外，依据《矿山安全与健康法》（1977 年），设立联邦矿山安全与健康复审委员会，是不隶属于劳工部的一个独立机构；由 5 人组成，且由总统直接任命，任期 6 年；依据法律，对因《矿山安全与健康法》（1977 年）的执行引起的法律争议，进行行政审理和上诉复审，是一个独立的判决机构。

2. 日本职业安全健康、矿山安全的政府监管模式

2001 年 1 月，按照中央政府行政机构调整基本法，日本将厚生省与劳动省合并为厚生劳动省（类似于中国人事部与劳动部的合并），与此同时，

新省也将职业安全与职业健康进行合并、强化监管。

新的厚生劳动省行使劳动、安全、健康等监管职能，职能部门较以往两个省缩减 1/4。目前该省下面新设立 4 个部门、12 个局、200 多个附属或分支机构。[①]

职业安全健康监管具体由厚生劳动省下的劳动基准局负责，［日本厚生劳动省劳动基准局作为中央政府层面的职业安全健康监管机构，下设专门的（职业）安全健康处、劳灾赔偿处、工人生活处 3 个部门，以及局直接领导的 4 个事务性部门：总务科、监督科、工资工时管理科、工伤保险管理科。其中，安全健康处下设计划科、职业安全科、职业健康科、化学物质调查科 4 个部门；劳灾赔偿处下设工人补偿管理科、补偿科、补偿业务办公室 3 个部门；工人生活处设立计划科、工人生活科 2 个部门。］地方 47 个都道府县分别设立各自的劳动基准局，各厂区设立劳动基准监督署（目前 347 个，分别由 343 个署与 4 个分支机构构成）。但地方劳动基准局、厂区劳动基准署均是厚生劳动省的派出机构，受该省直接领导；地方劳动基准局根据各自实际情况设置不同的机构。从这一方面来说，日本地方职业安全健康监管具有较为浓厚的垂直监管色彩，与中国地方安全生产监管部门作为地方政府组成部门、进行横向交叉监管为主的模式大有不同。

与此同时，目前日本的矿山监管更是采取中央垂直监管体制。2001 年，日本通产省更名为经济产业省，下设的核能与工业安全局（本省编外机构）

---

① 该省 4 个部门即：秘书处、政策计划与评估中心、社会保险中心、中央劳动审议委员会；12 个局即：劳动基准局、人力资源开发局、平等就业与儿童家庭局、职业安定局、社会福利与死亡者慰问局、老年健康与福利局、健康保险局、退休基金局、健康政策局、健康服务局、医学与食品安全局、地方局；附属或分支机构（相当于中国的公共事业单位）包括 6 个研究机构、10 个社会福利机构、13 个检疫站、218 个国家医院（中心）。

具体负责矿山安全监管工作。① 重点矿山都道府县设立经济产业省的派出机构——（地方）矿山安全监管部；重点矿区则由（地方）矿山安全监管部派驻安全监督署。经济产业省在各地矿山安全监管部均设有若干矿务监督官；重大安全事项由该省大臣直接决定。

（三）纵横混合式政府监管典型模式

对职业安全健康领域采用纵横交叉混合监管（带有双重监管色彩）模式的国家也不少，而纯粹采取政府横向综合监管的国家几乎没有。如前所述，目前中国的（非煤矿）安全生产监管虽然以横向综合交叉为主，但仍然避免不了国家安监总局的直接指导。国外典型的纵横交叉混合式监管模式如英国职业安全健康监管体制（尤其在 2008 年改革调整后）。②

英国根据 1972 年罗本斯议员的建议（一般称为“罗斯本报告”），1974 年出台统一的《职业健康与安全法》，明确当初设立两个分开的机构：健康与安全委员会（HSC）和健康与安全局（HSE），后者对前者负责并汇报工作。2008 年 3 月，两个机构合并，统一为新的健康与安全局（HSE），但沿袭旧制，仍属于就业与养老金事务部及其大臣主管，直接向事务部大臣负责并报告工作。

新的健康与安全局（HSE）下设健康与安全委员会、执行局。其中，

---

① 早在 1951 年，日本商工省改为通产省，下设的立地公害局具体负责矿山安全监管；地方矿山比较集中的地区设立矿山安全监督局，其他地区则设立监督部、办事处、监督署或支部。随着近年矿山的减少，日本目前只在地方设立矿山安全监督部。

② 竺逸、周志俊：《英国职业安全卫生管理模式》，《中国职业医学杂志》2008 年第 4 期；陈光、苏宏杰：《英国及丹麦立法与执法经验的启示》，《劳动保护》2012 年第 2 期；代海军：《英国职业安全与健康目标设定型立法及其启示》，《行政与法》2015 年第 12 期。

委员会由 10 名成员组成，分别来自雇员、雇主、地方政府及其他方面的所谓“三方”代表。执行局共设 11 个部门，即战略部、政策部、人力资源部、法律顾问办公室、规划与财务部、通信部、科技工程分析与化学部、特殊项目部、危险设施部、现场执行部、健康与安全实验室。其中，危险设施部下设沿海、特殊工业、化工、中心 4 个分部；源于英国工业特色的煤炭局（1994 年成立），设在危险设施部特殊工业分部，负责全国煤矿安全监管。现场执行部由总部、全国建筑分部、中心专家分部和 7 个地区分部共 10 个部分组成。此外，该局（HSE）还设有健康与安全研究院。

与此同时，依据《职业健康与安全法》（1974 年）第 19 条，健康与安全局还设立 10 个监察员组织（有的与其他中央部委横向交叉）：工厂、农业、矿山和采石场、爆炸物、核设施 5 个监察组织直接隶属于健康与安全局（就业与养老金事务部）主管，铁路、海运管理局、民航局 3 个监察组织隶属于运输部，管道、石油工程 2 个监察组织隶属于能源部。这种监察员组织与中国安全生产领域的安全专员有所差异。

目前，英国职业安全健康监管分为高风险领域与低风险领域监管两大部分。重大高风险行业如建筑业、农业、制造业、食品、塑料、家具等以及存在重大危险的行业（领域）等职业安全健康监管，由中央层面的健康与安全局（HSE）进行纵向垂直监管，但与中央其他部门、地方政府合作监管；而对于低风险行业（领域），如政府机关办公场所、商店、娱乐场所等的职业安全健康监管，则基本上由地方政府（地区当局）自行组织横向综合监管，并且地方政府根据实际情况，自主决定各自的监察员组织个数与人数。

也就是说，英国虽然是一个联邦制国家，但在罗本斯理念的倡导下，目前职业安全健康的政府监管已经放弃以往的联邦制监管模式，转而逐步

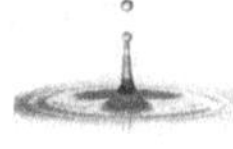

采取既有统一法律（地方不能制定法律），又是纵横交叉式的混合监管。其具体特点：一是中央层面的职业安全与健康局直接领导的监察组织系统，对重大高危行业实行垂直监管，但又不同于美国矿山安全监管和中国煤矿安全监察，因为英国涵盖的监管对象（领域）比较多，且与其他中央部委、地方政府采取合作监管的模式，而不是互不相干的分割式或对立式监管，因而又不是纯粹的垂直监管；二是地方政府横向综合监管，即是将低风险领域的职业安全健康监管与地方环境保护监管放在一起，这也与目前中国地方政府横向安全生产监管有所不同；三是中央政府有关部门各自拥有自己的职业安全健康监察员组织（如前述的能源部、运输部），这与中国其他中央部委内部下设安全监察机构有点类似，但英国以健康与安全局的监管为主。

二、国内学界对政府监管模式新探

政府自身关于监管体制的表述一直在嬗变，直至 2017 年 2 月，国务院办公厅《关于印发安全生产“十三五”规划的通知》明确指出：坚持“党政同责、一岗双责、齐抓共管、失职追责”和“管行业必须管安全、管业务必须管安全、管生产经营必须管安全”，强化地方各级党委、政府对安全生产工作的领导，把安全生产列入重要议事日程，纳入本地区经济社会发展总体规划，推动安全生产与经济社会协调发展。厘清安全生产综合监管与行业监管的关系，依法依规制定安全生产权力和责任清单，明确省、市、县负有安全生产监督管理职责部门的执法责任和监管范围，落实各有关部门的安全监管责任。与此同时，2017 年 7 月，国家安全生产监管总局发布的《职业病危害治理“十三五”规划》同时明确为：坚持党政同责、社会共治，建立完善齐抓共管的工作机制，按照管行业、管业务、管生产经营必须管职业健康的原则，将职业病危害治理纳入地方各级政府民生工程和

安全生产工作考核体系。这是政府关于自身内部职业安全健康监管体制、机制、职责的最新和最重要的表述。

国内学界关于职业安全健康的政府监管模式探讨比较多，下面我们主要择其几种进行简要分析。

（一）“大部委制”前提下的政府监管（体制）模式

这种观点及其构想自进入21世纪以来就一直在酝酿，即在中央层面普遍推行“大部委制”前提下，将职业安全健康监管职能并入某一市场监管部或全国总工会（仿国外），成为独立执法的副部级机构；省级及以下层级与此类同。

这种建议即是将现行的工商管理、质量监检、食品药品监管、卫生监督、安全生产监管、银行证券监督、国有资产监管等部门全部撤销，合并成立国家市场监督管理部（有的建议以现行商务部为基础进行改革调整），地方类此，实行一个部门监管市场经济秩序，以打破长期以来存在的执法部门众多、职能重叠而又互相扯皮，“有利益抢着管，有风险相推诿”而导致的监管责任落实不到位、监管漏洞突出、效能低下等问题。[①] 按照此种“大监管”（横向综合监管）思路，职业安全健康监管仅为其中一部分重要职能，或许可能各级政府相应是一种副部级、副厅局级、副县级、副乡镇级的架构。

（二）调整现行模式为统一横向综合监管（体制）模式

这种主张即是对现行的国家安全生产监管总局体制进行修改、改革调整。在中央层面设立国家职业安全健康部（或称国家职业安全健康监管总

---

① 《赵启三代表建议成立国家市场监管部》，《中国经营时报》2005年3月10日。

局），将现行国家煤矿安全监察局（副部级）、工信部、交通运输部、住建部、人社部、国家质检总局、水利部、农业部等承担的行业职业安全健康监管职能统一归并到这一新设立的部委机构。地方政府层面依次类同，实行属地监管。这种做法与现行的很多政府部门一样，有利于全国自上而下统一对职业安全健康监管进行横向综合施政，但取法监管地方政府的不作为或乱作为行为。

（三）仿照现行相关做法实行统一垂直监管（体制）模式

这种主张则与上述第（二）种方案明显相异。他们主张仿照现行全国煤矿安全垂直监察的模式，中央层面保持职业安全健康监管总局的正部级机构设置，对省级以下均实行垂直监管，人员编制、经费使用、工作职能等基本不受地方政府控制和支配，力图打破地方保护主义、各自为政的局面，从上到下实行“一竿子插到底”的监管模式。这种模式的监管效能非常高（近 10 年来全国煤矿安全监察效能得到充分印证），但容易与地方政府形成工作相互不信任、不配合的局面，同时也有可能使得中央政府力不从心。

（四）新型纵横交错（混合）式政府监管（体制）模式

该类研究将职业安全健康监管职能分为横向与纵向两个方面，但又纵横交叉（如图 5-1）。[①] 这一做法有点类似于 2011 年 10 月之前工商、质检

① 郑雪峰：《我国职业安全与健康监管体制机制创新研究——基于制度变迁理论的视角》，武汉大学出版社，2013 年，第 156-163 页。

部门的做法。①

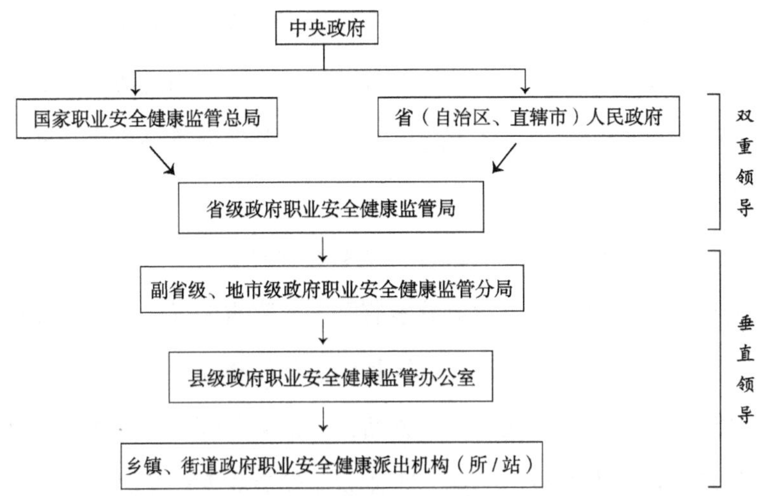

图 5-1 我国职业安全健康监管部门组织结构改革设置

他们认为，在横向层面，应该整合、归并各层级政府职业安全健康监管部门的监管职责，可单独设立各层级的职业安全健康监管部门，向“宽职能、少机构”方向发展：（1）在中央政府层面，该研究主张设立国家职业安全健康监管总局，统一纳入职业安全健康专门服务职能（包括煤矿职业安全健康监管）；剥离现行的安全监管总局承担的公共综合监管职能，如交通、消防、公共场所等安全监管职能交由现行的公安部履行；将现行工信部、交通运输部、住建部、人社部、国家质检总局、水利部、农业部等承担的行业职业安全健康监管职能统一归并到新设立的国家职业安全健康监管总局。（2）在地方政府层面，该研究主张：地方省级政府层面，

① 2011 年 10 月 10 日，国务院办公厅下发《关于调整省级以下工商质监行政管理体制 加强食品安全监管有关问题的通知》，明确要求将工商、质监省级以下垂直管理改为地方政府分级管理体制。业务接受上级工商、质监部门的指导和监督。领导干部实行双重管理、以地方管理为主。

按照上述中央层面的做法，设立省级政府的职业安全健康监管局；副省级、地市级政府层面设立监管分局；县级政府层面设立职业安全健康监管办公室，由省级监管局委托履行监管和服务职能；乡镇、街道政府职业安全健康监管根据经济社会发展具体情况决定，可由县级监管办公室委托履行监管和服务职能。

在纵向分级层面，该研究认为要改革现行的双重领导与垂直领导交错混杂的局面，主张省级职业安全健康监管实行双重领导体制，省级以下则实行垂直领导体制，以改变过去机构膨胀、部门林立、相互扯皮、效率低下的“政府病”。其理由在于：一方面，中国幅员辽阔，各省（直辖市、自治区）经济社会发展极不平衡，职业安全健康状况也千差万别，阶段水平明显不同，因而在中央统筹考虑、统一指挥的前提下，各省级政府职业安全健康监管可以赋予一定自主性和灵活性；另一方面，长期以来，中国地方保护主义相当严重，一些地方政府往往充当企业违法违规生产经营的“保护伞”，因而为避免和防止地方各行其是、各自为政或地方腐败，需要对省级以下职业安全健康监管实行垂直领导。

（五）其他政府监管模式（警监制）

如有学者建议，全国职业安全健康监管可以仿照现行公安部门的做法，实行“警监制”，即职业安全健康监管人员并入警察建制序列，可以放弃公务员身份，走向事业编制；队伍在安监职衔、执法服装、行动装备等方面，可以仿照警察进行统一配置、配备，以增强安监人员的执法强度和执法效力。

从上述学界研究的各种职业安全健康监管模式看，第（一）种“大市场监管”模式在目前和今后一段时期均无可能，但不能否认走向“大安全

监管”模式的可能；第（二）种统一横向综合监管、第（三）种统一纵向监管模式、第（四）种纵横交错的混合式监管模式，均有可能推行，当然也只是择其一而行之；至于第五种“警监化”模式，不会采用，但其中涉及的警监建制如安监职衔、执法服饰、行动装备等方面可能会逐步吸纳、效仿推行。

三、本研究对政府监管模式的重构

职业安全健康监管模式同样与经济社会发展水平密切相关。今后20~30年内，中国职业安全健康风险仍然处于高发、频发时期，完全像一些西方发达国家那样，将职业安全健康监管部门设立在某部委（如人社部、公安部或卫计委等）内部，也不现实；但又不能否定的是，随着职业安全健康形势的根本好转，尚有可能及时实行职业安全健康监管机构分分合合。[①] 尤其2020年新冠肺炎疫情的影响，学界、政界对应急管理职能与其他相关常态性监管职能（包括职业安全健康监管职能）有一些新的思考。

（一）关于政府职业安全健康监管模式重构的总体设想

党的十九大报告在新时代如何实现中国特色社会主义现代化强国梦方面，做出了“两个阶段”的战略安排：第一个阶段，从2020年到2035年，在全面建成小康社会的基础上，再奋斗15年，基本实现社会主义现代化；

---

① 2016年12月27日，国家安监总局督查室主任、办公厅专员李豪文在华北科技学院宣讲《中共中央国务院关于推进安全生产领域改革发展的意见》时提到：其实安监总局有点类似环保部，也是从附属机构变为独立的副部级，然后升格为正部级的“部”。这次，我们也打算直接组建“安全生产与职业健康部”，但考虑条件不成熟，中央也不一定会批准，所以给将来安监体制改革预留了一个空间。

第二个阶段，从 2035 年到本世纪中叶，在基本实现现代化的基础上，再奋斗 15 年，把我国建成富强民主文明和谐美丽的社会主义现代化强国。

借此，我们结合前述中国职业安全健康现代化水平评价结果，对其监管模式也应该有相应的阶段性安排，使之成为中国职业安全健康现代化发展的重要一环，同样可以分为两个阶段进行战略性的改革创新：第一阶段，从 2020 年到 2035 年，基于现行全国安全生产监管与职业病防治模式，因应社会急剧转型的“非常态性”需要，可采取纵横交错、垂直监管为主的集权（过渡）模式，自上而下强力推进职业安全健康根本好转，基本实现职业安全健康现代化；第二个阶段，从 2035 年到本世纪中叶，在基本实现现代化、经济社会常态化发展的基础上，使得全国职业安全健康监管模式逐步过渡到横向综合监管的放权（定型）模式，即由地方政府属地监管、社会参与共治的“大安全”治理模式。

（二）建议在必要期间推进政府统一的垂直性监管模式

这里，鉴于目前应急管理部门涵盖了安全生产监管职能，我们主张在中央层面，仍然采取国务院直属机构（而不是组成部门）的做法，即设立国家职业安全健康监管局（副部级），将其他部委管理的相关职业安全健康监管事务统一交由该局管理；该局可以设在劳动（人力资源）社会保障部，也可以设在国家应急管理部；同时，该局可以向其他相关的部委内部设立派出机构和派出职业安全健康监察员。在地方各级政府层面，可以分别设立省级（直辖市、自治区、建设兵团）分局（副厅级）、地市级或副省级分局、县级办公室（或办事处，副处级）以及事业性编制的乡镇或街道派出机构（所 / 站，副科级），其他相关部门的职业安全健康监管同样可以受分局派出机构和监察员；主要充实地市级（副省级）及以下的监管队伍

及其执法装备；同时可以适当参照和吸纳警衔制的做法，配备专职的安全健康监管员，以体现职业安全健康监管队伍的统一性、权威性、有效性；在具体执行过程中，职业安全健康监管总局可以充分考虑各地区发展的不平衡，进行具体规划和指挥。具体如图 5-2。

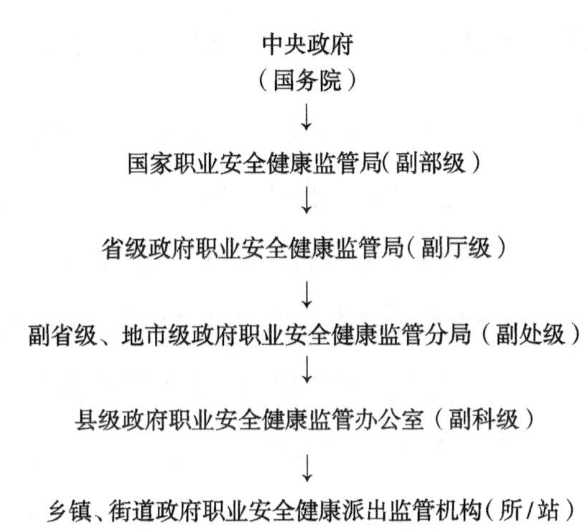

图 5-2 一定时期内中国职业安全健康统一垂直性监管模式

这样设置的理由在于：（1）目前，国务院组成部门（包括各部、各委员会、中国人民银行和审计署）承担的管理服务功能主要是国务院的基本事务，即国家的基本职能，如外交、国防、教育、民生、科技等；而直属机构则是国务院根据特定工作需要设立的，承担专门的管理服务业务和功能。（2）《国务院行政机构设置和编制管理条例》第六条规定：国务院直属机构主管国务院的某项专门业务，具有独立的行政管理职能，即相对而言，国务院直属机构有着独立的行政主体资格，而国务院组成部门没有独立的行政主体地位，除非有法律、法规的授权。（3）从某种程度上讲，国务院直属机构相对而言具有更强的权威性和执行力，即直接代行总理管理专项事务。（4）目前国家安全生产监管总局属于国务院直属机构，能够有效代行总理管理全国职业安全健康监管事务。（5）目前中国尚处于安全生产事故高发频仍、职业病处于攀升阶段，需要因应中央集权制国家的传统，通过自上而下对职业安全健康问题采取垂直性强力监管，一竿子插到底，力避地方主义、行业主义的盛行和干扰。

（三）建议到一定阶段后推行政府的横向综合监管模式

到了一定阶段，比如中国职业安全健康现代化水平实现率接近50%的时候，全国基本实现现代化，职业安全健康事业基本趋于平稳发展。在此基础上，中央政府可以逐步放权地方政府对各自区域的职业安全健康进行有效的横向监管，将职业安全健康监管事业作为国家基本职能进行治理和发展。

我们由此建议：（1）在中央政府层面，可以逐步按照效能精简的“大部制”模式设置职业安全健康监管机构。但是，这里面的“大部制”如何设置，需要进一步探索，比如设立国家公共安全部（非现行的公安部），由此建议将职业安全健康监管事务交由国家公共安全部或国家劳动（人力资源）社会保障部直接主管；在此类部委下，可独立设置副部级的“国家职业安全健康监管局”，其他相关部位的职业安全健康监管事务继续由该局派出机构和监察员。（2）同样，在地方政府层面，省级（副省级）、地市级公共安全部门或劳动（人力资源）社会保障部门下面，可以独立设置副职级的职业安全健康监管机构。（3）县级公共安全部门或劳动社会保障部门下面继续设立职业安全健康监管办公室，但作为地市级职业安全健康监管局的派出机构（并相应派出工作人员）；乡镇或街道可以继续设立事业性编制的职业安全健康管理所（站）。因为随着市场化的深入发展，无论国有还是民营企业，逐步做大做强，具有跨域性、跨行性等特点，完全依靠县级或乡级政府管辖的可能权限在逐步缩小，因而

县级、乡镇或街道对于企业职业安全健康监管的治理力度也相应逐渐减弱，设立办公室或派出所（站）是为了配合省级、地市级的强力监管。具体如图 5-3。

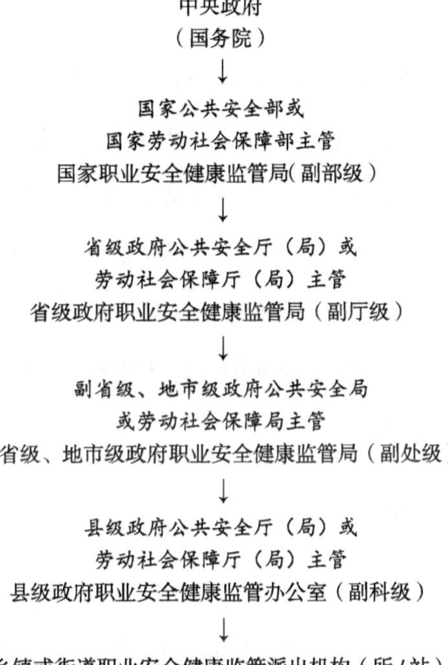

图 5-3　未来时期中国职业安全健康的政府横向综合监管模式

将职业安全健康监管置放在劳动（人力资源）社会保障部门下面，这是依循许多发达国家的通行做法，即将劳动者在职业从业过程中的生命安全健康视为劳动保护和社会保障的重要组成部分。

这里需要讨论的是，目前中国现行公安部门的大部分职责等同于外国的警察部门（总署、署）职责；但又不完全同于国外的警察部门，还有交通安全监管、消防安全监管等职能；其中如交通安全，安监部门、公安部门、交通运输部门等都在监管，只是略有分工的不同。那么，目前中国真正的公共安全部门在哪里？它实际上分散在现行的公安部门（警察）、国

家安全部门、国防部门、安全生产监管部门、交通运输部门等很多领域里。因此，要成立“大部制”下的公共安全部门，难度非常大。因为涉及现行各大部门的利益重构，中国这类事情调整起来非常麻烦，五年十年完不成，最主要的是涉及人员安排及其背后的福利待遇等利益关系。我们建议，在二三十年内，逐步过渡到“大安全部”建制，即中央层面分立为国家公共安全部、人民警察总署、国家安全部、国防部等。其中，人民警察总署专司社会治安、刑事犯罪等职责；国家公共安全部主管涉及自然灾害防治（减灾防灾）、生产经营过程的安全事务（职业安全健康监管）、生态环境安全与城市安全、公共卫生安全保障等。这里的职业安全健康监管涉及交通安全、建筑施工安全与建筑安全维护、矿山生产安全、消防与危险化学品生产安全、职业病防治等。

（四）当前大应急背景下职业安全健康监管模式新思考

2019 年暴发的新冠肺炎疫情，成为新中国成立以来防控难度最大的一次重大突发公共卫生事件。对重大灾情（疫情）的快速防范决策行为（尤其在灾发初期），反映了国家应急体系和能力现代化的水平；疫情防控暴露出来的诸多短板和不足，促使我们亟须进行体系重构和改革的新思考。[①]

① 这里，需要说明的是，除了文中文献和官方名称，我们统一使用“应急”而非“应急管理”。原因在于：“应急”二字本身就包含管理的内涵，本义是指关于紧急突发事件的应对，后面再加上“管理”二字，明显是语义重复（“应对”的外延包含但大于管理）；同时，英文 emergency 本身是指紧急情况（突发事件），并无“应对”的含义，因此 emergency management，可确切直译为“突发事件管理”，意译即为“应急”，而不是目前流行的误译“应急管理”；况且，应急工作不仅仅是管理，还包括应急科研等相关事务；此外，政府所有行政部门，都隐含（行政）管理的职能，因而应急部门无须再加“管理”二字。

早在2003年抗击非典之时，中国就开始建立以“一案三制（一案指应急预案；三制指体制、机制和法制）”为特征的应急体系。2018年3月，中共中央印发《深化党和国家机构改革方案》（简称《改革方案》），提出组建应急管理部，“加快推动形成统一指挥、专常兼备、反应灵敏、上下联动、平战结合的中国特色应急管理体制”。2019年11月，中共十九届四中全会印发《中共中央关于坚持和完善中国特色社会主义制度推进国家治理体系和治理能力现代化的决定》强调“构建统一指挥、专常兼备、反应灵敏、上下联动的应急管理体制，优化国家应急管理能力体系建设，提高防灾减灾救灾能力”。针对此次抗击新冠肺炎疫情的部署和做法，国内学者关于中国应急体系改革提出了诸多看法，笔者将这些观点归纳为“综合应急论”与“分列应急论”两类。“综合应急论”强调全灾种、大应急，所有突发应急事务交由应急部门牵头承担，尤其包括自然灾害、安全生产和消防救援；[①]“分列应急论”认为，自然灾害、安全生产和消防救援等由应急管理部门牵头承担，公共卫生突发事件仍由卫健委牵头、应急等部门配合；社会安全（社会治安或打击恐怖主义等）事务由政法委和公安部门牵头、应急等部门配合。[②]结合分析并借鉴国外经验，笔者建议采取“常分急合论”重构中国应急体系，即在总体应急观指导下，不局限于某一灾种、某一行业的应急或某个部门专列的应急职能，而要站在国家总体应急角度权衡应急行动，将常态建设或监管分列各个部门，应急事务综合统一到应急部门，

① 钟开斌：《健全国家应急管理体系》，《人民日报》2020年2月26日第9版；薛澜：《疫情恰好发生在应急管理体系的转型期》，知识分子的博客，2020-02-29，http：//zhishifenzi.blog.caixin.com/archives/222534；王宏伟：《健全应急管理体系的五大路径》，《劳动保护》2020年第3期。

② 童星：《兼具常态与非常态的应急管理》，《广州大学学报》（社科版），2020年第2期；李湖生：《各类突发事件应对异同及健全应急管理体系相关问题探讨》，《安全》2020年第3期。

但职能相互交叉衔接；同时，强化顶层设计、属地管理、分级防控、领导应急能力和社会参与应急能力等。

应急体制机制的设置，主要是针对突发事件而展开的“战时”活动，但平时的安全预防、应急准备也不容易忽视。要将应急工作融入日常经济社会发展工作之中，在充分发挥专业队伍和专业力量作用的同时，使各个单位和部门都要了解和参与应急工作，壮大应急力量，提高应急能力，确保常分急合又平战结合、防救衔接。为了适应形势发展的需要，建议将常态（安全）建设与非常态应急处置部门重新调整和划定职责职能。常态建设事务主要由行业性部门专门管理，重在“防”，应急处置主要由应急部门牵头承担，重在“救”。

关于涉及职业安全健康事故灾难的问题，日常的职业安全（含煤矿安全监察、工矿商贸行业安全生产监管）和职业健康的综合监管、保障维护工作，改由人力资源与社会保障部门统一监管，这方面他们有历史传统和经验。而突发性的职业安全健康重大事故灾难的应急处置，由应急部门统一调度和牵头承担，该部门下面可以分别设置相应的主管机构，以对接日常预防、监管部门的工作。需要特别强调的是，应急部门与日常行业性（安全）防治监管部门要实行无缝对接，主管领导可以相互交叉任职，建立健全所谓专兼常备、左右联动机制，与上述的建议对应起来。

第三节　迈向职业安全健康多元合作共治

这一部分区别于职业安全健康领域政府系统内部行政监管体制模式改革，而是着眼于更为宏观层面的国家系统或社会系统中三大社会力量的分工合作治理进行分析，即政府、市场、社会三者的合作共治问题。这里，需要说明的是，企业是职业安全健康治理的当然责任组织，所以一般不提

及，研究中主要是针对政府与社会间的关系进行分析。

如第一章所述，关于治理体系研究的文献较多。西方治理理论始于世界银行关于“治理危机”的概念，[①]之后治理研究逐步延伸到政治、经济、社会、文化等诸多领域和诸多学科。参考官方文件和学者的研究，我们认为，治理不同于政治统治或行政管理，而是多元社会主体（政府、企业、社会或公民参与）在一定范围内，运用公共权威，倡导公平正义，依照法律制度，强化道德约束，规范社会行为，调节利益关系，协调社会关系，有效防范化解社会矛盾和风险，维续公共秩序，增强社会发展活力，最大限度增进公共利益，满足公众需要的一种社会行动。[②]有学者研究“国家治理”体系时，认为它包括：治理结构（党、政、企、社、民、媒）、治理功能（动员、组织、监管、服务、配置）、治理制度（法制、激励、协作）、治理方法（法律、行政、经济、道德、教育、协商）、治理运行（自上而下、自下而上、横向互动）五个子体系。[③]我们认为，治理体系应该还包括治理主体、治理客体、治理资源、治理目标、治理环境等。当然，治理体系中最为核心的是治理制度、治理结构以及它们构成的治理模式（也即运行方式，如政府主导模式、政社平权模式、社会自治模式等）。

---

① James N., Rosenau., Ernst-Otto Czempiel.1995, Governance without Government: Order and Change in World Politics. Cambridge University Press.

② 俞可平：《治理和善治引论》，《马克思主义与现实》1999 年第 5 期；俞可平：《治理与善治》，社会科学文献出版社，2000 年；［美］休伊森等：《全球治理理论的兴起》，《马克思主义与现实》2002 年第 1 期；胡鞍钢等：《中国国家治理现代化》，中国人民大学出版社，2014；中共十八届三中全会：《中共中央关于全面深化改革若干重大问题的决定》，2013 年 11 月 12 日。

③ 陶希东：《国家治理体系应包括五大基本内容》，《学习时报》2013 年 12 月 30 日。

一、国外职业安全健康多元治理模式评介

一般来说，国外在职业安全健康领域多数采取政府、企业、社会三方合作共治机制，但每个国家具体运行和架构安排又有所不同。而对于中国来说，目前虽然强调社会参与治理，但总体上还是受到政府全能主义惯性的影响，仍然存在“单打一”的现象。这里，我们介绍国外几种典型的多元化治理模式，以供中国改革创新借鉴。

（一）德国政社平权共治的“双轨制”模式

德国职业安全健康治理模式在世界上独具特色，即采取“双轨制”运行模式。所谓“双轨制”，即政府与社会两方面均设置、配备相关职能机构及其监察员，同时对企业职业安全健康事务实行监督、检查和管理。具体如图5–4。

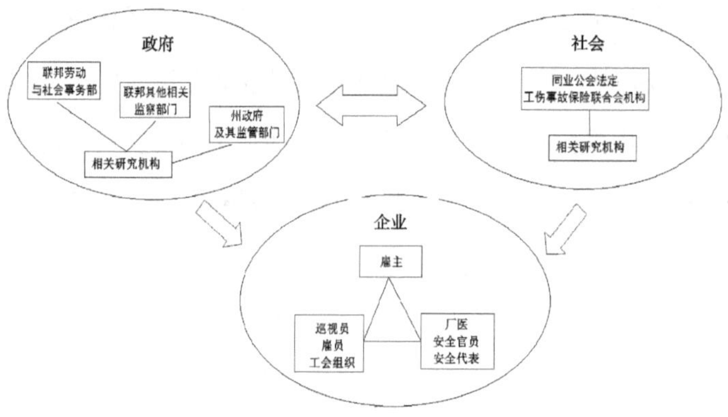

图 5–4　德国双轨制职业安全健康治理体系

在政府监管中，职业安全健康监管机构与劳动卫生部门紧密相连。2002—2005年期间，德国联邦（中央）劳动和社会福利制度部解散，其中的劳动事务交由由经济部接管（时称联邦经济与劳动部），社会福利事务交由联邦卫生部负责（时称联邦卫生与社会安全部）。2005年联邦议会选举后，这两部分工作又重新被捆绑独立出来，成立专门的劳动和社会事务部。这说

明，劳动就业和社会保障在德国政府中呈现出越来越重要的地位。[①] 联邦劳动和社会事务部下设专门的职业安全健康事务司，分设劳动规划处、劳动保护与劳动医学处、劳动保护技术处 3 个处；此外，设有联邦职业安全健康研究院。其他联邦政府部门也交叉设立下属行业劳动安全监察机构，但以联邦劳动和社会事务部为主体。各州职业安全健康监管机构一般是指劳动部、劳动安全监察局等，市县也设立职业安全健康管理机构。总体上说，德国职业安全健康的政府监管属于松散的联邦制，推行横向监管，各州可自立法律。

同业公会作为德国企业和投保人的社会互助组织，有 100 多家（包含工商业、农业、公共部门 3 大体系）。它们依法“采取一切使用手段防止事故和职业病的发生”，肩负保险赔偿与职业安全健康监管的两种职能，主要内容任务是事故与职业病预防（首要任务）、治疗康复、经济赔偿，同政府组织平行并肩对经营生产单位进行监管。它主要通过两种途径来实现监管：一是通过参与其他组织或团体实现间接监管，一是对公司进行直接监管。与此同时，全国同业公会下面还设有 3 家研究机构：职业安全健康研究院、职业病防治研究院、劳动保护研究院。

企业内部安全健康管理机构以雇主为主要的责任主体，由巡视员、安全官、厂医、安全代表、工会组织、雇员组成，但雇主是受执法监管的主要对象，同时接受政府、社会监管机构的检查、监督。

（二）美英日等国政府主导、社会参与模式

多数国家采取的是政府主导、社会参与职业安全健康治理。这里，我

---

① 田永坡：《德国人力资源和社会保障管理体制现状及改革趋势》，《行政管理改革》，2010 年第 4 期。

们仅列举美国、英国、日本三个国家的治理模式做一些简单介绍。

1. 美国模式

美国在政府监管层面，主要有几套职业安全健康监管机构。（1）劳工行政机构。联邦劳工部，是美国联邦政府行政部门之一，主管全国劳工事务，成立于 1913 年；主要职责是负责全国就业、工资、福利、劳工条件和就业培训等工作。职业安全健康监管是其重要职能之一，下设联邦职业安全与健康监察局。各州政府自行设立自己的行政管理部门。（2）职业安全健康监管机构。联邦职业安全与健康监察局，受国会授权依法监管，职责是依据 1970 年《职业安全与健康法》，保障全国所有从业人员的人身安全与健康；局长由联邦劳工部主管职业安全健康的助理部长兼任，负责向劳工部部长汇报工作。部门设置如前所述。各州自行设立本州职业安全健康监管机构，与联邦职业安全与健康监察局没有行政隶属或指导与被指导关系。（3）矿山安全健康监管机构。联邦矿山安全与健康监察局，具体职能、部门设置等如前所述。地方各州设立自己的州矿山安全健康行政机构。（4）职业安全健康复审委员会。分两种：一是美国职业安全与健康复审委员会，是依法设立的独立的行政部门机构，具体职能和组成如前所述；二是联邦矿山安全与健康复审委员会，具体职责、组成等如前所述。（5）紧急事务与矿山救护。联邦紧急事务管理局，1979 年在原来全国机构分散的基础上组建而成；2003 年划归国土安全部管辖；直接向总统负责；负责制订应急救援计划、恢复受损场所、减轻灾害和事故损失、并预防未来灾变等职责；总部设在华盛顿，全国分设地方分中心；下设地区执行司、快速反应和恢复司、联邦保险和减灾监察司、美国消防局、外部事务司、信息技术司、资源管理与计划司等部门。目前美国在 30 个州设立 150 个左右的矿山救护队，队员由矿山公司职员志愿组成，不脱产，遇有突发事

件即集中参加救护，但救护队基本上归属政府矿山安全与健康监察机构管辖，经费来源于政府、企业和社会捐助。这一点与中国有点类似，但与南非等国家的应急救援队伍民间化为主大不相同。

在社会层面，美国民间社会组织与中介机构非常多，对职业安全健康监管、科研、服务等具有强大的辅助性作用。（1）行业协会类。这类组织主要为本行业协助建设安全健康的工作场所、减少意外事故、降低死亡率和职业病发生率，提供新的信息、专业技术咨询和服务，组织技术研讨会，开展教育培训。如美国国家安全理事会、社会保障协会（事故赔偿基金会）、美国建筑安全与健康咨询委员会等，都是非常有影响力的行业组织，在包括职业安全健康在内的相关领域发挥了重要作用。这类组织与中国职业安全健康领域的半官方或准官方的协会、学会不同，其经费来源、组成形式、运作机制等基本上由民间自发捐赠、自主设置。（2）工会组织类。这与中国的工会组织明显不同。中国的工会组织因为与执政党一道革命而来，一般具有官方背景，中央和地方工会的办公人员编制属于参照公务员系列，企业（多维国有企业）内部工会的办公人员也主要属于企业党政群管理者系列。欧美国家的工会组织一般是由雇员代表自愿联合组成。在职业安全健康方面，担负起工人职业教育培训、事故调查、员工维权、参与政府立法、开展科技研究等责任，一般是与政府、雇主就职工职业安全健康权益保障问题进行谈判和集体协商，形成三方机制。如美加产业和劳动工会联合会（1881 年成立），是美国目前最大的工会组织，曾为争取 8 小时工作制、最低工资标准等而斗争获胜。（3）高校和科研院所类。美国很多高校和科研院所由民间自主主办。院校中的职业安全健康与环境医学门诊部的美国职业安全健康服务中的重要资源。患有职业性疾病的工人可以与私人医生、门诊部、急救单位和

医院等建立间接关系。科研院所如美国安全研究学会（1966 年成立），不但资助研究计划、推广科研成果，还为大学生、职业安全健康研究人员颁发奖金，鼓励科研及其服务。

2. 英国模式

英国除了前述政府监管以外，其社会组织参与职业安全健康治理也非常活跃，如各种协会、商会、企业和地方培训委员会以及工会。其中最重要的是英国工会的职业安全健康监督。英国工会联合会（简称 TUC）是全英工人的最高代表组织，是政府承认的在全英代表基层工会和工人利益的唯一合法组织，其宗旨是要代表和维护工人的利益，工人参加工会的愿望，主要是为了团结起来，以集体的力量去争取改善工作环境和提高福利待遇，提高工人的社会地位，以维护自己的合法权益。

1974 年颁布的《职业健康与安全法》为英国工会开展劳动健康与安全监督提供了法律依据。根据法律规定，工会有权派出自己的安全监督员到施工现场检查，并与雇主协商，为工人提供健康与安全的工作环境。工会自己的安全监督员通常每月对矿井的安全检查不少于两次。英国工会的监督工作与英国健康与安全局和政府行业主管部门的安全监管工作是互不影响地开展的。当然，他们之间有时也相互通报情况和反映问题。另外，根据实际需要，在不同层次上，在各地区的范围内，工会组织可以成立由雇主和工人两方参加的安全咨询委员会，经常邀请矿山安全监察员去参加会议，研究工作。

工会为了保持会员队伍的稳定和发展新会员，就必须做出有实效的工作，使会员和工人感到工会对自己的好处。工会开展劳动安全健康监督工作，符合工人维护自身安全与健康的愿望，同时也关系到工会的发展。在英国工会联合会的工作中，健康与安全监督占有重要位置，并成为与雇主

进行集体谈判的重要内容。工会为了保障工人的职业安全与健康，主要有两方面的工作：一方面，迫使雇主为工人提供符合安全与健康要求的工作条件；另一方面，一旦发生事故，要确保会员和工人获得足够的赔偿。[①]此外，一些民间机构对矿业生产部门的监督也起到积极作用。例如在煤矿方面，有一家公司每年出版一本《英国煤矿指南》，详细描述英国煤矿的现状，还专门把政府负责安全和环境的部门和官员的名字、电话等一一列出，以便公众有效“监管”。

3. 日本模式

日本政府方面对职业安全健康监管主要是前述的厚生劳动省、经济产业省及其地方垂直机构；在社会参与方面，日本很多社会组织非常活跃，在职业安全健康治理方面不可小觑。下面简要介绍这一领域的几类社会组织机构。

（1）中央劳动灾害防止协会。这是一家具有法人资格的行业协会（民间中介组织），依 1964 年颁布的《工业事故预防组织法》而成立，其前身为全国安全组织（1953 年成立）；主要从事信息业务，包括技术援助与服务、调查研究、教育培训、相关出版、零事故活动、环境卫生活动等职能，力图通过采取事故预防措施来改善职业安全健康、消除事故的目的；内设 11 个安全管理部门、7 个地区职业安全健康服务中心、2 个地区职业安全健康培训中心，并由原劳动省投资援建了研究开发中心、大阪服务中心、生物制品研究中心、国际合作中心、信息中心；此外，在建筑、陆路货运、港湾货运、林木制造、矿山等领域设立分支协会。

（2）日本作业环境测定协会。这是日本唯一的具有作业环境测定资

① 宋国明：《英国矿山安全监管与保障体系》，《资源与人居环境》2009 年第 9 期。

质的非营利性服务机构，1979 年成立；在全国设有 13 个分会，分为正式会员与赞助会员；其主要职能是：短期培训、测定报告、技术指导和咨询、年度会员交流大会、专业人员终身培训、搜集和提供相关信息等。

（3）产业安全技术协会。1965 年成立，主要代表厚生劳动省对安全设施核装备是否符合员工安全要求的 12 个项目进行测试和认证；并凭着自己的经验和知识，与学术团体或科研院所进行密切合作，提供各种安全技术服务。

（4）日本职业健康学会。这是一个由职业健康医师、护士和研究人员组成的近万人的学术组织；内有 7 个委员会、9 个地方分会、23 个专业研究会；主办《职业健康杂志》；每年进行一次专业学术交流活动。

（5）全国劳动安全卫生中心联络会议。1990 年 5 月成立，简称全国安全中心；在全国职业安全健康信息方面具有中心地位；受助于劳动联合会、受害人团体以及各行业专家、律师和研究人员支持；每 3 个月召开一次专业学术会议；经费来源于 21 个地区职业安全健康中心及其成员。主要职能是：出版发布相关信息、组建研讨、帮助受害人、利用网络进行调研、督促企业主和管理部门对劳动政策评论和改进、促进国际性交流合作。

（6）社会经济生产性本部。1994 年成立，主要研究日本经济发展对策及其对职业安全健康提升附加值作用，同时为提升人们的生活质量开展服务；目前会员 1 万余人，主要由企业和企业工会组成。

（三）集权国家“全能主义”政府监管模式

历史上的苏联时期、中国计划经济时期作为集权体制，均推行过全能主义政府的管控模式。苏联当时作为联邦制国家，到了斯大林时期，其集权模式演变成为左化极权模式，实行全面的中央政府管控。中国在计划经

济时期也一度采取左化极权控制。历史上，这两个社会主义国家都走了弯路，市场、社会消弭于国家全能管控之中，使得企业生产经营、社会生活本身全盘政治化。

目前，俄罗斯在经济社会转型过程中，还有些领域暂时沿袭苏联的治理体制机制。2004 年 3 月以前，联邦矿山和工业监察局是俄罗斯专门负责工业安全的联邦执行机构，在工业安全以及在矿产资源保护及利用职权范围内实施监督和监察职能，另外还负责标准的制定和许可证的特批工作。3 月后，该机构调整改名改为俄罗斯联邦生态、工业和原子能监察局，其主要职能是：标准制定、环保领域涉及生产和消费废物的处理、矿物资源利用和保护、工业、原子能利用（不包括核武器和军事核设施的研制、生产、试验和销毁）、电力和供热设施（不含民用）、工业和动力设施液压设备、工业用爆破材料的保存和使用方面的安全监督和监察。

俄罗斯职业安全健康研究机构与中国现行机构有点类似。如俄罗斯煤炭经济和信息研究所是工业和动力部下属协会的一个单位，还不是一家社会组织，与现行的中国煤炭信息研究院类似，且两者进行过友好合作；后因双方改革，交换活动中断。其主要业务包括搜集、整理和分析有关煤炭工业方面的信息，通过信息加工处理，将信息及时通报工业和动力部，定期出版论文集，进行煤炭工业统计和分析工作。此外，俄罗斯微生物研究所在 20 世纪 70 年代研究出采用微生物技术治理煤矿瓦斯的新技术，并且在煤矿进行了试验，收到很好的效果。

从上述分析看，各个国家在职业安全健康多元治理方面，既有共性，也有特殊性。共性方面，均考虑政府、企业、社会三者的合作共治；不同的是，每个国家的行政监管程度、社会参与程度、企业内部管理程度有所差异。这与国情历史密切相关，但仍然可以为中国职业安全健康治理体系改革参考借鉴。

二、风险日益弥散化，政府单一施治难继

首先，中国职业安全事故起数和死难人数的行业位序发生变化。比如，2005年前，高危行业中除了交通安全事故死难人数居首位，其次就是煤矿安全生产事故非常突出，再其次是建筑施工事故死难人数，然后是火灾消防（含危化品生产）和其他安全生产事故。但2009年，全国建筑施工事故死难人数（2760人）超出煤矿行业（死亡2631人），居第二位；[①]煤矿或矿山事故死难人数逐步下降，并低于火灾消防（危化品生产行业）死难人数；近年危化品生产行业等爆炸、消防类事故持续上升，某些年度事故死难人数超出建筑施工行业。

其次，中国职业安全事故风险在轻工业或服务业不断蔓延和弥散。就未来时期而言，职业安全风险治理可能由于强力监控，事故发生概率将逐步降低，但事故风险弥散到各个行业，以前多发生于高危行业的事故，目前在一些轻工行业或服务业也将一并发生。比如，2013年8月31日，上海宝山城市工业园区内的上海翁牌冷藏实业有限公司，发生氨泄漏事故，造成15人死亡，7人重伤，18人轻伤，造成直接经济损失约2510万元。[②]又如，2013年6月3日，吉林宝源丰禽业公司换班之际，突发火势蔓延，导致氨设备和氨管道发生物理爆炸，大量氨气泄漏、燃烧，共造成121人死亡、76人受伤，17234平方米主厂房及主厂房内生产设备被损毁，直接经济损失1.82亿元。[③]以前这类食品加工行业很少发生此种重大事故和特

① 《中国安全生产统计年鉴（2009）》，煤炭工业出版社，2010年。

② 《震撼！我国冷库行业十大液氨泄漏安全事故排行榜》，搜狐网2017-10-26，http：//www.sohu.com/a/200492647_282059。

③ 《吉林宝源丰禽业公司》，360百科，https：//baike.so.com/doc/5511525-5747279.html。

别重大事故。

再次，中国新兴职业健康风险逐步凸显，弥散于不同阶层成员。新兴职业病风险主要产生于现代化职业、新工艺技术应用场所、恶劣生态环境作业场所等领域。最突出的，如在新兴的IT行业或者办公室文员中，各类白领因长期使用计算机电脑而发生的鼠标手、颈椎病、腰椎病、视力疾病、电脑综合征等，覆盖中高层社会成员，并未纳入国家法定职业病名录。又如，在中国一些沿海省份的皮鞋生产厂家，黏合剂中所含苯及正己烷作为溶剂的使用量占总用量90%，从而导致一线工人传统性中毒事件；同时，现代电子元件和金属器件大量使用三氯乙烯清洗成为一种新工艺，但却引发集中性中毒，以至于无法判定是否法定职业病。再如，在重度雾霾天气下作业的环卫工人、公务驾驶人员等罹患呼吸系统疾病，也没有列入国家法定职业病名录。也就是说，新兴职业风险覆盖各个社会阶层成员，而不像传统职业风险那样，仅仅覆盖底层社会。

现代社会职业安全健康风险的普遍化和弥散性特点，决定了仅靠政府或企业内部进行单一性治理已难以为继。主要体现在三方面：

一是存在风险感知的政府失灵、企业失灵。政府或企业在发现、甄别风险的过程中，职能性“嗅觉”会一度“失灵”，包括对于源头性的远期风险与临场性的临期隐患的敏感性、评估精准性失灵。当然，这里包含“真失灵”与“假失灵”。前者是指确实不清楚风险的客观存在，即便使用先进的技术辨识手段，亦未可知；后者是指明知风险而置之不理，任其自然，最终酿成悲剧。

二是职业风险直接受害者的权益保障甚至会遭遇政府或企业的有意遮蔽，或者“共谋”性遮蔽。除了前述“假失灵”外，最主要的还在于职业安全事故发生或职业健康遭遇侵害后，企业可能会采取瞒报、少报手段，逃避高额赔偿；有时地方基层政府也会参与瞒报，因为涉及为政者官位去留的问题，进而与企业合谋欺上瞒下。这类事件每年都在发生，受害者权益有时得不到合法保障。这需要媒体、社会组织、公众的广泛介入。

三是政府或企业对于风险治理的物质力量相对匮乏。职业风险治理有政府投入，如社会保障与工伤保险等，更主要的是企业投资，如投资安全生产基金、职业病防治基金。但随着事故或事件赔偿力度的加大，企业力量或者政府财力都显得有限，因而需要社会参与投资，如通过巨灾基金、慈善捐款等方式筹集职业风险防范物质基础。

比如，2017 年底，随着女演员袁立关心和代言尘肺病人事件在媒体持续发酵（2015 年开始涉入并现报道，2017 年下半年被集中报道），[①] 国家安全生产监管总局开会（11 月 29 日）提出 2018 年为“职业健康执法年”，并确立到 2020 年重点职业病状况得到有效遏制、到 2035 年职业病高发势头得到有效遏制的两个时间节点；[②] 就在同一天，国家卫生与计划生育委员会拟制文件决定，成立由 40 位相关专家（涵盖医学内科、职业病、医学影像、病理学、临床药学等）担任委员的尘肺病诊疗专家委员会。[③] 这实际是由社会明星与

---

① 《大爱清尘：袁立隔空喊话宗庆后》，土豆网视频 http：//video.tudou.com/v/XMTc5NTczNjE4OA==.html；《44 岁袁立探望尘肺病工人 搂其入怀》，凤凰网 http：//news.ifeng.com/a/20171114/53235899_0.shtml#p=6；袁立与《演员的诞生》撕逼背后，还有 600 万尘肺病人跪着等待死》，http：//item.btime.com/4186k49pll78bnbb595rgteuniq。

② 《李兆前在全国职业健康监管监察工作会上强调：强力推进监督执法 有效遏制尘毒危害》，国家安全生产监管总局网 http：//www.chinasafety.gov.cn/newpage/Contents/Channel_21356/2017/1130/299100/content_299100.htm。

③ 《国家卫生计生委办公厅关于成立国家卫生计生委尘肺病诊疗专家委员会的通知》，国家卫计委医政医管局网 http：//www.nhfpc.gov.cn/yzygj/s7659/201712/d81c7b64896c4b7caaab99dca8ae9d85.shtml。

媒体共同发起的社会运动，反过来倒逼政府部门公开发布决定的案例。[①]

三、迈向普适与特色融聚的现代治理格局

纵观上述其他国家的职业安全健康风险治理格局，多以政府、企业、社会合力共治为架构，从而成为一种世界普适性的治理潮流。这也是国家治理现代化的主流趋势。

在社会治理领域，中国先后涌现出诸如枫桥经验、[②]朝阳群众、[③]西城大妈[④]等颇具特色的社会自治群众组织先进典型。那么中国职业安全健康

① 《袁立效应：国家成立尘肺病诊疗专家委员会，网友称感谢袁立》，今日头条网 http：//www.toutiao.com/i6500102669330285069。

② 20 世纪 60 年代初，浙江省诸暨市枫桥镇干部群众创造了“发动和依靠群众，小事不出村，大事不出镇，矛盾不上交，就地化解”“实现捕人少，治安好”的社会治安综合治理模式。1963 年毛泽东就曾亲笔批示“要各地仿效，经过试点，推广去做”。如今，枫桥新经验形成了“五坚持”，即坚持党建引领，坚持人民主体，坚持三治（自治、德治、法治）融合，坚持四防（人防、物防、技防、心防）并举，坚持共建共享。——编自《枫桥经验》，360 百科，https：//baike.so.com/doc/5386529-5622991.html。

③ 朝阳区是北京城区中面积最大的一个区，其中维护社会治安的群众身影随处可见，他们可能是商场超市里的保安，可能是路边的志愿者，又或者仅仅是晨练所见的一个个平凡路人，曾参与破获多起明星吸毒等大案要案，因而这些居民被网友称为“朝阳群众”，被戏称为“世界第五大王牌情报组织”。朝阳群众联合腾讯手机管家合唱“反诈骗神曲”。《朝阳群众》还被君映像文化传媒（北京）有限公司拍成电影上映。——编自《北京朝阳群众》，360 百科，https：//baike.so.com/doc/8397461-8716826.html。

④ 西城是北京的中心城区之一；在这 50 平方公里的区域中，活跃着 10 万余群防群治力量。这些治安志愿者以年长女性比重为最大（七成以上），当中有实名注册的治安志愿者，也有小区的部分停车员、巡防队员、单位保安甚至是保洁员，通常配备红袖标、红马甲或小红帽，不计回报地投身社区工作、社会治安、便民服务，被基层民警称为“西城大妈”。2015 年他们发现 72 条涉恐信息，同年 7 月走红于互联网。——编自《西城大妈》，360 百科，https：//baike.so.com/doc/23709387-24265103.html。

领域是否也应该凸显这类社会理论的身影呢？回答是肯定的。职业安全健康治理是一项重要的、特殊的“社会治理”。所谓社会治理，有学者定义为政府、社会组织、企事业单位、社区以及个人等多种主体，通过平等合作、对话沟通、协商共治等方式，依法对社会事务、社会组织和社会生活进行引导和规范，最终实现公共利益最大化的过程。[①]它涉及系统治理、依法治理、综合治理、源头治理、科学治理的问题。

参照党的十九大报告精神，中国应确立将职业安全健康纳入社会治理体系，逐步完善“党委领导、政府负责、企业主体、社会协同、公众参与、法治保障”的综合治理机制，实现共建共治共享的目标。这其实就是一种中国特色的职业安全健康多元合作治理格局。其中，党组织、政府是职业安全健康治理的主导力量，可视为“大政府”，是执法保障的监管主体；企业（相关生产经营组织）是职业安全健康的实际责任主体；社会、公众是协同和参与主体。三大主体，各有侧重，与德国政社平权的合作共治有所不同，与英国社会自治为主更有差异，与美国的政府主导也有所区别。

由于中国强政府—弱社会治理格局的存在，这里我们重点强调社会（或公众）主体层面如何加强建设与治理。

（一）强化社会服务体系

职业安全健康的社会服务主要是要发挥（第三部门）社会中介组织（民办社会事业组织）的作用。从服务内容看，我们结合国务院安全生产委员会出台的《关于加快推进安全生产社会化服务体系建设的指导意见》（安

---

① 刘正猛：《开创社会治理新格局应以改善民生为重点》，《中国社会科学报》2017 年 3 月 26 日。

委 2016〔11〕号），大体包括几方面：

1. 中介技术服务

从经济社会发展趋势来看，职业安全健康科学技术创新与应用主要由企业与社会、与科研事业单位联合完成，而不是完全由政府来主导（除了安全检测检验由政府主导），包括安全生产工程技术、职业卫生工程技术、应急救援工程技术及其信息资讯；而且，这类技术或资讯应该逐步形成一种全能式的产业链条，包括事前预防—事中应急—事后恢复的产业产品研制，也包括科技需求—科技研发—成果转化三大环节。目前，国内这一方面正在逐步推开，需要进一步规范性地培育一批跨区域、力量雄厚、有影响力的职业安全健康科技服务龙头示范中介机构（社会企业）；尤其要推进注册安全工程师事务所的建设，健全注册安全工程师考评和选聘机制。

2. 教培科普服务

这方面主要是指资讯服务机构向企业（生产经营单位）、当事者个人等，有偿或无偿地提供职业安全健康教育培训和科普服务。目前这一方面国内发展趋势看好，但仍然亟待规范化发展。全社会要充分利用市场化、网络化优势，加快推进职业安全健康实体教培科普与虚拟教培科普相结合的模式。实体教培科普注重实训演练式、仿真式、模拟式、体感式等特点；虚拟教培科普注重知识共享性、正确有效性、信息兼容性等特点。教培机构可以与用人单位（企业）采取订单式或接续性合作方式进行。

3. 社会保险服务

德国保险服务机构实际上是采取“有条件性的服务”，即针对所服务的企业，要求其在具体职业安全健康保障方面，务必按照保险合同履行职责义务，强化职业安全健康保障，并接受保险机构监督检查。这对中国职业安全健康领域推进社会保险服务具有很大启示意义。2017 年 12 月中共中央国务院印发的《关于推进安全生产领域改革发展的意见》明确提出，取消欠缺合理性的“安全生产风险抵押金制度”，建立健全“安全生产责任保险制度”，在矿山、危险化学品、烟花爆竹、交通运输、建筑施工、民用爆炸物品、金属冶炼、渔业生产等8大高危行业强制实施，切实发挥保险机构参与风险评估管控和事故预防功能。借此，市场化的保险公司应从经济赔偿为主的“事后管理”模式，逐步向重视“风险识别”的事前管理和重视“过程风险防范控制”的经营模式转变，同时国内保险业以“市场业务”为导向，应逐步让位于以“风险管理服务”为导向。该《文件》还提出，完善工伤保险制度，加快制定工伤预防费用的提取比例、使用和管理等具体办法。这些均标示中国加快社会性保险服务的具体努力方向，即能否效仿德国事故保险的经验，建立起社会保险机构约束企业职业安全健康责任及其行为。

4. 救援康复服务

职业安全健康突发事件较多，开展应急救援服务和康复服务成为新时代该领域的重要主题，国外社会性民间应急救援和事后康复（肢体或心理）医疗服务事业比较发达，应该加以借鉴。目前国内也有一些组织，但总体不多。尤其是应急救援中介服务机构，设备设施和人员训练所需建设经费较大，需要企业、政府、社会多方投资参股建设。

（二）完善社会维权体系

社会维权对于保障职业安全事故与健康受害者的权益是重要的一环。这一方面国内受到一定掣肘；现存的基层工会也基本属于准政府组织维权，其维权权限、能力都有很大局限性。因此，可以通过如下方式促进社会维权：

1. 媒体方式维权

这是目前中国公民尤其当事者最为切实可行的一条通道。只要职业安全健康权益受损的事实确凿，无论是组织还是个人，均可以通过官方媒体、社会中介媒体、自媒体（微博、微信）等方式，对责任单位或责任人进行合法举报、申诉加以维权，形成舆论压力，促使当事方自行解决问题，或在政府主导和法治范围解决问题。当然，原则是必须实事求是，不得违法造谣滋事。

2. 社会组织维权

这是通过一些专业性社会组织如中华社会救助基金会大爱清尘基金、[①]律师事务所或协会等，通过合理合法途径，帮助受损者进行维权的重要方式。一方面，通过社会组织本身对当事受损者进行疏导、安慰、化解问题；一方面，通过社会组织与当事企业（生产经营单位）或政府进行沟通，形成组织性压力，协商解决问题。

3. 公民个人维权

这里分为两种情况：一方面，是当事受损者或其家属，通过合法合理途径，对受损事实、施损单位或组织进行申诉、举报，切实解决问题；另一方面，是普通公民或律师等专业人士，出于社会正义感，如演员袁立参与尘肺病患者的保护，协助受损当事人进行合理合法维权，或唤醒政府、

---

① 大爱清尘基金源自著名记者王克勤 2011 年 6 月 15 日联合中华社会救助基金会共同发起的“大爱清尘 · 寻救尘肺病农民兄弟大行动”，是专项救助中国几百万尘肺病农民工，并致力于推动预防和最终基本消灭尘肺病的公益基金。目前，该组织在全国累计发展志愿者近万名，遍布全国各省份；该组织制定五年规划、长期目标等，定期发布年度报告，线上线下同时开展活动，维权和扶助效果、公信力得到社会认可。——源自《大爱清尘》，360 百科，https：//baike.so.com/doc/2515449-2657954.html。

企业的良知。

（三）健全社会征信体系

针对不同对象，需要加强不同的诚信教育和征信体系建设。诚信，是指公民个人或组织本身应该具有的诚实守信的道德因素；征信，则是征信机构按照契约约定合法采集记录公民个人或组织的诚信信息，以供相关部门或公民进行查询、审核、评价使用的社会活动。在职业安全健康领域，重点是对企业（生产经营单位）、企业主（生产经营单位负责人）的职业安全健康责任监督和诚信征集征录。这一诚信体系有助于从经济、社会角度进行行为约束、惩罚或制裁。这方面需要纳入法治范围，依法治理，促使当事组织或当事人严守诚信道德规范。

1. 企业诚信与征信

对于不履行职业安全健康合法责任（包括瞒报事故、拖欠赔偿、不按规定投入保障等行为）或严重失职失责的企业（生产经营单位）进行诚信征集记录，拟在今后企业贷款、单位招工、新业开发等，乃至当时单位组织负责人出国出境等方面进行限制。

2. 政府诚信与征信

对地方政府或某一政府部门在职业安全健康监管方面存在责任不到位、造成事故损失、与企业合谋瞒报或少报事故等方面，进行诚信征集记录，以供公众监督或上级政府考评。

3. 社会组织诚信与征信

主要对涉及职业安全健康领域的社会中介服务和专业社会组织（技术信息、医卫康复、教育培训、律师事务、注安事务、应急救援、宣传科普等）机构，在市场化交易或社会化服务过程中存在的违法违规或其他不正当行

为，进行诚信征集记录，以供社会监督或政府依法处罚。

4. 个人诚信与征信

主要包括三类个人：一是对企业主（生产经营单位负责人）在职业安全健康管理、投入、保障失职失责，或突发事故事件处置不力、有意逃逸或瞒报等行为，进行诚信征集记录，以供社会监督或政府依法处罚；二是对公务员或政府（部门）负责人，在职业安全健康履职过程中，存在不作为、乱作为等现象，进行诚信征集记录，以供社会监督或政府依法处罚；三是对员工在生产劳动过程中，不遵守职业安全健康操作规程，或有意无意造成事故（事件）的情况，进行诚信征集记录，以供社会监督或其他企业招工参考。

参考文献

一、期刊、报纸文献

[1]（美）马丁·休伊森，蒂莫西·辛克莱，张胜军. 全球治理理论的兴起[J]. 马克思主义与现实，2002（01）.

[2]（意）芭芭拉·塞纳. 风险与责任之间的社会学联系：一种批评性评述和理论建议[J]. 国际社会科学杂志（中文版），2017（3）.

[3]（英）鲍勃·杰索普，漆蕪. 治理的兴起及其失败的风险：以经济发展为例的论述[J]. 国际社会科学杂志（中文版），1999（01）.

[4]（英）罗伯特·罗茨. 新的治理[J]. 英国政治学研究，1996（154）.

[5]本刊编辑部. 香港职业安全健康局及其职责[J]. 劳动保护，1995（6）.

[6]本刊讯. 全国职业卫生监管职能划转全部完成[J]. 中国安全生产，2014，9（04）.

[7]曹琦. 关于安全文化范畴的讨论[J]. 劳动保护，1995（12）.

[8]常纪文. 安全生产党政同责是国家治理体系的创新和发展[N]. 中国安全生产报，2014-8-13.

［9］陈光，苏宏杰．英国及丹麦立法与执法经验的启示［J］．劳动保护，2012（2）．

［10］陈鸿彝．古代社会的安全机制与治安管理［J］．河南公安高等专科学校学报，1999（01）．

［11］陈曙旸，王鸿飞．1997年全国劳动卫生监督监测，职业病报告发病状况［J］．中国卫生监督杂志，1998（3）．

［12］陈曙旸．1993年全国劳动卫生职业病报告发病情况［J］．疾病监测，1994（7）．

［13］戴健军．浅谈安全生产与职业健康一体化监管［J］．（浙江）安全论坛，2016（6）．

［14］丁文祥．数字革命与竞争国际化［N］．中国青年报，2000-01-20（15）．

［15］范围．论工作环境权［J］．政法论丛，2012（04）．

［16］傅贵，李长修，邢国军，等．企业安全文化的作用及其定量测量探讨［J］．中国安全科学学报，2009，19（01）．

［17］傅贵，殷文韬，董继业，等．行为安全“2-4”模型及其在煤矿安全管理中的应用［J］．煤炭学报，2013，38（07）．

［18］甘肃省安监局．职业健康将纳入《安全生产法》［J］．西部商报，2011-9-16．

［19］宫世文，许胜利，郭凤岐，等．“手指口述安全确认操作法”与“手指口述三三整理作业法”在煤矿现场的应用［J］．煤矿安全，2009，40（09）．

［20］龚维斌．“安全社会学”刍议［N］．北京日报，2016-08-22（016）．

［21］龚维斌．公共安全与应急管理的新理念、新思想、新要求——学习党的十九大精神体会［J］．中国特色社会主义研究，2017（06）．

［22］龚维斌．中国社会结构变迁及其风险［J］．国家行政学院学报，2010（05）．

［23］国际劳工组织芬兰专家安德鲁·瓦哈帕斯的讲座：《欧盟安全生产法及其实施经验——职业安全健康条例及检查》［R］. 华北科技学院安全工程学院，2017-10-9.

［24］何绍辉. 社会结构转型与女大学生受害及其防治［J］. 中国青年社会科学，2015，34（01）.

［25］何正标. 国外职业安全健康社会化服务概览［J］. 中国安全生产，2016，11（03）.

［26］何正标. 欧美职业安全与健康法规发展概览［J］. 中国安全生产报，2015（9）：64-65.

［27］胡耀邦主持煤炭部整党工作汇报会［N］. 人民日报，1984-06-25.

［28］黄钲堤. 卢曼的风险社会学与政策制定［J］.（台）政治科学论丛，2007（28）.

［29］江苏省安全生产监管局. 推行职业卫生与安全生产监管一体化督促企业全面落实主体责任［J］.（国家安全监管总局编）调查研究，2012（20）.

［30］景军. 泰坦尼克定律：中国艾滋病风险分析［J］. 社会学研究，2006（05）.

［31］李春成. 包容性治理：善治的一个重要向度［J］. 领导科学，2011（19）.

［32］李明霞，刘超捷. 澳大利亚《工作健康安全示范法》介绍及启示［J］. 环境与职业医学，2016（8）.

［33］李培林. 改革开放近40年来我国阶级阶层结构的变动，问题和对策［J］. 中共中央党校学报，2017，21（06）.

［34］李毅中. 安全生产：提高认识 把握规律 理清思路 推动工作［J］. 求是，2006（14）.

［35］梁童心，齐亚强，叶华．职业是如何影响健康的？——基于 2012 年中国劳动力动态调查的实证研究［J］．社会学研究，2019，34（04）．

［36］林立．英国职业安全卫生法对我国的启示［J］．现代职业安全，2008（10）．

［37］刘超捷，李明霞．新安全生产法立法目的评析［J］．学海，2014（05）．

［38］刘筱婕，王静宇．论我国职业安全卫生监管体制的变革、现状、问题与完善［J］．辽宁行政学院学报，2011，13（04）．

［39］刘亚平，蒋绚．监管型国家建设的轨迹与逻辑：以煤矿安全为例［J］．武汉大学学报（哲学社会科学版），2013，66（05）．

［40］刘阳．香港《职业安全及建立条例》创新之处［J］．劳动保护，2011（11）．

［41］谢连秀．论澳门雇员职业安全健康意识与职业意外的关系［J］．中国劳动关系学院学报，2011（5）．

［42］毕先萍，简新华．论中国经济结构变动与收入分配差距的关系［J］．经济评论，2002（2）．

［43］陆学艺．关于社会建设的理论与实践［J］．国家行政学院学，2008（2）．

［44］陆学艺．中国未来 30 年的主题是社会建设［J］．绿叶，2010（Z1）．

［45］施训鹏．对“关井压产”工作的剖析、反思和建议［J］．煤炭经济研究，1999（06）．

［46］石破．山西煤炭“黑金”掘进 30 年：开采权和经营权混乱［J］．南风窗，2008（19）．

［47］田凯，黄金．国外治理理论研究：进程与争鸣［J］．政治学研究，2015（06）．

[48] 田雨来，周志俊.《台湾职业安全卫生法 [J]. 环境与职业医学，2014（5）.

[49] 田永坡. 德国人力资源和社会保障管理体制现状及改革趋势 [J]. 行政管理改革，2010（4）.

[50] 麦鸿骥. 香港职业安全健康立法动向 [J]. 中国劳动科学，1992（12）.

[51] 佟德志. 当代西方治理理论的源流与趋势 [J]. 人民论坛，2014（14）.

[52] 王君平. 尘肺病人维权难从鉴定到赔偿走完程序需 1149 天 [N]. 人民日报，2013-05-13.

[53] 文军. 航空运输安全监管的博弈分析 [J]. 中国安全科学学报，2008（03）.

[54] 吴超，杨冕. 安全科学原理及其结构体系研究 [J]. 中国安全科学学报，2012，22（11）.

[55] 吴大明. 国外职业安全健康监管机构改革之路（一）（二）[J]. 中国安全生产，2016（9）.

[56] 吴大明. 韩国职业安全健康发展现状 [J]. 中国安全生产，2016（6）.

[57] 吴忠民. 社会矛盾、社会建设与社会安全（专题讨论）[J]. 学习与探索，2016（12）.

[58] 吴忠民. 以社会公正奠定社会安全的基础 [J]. 社会学研究，2012，27（04）.

[59] 习近平. 青年要自觉践行社会主义核心价值观——在北京大学师生座谈会上的讲话 [N]. 人民日报，2014-05-05（2）.

[60] 徐川府. 加强职安立法推行国家监察——回顾“六五”期间职业安全卫生工作（中）[J]. 现代职业安全，2007（10）.

[61] 徐少斗，彭广胜. 东牛管工作的现状与发展 [J]. 中国个体防护装备，2010（01）.

[62] 徐少斗，彭广胜. 我国职业健康监管工作的现状与发展 [J]. 中国个体防护装备. 2010（1）.

[63] 颜佳华，吕炜. 协商治理、协作治理、协同治理与合作治理概念及其关系辨析 [J]. 湘潭大学学报（哲学社会科学版），2015，39（02）.

[64] 颜烨. 安全社会学的内涵及其体系深化研究 [J]. 中国安全科学学报，2013，23（04）.

[65] 颜烨. 安全治本：农民工职业风险治理的精准扶贫视角分析 [J]. 国际社会科学杂志（中文版），2017，34（03）.

[66] 颜烨. 当代中国公共安全问题的社会结构分析 [J]. 华北科技学院学报，2008（04）.

[67] 颜烨. 论结构性安全治理 [J]. 中国社会科学（内部文稿），2016（02）.

[68] 颜烨. 社会学与工矿领域的职业安全问题 [J].（台）工业安全月刊，2012（273）.

[69] 颜烨. 沃特斯社会学视角与安全社会学 [J]. 华北科技学院学报，2005，（01）.

[70] 颜烨. 新时代安全治理重在化解风险迈向安全文明 [N]. 中国社会科学报，2017-12-15（04）.

[71] 颜烨. 中国安全生产现代化评价：正值中级水平阶段 [J]. 北京工业大学学报（社会科学版），2016，16（03）.

［72］颜烨．中国安全生产现代化问题思考［J］．华北科技学院学报，2012，9（01）．

［73］颜烨．转型期煤矿安全事故高发频仍的社会结构分析［J］．华北科技学院学报，2010，7（02）．

［74］杨斌．职业健康与安全生产一体化探讨［J］．（国家安全监管总局编）调查研究，2013（9）．

［75］杨炳霖．监管治理体系建设理论范式与实施路径研究——回应性监管理论的启示［J］．中国行政管理，2014（06）．

［76］杨雪冬．全球风险社会呼唤复合治理［N］．文汇报，2005-01-10.

［77］杨宜勇，李宏梅．矿难拷问制度安排［J］．中国劳动保障，2005（04）．

［78］杨占科．着力推进安全生产领域改革发展［N］．学习时报，2017-08-30（01）．

［79］尹莨，陈曙旸，王鸿飞．2003年全国劳动卫生监督监测和职业病报告发病状况［J］．中国卫生监督杂志，2005（4）．

［80］俞可平．治理和善治引论［J］．马克思主义与现实，1999（05）．

［81］虞和泳．安全科学问题的若干理论思考［J］．安全，2018（12）．

［82］禹金云，罗一新．基于煤矿安全生产监督研究的博弈分析［J］．中国安全科学学报，2007（03）．

［83］张东生．中国居民收入分配年度报告（2007）［J］．中国财政经济出版社，2008：245.

［84］艾小青．城乡混合基尼系数分解方法研究［J］．统计研究，2015（9）．

［85］张凤林，李保华．矿难治理对策：一种劳动经济学分析视角［J］．长安大学学报（社会科学版），2007（01）．

［86］张珏芙蓉．论行政责任类型的体系建构［J］．山东社会科学，2015（04）．

［87］张宛丽．专题研究报告之四：中国中间阶层研究报告［R］// 陆学艺．当代中国社会阶层研究报告，2002：252–254．

［88］张笑玲．中国矿难治理问题的内部性与外部性及其政府管制［J］．新西部（下半月），2007（05）．

［89］张兴凯．按照全面深化改革要求、推进安全生产治理体系现代化［J］．（中国安全生产协会）专家工作通讯，2015（1）．

［90］张戌凡．观察“风险”何以可能 关于卢曼《风险：一种社会学理论的评述》［J］．社会，2006（04）．

［91］张翼．当前中国中产阶层的政治态度［J］．中国社会科学，2008（02）．

［92］张跃兵，张超，王志亮．安全行为特征的研究及其应用［J］．中国安全科学学报，2013（07）．

［93］张跃兵．安全行为特征的研究及其应用［J］．中国安全科学学报，2013（07）．

［94］中共中央编办．关于职业卫生监管部门职责分工的通知［J］．（2010［104 号］），2010–10–18．

［95］中国对外承包工程商会新加坡协会．新加坡《工地安全与健康》法案生效［J］．国际工程与劳务，2006（4）．

［96］钟开斌．煤矿安全：转型期中国政府监管面临的挑战［J］．广东社会科学，2007（01）．

［97］钟开斌．遵从与变通：煤矿安全监管中的地方行为分析［J］．公共管理学报，2006（02）．

［98］朱喜洋．澳大利亚最新职业安全健康立法及启示［J］．现代职业安全，2012（8）．

［99］朱小兵．陈海啸代表：加快职业安全卫生法立法工作［N］．台州日报，2016–03–12．

[100] Flemming M, Larder R. Safety culture – The way forward [J]. The Chemical Engineering, 1999 (11).

[101] Friedan, Betty. Up From the Kitchen Floor [J]. New York Times, 1973 (4): 18–22.

[102] Hahn E S, Murphy R L. A Short Scale for Measuring Safety Climate [J]. Safety Science, 2008 (46).

[103] Horowitz, Daniel. Rethinking Betty Friedan and the Feminine Mystique: Labor Union Radicalism and Feminism in Cold War America [J]. American Quarterly, 1996, 48 (1).

[104] John Austin. An Introduction to Behavior– Based Safety [J]. Stone Sand & Gravel Review, 2006 (2).

[105] Lawler E E, Porter L W, Tennenbaum A. Managers' Attitudes Toward Interaction Episodes [J]. Journal of Applied Psychology, 1968, 52 (6).

[106] Lee R T. Perceptions, Attitudes and Behavior: the Vital Elements of a Safety Culture [J]. Health and Safety, 1996 (7).

[107] Neal A, Griffin A M, Hart M P. The Impact of Organizational Climate on safety [J]. Safety Science, 2000 (34).

[108] Robbins S P, Coultar M. Pearson Education [J]. Management, Inc., Delhi, 1996.

[109] Seligman, Martin E P, Csikszentmihalyi, et al. Positive Psychology: An Introduction [J]. American Psychologist, 2000 (1).

[110] Tim Wright. The Political Economy of Coal Mine Disasters in China: Your Rice Bowl or Your Life [J]. The China Quarterly, 2004 (179): 629–646.

[111] Vroom V H. Organizational Choice: A Study of Pre-and Post DecisionProcesses [J]. Organizational Behavior and Human Performance, 1966 (2).

二、普通图书

[1]（德）A·库尔曼. 安全科学导论 [M]. 赵云胜，等译. 北京：中国地质大学出版社，1991.

[2]（德）马克思恩格斯全集（第二卷）[M]. 北京：人民出版社，1975.

[3]（德）马克思恩格斯全集（第一卷）[M]. 北京：人民出版社，1972.

[4]（德）马克思恩格斯选集（第一卷）[M]. 北京：人民出版社，1995.

[5]（德）马克斯·韦伯. 学术与政治 [M]. 冯克利，译. 北京：北京三联书店，1998.

[6]（德）乌尔里希·贝克. 世界风险社会 [M]. 吴英姿，译. 南京：南京大学出版社，2004.

[7]（法）H·法约尔. 工业管理与一般管理 [M]. 周安华，等译. 北京：中国社会科学出版社，1982.

[8]（美）T·帕森斯. 社会行动的结构 [M]. 张明德，夏遇南，彭刚，译. 南京：南京译林出版社，2003.

[9]（美）彼得·德鲁克. 德鲁克管理思想精要 [M]. 李维安，等译. 北京：机械工业出版社，2011.

[10]（美）戴维·波普诺. 社会学（第十版）[M]. 李强，等译. 北京：中国人民大学出版社，2003.

［11］（美）弗兰西斯·福山. 信任：社会美德与创造经济繁荣［M］. 彭志华，译. 海口：海南出版社，2001.

［12］（美）赫伯特 A. 西蒙：管理行为［M］. 詹正茂，译. 北京：机械工业出版社，2014.

［13］（美）南希·莱文森. 基于系统思维构筑安全系统［M］. 唐涛，牛儒，译. 北京：国防工业出版社，2015.

［14］（美）塔尔科特·帕森斯，尼尔·斯梅尔瑟. 经济与社会［M］. 刘进，等译. 北京：华夏出版社，1989.

［15］（印）阿玛蒂亚·森. 论经济不平等：不平等之再考察［M］. 王利文，于占杰，译. 北京：社会科学文献出版社，2006.

［16］（英）安东尼·吉登斯. 社会的构成—结构化理论大纲［M］. 李康，等译. 北京：北京三联书店，1998.

［17］（英）安东尼·吉登斯. 现代性的后果［M］. 田禾，译. 南京：南京译林出版社，2000.

［18］（英）安东尼·吉登斯. 现代性与自我认同［M］. 赵旭东，方文，王铭铭，译. 北京：北京三联书店，1998.

［19］（英）亚当·斯密. 国民财富的性质和原因的研究（下卷）［M］. 郭大力，王亚南，译. 北京：商务印书馆，1974.

［20］C·怀特·米尔斯. 白领——美国的中产阶级［M］. 杨小东，等译. 杭州：浙江人民出版社，1986.

［21］陈惇，孙景尧，谢天振. 比较文学［M］. 北京：高等教育出版社，1997.

［22］陈红，祁慧. 积极安全管理视域下的煤矿安全管理制度有效性研究［M］. 北京：科学出版社，2013.

[23] 陈红．中国煤矿重大事故中的不安全行为研究［M］．北京：科学出版社，2006.

[24] 邓小平文选（第二卷）［M］．北京：人民出版社，1983.

[25] 傅贵．安全管理学——事故预防的行为控制方法［M］．北京：科学出版社，2013.

[26] 甘心孟，林宏源．安全文化导论［M］．成都：四川科学技术出版社，1999.

[27] 郭咸纲．西方管理思想史［M］．北京：北京联合出版公司，2014.

[28] 何学秋．安全科学与工程［M］．北京：中国矿业大学出版社，2008.

[29] 胡鞍钢，胡联合，等．转型与稳定：中国如何长治久安［M］．北京：人民出版社，2005.

[30] 胡联合．转型与犯罪：中国转型期犯罪问题的实证研究［M］．北京：中共中央党校出版社，2006.

[31] 金观涛，刘青峰．兴盛与危机：论中国社会超稳定结构［M］．长沙湖南出版社，1984.

[32] 黎民．公共管理学（第二版）［M］．北京：高等教育出版社，2011.

[33] 李炳安．劳动和社会保障法［M］．厦门：厦门大学出版社，2011.

[34] 李传军．管理主义的终结：我国服务新政府兴起的历史与逻辑［M］．北京：中国人民大学出版社，2007.

[35] 李瑞昌．干预式治理：公共安全风险辨识与管理［M］．上海：上海人民出版社，2013.

[36] 林柏泉．安全学原理［M］．北京：煤炭工业出版社，2002.

[37] 卢现祥. 西方新制度经济学(修订版)[M]. 北京: 中国发展出版社, 2006.

[38] 陆学艺. 当代中国社会建设 [M]. 北京：社会科学文献出版社, 2013.

[39] 陆学艺. 当代中国社会结构 [M], 北京：社会科学文献出版社, 2010.

[40] 罗云, 程五一. 现代安全管理 [M]. 北京：化学工业出版社, 2004.

[41] 罗云. 安全经济学导论 [M]. 北京：经济科学出版社, 1993.

[42] 祁有红. 安全精细化管理 [M]. 北京：新华出版社, 2009.

[43] 石少华, 等. 安全法学 [M]. 北京：中国劳动社会保障出版社, 2010.

[44] 隋鹏程, 陈宝智, 隋旭. 安全原理 [M]. 北京：化学工业出版社, 2005.

[45] 孙立平. 断裂：20 世纪 90 年代以来的中国社会 [M]. 北京：社会科学文献出版社, 2003.

[46] 田水承, 景国勋. 安全管理学 [M]. 北京：机械工业出版社, 2009.

[47] 童星, 张海波. 中国应急管理：理论、实践、政策 [M]. 北京：社会科学文献出版社, 2012.

[48] 王秉, 吴超. 安全文化学 [M]. 北京：化学工业出版社, 2018.

[49] 王凯全. 安全管理学 [M]. 北京：化学工业出版社, 2011.

[50] 王康. 社会学词典 [M]. 济南：山东人民出版社, 1988.

[51] 王显政. 安全生产与经济社会发展报告[M]. 北京: 煤炭工业出版社,

2006.

［52］翁翼飞等. 安全监管学［M］. 北京：中国水电水利出版社，2012.

［53］吴穹，许开立. 安全管理学［M］. 北京：煤炭工业出版社，2002.

［54］谢宏. 安全生产基础理论新发展［M］. 广州：世界图书出版公司，2016.

［55］徐德蜀，邱成. 业安全文化简论［M］. 北京：化学工业出版社，2004.

［56］严景耀. 中国的犯罪问题与社会变迁的关系［M］. 北京：北京大学出版社，1986.

［57］阎耀军. 社会预测学基本原理［M］. 北京：社会科学文献出版社，2005.

［58］颜烨. 安全社会学［M］. 北京：中国社会出版社，2007.

［59］颜烨. 安全生产现代化研究［M］. 广州：世界图书出版公司，2016.

［60］颜烨. 安全社会学（第二版）［M］. 北京：中国政法大学出版社，2013.

［61］颜烨. 煤殇：煤矿安全的社会学研究［M］. 北京：社会科学文献出版社，2012.

［62］杨炳霖. 回应性管制——以安全生产为例的管制法和社会学研究［M］. 北京：知识产权出版社，2012.

［63］悦光昭. 中国的劳动政策和制度［M］. 北京：经济管理出版社，1989.

［64］俞可平. 治理与善治［M］. 北京：社会科学文献出版社，2000.

［65］詹瑜璞. 安全生产法的实践和理论［M］. 北京：中国矿业大学出版社，

2011.

［66］詹瑜璞. 安全法学［M］. 北京：中国知识产权出版社，2012.

［67］张付领，等. 公共安全法学与法律法规概论［M］. 北京：当代中国出版社，2007.

［68］张静. 法团主义［M］. 北京：中国社会科学出版社出版，1998.

［69］赵耀江. 安全法学［M］. 北京：机械工业出版社，2006.

［70］雪峰. 我国职业安全与健康监管体制创新研究——基于制度变迁理论的视角［M］. 武汉：武汉大学出版社，2013.

［71］中国安全生产统计年鉴（2009）［M］. 北京：煤炭工业出版社，2010.

［72］周三多，陈传明. 管理学（第五版）［M］. 北京：高等教育出版社，2018.

［73］周旺生. 立法学教程［M］. 北京：北京大学出版社，2006.

［74］朱力宇，叶传星主编. 立法学（第四版）［M］. 北京：中国人民大学出版社，2015.

［75］邹谠. 二十世纪中国政治：从宏观历史与微观行动的角度看［M］. 香港：牛津大学出版社，1994.

［76］Amartya Sen. Development as Freedom［M］. New York：AnchorBooks，2002.

［77］Anthony Giddens Modernity and Self-Identity. Self & Society in the Late Modern Age［M］. Cambridge：Polity Press，1990.

［78］Anthony Giddens. Runaway world： How Globalization is Shaping our Lives［M］. London：Profile Books，1999.

［79］Anthony Giddens. The Consequences of Modernity［M］. Cambridge：

Polity Press, 1991.

[80] Binglin Yang. Regulatory Governance and Risk Management: Occupational Health and Safety in the Coal Mining Industry [M] . Routledge, 2011.

[81] Bristol Lucius. Moody Social Adaptation: A Study in the Development of the Doctrine of Adaptation as a Theory of Social Progress [M] . New York: HardPress Publishing, 2013.

[82] Charles Perrow. Normal accidents: living with high-risk technologies [M] . New Jersey: Princeton University Press, 1985/1999.

[83] Chester Barnard. The Functions of Executive [M] . Cambridge, Mass: Harvard University Press, 1938.

[84] Christopher Pollitt. Public Management Reform [M] . Oxford: Oxford University Press, 2011.

[85] Clarke L. Mission Improbable: Using Fantasy Documents to Tame Disaster [M] . Chicago: University of Chicago, 2006.

[86] Durkheim E. De la division du travail social [M] . Paris: Alcan, 1893.

[87] Hawthorne, Nathaniel. The Scarlet Letter [M] . New York: Bantam Classics, 1965.

[88] Ida Oun, Gloria Pardo Trujillo. Maternity at work: A review from national legislation [R] . International Labour Office, Geneva, 2005.

[89] James N. Rosenau. Ernst-Otto Czempiel. Governance without Government: Order and Change in World Politics [M] . Cambridge : Cambridge University Press, 1995.

[90] John Rawls. Political Liberalism [M]. New York: Columbia University Press, 1996.

[91] Koontz H, O'Donnell C. Management: a systems and contingency analysis of managerial functions [M]. New York: McGraw-Hill Inc, 1955.

[92] Lewis Coser. The Functions of Social Conflict: An Examination of the Concept of Social Conflict and Its Use in Empirical Sociological Research [M]. New York: Free Press, 1964.

[93] Luhmann Niklas. Risk: A Sociological Theory [M]. New York: A. de Gruyter, 1993.

[94] National Safety Council. Accident Prevention Manual for Industrial Operations [R]. Seventh ed. Chicago, USA, 1974.

[95] Perri, Seltzer K, Leat D and Stoker G. Towards Holistic Governance: the New Agenda in Government Reform [M]. Palgrave: Basingstoke, 2002.

[96] Ray M, Northam. Urban Geography [M]. New York: John Wiley& Sons, 1979.

[97] Reason, James. Managing the Risks of Organizational Accidents [M]. London: Ashgate Publishing Limited, 1997.

[98] Seligman, M E P. Learned optimism (2nd ed.) [M]. New York: Pocket Books, 1998.

[99] Talcott Parsons. The Social System [M]. New York : Routledge &Kegan Paul Ltd, 1951.

[100] The World Bank. Sub-Saharan Africa: From Crisis to Sustainable Growth [R]. Washington D C, 1989.

[101] Ulrich Beck. Risk Society: Towards a New Modernity [M]. Translated by Mark Ritter. London: SAGE Publications Ltd, 1992.

[102] United Nations Methods for Projections of Urban and Rural Population [R].Manual III 1974. http//www. un. org/esa/population/techcoop/PopProj/manual8/manual8. html.
[103] Weber M. Wirtschaft und Gesellschaft: Grundriβ der verstehenden Soziologie [M]. Tübingen: Mohr, 1980 (1922).

三、论文集

[1] 雷光春. 综合湿地管理：综合湿地管理国际研讨会论文集 [C]. 北京：海洋出版社，2012.
[2] 煤炭工业部安全司. 中国煤矿伤亡事故统计分析资料汇编（1949-1995年）[M]. 北京：煤炭工业出版社，1998.
[3] 徐德蜀，汪国华，张爱军. 浅谈“安全生产五要素”与安全科学技术 [A]. 中国职业安全健康协会. 第十四届海峡两岸及香港、澳门地区职业安全健康学术研讨会暨中国职业安全健康协会2006年学术年会论文集 [C].
[4] 徐德蜀. 中国安全文化建设——研究与探索 [C]. 成都：四川科学技术出版社，1994.

四、专著中的析出文献

[1] BA Turner. The sociology of safety [M] //DI Blockley (Ed.), Engineering safety. London: McGraw - Hill, 1992.
[2] Parsons T. Health, uncertainty and the action structure [M] // Uncertainty. Behavioural and Social Dimensions, edited by Seymour Fiddle. New York: Praeger, 1980.
[3] Ulrich Beck. Politics of Risk Society [M] // Jane Franklin (ed.),

ThePolitics of Risk Society. Cambridge: Polity, 1998.

[4] Weber M. Vom Inneren Beruf Zur Wissenschaft [M] // Max Weber Soziologie, Welt-geschichtliche Analysen, Politik, edited by Johannes Winckelmann, Stuttgart, 1968: Kröner 1919.

五、电子文献

[1] 2018 年度苏州市安全生产监督管理局部门决算公开 [EB/OL]. 江苏苏州市应急管理局 http://yjglj.suzhou.gov.cn/szsafety/zcwj/202001/3302962b6eca4bed9c33b7dd99ec76c6.shtml.

[2] 2018 年基尼系数约为 0.474[EB/OL]. 武小龙博客 http://blog.sina.com.cn/s/blog_950af5280102zmzo.html.

[3] 2018 年农民工监测调查报告 [EB/OL]. 中国工业新闻网 http://www.cinn.cn/headline/201904/t20190429_211528.html.

[4] 2018 年我国累计报告职业病 97. 5 万例 尘肺病占 90% [EB/OL]. 搜狐网 https://www.sohu.com/a/330547817_114731.

[5] 2018 年武进区第一批安全生产"黑名单"企业公布 [EB/OL]. 企查查网 https://news.qcc.com/postnews_b22eefe9e93c3eb790b0fe36698f40d1.html.

[6] 44 岁袁立探望尘肺病工人 搂其入怀 [EB/OL]. 凤凰网. http://news.ifeng.com/a/20171114/53235899_0.shtml#p=6.

[7] ISO45001 国际标准最终草案 (FDIS) 已正式发布 [EB/OL].http://www.sohu.com/a/208155422_678267.

[8] 安监总局司长解读职业病危害治理"十三五"规划 [EB/OL]. 中国网. http://www.china.com.cn/fangtan/2017-08/31/content_41508212. htm.

[9] 北京安委会回应：不存在驱赶"低端人口"说法 [EB/OL]. 新浪

网. http://news.sina.com.cn/o/2017-11-26/doc-ifypacti8328692.shtml.

［10］北京大火与伦敦大火：残酷的对比 无言的结局. http://guangxingliu.com/?id=133 常州 2 家企业被列入安全生产不良记录“黑名单”［EB/OL］. 常州网. http：//news.cz001.com.cn/2017-08/16/content_3359680.ht.

［11］陈杰人. 少发一份文件被定罪云南这项判决让全国安监干部背负不可承受之重［EB/OL］. 百家号网 https：//baijiahao.baidu.com/s?id=1575124511584097 2017-08-08.

［12］楚雄州安监局 2018 年度部门决算公开［EB/OL］. 云南楚雄彝族自治州应急管理局 http://yjglj.cxz.gov.cn/info/egovinfo/1001/overt_centent/11532300MB19155603-/2019-1217002.htm.

［13］大爱清尘. 袁立隔空喊话宗庆后［EB/OL］. 土豆网视频. http://video.Tudou.com/v/XMTc5NTczNjE4OA==.html.

［14］丁大鹏：安全生产监管监察昨天今天和明天（上）［EB/OL］. 微信公众号“安全科学岛”（ID：aqkxd）2017-8-7.

［15］东港市安监局 2018 年度部门决算［EB/OL］. 辽宁东港市应急管理局 http://www.donggang.gov.cn/mshtml/2019-7/103003.html.

［16］东牛 :“安全生产”的前世今生［EB/OL］.“安全科学岛”微信公众号，2018-03-29.

［17］甘肃金昌市应急管理局［EB/OL］.http://yjgl.jcs.gov.cn/art/2020/1/20/art_40276_554120.html.

［18］甘肃静宁县应急管理局［EB/OL］.http://www.pingliang.gov.cn/pub/gsjn/xxgk/bmxxgk/ajj/201909/t20190909_656749.html.

［19］高勇口述（八）：“二郎神”、“有水快流”——经济改革思想的萌芽［EB/OL］. 胡耀邦史料信息网 http://hybsl.ewksyb/ts~/2008-05-23/8450.

html）.

［20］关于加快职业安全卫生法立法建议答复的摘要［EB/OL］.http://www.chinasafety.gov.cn/newpage/Contents/Channel_21906/2017/0112/282232/content_282232.htm.

［21］关于印发《职业病危害治理“十三五”规划>的通知》［EB/OL］. 国家安全监管总局网 http://www.chinasafety.gov.cn/newpage/Contents/Channel_5916/2017/0728/291652/content_291652.htm.

［22］关于印发安全生产人才中长期发展规划（2011-2020年）的通知［EB/OL］. 国家安全监管总局 http://www.chinasafety.gov.cn/newpage/Contents/Channel_5325/2008/0807/12581/content_12581.htm.

［23］国家统计局局长就2016年全年国民经济运行情况答记者问 [EB/OL]. http://www.stats.gov.cn/tjsj/sjjd/201701/t20170120_1456268.html.

［24］国家卫生计生委办公厅关于成立国家卫生计生委尘肺病诊疗专家委员会的通知［EB/OL］. 国家卫计委医政医管局网 http://www.nhfpc.gov.cn/yzygj/s7659/201712/d81c7b64896c4b7caaab99dca8ae9d85.shtml.

［25］国务院办公厅关于印发安全生产“十三五”规划的通知［EB/OL］. 中央人民政府网 http://www.gov.cn/zhengce/content/2017-02/03/content_5164865.htm.

［26］国务院机构改革方案 [EB/OL]. 新华社. http://www.xinhuanet.com/politics/2018lh/2018-03/13/c_1122528608.htm.

［27］海门市安全生产监督管理局2018年度部门决算公开［EB/OL］. 江苏海门市应急管理局 http://www.haimen.gov.cn/hmsajj/bmyjshsg/content/00cacaeb-ce40-4506-8559-ff33d26026fc.html.

［28］黄玉治： 奋力推进煤矿安全治理体系和治理能力现代化 为全面建

成小康社会创造良好安全环境——在全国煤矿安全生产工作会议上的讲话［EB/OL］. 国家煤矿安全监察局网 http://www.chinacoal-safety.gov.cn/xw/mkaqjcxw/202001/t20200108_343288.shtml.

［29］ 徽州区 2018 年上半年安全生产工作情况总结［EB/OL］. 徽州区政府网 http：//www.huizhouqu.gov.cn/BranchOpennessContent/show/1090442.html.

［30］ 家庭最终消费数据的资料来源 [EB/OL]. 全球宏观经济数据网 http://finance.sina.com.cn/worldmac/indicator_NE.CON.PETC.CD.shtml.

［31］看看哪些企业被列入我区 2018 年第二批安全生产"黑名单"［EB/OL］. 企查查网 https://news.qcc.com/postnews_73f1be631a8f836f7d89a175a5227228.html.

［32］李兆前在全国职业健康监管监察工作会上强调：强力推进监督执法有效遏制尘毒危害［EB/OL］. 国家安全生产监管总局网 http://www.chinasafety.gov.cn/newpage/Contents/Channel_21356/2017/1130/299100/content_299100.htm.

［33］李兆前在全国职业健康监管监察工作会上强调：强力推进监督执法有效遏制尘毒危害［EB/OL］. 国家安全生产监管总局网 http://www.chinasafety.gov.cn/newpage/Contents/Channel_21356/2017/1130/299100/content_299100.htm.

［34］辽宁锦州市应急管理局［EB/OL］.http://yjj.jz.gov.cn/news/2020/01/25/3807.html.

［35］禄丰县安监局 2018 年部门预算及"三公"经费预算公开情况说明［EB/OL］. 云南禄丰县应急管理局 http://www.ynlf.gov.cn/info/1143/4996.htm.

［36］马建堂就 2012 年国民经济运行情况答记者问 [EB/OL].http://www.

stats.gov.cn/tjgz/tjdt/201301/t20130118_17719.html.

［37］全国公务员人数连续 4 年上涨 已达 708.9 万人［EB/OL］. http：//news.qq.com/a/20130627/015322.htm.

［38］全国累计报告职业病 83 万例 尘肺病占九成［EB/OL］. 民福康健康网 http：//www.39yst.com/xinwen/20150206/231524.shtml.

［39］深入反思江苏响水特别重大爆炸事故教训［EB/OL］. 新京报网 http：//www.bjnews.com.cn/news/2019/04/15/568091.html.

［40］市安委办关于 2017–2018 年度第一批安全生产不良记录"黑名单"典型案例的通报［EB/OL］. 深圳政府在线网 http：//www.sz.gov.cn/szzt2010/zdlyzl/scaq/bg/content/post_1343984.html.

［41］孙立平：官煤政治之一：矿难中的治理方式　官煤政治之二："扭曲的改革"与利益最大化官煤政治之三：另一种秩序　官煤政治之四："真假矿主"与治理基础［EB/OL］. 孙立平个人博客（http：//blog.sociology.org.cn/thslping/archive/2006/01/06）.

［42］徐州市 2018 年度安全生产社会法人诚信红黑名单公布［EB/OL］. 徐州日报网 http：//epaper.cnxz.com.cn/xzrb/html/2018–12/16/content_512253.htm.

［43］杨炳霖：基于新安法构建协同型监管治理体系［EB/OL］. 注安之家网 http：//www.esafety.cn/Blog/group.asp?cmd=show&gid=4&pid=9424.

［44］宜昌市安全生产监督管理局 2018 年度部门决算公开［EB/OL］. 湖北宜昌市应急管理局　http://xxgk.yichang.gov.cn/show.html?aid=1&id=194411.

［45］袁立效应：国家成立尘肺病诊疗专家委员会 网友称感谢袁立［EB/OL］. 今日头条网 http：//www.toutiao.com/i6500102669330285069.

［46］袁立与 演员的诞生 撕逼背后 还有 600 万尘肺病人跪着等待死［EB/

OL ］. http：//item.btime.com/4186k49pll78bnbb595rgteuniq.

［ 47 ］远安县安全生产监督管理局 2018 年部门决算［ EB/OL ］. 湖北远安县应急管理局 http://xxgk.yuanan.gov.cn/show.html?aid=11&id=118617.

［ 48 ］浙江临海市［ EB/OL ］. http://www.linhai.gov.cn/art/2019/9/20/_38259072.html.

［ 49 ］浙江温州市应急管理局［ EB/OL ］. http://yjglj.wenzhou.gov.cn/art/2019/9/26/art_1210135_38460726.html.

［ 50 ］震撼！我国冷库行业十大液氨泄漏安全事故排行榜［ EB/OL ］. 搜狐网 2017-10-26 http：//www.sohu.com/a/200492647_282059.

［ 51 ］中国中央人民政府门户网 [EB/OL]. http://www.gov.cn/xinwen/2018-03/17/content_5275116.htm.

［ 52 ］朱志良：七嘴八舌议论未来职业卫生发展趋势［ EB/OL ］. 职业病防治博士工作站（微信公众号），2018-03-21.

［ 53 ］朱志良：职业卫生前景展望［ EB/OL ］. 工业安全与应急管理论坛微信群，2018-03-17.

［ 54 ］Andrew Odlyzko，Economics， Psychology， and Sociology of Security［ EB/OL ］. http://citeseer.ist.psu.edu/640816.html.

［ 55 ］ ISO 45001-Occupational health and safety[EB/OL].https://www.iso.org/iso-45001-occupational-health-and-safety.html.

［ 56 ］Jeffery A，Hartle，Dianna H. Bryant，The Sociology of Safety［ EB/OL ］. AIHce，Chicago，IL. http：//www. aiha. org/aihce06/handoutscr318hartle. pdf，2006.

［ 57 ］ Jeffery A，Hartle Dianna H. Bryant，The Sociology of Safety（ PPT/EB/OL ） AIHce，Chicago，IL. ce/handouts/crhartle. pdf.

六、学位论文

[1] 林妙南. 厦门湾水上安全监管系统公共投入研究 [D]. 大连海事大学，2013.

[2] 林振华. 合作治理视角下的职业健康促进研究 [D]. 上海交通大学，2013.

[3] 刘婷婷. 我国职业安全监管的碎片化现状及其整体性重构 [D]. 复旦大学，2012.

[4] 刘玉龙. 中国煤矿安全生产监管研究 [D]. 东北财经大学，2011.

[5] 王宏亮. 从“日常接触”到安全规范的内化和与工作行为的整合 [D]. 中国社会科学院研究生院，2003.

附录

调查员：________ 调查时间：________ 区域编号：________ 问卷编号：________

中国安全生产与职业健康治理状况调查问卷

尊敬的女士 / 先生：

您好！为全面准确把握安全生产与职业病防治情况，向国家、各级地方政府提供正确决策咨询和参考，特在政府安监人员、企业员工等人员中开展一次问卷调查。请您协助完成下列调查问卷选项，实事求是表达您的真实看法。

请在选项上划“√”，注意每题仅选最能表达自己想法的那一项（均为单选）。

问卷填答不记姓名。对您的热心帮助我们谨表感谢！

国家社科基金重点项目课题组

2018 年 5 月

A. 被访者基本情况

A01. 您的性别：

A011. 男　A012. 女

A02. 您的年龄：

A021.30 岁以下　A022.31–40 岁　A023.41–50 岁　A024.51–60 岁

A025.61 岁及以上

A03. 您的文化程度：

A031. 初中及以下　A032. 高中（中专、高职）A033. 大学本专科

A034. 硕博士研究生

A04. 您的身份：

A041. 政府公务员　A042. 企业中层及以上管理人员

A043. 企业一般管理、专技人员　A044. 国企一线正式工

A045. 企业一线临时工（农民工）　A046. 其他

A05. 您从事现岗位（现职业）的时间年限：

A051.2 年及以下　A052.3–5 年　A053.6–10 年　A054.11–15 年

A055.16 年及以上

A06. 您所属行业：

A061. 党政机关　A062. 矿山　A063. 交通（含水陆空）

A064. 建筑　A065. 制造业　A066. 消防 / 化工（含烟花爆竹）

A067. 商贸企业　A068. 社团组织　A069. 其他

A07. 您所属单位的性质：

A071. 党政机关　A072. 国有企业　A073. 民营企业

A074. 合资企业　A075. 外资 / 台资企业

A076. 事业单位（公办或民办）　A077. 其他

A08. 您的月均工资收入情况：

A081，1500元及以下　A082，1501-3000元

A083，3001-5000元　A084，5001-8000元

A085，8001-15000元　A086，15000元及以上

B. 安全生产与职业健康基本状况

B09. 您认为目前我国安全生产所面临的经济社会形势：

B091. 非常严峻　B092. 较为严峻　B093. 一般　B094. 较好

B095. 非常好

B10. 您认为目前我国职业健康所面临的形势：

B101. 非常严峻　B102. 较为严峻　B103. 一般　B104. 较好

B105. 非常好

B11. 您认为目前我国安全生产的基本状况：

B111. 根本好转　B112. 明显好转　B113. 持续好转　B114. 一般

B115. 没有好转

B12. 您认为目前我国职业健康的基本状况：

B121. 根本好转　B122. 明显好转　B123. 持续好转　B124. 一般

B125. 没有好转

B13. 您认为目前我国安全生产的现代化水平处于：

B131. 初级水平阶段　B132. 中级水平阶段　B133. 高级水平阶段

B14. 您认为目前我国职业健康的现代化水平处于：

B141. 初级水平阶段　B142. 中级水平阶段　B143. 高级水平阶段

B15. 您认为我国安全生产要达到理想状态至少还需要：

B151，2年　B152，5年　B153，10年　B154，15年　B155，20年

B16. 您认为我国职业健康要达到理想状态至少还需要：

B161，2 年　B162，5 年　B163，10 年　B164，15 年　B165，20 年

B17. 您认为安全生产与职业健康两者关系程度如何：

B171. 很密切　B172. 较密切　B173. 一般　B174. 不密切

B175. 很不密切

B18. 您认为《安全生产法》与《职业病防治法》两者关系是：

B181. 应同时合并立法与合并执法

B182. 可合并执法，但不合并立法

B183. 既不合并立法，也不合并执法　B184. 其他

C. 安全生产与职业健康具体发展水平

C19. 您所在地区近 2 年的安全生产、职业健康状况如何：

C191. 很好　C192. 较好　C193. 一般　C194. 不太好　C195. 很不好

C20. 您所在行业近 2 年的安全生产、职业健康状况如何：

C201. 很好　C202. 较好　C203. 一般　C204. 不太好　C205. 很不好

C21. 您认为当地企业是否设有安全生产、职业健康保障基金：

C211. 有　C212. 没有　C213. 不清楚

C22. 您认为当地政府关于安全生产、职业健康信息能否及时公开：

C221. 能及时公开　C222. 未能及时公开　C223. 不清楚

C23. 您认为目前政府关于安全生产、职业健康监管执法效果如何：

C231. 非常好　C232. 较好　C233. 一般　C234. 不好

C235. 非常不好

C24. 您认为目前政府关于安全生产与职业健康监管的部门设置、人事安排是否合理：

C241. 非常合理　C242. 合理　C243. 一般　C244. 不合理

C245. 非常不合理

C25. 您认为目前政府、企业、社会三者在安全管理责任方面是否明确：

C251. 非常明确　C252. 明确　C253. 一般　C254. 不明确

C255. 非常不明确

C26. 您对《安全生产法》或者《职业病防治法》具体条款是否熟悉：

C261. 非常熟悉　C262. 熟悉　C263. 一般　C264. 不熟悉

C265. 非常不熟悉

C27. 您认为当地社会组织（志愿者）参与企业安全生产、职业健康状况如何：

C271. 非常好　C272. 较好　C273. 一般　C274. 不好

C275. 非常不好

C28. 您对当地企业内部安全健康管理标准化达标情况是否满意：

C281. 很满意　C282. 较满意　C283. 一般　C284. 不满意

C285. 很不满意

C29. 您近 2 年是否参与过单位内部安全生产、职业健康重大决策：

C291. 参与过　C292. 没有参与

C30. 您认为当地企业的农民工与正式工人的工资待遇和福利方面是否一视同仁：

C301. 各方面都一视同仁　C302. 多数方面一视同仁

C303. 少数方面一视同仁　C304. 各方面差别非常大

C31. 您认为当地企业工会组织在安全健康保护中的作用如何：

C311. 非常强　C312. 较强　C313. 一般　C314. 较弱　C315. 非常弱

C32. 您认为当地企业安全生产信息化系统建设的情况如何：

C321. 非常好　C322. 较好　C323. 一般　C324. 不好

C325. 非常不好

C33. 您是否每年参加安全生产应急救援的演练：

C331. 每年一次以上　C332. 两年参加一次　C333. 三年参加一次

C334. 其他（含没有）

C34. 您是否每年脱产参加安全（职业卫生）培训：

C341. 每年一次以上　C342. 两年参加一次　C343. 三年参加一次

C344. 其他（含没有）

C35. 您对所在岗位的基本安全规程熟悉程度如何：

C351. 非常熟悉　C352. 较为熟悉　C353. 一般　C354. 不太熟悉

C355. 非常不熟悉

C36. 您认为目前互联网等媒体对安全生产、职业健康的关注程度如何：

C361. 很关注　C362. 较为关注　C363. 一般　C364. 不太关注

C365. 很不关注

安全责任排序调查问卷

您好：

我们是山西省煤矿企业安全主任责任落实情况调查组，现请您对安全责任具体子项，按照重要程度进行排序。

1. 您的单位属性（请在字母前打√）

A. 政府部门

B. 煤业集团总公司（一级办矿主体企业）

C. 煤业区域分公司

D. 煤业子公司（二级办矿主体企业）

E. 煤矿（企业）

2. 您的工作岗位属性（请在字母前打√）

A. 政府公务员

B. 煤业集团总公司管理人员（含负责人）

C. 煤业区域分公司管理人员（含负责人）

D. 煤业投资子公司管理人员（含负责人）

E. 矿内行政负责人

F. 矿内总工程师

G. 矿内两级党群负责人

H. 矿内区队班组行政负责人

I. 矿内管理人员和技术人员

J. 矿内一线员工

3. 请对以下安全责任子项进行排序

（注：务请根据您的单位主体性质或者您的工作岗位，在括号内将最重要的安全责任填“1”，之后顺延；如果您觉得某几项责任的程度差不多，可以填写同一个序数）

安全监管检查责任（　　）　安全政治引领责任（　　）

安全发展规划责任（　　）　现场组织指挥责任（　　）

安全工作协调责任（　　）　风险评估控制责任（　　）

安全技术保障责任（　　）　人财资源调配责任（　　）

操作行为规范责任（　　）　安全文化养育责任（　　）

直接安全维权责任（　　）